Gustrau/Kellerbauer

Elektromagnetische Verträglichkeit

Frank Gustrau
Holger Kellerbauer

Elektromagnetische Verträglichkeit

Berechnung der elektromagnetischen Kopplung, Prüf- und Messtechnik, Zulassungsprozesse

2., überarbeitete Auflage

Die Autoren:

Prof. Dr.-Ing. Frank Gustrau lehrt an der FH Dortmund und ist Autor mehrerer Fachbücher.

Dr. Holger Kellerbauer war viele Jahre Leiter eines unabhängigen EMV-Labors in NRW und lehrte an der Universität Duisburg-Essen und der TU Dortmund. Er arbeitet derzeit als Experte für Normen und Richtlinien für ein internationales Maschinenbauunternehmen.

Bibliografische Information der Deutschen Nationalbibliothek:
Die Deutsche Nationalbibliothek verzeichnet diese Publikation in der Deutschen Nationalbibliografie; detaillierte bibliografische Daten sind im Internet über
http://dnb.d-nb.de abrufbar.

Internet: www.hanser-fachbuch.de

Lektorat: Dipl.-Ing. Natalia Silakova-Herzberg
Herstellung: Frauke Schafft
Covergestaltung: Max Kostopoulos
Coverkonzept: Marc Müller-Bremer, www.rebranding.de, München
Titelbild: © shutterstock.com/Audrius Merfeldas
Satz: Frank Gustrau
Druck und Bindung: CPI books GmbH, Leck
Printed in Germany

Print-ISBN 978-3-446-47276-1
E-Book-ISBN 978-3-446-47329-4

Vorwort

Das vorliegende Lehr- und Praxisbuch bietet Studierenden und Ingenieurinnen und Ingenieuren einen praxisnahen Einstieg in die Disziplin der Elektromagnetischen Verträglichkeit (EMV), deren Ziel es ist, den störungsfreien Betrieb elektrischer und elektronischer Geräte untereinander zu gewährleisten.

Bei der Entwicklung eines technischen Produktes gilt der Funktion des Gerätes nicht das alleinige Augenmerk. Die Vermeidung möglicher Wechselwirkungen mit anderen Geräten ist ein weiteres wichtiges Entwicklungsziel. Dazu müssen die Schaltungen und Geräte zum einen so entworfen werden, dass die an die Umgebung abgegebenen Störsignale gewisse Grenzwerte nicht überschreiten. Andererseits sollen auch Störungen, die in der Umgebung der Schaltung existieren, das Schaltungsverhalten nicht unzulässig beeinflussen. Diese Eigenschaften ergeben sich bei einem technischen Entwurf nicht zwangsläufig, und eine nachträgliche Berücksichtigung ist in der Regel sehr unwirtschaftlich. Es ist daher entscheidend, das Wissen über die elektromagnetische Verträglichkeit schon im Anfangsstadium der Entwicklung von Geräten und Schaltungen mit einfließen zu lassen.

Die elektromagnetische Verträglichkeit ist kein eigenständiges Fachgebiet, sondern sie durchzieht als horizontale Disziplin nahezu alle Bereiche der Elektrotechnik und Elektronik. Sie betrifft gleichermaßen energietechnische Anlagen mit ihren großen Strömen, hohen Spannungen und niedrigen Frequenzen wie auch mikroelektronische Schaltungen mit ihren kleinen Strömen, niedrigen Spannungen und hohen Frequenzen. Je nach Anwendungsszenario lassen sich die auftretenden Störphänomene auf unterschiedlich komplexe Beschreibungen zurückführen. Den meisten Ingenieurinnen und Ingenieuren sind Beschreibungen durch Ersatzschaltbilder mit konzentrierten Elementen angenehm, weil sie im Studium und Berufsleben damit vielfältige Erfahrung gesammelt haben und im Umgang mit diesen Methoden vertraut sind. Es liegt aber in der Natur elektromagnetischer Phänomene, dass sie sich oft nicht auf Ersatzschaltbilder reduzieren lassen, sondern eine feldtheoretische Betrachtung notwendig machen. Das gilt insbesondere für den Bereich höherer Frequenzen, wo es zu Resonanzen und Abstrahlungserscheinungen kommen kann. Mit der Behandlung feldtheoretischer Probleme haben die meisten Ingenieurinnen und Ingenieure in der Regel weniger Erfahrung gemacht. Die Maxwell'schen Gleichungen liefern die vollständigen mathematischen Grundlagen, wenn es um die Analyse der räumlichen Ausbreitung von Störsignalen geht. Durch den Einsatz moderner 3D-CAD-Feldsimulationssoftware und leistungsstarker PC-Arbeitsplatzrechner ist es aber möglich geworden, komplexe praxisrelevante Szenarien zu analysieren und zu optimieren. Da dieser Ansatz bei der zunehmenden Integration der Komponenten immer wichtiger wird, werden wir in einigen Beispielen die Anwendung solcher Softwarepakete demonstrieren. Die Verwendung von 3D-Feldsimulationsprogrammen stellt somit einen Schwerpunkt dieses Buches dar.

Ein weiterer Schwerpunkt des Buches liegt auf der detaillierten Darstellung von EMV-Prüfungen und Zulassungsverfahren. Während die technisch ausgebildete Ingenieurin und der technisch ausgebildete Ingenieur bei den EMV-Messverfahren in der Regel schnell einen inhaltlichen Zugang findet, ist er gerade bei Zulassungsfragen und -abläufen oft ratlos und auf externe Beraterinnen und Berater angewiesen. Das Buch gibt daher wichtige Anhaltspunkte für die vielfältigen Wege durch diese Zulassungsverfahren und erläutert Zusammenhänge und Begriffe, so dass sich die Zusammenarbeit mit externen Beraterinnen und Beratern effizienter gestaltet.

Wegen seiner großen praktischen Bedeutung ist das Thema der elektromagnetischen Verträglichkeit heute nahezu überall in Bachelor- und Masterstudiengängen der Elektrotechnik, der Informationstechnik und der Kommunikationstechnik vertreten. Um die Methoden und Konzepte dieses Faches zu verstehen, ist ein profundes Grundlagenwissen notwendig, so dass in Bachelorstudiengängen die Lehrinhalte in der Regel erst in der zweiten Hälfte des Studiums vermittelt werden können. Andererseits wäre es wichtig, schon sehr früh für das Thema der elektromagnetischen Verträglichkeit zu sensibilisieren, zum Beispiel, indem in Grundlagenveranstaltungen an geeigneter Stelle bereits auf Teilaspekte der EMV eingegangen wird. Um hier einen Einstieg in das Thema EMV zu geben, wird in diesem Buch auch immer wieder auf die Grundlagen verwiesen und es werden wichtige Begriffe verständlich erläutert.

An dieser Stelle bedanken wir uns bei allen Kolleginnen und Kollegen und unseren Studierenden, die durch ihre Anregungen zu diesem Buch beigetragen haben. Unseren Familien, die uns während der Entstehungszeit dieses Buches unterstützt haben, gilt unser ganz besonderer Dank.

Dortmund, im Frühjahr 2015

Frank Gustrau
Holger Kellerbauer

Vorwort zur zweiten Auflage

Die vorliegende 2. Auflage enthält einige Aktualisierungen und Ergänzungen insbesondere in den Abschnitten über Richtlinien, Normen und Zulassungsprozessen sowie im Bereich der EMV-Messtechnik.

Dortmund, im Frühjahr 2022

Frank Gustrau
Holger Kellerbauer

Inhalt

1 Einleitung

Dieses Kapitel liefert eine erste Annäherung an den Begriff der Elektromagnetischen Verträglichkeit (EMV), wobei die Komplexität des Themas bereits ersichtlich wird. Die EMV ist keine in sich geschlossene Disziplin, sondern sie hat Anknüpfungspunkte in allen Bereichen der Technik und auch regulatorische Aspekte greifen mit hinein. Eine kurze Vorausschau auf die folgenden Kapitel soll deutlich machen, wie wir uns das Themengebiet der EMV erschließen wollen.

1.1 Definition und Motivation

In der Norm IEC 60050 „International Electrotechnical Vocabulary" findet sich die Definition des Begriffes „elektromagnetische Verträglichkeit" (EMV).

Electromagnetic Compatibility – „The ability of an equipment or system to function satisfactorily in its electromagnetic environment without introducing intolerable electromagnetic disturbances to anything in that environment."

Elektromagnetische Verträglichkeit – „Die Fähigkeit eines Gerätes oder Systems in seiner elektromagnetischen Umgebung zufriedenstellend zu funktionieren, ohne selbst unzulässige Störungen in diese Umgebung mit einzubringen."

Die Ursprungsdisziplin der EMV ist der Funkschutz, d.h. die Gewährleistung von störungsfreier Nutzung von z.B. Behördenfunk, Radio, Fernsehübertragung, Flugnavigation, Mobil- und Amateurfunk. Funkempfänger sind die empfindlichsten Geräte im täglichen Gebrauch und daher das Maß für technische Überlegungen hinsichtlich Grenzwerten. Die störungsfreie Frequenznutzung sicherzustellen, fällt in den Aufgabenbereich der Bundesnetzagentur (BNetzA), die 1998 als „Regulierungsbehörde für Telekommunikation und Post" gegründet wurde. Der diskriminierungsfreie Zugang zu Medien ist ein hohes Rechtsgut.

EMV im Speziellen ist eine Problemstellung der Neuzeit, denn seit Beginn der Elektrifizierung von Industrie und Haushalten steigt die Anzahl, die Leistungsfähigkeit und die Integrationsdichte von Bauteilen, Geräten und Systemen kontinuierlich. Durch mehr und mehr Geräte auf immer engerem Raum stieg das allgemeine Störpotential über die Jahrzehnte immer weiter an und durch kleiner werdende Steuerungselemente mit niedrigeren Logikpegeln sank die Störfestigkeit im Gegenzug in ähnlichem Maße. Ende der neunziger Jahre kam es zunehmend zu schwerwiegenderen Ausfällen, da Geräte auf den Markt kamen, die mit ihrer Störumgebung nicht mehr zurechtkamen und Funktionsminderungen und -ausfälle zeigten (Bild 1.1).

Der Gesetzgeber war zum Handeln gezwungen, um das zufriedenstellende Funktionieren von Gerätschaften im Zusammenspiel sicherzustellen. Ab Ende 1995 wurde jeder Hersteller per Gesetz verpflichtet, nachzuweisen, dass das von ihm in den Handel gebrachte Gerät den Anforderungen des EMV-Gesetzes (EMVG) entspricht und „elektromagnetisch verträglich" ist.

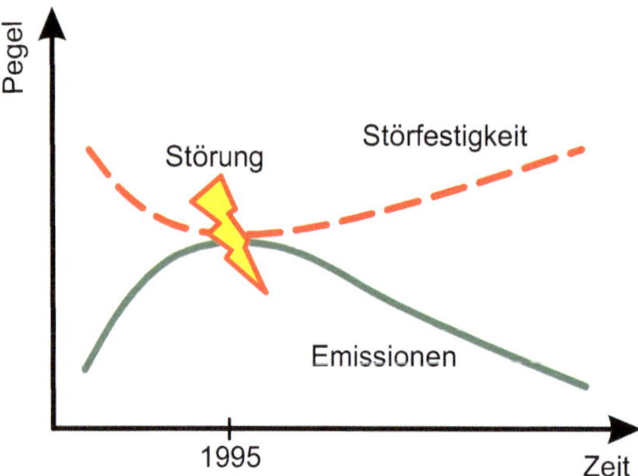

Bild 1.1 Entwicklung von durchschnittlicher Störfestigkeit (Robustheit gegen Störungen aus der Umgebung) von Geräten und Störemissionen (Aussendung von Störungen) in elektromagnetischen Umgebungen

Die 1. Novellierung des EMVG [EMVG96] vom 30.08.1995 ist die überarbeitete nationale Umsetzung der EU-Richtlinie 89/336/EG (damals noch EG) von 03.05.1989 [EMVR89]. Die Übergangsregelung zum EMVG endete am 31.12.1995 – von da an wurden Hersteller verpflichtet, die gesetzlichen Vorgaben umzusetzen.

Die EMV wurde zu einem wichtigen Bestandteil einer Produktentwicklung und zahlreiche Normen standardisierten Prüfverfahren, um die Verträglichkeit von Geräten und Systemen zu überprüfen. Diese Normen unterliegen, der technischen Entwicklung zu immer höheren Frequenzen und Packungsdichten folgend, ständigen Anpassungen und Änderungen.

1.2 Elektromagnetische Verträglichkeit als horizontale Disziplin

Anders als viele andere Themenschwerpunkte, die sich stark auf bestimmte Gerätegruppen spezialisieren, also *vertikale* Disziplinen sind, ist die EMV als *horizontale* Disziplin (Bild 1.2) bei allen Entwicklungsprozessen von elektrischen und elektronischen Geräten ein zu berücksichtigender Aspekt. Die gilt gleichmaßen für so unterschiedliche Produkte wie Transformatorstation, Herz-Lungen-Maschine oder Funkfernbedienung für ein Spielzeugauto.

Aufgrund der interdisziplinären Bedeutung und der juristischen Relevanz sollten innerhalb der Elektro- und Informationstechnik jede Entwicklerin und jeder Entwickler sowie jede Projektmanagerin und jeder Projektmanager und auch schon die Studierenden dieser Fachrichtung etwas von EMV gehört haben. Dieses Buch soll helfen, einen praxisnahen und umfassenden Überblick über die Problemstellungen der EMV zu liefern. Was ist bei der Entwicklung notwendig, um EMV im späteren Einsatz sicherzustellen? Wie kann die EMV eines Gerätes verbessert werden? Welche Störphänomene sind in einer elektromagnetischen Umgebung zu berücksichtigen? Wie kann die EMV eines Gerätes überprüft werden? Welche gesetzlichen Vorgaben sind für ein Produkt bzgl. der EMV relevant?

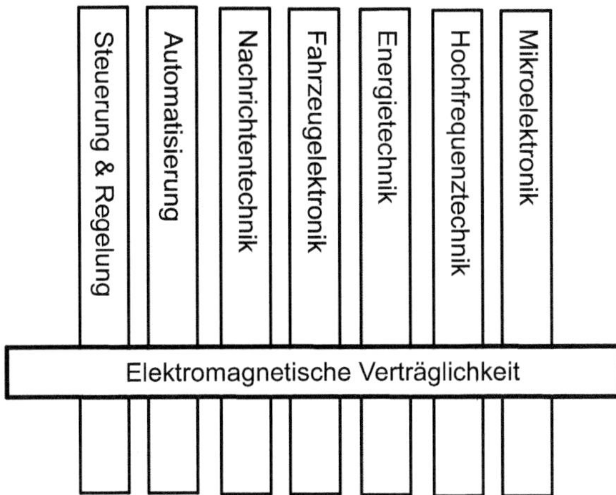

Bild 1.2 EMV als horizontale Disziplin

1.3 Aufbau des Buches

Zunächst werden im zweiten Kapitel *(Grundlagen und Begriffe der EMV)* alle notwendigen elementaren Grundlagen und Begriffe erläutert, um dem Leser den Einstieg in die Materie der elektromagnetischen Verträglichkeit möglichst komfortabel zu machen und eine erste Orientierung zu geben. Störsenken, Störquellen und Kopplungsmechanismen sind die Basis aller Überlegungen zum Zusammenspiel elektrischer und elektronischer Systeme sowie Geräte und Komponenten in Hinsicht auf die EMV. Außerdem wird das Verständnis für die praktisch unvermeidliche Überlagerung von (erwünschten) Nutz- und (unerwünschten) Störgrößenprozessen innerhalb von Systemen vermittelt.

Im dritten Kapitel *(Ausbreitung von Störsignalen)* steigen wir dann tiefer in die mathematische Beschreibung der physikalischen Phänomene ein. Da die Verkopplung von elektronischen Geräten auf parasitärem Wege erfolgt und in den seltensten Fällen direkt auf dem Schaltplan ersehen werden kann, ist die Einbeziehung der Maxwell'schen Gleichungen notwendig, die alle makroskopischen elektromagnetischen Phänomene beschreibt. Ausgehend von einem anschaulichen und mathematisch fundierten Verständnis der Maxwell'schen Gleichungen werden wir die im zweiten Kapitel kurz angesprochenen Kopplungsmechanismen eingehender betrachten und anhand von Beispielen belegen, wie man mit theoretischen Überlegungen und modernen Schaltungssimulatoren und 3D-Feldsimulationsprogrammen praktische Probleme angehen kann. Aus den allgemeinen Überlegungen und den konkreten Beispielen lernen wir Möglichkeiten kennen, die Kopplungsmechanismen besser zu beherrschen.

Kapitel vier *(Komponenten und Konzepte zur Verbesserung der EMV)* erläutert einige bewährte Standardkonzepte und wirksame Komponenten, um die Aussendung von Störungen zu minimieren oder die Störfestigkeit von Schaltungen zu erhöhen. Aufgrund der fachlichen Breite der *horizontalen Disziplin* EMV kann dieses Kapitel nur einen sehr kleinen Ausschnitt aus dem großen Portfolio beleuchten. Es wird daher an dieser Stelle auch immer wieder auf externe Literatur verwiesen werden müssen.

Das fünfte Kapitel *(Richtlinien, Normen und Zulassungsprozesse)* erläutert, welche Gesetze und Normen für einzelne Hersteller im Bereich der EMV relevant sind und listet auf, zu welchen Maßnahmen die Gesetze den Hersteller verpflichten. Das Kapitel dient als Leitfaden für die unterschiedlichen Zulassungsprozesse und gibt dem Hersteller Orientierung über die Schritte, die zu gehen sind, um ein Produkt in den EU-Markt bringen.

Das sechste Kapitel *(Messen und Prüfen)* erklärt, wie man normgerecht im Laborversuch die elektromagnetische Verträglichkeit nachweisen kann. Es beschreibt unterschiedliche Prüfverfahren zur Nachbildung verschiedener Störphänomene und die dazu benötigte technische Ausstattung und deren Einschränkungen. Die Palette reicht von aufwendigen gestrahlten Messverfahren in der Absorberkammer bis hin zu schnell applizierten leitungsgebundenen Verfahren, die auf einem Büroarbeitsplatz durchgeführt werden können.

Im siebten Kapitel *(Prüfvorbereitungen)* erklären wir Schritt für Schritt, wie ein Unternehmen eine EMV-Prüfung im betriebseigenen Labor oder bei einem externen Dienstleister vorbereiten kann, um die Gefahr von unnötigen Zeitverzögerungen und Mehrkosten im Zaum zu halten. Es enthält Tipps zu Anforderungen an Prüfhilfsmittel und Vorschläge für „Quick & Dirty"-Entstörungsmaßnahmen, wenn es bei einer Prüfung mal nicht so gut läuft.

2 Grundlagen und Begriffe der EMV

Bei der Beschreibung der oft komplexen Wechselwirkung zwischen Geräten ist eine klare begriffliche Einordnung der auftretenden elektromagnetischen Phänomene hilfreich. Ausgehend von einem elementaren EMV-Modell werden daher Kopplungsarten, innere und äußere EMV, Stör- und Nutzgrößenfluss sowie Einsatzfrequenzbereiche betrachtet. In den letzten beiden Abschnitten des Kapitels arbeiten wir notwendige Grundlagen der Pegelrechnung, Leitungstheorie und EMV-relevante Grundsätze der Schaltungstechnik auf.

2.1 Das EMV-Modell

Elektromagnetisch verträglich sein, heißt, dass ein Gerät, ein System, oder eine Einrichtung in einem elektromagnetisch belasteten Umfeld zufriedenstellend funktioniert und nicht übermäßig zum Störgeschehen der Umgebung beiträgt. EMV ist also eine *bi*direktionale Eigenschaft von elektrischen Systemen. Jedes Gerät kann, je nach Umstand, eine *Quelle* von elektromagnetischen Aussendungen sein oder eine *Senke* für die Aussendungen eines oder mehrerer anderer Systeme oder Phänomene (Bild 2.1). Während also z.B. ein Mobiltelefon im Sendefunkband eines Mobilfunkstandards als Störquelle wirken kann, ist es möglich, dass es im Ladezustand von leitungsgebundenen Störphänomenen aus dem öffentlichen Niederspannungsversorgungsnetz als Störsenke belastet wird.

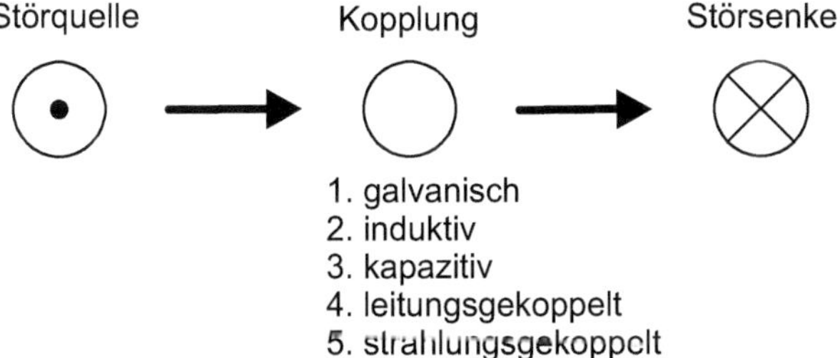

Bild 2.1 Elementares Beeinflussungsmodell: Eine Störquelle emittiert eine Störaussendung, die durch einen Kopplungsmechanismus an der Senke zur Störgröße wird.

Verbunden werden Quelle und Senke durch die fünf Kopplungsmechanismen 1. galvanisch, 2. induktiv, 3. kapazitiv, 4. leitungsgekoppelt und 5. strahlungsgekoppelt. Mit diesen Elementen lässt sich das elementare EMV-Modell in Bild 2.2 zusammensetzen.

Auch wenn jedes Gerät sowohl Senken- als auch Quelleneigenschaften hat, lassen sich die meisten Geräte aufgrund ihrer Funktion einer bestimmten Seite zuordnen. Pegelschwache Si-

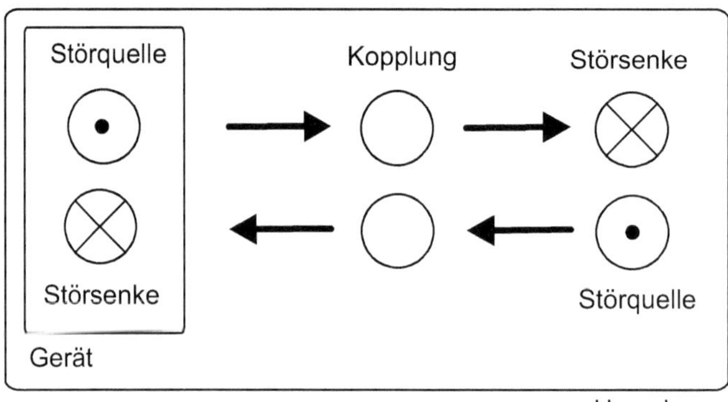

Bild 2.2 Elementares EMV-Modell: Alle Geräte sind prinzipiell Quelle und Senke für elektromagnetische Störphänomene, sie interagieren über Kopplungsmechanismen mit Quellen und Senken in ihrer Umgebung.

gnalübertragungssysteme sind öfter Opfer elektromagnetischer Phänomene, Energieübertragungssysteme mit hohen Spannungen und Strömen öfter Ursache.

Als Umgebung bzw. *EMV-Umgebung* wird dabei die Gesamtheit aller Phänomene bezeichnet, die innerhalb eines räumlich begrenzten Gebietes zugegen sind. Es gibt dabei prinzipiell keine feldfreie Umgebung auf der Erde und auch sonst nirgendwo, da stets mindestens die natürlichen elektromagnetischen Phänomene, wie z.B. das Erdmagnetfeld oder die kosmische Hintergrundstrahlung, vorhanden sind. Typische EMV-Umgebungen sind der Wohnbereich, der Industriebereich und der geschützte Bereich.

Wohnbereich – Im Wohnbereich muss mit typischen Störereignissen aus dem Niederspannungsversorgungsnetz sowie der Präsenz verschiedenster Funkdienste, wie Radio und Fernsehen, aber auch Mobilfunk und WLAN gerechnet werden. Man geht von niedriger Störfestigkeit aus, da die Geräte für den Hausgebrauch meist am Preis orientiert produziert sind, fordert aber auf der anderen Seite deshalb sehr gutes Emissionsverhalten.

Industriebereich – Im Industriebereich werden leistungsstarke, professionelle Geräte verwendet. Man muss mit der Präsenz von starken Störquellen, wie Schweißgeräten, Frequenzumrichtern und starken Elektromotoren, rechnen. Die geforderte Störfestigkeit ist größer als im Wohnbereich, die zulässige Emission aber dementsprechend auch höher.

Geschützter Bereich – Unter einem geschützten Bereich versteht man Laborumgebungen und medizinische Umgebungen, wie Arztpraxen und Krankenhäuser. Man geht von kontrollierten Bedingungen aus (d.h. z.B. dem Verbot der Nutzung von Mobiltelefonen) und muss daher wenig Störfestigkeit einfordern. Viele sehr empfindliche Messapparaturen und Sensoren bedeuten aber auch scharfe Anforderungen an das Emissionsverhalten.

Besonders kritisch wird es, wenn man für ein Betriebsmittel keine feste elektromagnetische Umgebung festlegen kann – *Fahrzeuge* z.B. können praktisch überall zum Einsatz kommen – egal, ob auf dem einsamen Bauernacker mit schwachen Störfestigkeitsanforderungen oder als Dienstfahrzeug am Flughafen, wo neben vielen Funkdiensten auch Systeme wie Radar im Einsatz sind, die mit hohen Sendepegeln arbeiten. Bei PKW und LKW sind daher die Anforderungen besonders hoch, gerade auch deshalb, weil fast alle Primärfunktionen (Beschleunigen, Bremsen, Lenken) extrem sicherheitsrelevant sind.

2.1.1 Nutz- und Störgrößenfluss

Startet ein Entwickler ein Vorhaben, so hat er zunächst den sogenannten *Nutzgrößenfluss* im Blick – sein Gerät soll eine bestimmte Funktion haben, d.h. gewöhnlich, aus elektrischer Energie mechanische Bewegung zu erzeugen (Maschinen und Anlagen, Fahr- und Werkzeuge), Informationen zu verarbeiten (Sensorik, IKT-Geräte (Informations- und Kommunikationstechnik) und Unterhaltungselektronik) oder die Energie zu wandeln (elektrische Heizgeräte, Leistungselektronik (Umrichter, Wandler) oder Schutztechnik). Oft wird dabei im Entwicklungsprozess die Möglichkeit von externen Störungen (also Störgrößen) vernachlässigt – hierzu gehören Temperatur, Stäube, Feuchte und natürlich elektromagnetische Störsignale, um die es bei der Disziplin der elektromagnetischen Verträglichkeit geht.

Gerade elektromagnetische Störungen sind dabei eher ambivalent – eine Nutzfrequenz eines Mobilkommunikationsnetzes ist für die teilnehmenden Endgeräte ein Nutzsignal, für die Geräte in der Umgebung eher eine Störgröße (Bild 2.3). Das gilt besonders für absichtlich emittierte Funkfrequenzen, da diese oft auch einen Pegel haben, der über einen deutlichen Signal-Rausch-Abstand verfügt.

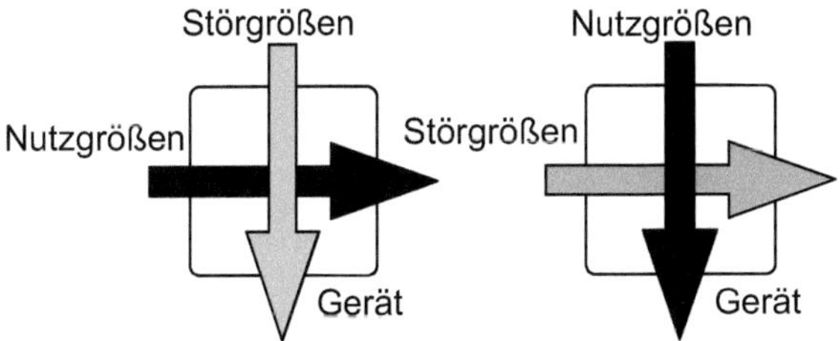

Bild 2.3 Nutz- und Störgrößenfluss: Was für das eine System eine wichtige Nutzgröße ist, kann für das benachbarte System störend wirken.

Es ist die Aufgabe der technischen Normung, Aussendungen so zu begrenzen und Störfestigkeit so einzufordern, dass alle technischen Einrichtungen in einer Umgebung störungsfrei zufriedenstellend funktionieren können. Störende Einflüsse können, wenn es sich um technisch genutzte Sendefrequenzen handelt, nicht vermieden werden, da sie Bestandteil der Funktion der Geräte sind. Ausreichende Festigkeit gegenüber Störgrößen und die Begrenzung der Abstrahlung von nicht notwendigen Signalen kann – wenn es keine Budget-, Zeit- und Bauvolumenbeschränkungen gibt – theoretisch immer sichergestellt werden.

Es ist zu beachten, dass ein System sich bezüglich der Nutzgrößen linear, bezüglich der Störgrößen aber massiv nichtlinear verhalten kann.

2.1.2 Innere und äußere EMV

In der Technik unterscheidet man zwischen „innerer EMV" und „äußerer EMV" – diese Unterscheidung macht auch die Gesetzgebung zum Thema EMV. Unter „innerer EMV" (Bild 2.4) versteht man die Wechselwirkung von Komponenten innerhalb eines geschlossenen Systems, das als Gesamtsystem vom Inverkehrbringer im Handel vertrieben wird. Hier ist allein der Hersteller verantwortlich dafür, dass sich seine Systemkomponenten nicht stören und sein Gerät einwandfrei funktioniert – das liegt in seinem ureigensten Interesse. Als Beispiel sei ein Fahrzeughersteller genannt, der in seinem PKW mehrere dutzend Steuergeräte verbaut hat – für den störungsfreien Betrieb innerhalb des Autos ist er zunächst allein verantwortlich (er verpflichtet aber seine Zulieferer vertraglich, die Komponenten vor der Zusammenführung entsprechend zu qualifizieren).

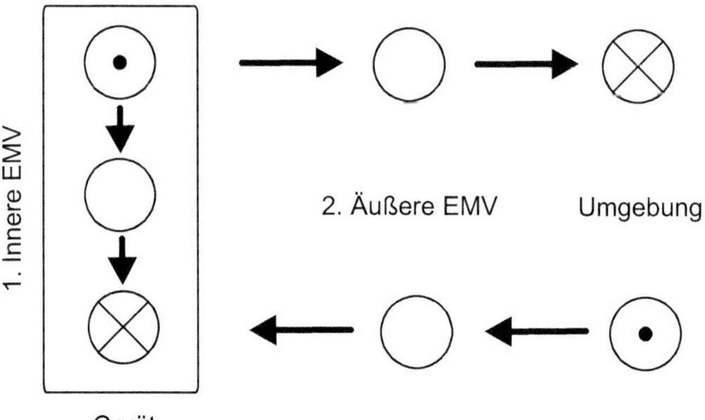

Bild 2.4 Unterscheidung innere und äußere EMV: Die EMV innerhalb eines Produktes, Systems oder Gerätes liegt allein in der Verantwortung des Herstellers, der die Funktion seines Gerätes im eigenen Interesse sicherstellen muss – die EMV zwischen einem Gerät und den anderen Geräten und Systemen in seiner Umgebung ist an die Vorgaben aus dem EMV-Gesetz gebunden und obliegt der Aufsicht durch die Bundesnetzagentur (BNetzA).

Unter „äußerer EMV“ versteht man die Wirkung zwischen einander fremden Geräten, die nicht als Gesamtsystem in den Handel kommen. Dieser Teil der EMV ist durch gesetzliche Vorgaben geregelt, um verschiedenste technische Systeme voreinander zu schützen und deren störungsfreien Betrieb sicherzustellen. Funktioniert der PKW aus dem obigen Beispiel nicht, weil ein Steuergerät das andere stört, interessiert dies den Gesetzgeber nicht – der Hersteller hat selbst vitales Interesse daran, dass alles funktioniert. Stört der PKW allerdings durch seine Störaussendungen, z.B. Mobiltelefone, in seiner Umgebung, obliegt es der zuständigen Behörde (Bundesnetzagentur, BNetzA), einzuschreiten. Um solche Störungen von vorneherein zu vermeiden, sind für die offiziellen Produktzulassungen gerätespezifische EMV-Untersuchungen vorgeschrieben.

2.2 Eigenschaften von Störquellen

Störquellen finden sich überall in der elektromagnetischen Umwelt – Blitze, Sendefunkanlagen, Motoren, Bildschirme usw. Sie unterscheiden sich in Wirkungsweise, Intensität und Gefährdungspotential. Jede technische Einrichtung kann theoretisch als Störquelle wirken – leistungsstarke Geräte oder Teilsysteme sind aber die üblichen Verdächtigen.

2.2.1 Charakterisierung von Störquellen

Störquellen können in fünf Kategorien unterschieden werden, wobei nicht immer konsistent entschieden werden kann, welche der Eigenschaften auf eine Quelle genau zutrifft, da dies auch von der möglicherweise sehr unterschiedlichen Umgebung der Quelle abhängen kann. Ein Mobiltelefon könnte als intermittierende Quelle eingeordnet werden, da es nicht ständig zum Telefonieren genutzt wird. Betrachtet man aber Senken an belebten Plätzen, z.B. eine Anzeigetafel an einem Flughafen, muss man davon ausgehen, das immer ein oder mehrere Handys in der Umgebung aktiv sind.

2.2.1.1 Natürlich/künstlich

Diese Unterscheidung lässt sich leicht treffen. Alle von elektrischen Systemen ausgesendeten Störphänomene sind als künstlich zu kategorisieren. Natürliche Phänomene wie Blitzschlag, elektrostatische Aufladung, Partikelschauer und dergleichen sind natürlich nicht künstlich.

2.2.1.2 Leitungsgebunden/gestrahlt

Werden die Störaussendungen über das Gehäuse als elektromagnetische Welle ausgesendet, spricht man von gestrahlter Störaussendung – Beispiele sind alle Arten von Funksendern, aber auch andere schlecht geschirmte Gehäuse, die intern genutzte Signale über die Luftschnittstelle nach Außen abstrahlen. Verlässt die Störgröße das System über die angeschlossenen Leitungen (Signal- und Energiekabel), spricht man von leitungsgebundener Störaussendung – Beispiele sind von Netzteilen abgegebene Oberschwingungsströme, Schaltimpulse und andere Überschwinger, wie von prellenden Relais. Der Ausbreitungsweg kann sich auf dem Pfad von Quelle zu Senke ändern – eine hochfrequente Störung, die zunächst das Gerät über ein angeschlossenes Kabel verlässt, kann bei entsprechender Leitungslänge vom Kabel durch die Luft abgestrahlt werden.

2.2.1.3 Beabsichtigt/unbeabsichtigt

Immer dann, wenn eine Aussendung als Bestandteil der technischen Funktion dient, d.h. dass ohne diese Abstrahlung keine Funktion mehr gegeben wäre, spricht man von beabsichtigter Störaussendung – Beispiele sind alle Arten von Funkdiensten, wie Mobilfunk, WLAN, Radio, Fernsehen, Bluetooth und Radar. Aufgrund der Lizenzgebühren, die für die Nutzung bestimmter Frequenzbereiche entrichtet werden müssen und dem rechtsverbindlichen Frequenznutzungsplan der Bundesnetzagentur, sind beabsichtigte Störaussendungen eigentlich immer schmalbandig, d.h. sie beanspruchen nur so wenig kostbares Spektrum wie nötig. Eine der wenigen beabsichtigten breitbandigen Anwendungen wäre z.B ein militärischer Störsender. Unbeabsichtigte Störaussendungen entstehen als unerwünschtes Nebenprodukt von elektrischen Funktionen – Beispiele sind Oberschwingungsströme, die in Netzteilen durch den Gleichrichtungsprozess entstehen, Sinussignale von Oszillatoren auf Platinen, die durch schlecht geschirmte Gehäuse dringen. Unbeabsichtigte Störaussendungen könnten theoretisch immer vermieden werden, im Wege stehen jedoch ggf. hohe Kosten, verlängerte Entwicklungsdauer und Bauraumbegrenzungen für Entstörmaßnahmen. Einen gewissen Pegel von unbeabsichtigten Störaussendungen emittiert eigentlich jedes komplexere Gerät. Bei natürlichen Phänomenen ist es nicht sinnvoll, zwischen beabsichtigten und unbeabsichtigten Phänomenen zu unterscheiden.

2.2.1.4 Schmalbandig/breitbandig

Als schmalbandig werden solche Störphänomene klassifiziert, die einen klar identifizierbaren, begrenzten Frequenzbereich belegen – das gilt für praktisch alle Informationsübertragungen (egal, ob leitungsgebunden oder gestrahlt, ob im Basisband oder in höhere Frequenzen moduliert) und Versorgungsspannungen (50/60 Hz Drehstromnetz, 16,6 Hz Wechselstromnetz der Bahn, 0 Hz Gleichspannungsversorgungen). Eine exaktere Einordnung hängt vom Empfangsfilter[1] ab – ist das Spektrum schmaler als die Bandbreite des Filters, handelt es sich um ein schmalbandiges Signal (Bild 2.5a). Nach Norm werden alle Aussendungen als schmalbandig eingeordnet, deren Signalspitzenwert maximal doppelt so hoch ist wie der Mittelwert des gleichgerichteten Signals. Ist dieser Unterschied größer, spricht man von breitbandigen Phänomenen (Bild 2.5b). Als Faustregel gilt, dass man breitbandige Signale nicht, oder schlecht einem speziellen, eingeschränkten Frequenzbereich zuordnen kann. Beispiele sind alle Arten von Impulsen, d.h. Schaltvorgänge an induktiven Lasten, Blitzschläge, Funkenabrisse in Bürstenmotoren und elektrostatische Entladungen.

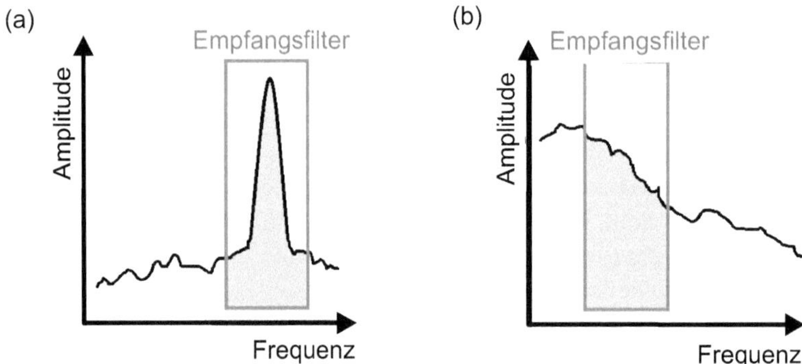

Bild 2.5 Spektrum von (a) schmalbandigen und (b) breitbandigen Störquellen: Das schmalbandige Signal kann einem beschränkten Frequenzbereich zugeordnet werden und ist schmaler als das Empfangsfilter – das breitbandige Signal belegt ein breites Spektrum und ist breiter als das Empfangsfilter.

2.2.1.5 Kontinuierlich/intermittierend

Kontinuierliche Störgrößen sind in ihrer elektromagnetischen Umgebung ständig präsent und aktiv. Beispiele sind Rundfunksender, WLAN-Router, Beleuchtungselemente, Heizungspumpen und Personalcomputer. Intermittierende Störquellen sind nur sporadisch aktiv und nicht dauerhafter Bestandteil einer elektromagnetischen Umgebung, wie z.B. Blitzeinschläge, Kontaktunterbrechungen bei Fahrdrahtsystemen durch Vereisung, Schaltimpulse in Schaltanlagen und elektromagnetische Entladungen (ESD) als Folge von Reibungsionisation.

2.2.1.6 Zeitvarianz von Störquellen

Systeme sind, je nach Funktionsumfang, nicht zu jedem Zeitpunkt gleich problematisch bzgl. ihrer elektromagnetischen Verträglichkeit. Viele Systeme haben einen intern verborgenen oder

[1] Siehe auch Abschnitt 6.1.10

äußerlich sichtbaren Funktionszyklus, bei dem es kritische Phasen gibt, in denen die Systemkomponenten besonders viele Störungen erzeugen. Ein einfaches und aus dem Alltag bekanntes Beispiel wäre ein Kühlschrank, der verschiedene Zustände hat die sich zyklisch wiederholen – „Kompressor läuft" und „Kompressor läuft nicht". In dem Moment, wo der Kompressor zugeschaltet wird, entstehen der Erfahrung nach besonders viele breitbandige Störungen durch den laufenden Motor. Die Zeitvarianz hat dabei einen großen Einfluss auf die Messbarkeit der Störaussendung im Laborversuch. Will man jeden Systemzustand abprüfen, muss die Messzeit pro Frequenzschritt dabei mindestens der doppelten Zykluszeit des zu prüfenden Systems entsprechen, damit zu 100% sichergestellt ist, dass in jedem Messschritt alle Zustände durchlaufen wurden. Bei langen Zykluszeiten erweist sich dies zum Teil als völlig unpraktikabel, was die Reproduzierbarkeit von Messungen stark einschränken kann.

Eine Lösung kann sein, das Messgerät in eine Art „Turbomodus" zu versetzen. Bei Messempfängern – dem zentralen Messmittel in der EMV – unterscheidet man den hochpräzisen Schrittbetrieb „stepped" (bei dem es zu den oben genannten Problemen kommen kann) und den schnellen aber oberflächlichen Analysebetrieb „swept", den auch die weniger präzisen Spektrumanalysatoren beherrschen. Der Frequenzbereich wird hier schnellstmöglich hundertfach hintereinander überstrichen und ein Messwert nur dann aktualisiert, wenn er größer als der bisher gespeicherte Wert bei einer jeden Frequenz ist (MAX HOLD). Man wartet nun ab, bis die Ergebnisse stabil sind, d.h. trotz weiterer Durchläufe keine noch höheren Pegel mehr gefunden werden. Aufgrund der schlechteren Pegelpräzision sind oft noch gezielte Nachmessungen an bestimmten herausstechenden Frequenzen erforderlich.

Eine noch präzisere Lösung dieses Problems für die Emissionsseite bieten sogenannte Zeitbereichsmessempfänger (TDEMI – „Time Division Emission Measurement Instrument"), die das Zeitsignal mit großer Präzision, Bandbreite und Speichertiefe abtasten und dann via diskreter Fouriertransformation (DFT) die Frequenzbereichsbelegung in Sekunden berechnen. Der Beobachtungszeitraum muss dann für den gesamten Messbereich nur noch der doppelten Zykluszeit entsprechen. Aktuell lösen solche Zeitbereichsmessempfänger die herkömmlichen Messempfänger Schritt für Schritt ab, aber in nicht brandaktuell ausgestatteten Laboren findet man aber immer noch konventionelle Geräte. Der Marktreife der Zeitbereichsmessempfänger stand lange Zeit das Problem von Bandbreite, Geschwindigkeit und Analysepräzision im Wege, sowie die Nachbildung der durch die Normen vorgeschriebenen Detektoren mit einer DFT (vgl. dazu Abschnitt 6.1.4 zum Thema „Zeitbereichsmessempfänger").

Für die Störfestigkeitsmessungen muss man mit einer teilweise schlechten Reproduzierbarkeit zurechtkommen oder spezielle Programmabläufe für das zu prüfende System festlegen, die die Systemzustände schneller hintereinander abspulen, als dies normalerweise im späteren Betrieb der Fall wäre. Eine breitbandige Messung mit anschließender Fouriertransformation ist prinzipiell nicht möglich, da auf diese Weise kein eindeutiger Zusammenhang zwischen Funktionsminderungen und einzelnen Frequenzen bzw. exakten Störpegeln hergestellt werden kann.

2.2.2 Beispiele von Störquellen

Störquellen sind meist in der Leistungselektronik zu finden, da hier die vorherrschenden Pegel hoch sind und es zu vielen Schalthandlungen kommt. Häufig vorkommende Phänomene sind

Oberschwingungsströme, Flicker, breitbandige Störaussendungen auf Leitungen und vom Gehäuse sowie Überspannungsimpulse.

Mobiltelefon – Ein Mobiltelefon produziert eine schmalbandige, beabsichtigte, intermittierende, gestrahlte und künstliche Störaussendung. Das Mobiltelefon steht hier stellvertretend für alle nicht dauerhaft genutzten Funksender bzw. Funkempfänger.

Blitzschlag – Ein direkter Blitzeinschlag ist eine breitbandige, gewöhnlich leitungsgebundene, natürliche und intermittierende Störquelle. Allerdings produziert der Plasmakanal wegen seiner enormen räumlichen Ausdehnung auch einen elektromagnetischen, gestrahlten Impuls, den sogenannten LEMP („lightning electromagnetic pulse").

Lastabwurf – Werden große, induktive Verbraucher im Netz hart abgeschaltet, entstehen leitungsgebundene, künstliche, breitbandige, intermittierende und unbeabsichtigte Störimpulse mit hohen Amplituden und kurzen Steigzeiten. Je härter geschaltet wird, desto breitbandiger ist das Spektrum des Impulses – als Faustregel kann die Steigzeit invertiert werden, d.h. ns entsprechen GHz, μs entsprechen MHz und ms entsprechen kHz.

Taktgeber – Auf Leiterkarten oder in integrierten Schaltungen können Taktgeber unbeabsichtigte, schmalbandige, kontinuierliche, künstliche Störungen über das Gehäuse (gestrahlt) oder die angeschlossenen Leitungen (leitungsgebunden) aussenden.

2.2.3 ISM-Bänder contra lizensierte Funkbänder

Schmalbandige beabsichtigte Störaussendungen müssen noch in zwei Kategorien unterteilt werden, die rechtlich einen unterschiedlichen Stand haben. Funkdienste in lizensierten Funkbändern nutzen das ihnen zugewiesene Frequenzspektrum exklusiv – der Funknetzbetreiber hat dafür teilweise hohe Lizenzgebühren bezahlt und verpflichtet gewöhnlich alle Nutzer zu Netznutzungsentgelten – ein Beispiel hierfür ist der Mobilfunk der fünften Generation mit seinen unterschiedlichen Frequenzbändern. Andere Dienste dürfen die Frequenzbänder technisch nicht nutzen und sind an Grenzwerte für die Emission gebunden – diese Grenzwerte dienen dann dem sogenannten *Funkschutz*. Andere Beispiele hierfür sind Radio- und Fernsehrundfunk – der Staat hat Lizenzgebühren erhalten und verpflichtet sich im Gegenzug dazu, die Spektren durch geeignete Maßnahmen vor unberechtigter Nutzung oder willkürlicher Störung (unbeabsichtigte Störaussendungen) zu schützen. Die hoheitliche Aufgabe des Funkschutzes nimmt die Bundesnetzagentur wahr.

Die Pflicht zur Sicherstellung von ungestörtem Radio- und Fernsehempfang ist dabei der Ursprung aller modernen EMV.

Im *Frequenznutzungsplan* (der im Internet frei einsehbar ist) existieren neben den lizensierten Bändern (Tabelle 2.1) noch sogenannte ISM-Bänder („industriell, wissenschaftlich, medizinisch"), die lizenzkostenfrei von technischen Geräten uneingeschränkt genutzt werden können, hierzu gehören z.B. 2,4 GHz, wo WLAN[2], Bluetooth und Mikrowellenherde operieren (Tabelle 2.2). Hierbei ist der Nutzer rechtlich nicht vor Störungen geschützt – funktioniert WLAN nicht, weil ein Nachbar in der Umgebung die 2,4 GHz anderweitig nutzt und die Signale interferieren, gibt es keinen Anspruch auf Funkschutz. Andere Beispiele für Geräte, die ISM-

[2] Nun wird auch klar, warum Mobiltelefonie kostet, WLAN aber nicht.

Frequenzen (kostenfrei) nutzen sind Funkkopfhörer, Modellfahrzeugfernbedienungen, Fahrzeugfunkschlüssel und RFID (Funketiketten).

Überschneiden sich lizensierte und freie Funkbänder, so kann dies dennoch funktionieren, indem die freien Services leistungsbegrenzt und lokal eingeschränkt verwendet werden. Ein Beispiel hierfür sind der geschützte Amateurfunk und die breitbandige Powerline-Communication (PLC), die zur Wohnungsvernetzung genutzt wird. In der Vergangenheit hat es viele Rechtsstreits wegen des gemeinsam genutzten Funkbandes gegeben, da die eigentlich leitungsgebundenen Signale der Powerline-Communications von Leitungen in der Wand in den Luftraum abgestrahlt wurden. Dieses Problem wurde technisch gelöst, indem neuere PLC-Endgeräte ihr Sendeband mit präzisen Lücken nutzen und so die bekannten Funkdienste umschiffen.

2.2.3.1 Übersicht über einige lizensierte Funkbänder

In der EN 55011 „Industrielle, wissenschaftliche und medizinische Geräte Funkstörungen – Grenzwerte und Messverfahren“ bzw. der CISPR 11 (internationales Pendant) finden sich im Anhang G und F Listen zu den sogenannten schützenswerten und empfindlichen Funkdiensten. Ein kurzer Überblick zu einigen dieser Dienste sei in Tabelle 2.1 präsentiert.

Tabelle 2.1 Übersicht über einige lizensierte Funkbänder

Bandbezeichnung	Anwendung	Frequenzbereich
GSM 900, GSM 1800	*Global System for Mobile Communication* (2G)	880...960 MHz; 1,71...1,88 GHz
UMTS	*Universal Mobile Telecommunications System* (3G)	1,92...2,17 GHz
LTE	*Long Term Evolution* (4G)	801...862 MHz (E-UTRA Band 2); 1,71...1,88 GHz (E-Utra Band 3); 2,5... 2,69 GHz (E-Utra-Band 7)
5G	*Mobilfunk der fünften Generation* (5G)	700 MHz...2,6 GHz; 3,4...3,8 GHz; 26...28 GHz
GPS	*Global Positioning System*	1,2276 GHz (L2); 1,57542 GHz (L1)
UKW-Rundfunk	Analoge Radiosender	76...108 MHz
DVB-T	*Digital Video Broadcasting – Terrestrial*	177,5...226,5 MHz (VHF Band III); 474...786 MHz (UHF Band IV+V)
CB-Funk	CB-Funk	26,965...27,405 MHz
Amateurfunk	Amateurfunk	0,2...30 MHz

2.2.3.2 Übersicht über einige ISM-Frequenzbänder

Tabelle 2.2 zeigt einige ISM Funkbänder. Aus dem Informationsblatt der Bundesnetzagentur zu Funkanwendungen auf den ISM-Bändern:

> „In der Regel sind die ISM-Frequenzen anderen Funkdiensten auf primärer und sekundärer Basis zugewiesen. Primär- und Sekundärnutzer dürfen durch ISM-Funkanwendungen nicht gestört werden. Umgekehrt haben ISM-Anwender Störungen durch andere Funkdienste hinzunehmen.“

Tabelle 2.2 Übersicht über einige ISM-Frequenzbänder

Bandbezeichnung	Frequenzbereich	Beispielverwendung
ISM-Band (mit Lücken)	50 Hz … 1 MHz	Wirbelstromformung
ISM-Band (mit Lücken)	1 MHz … 100 MHz	Erhitzung von Dielektrika
ISM-Band (mit Lücken)	2 MHz … 30 MHz	Powerline Communications
ISM-Band (mit Lücken)	10 MHz … 200 MHz	Hochfrequenzbeschleuniger
ISM-Band (mit Lücken)	27 MHz … 2,45 GHz	Wärmebehandlung
ISM-Band	433,05 … 434,79 MHz	Funkschlüssel
ISM-Band	2,45 GHz	Mikrowellenherd
ISM-Band	2,4 … 2,4835 GHz	WLAN
ISM-Band	5,15 … 5,725 GHz	WLAN

Für industrielle, wissenschaftliche, medizinische, häusliche und ähnliche Anwendungen dürfen die in Tabelle 2.3 aufgeführten Frequenzen frei genutzt werden (selbstverständlich unter Beachtung der Vorgaben aus dem Personenschutz in der Bundesemissionsschutzverordnung (Abschnitt 5.7)).

Tabelle 2.3 Weitere ISM-Frequenzbänder (inklusive häuslicher Anwendungen)

Frequenzbereich	
9 kHz … 10 kHz	13,553 kHz … 13,567 kHz
26 957 kHz … 27 283 kHz	40,66 MHz … 40,70 MHz
150 MHz	433,05 MHz … 434,79 MHz
2400 MHz … 2500 MHz	5725 MHz … 5875 MHz
24,00 … 24,25 GHz	

Für weitere industrielle, wissenschaftliche und medizinische Anwendungen sind noch die in Tabelle 2.4 genannten Bereiche freigegeben (man beachte, dass hier die häuslichen Anwendungen ausgeklammert sind).

Tabelle 2.4 Weitere ISM-Frequenzbänder (ohne häusliche Anwendungen)

Frequenzbereich	
6765 kHz … 6795 kHz	61 GHz … 61,5 GHz
122 GHz … 123 GHz	244 GHz … 246 GHz

Weitere Anwendungen sind Baby-Überwachungsanlagen, Audio- und Funkmikrofon-Anwendungen, Funkbewegungsmelder, Hörhilfen und Abstandswarnsysteme.

2.3 Eigenschaften von Störsenken

Störsenken finden sich überall in der elektromagnetischen Umwelt: Logikschaltungen, Sensoren, analoge Frontenden, Eingangs-Schutzbeschaltungen, Bildschirme usw. Sie unterscheiden sich in Empfindlichkeit, Zeitverhalten und Sicherheitsrelevanz bzw. ihren Verfügbarkeitsanforderungen.

2.3.1 Charakterisierung von Störsenken

Störsenken können ähnlich wie Störquellen beschrieben werden, jedoch sind andere Parameter für sie wichtig. Eine Störsenke muss, soll sie elektromagnetisch verträglich sein, mit allen Phänomenen in ihrem typischen Einsatzfeld zurechtkommen und darf keine unzulässigen Ausfälle oder Funktionsminderungen zeigen. Was man hierbei als nicht mehr zulässig ansehen muss, variiert stark von dem konkreten Gerät, dem System oder der Einrichtung, die betrachtet wird.

2.3.1.1 Einkopplungswege

Störsenken haben meist mehrere Ports oder Schnittstellen, durch die Störphänomene in sie eindringen können. Auch hier sind die angeschlossenen Kabel Eingänge für leitungsgebundene Signale und das Gehäuse potentielles Gatter für gestrahlte elektromagnetische Wellen. Natürlich können auch hier die angeschlossenen Kabel als unerwünschte Antenne wirken und eigentlich gestrahlte Phänomene in die Anschlüsse des Systems einleiten.

2.3.1.2 Klassifikation von Reaktionen

Störsenken können ganz unterschiedliche Ausfallerscheinungen zeigen, wenn sie von Störgrößen belastet werden. Die Schwere der Ausfälle wird je nach Norm oder Spezifikation in mehreren Stufen klassifiziert – Bezeichnungen reichen von A, B, C, D und E bis hin zu Status I, II, III und IV. Die Einteilung ist nicht über alle Vorgaben konsistent, weshalb hier nur eine übliche, aber beispielhafte Klassifikation beschrieben wird. In den englischen Normen spricht man von FSPC („Functional Status Performance Classes").

Klasse A – Keine Reaktion auf die Störgröße bzw. alle relevanten Systemparameter befinden sich weiterhin in ihrem üblichen Toleranzbereich. Klasse A wird für viele bzw. fast alle sicherheitsrelevante Funktionen gefordert, ggf. aber nicht für alle vorstellbaren Phänomene. So muss ein Gerät bis zu einer bestimmten Feldstärke Klasse A einhalten, darf bei extrem hohen Pegeln aber in Klasse B abrutschen. Dies gilt häufig auch für sehr seltene bzw. singuläre Ereignisse, wie z.B. Blitzeinschläge oder Lastabwürfe.

Klasse B – Es gibt eine Reaktion des Gerätes auf die Störgröße und Systemparameter befinden sich außerhalb ihrer zugewiesenen Toleranzbereiche. Klingt die Störgröße ab, findet das System ohne Benutzereingriff wieder zurück in den Normalzustand. Klasse B wird für viele nichtsicherheitsrelevante Funktionen gefordert. Ist allerdings zu erwarten, dass die Störgröße, die zum Ausfall führte, in der späteren Einsatzumgebung dauerhaft vorherrscht, ist auch für nichtsicherheitsrelevante Funktionen Klasse B nicht zulässig, da der Betrieb dann auch dauerhaft nicht möglich ist.

Klasse C – Es gibt eine Reaktion des Gerätes auf die Störgröße und Systemparameter befinden sich außerhalb ihrer zugewiesenen Toleranzbereiche. Klingt die Störgröße ab, findet das System nur mit Benutzereingriff wieder zurück in den Normalzustand. Klasse C wird für einige nichtsicherheitsrelevante Funktionen gefordert oder ist für Phänomene gedacht, die sehr selten auftreten, wie z.B. ein Hardwarereset bei einem leitungsgebundenen Impulsphänomen. Ist allerdings zu erwarten, dass die Störgröße, die zum Ausfall führte, in der späteren Einsatzumgebung dauerhaft vorherrscht, ist auch für nichtsicherheitsrelevante Funktionen Klasse C niemals zulässig, da die Verfügbarkeit praktisch auf null zusammenschrumpft.

Klasse D – Das System wird dauerhaft beschädigt und muss von einer besonders qualifizierten Person repariert werden. Klasse D ist normalerweise für kein System zulässig, es sei denn, es handelt sich um reine Komfortfunktionen (Leselicht im Auto) und/oder selten auftretende Phänomene.

Klasse FS – Die Abkürzung FS steht für „Fail safe“ und bedeutet, dass das System durch eine störungsinduzierte Reaktion nicht unsicher wird, was oft einfach bedeutet, dass das System einen potentiell unsicheren Zustand selbst erkennt und sich eigenständig abschaltet. Während also die Funktionsklassenbewertungen B oder C für den Ausfall in einen undefinierten, potentiell gefährlichen Zustand verwendet werden, ist die Anforderung an FS höher und erfordert in der Regel komplexe technische Maßnahmen. Diese Klassifizierung ist gebräuchlich bei großen oder gefährlichen Maschinen, die aufgrund von Gewicht, eingesetzter Werkzeuge oder Motorkraft auf keinen Fall unbeabsichtigte Bewegungen ausführen dürfen. Ein Beispiel:

Situation A – Ein Mobilbagger reagiert auf eine elektrostatische Entladung mit dem Drehen des Oberwagens – eine sehr gefährliche Situation für Personen, die sich im Schwenkkreis des Baggerarms befinden könnten. Bewerten würde man ein solches Verhalten mit B oder C. Akzeptabel wäre eine solche Reaktion unter keinen Umständen für Störgrößen, die im Umfeld eines Mobilbaggers typischerweise erwartbar wären.

Situation B – Ein Mobilbagger reagiert auf eine elektrostatische Entladung und seine ausgeklügelten Steuerungssysteme erkennen dass das Steurgerät für die Drehung des Oberwagens eine Bewegungs auslösen möchte, aber das Steuergerät des Steuerknüppels keine solchen Signale abgegeben hat. Das System erkennt einen möglicherweise gefährlichen Zustand und stoppt den Bagger. Eine solche Reaktion auf eine Störgröße würde mit FS bewertet.

2.3.1.3 Störfestigkeit/Suszeptibilität von Störsenken

In der Realität ist es für keine Funktion keines Systems möglich, für alle beliebigen Phänomene Klasse A einzuhalten. Gefordert ist immer die Einhaltung einer gewissen Klassifikation in Kombination mit einer Parameter-definierten Störgröße, z.B. fordert man für elektromagnetische Felder im Spektrum von 80 – 1000 MHz mit einer Feldstärke von 10 V/m die Einhaltung von Klasse A für typische industrielle Geräte. Hält ein Gerät alle in der Norm geforderten Einzelanforderungen zu Störfestigkeitsphänomenen ein, bezeichnet man es als „störfest“. Je nach Spezifikation kann die Forderung nach Störfestigkeit auch in Stufen gestaffelt sein – muss z.B. eine Baumaschine bis zu einer Feldstärke von 30 V/m noch Klasse A einhalten, kann für Feldstärken darüber bis zu 100 V/m nur Klasse FS gefordert sein.

Zeigt ein Gerät sich empfindlich gegenüber bestimmten Störphänomenen, nennt man diese Eigenschaft *Suszeptibilität.* Jede Suszeptibilität kann durch verschiedene Parameter klassifiziert sein – d.h. bei welcher Frequenz, an welchem Port mit welcher minimalen Störamplitude tritt das nicht mehr zulässige Fehlverhalten ein. Ein Beispiel: Eine Abgasregelklappe blockiert bei einem auf der Kommunikationsleitung eingekoppelten Sinussignal mit einer Frequenz von

20 MHz ab einer Amplitude von 30 V – dann nennt man 30 V die „Störschwelle“ dieses Phänomens, d.h. der minimale Pegel, ab dem eine Reaktion auftritt.

Entscheidend für die Störfestigkeit von Geräten sind oft die Logikpegelunterschiede, die auf den digitalen Signalleitungen vorherrschen, bzw. von Sendern und Empfängern auf der physikalischen Übertragungsschicht verwendet werden – je deutlicher „0“ und „1“ durch die ihnen zugeordneten Spannungspegel unterscheidbar sind (Bild 2.6), desto amplitudenstärker müssen externe Störeinflüsse sein, um eine Fehldecodierung auszulösen. Ein einfaches Beispiel: „1“ sei einem Spannungspegel von 10 V zugeordnet, „0“ einem Pegel von −10 V, dann muss die Störgröße mindestens zu einer Spannungsänderung von 10 V auf der Signalleitung führen, damit der Empfänger nicht mehr entscheiden kann, ob eine „1“ oder eine „0“ gesendet wurde.

(a) Ungestörter Fall

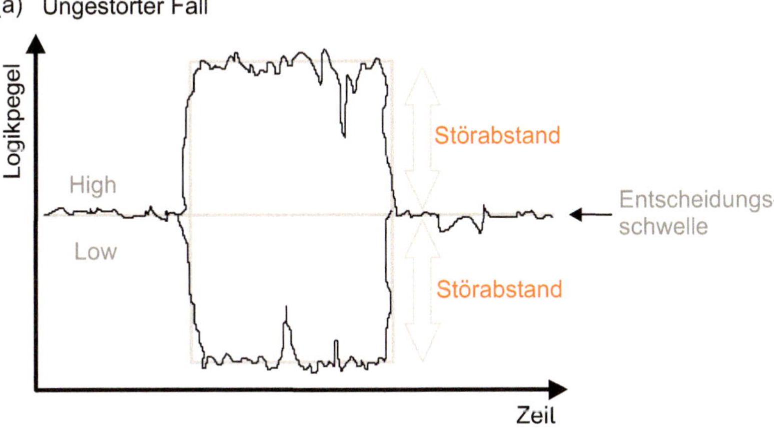

(b) Gestörter Fall

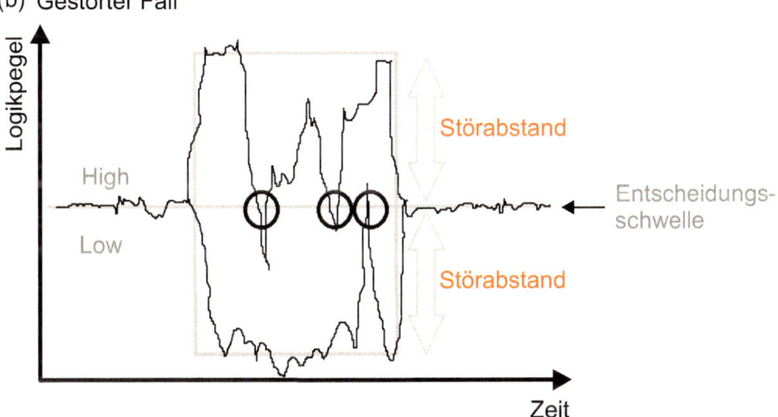

Bild 2.6 Augendiagramm: (a) ohne und (b) mit Fehldecodierungen

2.3.1.4 Zeitvarianz von Störsenken

Systeme sind, je nach Funktionsumfang, nicht zu jedem Zeitpunkt gleich empfindlich. Viele Systeme haben eine interne oder sichtbare *Zykluszeit*, in der es sogenannte vulnerable Phasen gibt, in denen die Systemparameter besonders anfällig auf Störungen von außen reagieren. Ein einfaches und aus dem Alltag bekanntes Beispiel wäre ein Speicherbaustein, der verschiedene Zustände hat – ruhend, lesend und schreibend, d.h. der Speicherinhalt wird gehalten, und schreibend, d.h. auf die einzelnen Zellen wird verändernd zugegriffen. Im Schreibmoment ist dabei das System besonders fehleranfällig, wenn das Schreibsignal von einem Störsignal überlagert wird. Ruhende Systeme sind in der Regel immer robuster als solche, die zum Zeitpunkt der Störeinwirkung ihre Parameter ändern (Bild 2.7).

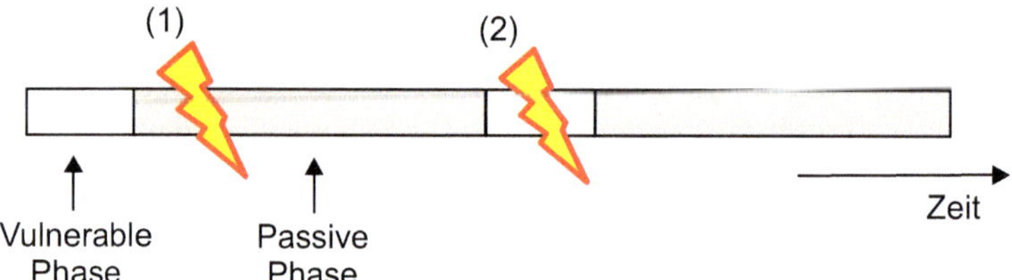

Bild 2.7 Ein System wechselt zyklisch zwischen passiver und aktiver Phase, ein Impulsphänomen in der passiven Phase (1) führt nicht zu einer Störung – anders in der aktiven, vulnerablen Phase (2).

Die *Zeitvarianz* hat dabei einen großen Einfluss auf die Messbarkeit der Störfestigkeit durch Laborversuche. Will man jeden Systemzustand abprüfen, muss die Prüfzeit pro Einzelphänomen dabei mindestens der doppelten Zykluszeit des zu prüfenden Systems entsprechen, damit sichergestellt ist, dass in jedem Messschritt alle Zustände abgespult werden. Bei langen Zykluszeiten erweist sich dies zum Teil als völlig unpraktikabel, was die Reproduzierbarkeit von Messungen stark einschränken kann. Man stelle sich vor, ein System fährt zyklisch einen 10-minütigen Ablauf ab und sei dabei innerhalb einer Minute besonders empfindlich. Man beschränkt sich nun aus Zeitgründen auf eine Messzeit pro Phänomen von einer Minute. Liegen Prüfstörgröße und vulnerable Phase zeitlich nicht übereinander, wird die Suszeptibilität im Laborversuch nicht festgestellt, kann aber durchaus im späteren Praxiseinsatz zum Vorschein kommen. Bestimmte Impulsprüfungen werden mit einer sehr großen Anzahl von zeitlich äquidistanten Impulsen vorgeschrieben – z.B. Impuls 1 (Schalten von induktiven Lasten) aus der ISO 7367-2 „Road vehicles – Electrical disturbances from conduction and coupling – Part 2: Electrical transient conduction along supply lines only“ mit 5000 Wiederholungen – man geht davon aus, dass statistisch bei einer so großen Anzahl von Pulsen jeder Systemzustand einmal beaufschlagt wurde. Ein gewisses Restrisiko bleibt aber stets bestehen.

Will man den Störsenkencharakter eines Gerätes feststellen, versucht man für den Laborversuch einen besonders kurzen Zyklus zu realisieren oder einen möglichst empfindlichen Betriebszustand dauerhaft einzustellen (z.B. ständiges Schreiben auf einen Speicherbaustein).

2.3.2 Beispiele von Störsenken

Wie bereits angedeutet, sind oft Kleinsignal-verarbeitende Komponenten Störsenken von äußeren Störeinflüssen, da hier die Signalamplituden und damit die Logikpegelunterschiede klein sind. Da der Trend in der Elektronik zu immer kleineren und schnelleren Prozessoren wandert – was Hand in Hand mit dem Immer-kleiner-Werden der Logikpegelunterschiede geht – muss man immer mehr Sorgfalt bemühen, technische Systeme trotzdem störfest zu realisieren.

Spannungsempfindliche Bauteile können durch elektrostatische Entladung oder (gewöhnlich asymmetrische) Überspannungsimpulse thermisch zerstört werden, z.B. Transistoren und Dioden. Schaltungen mit empfindlichen Bauteilen sind daher oft mit einer Eingangsschutzbeschaltung versehen, die die Störungen ableitet und den Rest der Schaltung schützt, z.B. aus Gasableitern, Varistoren, Strom-kompensierten Drosseln oder einfachen Parallelkondensatoren.

Funkdienste mit schwachem Sendepegel können durch breitbandige, gestrahlte Störaussendungen im Rauschen verschwinden und werden unbrauchbar, z.B. die pegelschwachen GPS und WLAN-Signale. An Sender und Empfänger sind praktisch keine Maßnahmen möglich – ein störungsfreier Betrieb wird hier durch die Begrenzung der Aussendungen aller anderen Geräte sichergestellt.

Signale auf Busleitungen können durch kapazitives Übersprechen für den Empfänger unlesbar werden, z.B. bei Ethernet oder CAN. Möglichkeiten dies zu unterbinden, bieten geschirmte Kabel, intelligente Leitungsführung, Mantelwellenunterdrückung durch Ferritkerne oder angepasste Leitungsabschlüsse, um die Entstehung von Stehwellen zu unterbinden. Eine Absenkung der Übertragungsrate oder die Schaffung von Redundanz durch intelligente Codierung (Prüfsummenbildung, Fehlerkorrektur etc.) kann Bussysteme softwareseitig schnell störungsunempfindlicher machen.

Neutralleiter können durch konstruktive Überlagerung von Oberschwingungsströmen über ihre Leistungsgrenze hinaus belastet werden und schmelzen. Dies ist für viele alte öffentliche Niederspannungsnetze ein Problem, dass der Neutralleiter aus Kostengründen oft mit sehr geringem Durchmesser ausgeführt ist – ein störungsfreier Betrieb wird hier durch die Begrenzung der Aussendungen aller anderen Geräte sichergestellt. Das Problem nimmt immer weiter zu, da mehr und mehr Schaltnetzteile Verwendung finden und so immer mehr nicht-rein-Ohm'sche Verbraucher am Netz teilnehmen. Alle nichtlinearen Verbraucher erzeugen Oberschwingungen, d.h. sie verzerren den eigentlich sauberen Sinus der 50 Hz Netzspannung.

Sensoren können durch eine unsaubere, Sinus-überlagerte Masse falsche Messwerte ausgeben, ihr analoges Ausgangssignal kann durch frequenzstabile Störgrößen überlagert werden. Gerade Sensorik kann durch intelligente Auswertesoftware gegen Störungen gehärtet werden, indem z.B. Zeitmittelwertbildung und Plausibilitätsprüfungen implementiert werden.

Potentialfreie Metallteile ohne hinreichend niederinduktive Masseanbindung können durch statische Aufladung zu elektrostatischen Entladungen führen, was in der Nähe von brennbaren Gasen zu Explosionsgefahr führen kann, z.B. an der Tankeinfüllöffnung eines PKW. Ein sorgfältiges Massekonzept ist extrem wichtig für den Betrieb fast aller Geräte.

Menschliche Nervenbahnen können durch extrem starke elektromagnetische Felder gereizt werden, z.B. in unmittelbarer Nähe zu Höchstspannungsleitungen. In der Praxis wird dies durch weiträumige Abschrankungen von Hochspannungskomponenten und entsprechende Grenzwerte für Expositionsbereiche für Personen vermieden. Treten durch das berühren spannungsführender Teile Körperströme auf, kann dies je nach Stromstärke zu Muskelverkrampfungen, Herzkammerflimmern oder Verbrennungen führen (siehe auch Abschnitt 5.7).

2.4 Pegelrechnung

Technische Größen werden häufig in logarithmischer Darstellung, d.h. als *Pegel*, angegeben. Ein Vorteil dieser Pegelschreibweise gegenüber der linearen Schreibweise besteht bei Größen, die einen Dynamikbereich besitzen, der viele Zehnerpotenzen umfasst. Durch die logarithmische Darstellung – zum Beispiel bei Messgeräten – können diese Größen übersichtlicher dargestellt werden. Weiterhin lassen sich angepasste Hochfrequenzschaltungen, wie sie in der EMV-Messtechnik verwendet werden, sehr einfach berechnen.

Wir wollen unterscheiden zwischen relativen und absoluten Pegeln.

Relative Pegel – *Zwei variable* Größen werden zueinander in Beziehung gesetzt.

Absolute Pegel – *Eine variable* Größe wird in Beziehung zu einem *absoluten* Wert gesetzt.

2.4.1 Relative Pegel

Um die Pegeldarstellung zu verstehen, betrachten wir das Übertragungssystem (Zweitor) in Bild 2.8. Die Eingangsgrößen haben den Index 1 und die Ausgangsgrößen den Index 2. Wir betrachten Signale mit harmonischem Zeitverlauf und reellen Impedanzen.

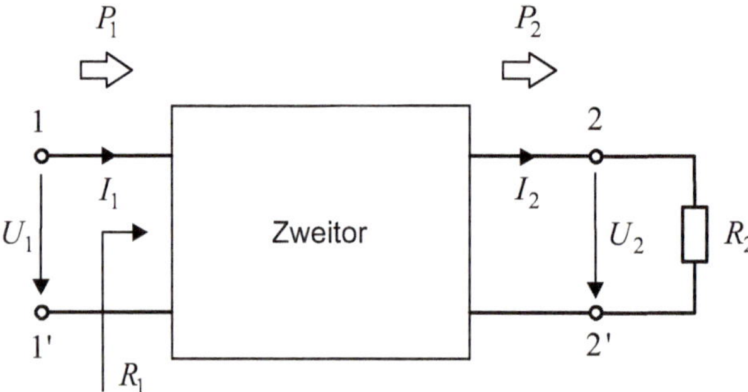

Bild 2.8 Zweitor mit Ein- und Ausgangsgrößen

Am Ein- und Ausgang gelten die folgenden Beziehungen zwischen Leistung P, Spannung U (Effektivwert) und Strom I.

$$P_1 = U_1 I_1 = \frac{U_1^2}{R_1} = I_1^2 R_1 \qquad \text{und} \qquad P_2 = U_2 I_2 = \frac{U_2^2}{R_2} = I_2^2 R_2 \tag{2.1}$$

Das Übertragungsverhalten kann durch Quotientenbildung von Ein- und Ausgangsgrößen sowie anschließender Logarithmierung beschrieben werden. Das Übertragungsmaß a lautet dann:

$$\frac{a}{\text{dB}} = 10 \cdot \log_{10}\left(\frac{P_2}{P_1}\right) = 10 \cdot \lg\left(\frac{P_2}{P_1}\right) \qquad \text{(Übertragungsmaß/Pegel)} \tag{2.2}$$

mit der Pseudoeinheit $[a] = \text{dB}$ (Dezibel). (Im Grunde ist das Ergebnis dimensionslos. Durch die Pseudoeinheit dB werden wir daran erinnert, dass der Wert durch Logarithmierung ermittelt wurde.)

Tabelle 2.5 Gegenüberstellung linearer und logarithmischer Größen bei relativen Pegeln

Logarithmische Größe dB	Lineare Größe (Spannungsbezug)	Lineare Größe (Leistungsbezug)
+40	100	$10\,000 = 10^4$
+30	≈31,6	$1\,000 = 10^3$
+20	10	$100 = 10^2$
+10	≈ 3,16	$10 = 10^1$
+6	≈2	≈4
+3	≈1,41	≈2
0	1	1
–3	≈0,707	≈0,5
–6	≈0,5	≈0,25
–10	≈0,316	$0{,}1 = 10^{-1}$
–20	0,1	$0{,}01 = 10^{-2}$
–30	≈0,0316	$0{,}001 = 10^{-3}$
–40	0,01	$0{,}0001 = 10^{-4}$

Je nachdem, ob die Ein- oder Ausgangsleistung größer ist, können folgende Fälle unterschieden werden:

$$P_1 > P_2 \quad \Rightarrow \quad \frac{P_2}{P_1} < 1 \quad \Rightarrow \quad a < 0 \quad \Rightarrow \quad \text{Dämpfung} \tag{2.3}$$

$$P_1 < P_2 \quad \Rightarrow \quad \frac{P_2}{P_1} > 1 \quad \Rightarrow \quad a > 0 \quad \Rightarrow \quad \text{Verstärkung} \tag{2.4}$$

Einsetzen von $P = UI = U^2/R = I^2R$ in obige Definition liefert:

$$\frac{a}{\text{dB}} = 10 \cdot \lg\left(\frac{P_2}{P_1}\right) = 10 \cdot \lg\left(\frac{U_2^2}{R_2} \cdot \frac{R_1}{U_1^2}\right) = 20 \cdot \lg\left(\frac{U_2}{U_1}\right) - 10 \cdot \lg\left(\frac{R_2}{R_1}\right) \tag{2.5}$$

d.h. falls $R_1 = R_2$ (gleiche Widerstände) gilt:

$$\frac{a}{\text{dB}} = 20 \cdot \lg\left(\frac{U_2}{U_1}\right) \qquad \text{(Übertragungsmaß/Pegel)} \tag{2.6}$$

Ebenso gilt für den Strom bei $R_1 = R_2$:

$$\frac{a}{\text{dB}} = 20 \cdot \lg\left(\frac{I_2}{I_1}\right) \tag{2.7}$$

Durch den Faktor 10 bei Leistungen und den Faktor 20 bei Strom und Spannung ergeben sich gleiche Werte für das Übertragungsmaß bei einem Zweitor, falls die Bezugswiderstände[3] am Ein- und Ausgang gleich sind. Das Verhältnis der Ein- und Ausgangsgrößen berechnet sich durch Umkehrung der obigen Gleichungen, also:

$$\frac{P_2}{P_1} = 10^{\frac{a/\text{dB}}{10}} \qquad \text{und} \qquad \frac{U_2}{U_1} = 10^{\frac{a/\text{dB}}{20}} \tag{2.8}$$

[3] Die im Bereich der EMV gebräuchliche Messtechnik verwendet üblicherweise Bezugswiderstände von 50 Ω, d.h. alle Komponenten besitzen Ein- und Ausgangsimpedanzen sowie Leitungswellenwiderstände mit diesem Wert.

Ein 20 dB-Verstärker beispielsweise verstärkt die Leistung also um den Faktor 100 und die Spannung um den Faktor 10. Tabelle 2.5 stellt Leistungs- und Spannungsverhältnisse den entsprechenden dB-Werten gegenüber.

Der Vollständigkeit halber wollen wir erwähnen, dass selten statt des dekadischen Logarithmus auch eine Definition mit dem natürlichen Logarithmus (ln) verwendet wird.

$$\frac{a}{\text{Np}} = \ln\left(\frac{U_2}{U_1}\right) = \frac{1}{2}\ln\left(\frac{P_2}{P_1}\right) \tag{2.9}$$

Die Pseudoeinheit Neper deutet auf die veränderte Logarithmierung hin. Neper (Np) und Dezibel (dB) lassen sich ineinander umrechnen: 1 Np $\hat{=}$ 8,686 dB.

Beispiel 2.1 Kettenschaltung von angepassten Zweitoren

Als Anwendungsbeispiel für Pegel betrachten wir eine Kettenschaltung von zwei angepassten Zweitoren in Bild 2.9. Hochfrequenzschaltungen werden in ihrem Betriebsfrequenzbereich in aller Regel – bezogen auf eine Bezugsimpedanz von $Z_0 = 50\,\Omega$ – angepasst betrieben, d.h. an den Toren treten keine Reflexionen auf.

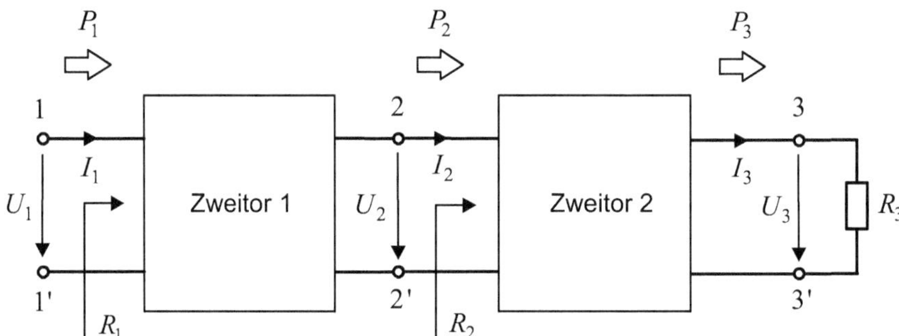

Bild 2.9 Kettenschaltung von Zweitoren

Für die Übertragungsmaße a_1 und a_2 der beiden Zweitore gilt:

$$\frac{a_1}{\text{dB}} = 10\cdot\lg\left(\frac{P_2}{P_1}\right) \qquad \text{und} \qquad \frac{a_2}{\text{dB}} = 10\cdot\lg\left(\frac{P_3}{P_2}\right) \tag{2.10}$$

Für das Gesamtsystem erhalten wir:

$$\frac{a_{\text{ges}}}{\text{dB}} = 10\cdot\lg\left(\frac{P_3}{P_1}\right) = 10\cdot\lg\left(\frac{P_2}{P_1}\cdot\frac{P_3}{P_2}\right) = 10\cdot\lg\left(\frac{P_2}{P_1}\right) + 10\cdot\lg\left(\frac{P_3}{P_2}\right) = a_1 + a_2 \tag{2.11}$$

Bei einer Kettenschaltung ergibt sich der Gesamtpegel also einfach aus der Summe der einzelnen Pegel. Wäre Zweitor 1 ein Verstärker mit einer Verstärkung von $a_1 = 20\,\text{dB}$ und Zweitor 2 eine Leitung mit einer Dämpfung von $a_2 = -2\,\text{dB}$, so hätte das Gesamtsystem eine Verstärkung von 18 dB. ■

2.4.2 Absolute Pegel

Beim absoluten Pegel wird nun eine variable Größe in Beziehung zu einem festen (absoluten) Wert gesetzt. Bei Leistungswerten wird wieder der Faktor 10 und bei Spannungswerten der Faktor 20 verwendet.

Je nach Bezugsgröße (absolutem Wert) können unterschiedliche Leistungspegel angegeben werden. Verwenden wir als Bezugsgröße ein Watt ($P_0 = 1$ W), so ergibt sich der Leistungspegel

$$\frac{P_x}{\mathrm{dBW}} = 10 \cdot \lg\left(\frac{P_x}{P_0}\right) = 10 \cdot \lg\left(\frac{P_x}{1\,\mathrm{W}}\right) \tag{2.12}$$

Die Pseudoeinheit dBW erinnert einerseits an die Logarithmierung (dB) und beinhaltet andererseits den Bezugswert (W = 1 Watt).

Wählen wir als gebräuchliche Bezugsgröße ein Milliwatt ($P_0 = 1$ mW), so erhalten wir folgenden Leistungspegel:

$$\frac{P_x}{\mathrm{dBm}} = 10 \cdot \lg\left(\frac{P_x}{P_0}\right) = 10 \cdot \lg\left(\frac{P_x}{1\,\mathrm{mW}}\right) \tag{2.13}$$

Beim Bezug auf ein Milliwatt wird die Pseudoeinheit dBmW in der Praxis zu dBm verkürzt.

Entsprechend können wir Spannungspegel unter Verwendung unterschiedlicher Bezugsspannungen angeben. Für die Bezugsgröße $U_0 = 1\,\mu$V gilt:

$$\frac{U_x}{\mathrm{dB}\mu\mathrm{V}} = 20 \cdot \lg\left(\frac{U_x}{U_0}\right) = 20 \cdot \lg\left(\frac{U_x}{1\,\mu\mathrm{V}}\right) \tag{2.14}$$

Tabelle A.1 im Anhang zeigt eine Zusammenstellung wichtiger Spannungs- und Leistungspegel. Der Faktor 20 wird ebenso bei Strompegeln (Pseudoeinheit dBA) sowie elektrischen und magnetischen Feldstärkepegeln (Pseudoeinheiten dB(V/m) und dB(A/m)) verwendet. Bei leistungsbasierten Größen hingegen wird der Faktor 10 verwendet, beispielsweise bei Leistungsdichtepegel mit der Pseudoeinheit dB(W/m^2).

Beispiel 2.2 Feldstärkemessung und Pegeldarstellung

Als Beispiel für den Umgang mit Pegeln betrachten wir den Aufbau für Feldstärkemessungen bei einer Frequenz von $f = 1$ GHz in Bild 2.10. Der Aufbau besteht aus

- einer logarithmisch-periodischen Dipol-Antenne mit einem Antennenfaktor von $AF = 22{,}75$ dB(1/m) bei einer Frequenz von 1 GHz,
- einer Verstärker/Filter-Kombination mit einer Gesamtverstärkung von $G = 10$ dB,
- einer verlustbehafteten Leitung mit einer Dämpfung von $A = 2$ dB (d.h. einer entsprechenden Verstärkung von −2 dB),
- dem Messempfänger mit einer Darstellung der gemessenen Spannung als Pegel in der Einheit dBμV.

Der Antennenfaktor AF repräsentiert das Verhältnis von elektrischer Feldstärke $\vec{E}$ am Ort der Antenne zur Spannung U_A am koaxialen Anschluss.

$$AF = \frac{|E|}{|U_A|} \tag{2.15}$$

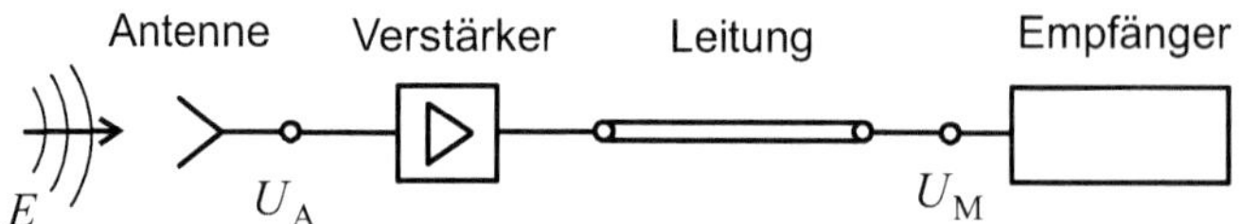

Bild 2.10 Feldstärkemessung und Pegeldarstellung

Der Antennenfaktor in Gleichung 2.15 besitzt die Einheit 1/m. Für eine logarithmische Darstellung als Pegel wird eine dimensionslose Größe benötigt, also wird das Verhältnis von elektrischer Feldstärke zur Empfangsspannung auf diese Einheit 1/m bezogen. Wir erhalten für den Antennenfaktor in Pegeldarstellung:

$$AF = 20\lg\left(\frac{|E|/|U_\mathrm{A}|}{1/\mathrm{m}}\right) = 20\lg\left(\frac{|E|}{|U_\mathrm{A}|}\cdot\mathrm{m}\right) \tag{2.16}$$

Die Pseudoeinheit für den Antennenfaktor lautet nun dB(1/m). Bild 2.10 zeigt den Zusammenhang zwischen der elektrischen Feldstärke am Ort der Antenne und dem angezeigten Spannungspegel im Messempfänger. Wir unterscheiden dabei die Spannungen am Antennenstecker U_A und im Messempfänger U_M.

$$\frac{U_\mathrm{M}}{\mathrm{dBV}} = \underbrace{\frac{E}{\mathrm{dB(V/m)}} - \frac{AF}{\mathrm{dB(1/m)}}}_{U_\mathrm{A}} + \frac{G}{\mathrm{dB}} - \frac{A}{\mathrm{dB}} \tag{2.17}$$

Gehen wir für ein Rechenbeispiel von einem Feldstärkepegel von 47 dB(µV/m) aus. Dies entspricht einer Feldstärke von $E = 224\,\mu\mathrm{V/m}$. Nach Gleichung 2.17 erhalten wir folgenden Wert für die vom Messempfänger angezeigte Spannung:

$$U_\mathrm{M} = 47\,\mathrm{dB}(\mu\mathrm{V/m}) - 22{,}75\,\mathrm{dB(1/m)} + 10\,\mathrm{dB} - 2\,\mathrm{dB} = 32{,}25\,\mathrm{dB}\mu\mathrm{V} \tag{2.18}$$

Mit den richtigen Kenngrößen lässt sich also ein relativ komplexes System schnell überschauen. ■

2.5 Schaltungskonzepte

2.5.1 Einfache Grundschaltung

Um grundsätzliche EMV-Kopplungsprobleme zu verstehen, gehen wir von einer Grundschaltung aus einer Quelle aus idealer Spannungsquelle U_0 mit Innenwiderstand R_I und einer Lastimpedanz R_A aus. Zur Verdeutlichung der geometrischen Abmessungen verbinden wir die Quelle und die Last zudem durch eine Leitung der Länge ℓ. Die Leitung wird im Schaltbild (Bild 2.11a) durch die Doppelstriche angedeutet.

Die *Leitung* stellt hier die Verbindung zwischen der hohen Abstraktionsebene einer Schaltungssimulation und der physikalischen Realität elektromagnetischer Felder (Bild 2.11b) her:

- Mit dem Strom I auf einer Leitung ist ein umwirbelndes magnetisches Feld $\vec{H}$ verbunden, welches zu induktiven Einkopplungen in benachbarte Strukturen führen kann.

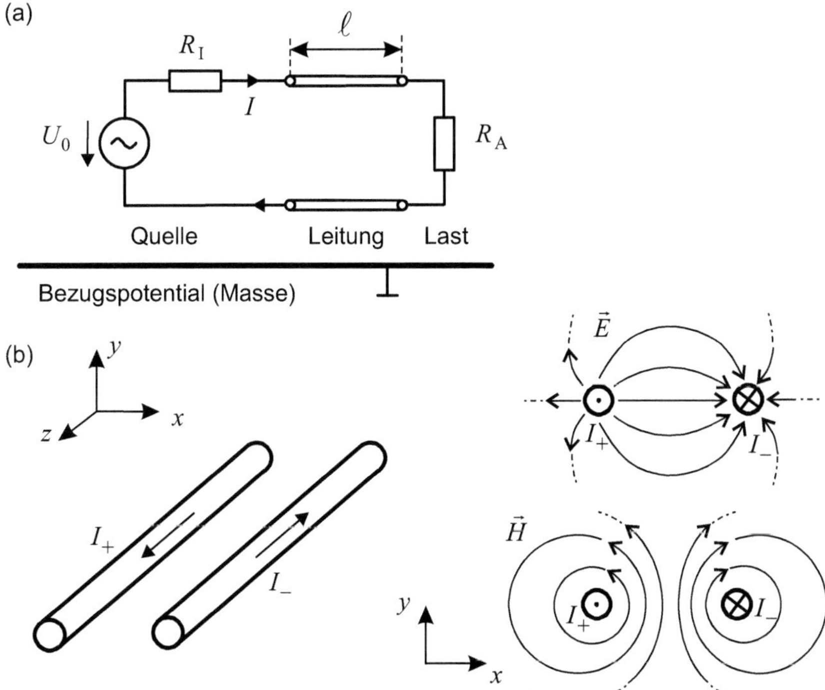

Bild 2.11 (a) Grundschaltung zum Verständnis von EMV-Kopplungswegen und (b) elektrische und magnetische Felder in der Umgebung einer Zweidrahtleitung

- Mit der Spannung U auf einer Leitung ist ein elektrisches Feld $\vec{E}$ zwischen den Leitungen verbunden, welches zu kapazitiven Einkopplungen in benachbarte Strukturen führen kann.
- Aufgrund des räumlichen Abstandes zwischen Hin- und Rückleiter ist die Leitung selbst empfänglich für äußere elektrische und magnetische Felder, es können also Signale induktiv und kapazitiv in die Schaltung eingekoppelt werden.

Elektrisch kurze Leitungen, also Leitungen, die kürzer als etwa ein Zehntel[4] der Wellenlänge bei der Betriebsfrequenz ($\ell < \lambda/10$) sind, bedürfen bei einer einfachen Schaltungsanalyse im allgemeinen keiner besonderen Beachtung. Leitungen jedoch, die eine signifikante Länge im Verhältnis zur Wellenlänge aufweisen ($\ell > \lambda/10$) müssen gemäß der Leitungstheorie durch ihre Leitungskenngrößen beschrieben werden.

Die drei *Leitungskenngrößen* sind

Leitungswellenwiderstand – Der Leitungswellenwiderstand Z_L bestimmt das Verhältnis von Spannung und Strom auf einer Leitung bei einer rein fortschreitenden Welle. Eine rein fortschreitende Welle liegt vor, falls ein Signal sich von der Quelle zur Last ausbreitet und kein Signal in rückwärtiger Richtung überlagert ist. Der Leitungswellenwiderstand kann aus der Geometrie und den Materialgrößen ermittelt werden. Bei einer verlustlosen Leitung ist der Leitungswellenwiderstand rein reell. In der Hochfrequenztechnik besitzen Leitungen häu-

[4] Die Grenze $\lambda/10$ hat sich in der Praxis für viele Einsatzbereiche als sinnvolle Abschätzung bewährt.

fig einen Wert von $Z_L = 50\,\Omega$. Um Reflexionen zu vermeiden, müssen Leitungswellenwiderstand, Lastwiderstand und Quellwiderstand übereinstimmen: $R_I = Z_L = R_A$ (Anpassung).

Ausbreitungskonstante – Die Ausbreitungskonstante $\gamma = \alpha + j\beta$ besteht aus der Dämpfungskonstante α und der Phasenkonstanten β. Die Dämpfungskonstante beschreibt den exponentiellen Signalabfall längs der Leitung und die Phasenkonstante steht im Zusammenhang mit der Phasengeschwindigkeit $c = v_{ph}$ elektromagnetischer Signale auf der Leitung ($\beta = 2\pi/\lambda = \omega/c$).

Physikalische Länge – Die Länge ℓ bestimmt im Zusammenhang mit den beiden vorgenannten Größen die Impedanztransformation der Leitung und die Laufzeit τ (bzw. der Phasendrehung $\Delta\varphi$) eines Signales auf der Leitung.

Als weiteres Element der Grundschaltung in Bild 2.11a finden wir eine *Masse (Bezugspotential)*. Diese Masse repräsentiert eine in der Umgebung der Schaltung befindliche räumlich ausgedehnte, metallische Struktur, z.B. das metallische Gehäuse eines Gerätes, der elektrisch leitfähige Erdboden oder die Fahrzeugkarosserie neben einer elektronischen Komponente. Durch die Berücksichtigung einer Masse ist aus dem ursprünglichen Zweileitersystem der Leitung ein Dreileitersystem geworden. Die Masse muss im ursprünglichen Schaltungsentwurf des Entwicklers gar nicht vorhanden gewesen sein und kann sich zum Beispiel erst später – z.B. in der konkreten Einbausituation in einem Fahrzeug – ergeben.

2.5.2 Beschreibung von Leitungen

Auf einer Leitung können sich Strom- und Spannungswellen in gegenläufigen Richtungen ausbreiten. Bild 2.12 zeigt die Spannungswellen U_h und U_r, wobei der Index „h" die komplexe Amplitude der hinlaufenden (d.h. in $+x$-Richtung sich ausbreitenden) Spannungswelle und der Index „r" die komplexe Amplitude der rücklaufenden (d.h. in $-x$-Richtung sich ausbreitenden) Spannungswelle bezeichnet.

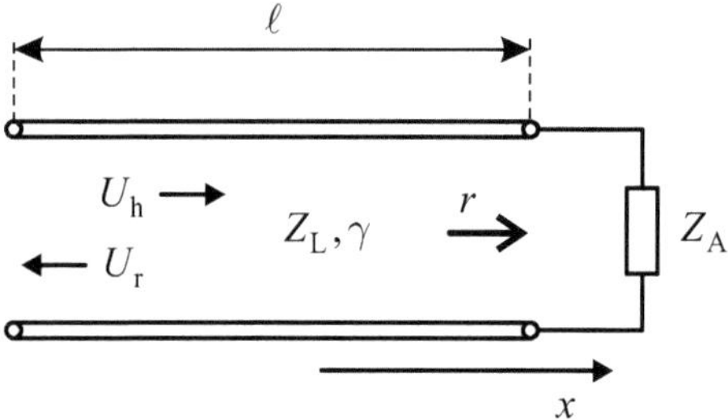

Bild 2.12 Spannungswellen auf einer Leitung

Die Ausbreitungsgeschwindigkeit c entspricht der Lichtgeschwindigkeit und hängt ab vom (meist dielektrischen) Füllmaterial der Leitung. Es gilt

$$c = \frac{c_0}{\sqrt{\varepsilon_r}} \tag{2.19}$$

mit der Vakuum-Lichtgeschwindigkeit c_0 und der relativen Dielektrizitätszahl ε_r des Mediums. Bei einer rein fortschreitenden Welle (also der Ausbreitung nur in einer Richtung) entspricht das Verhältnis von Strom und Spannung an jedem Punkt auf der Leitung dem *Leitungswellenwiderstand* Z_L

$$Z_\mathrm{L} = \frac{U_\mathrm{h}}{I_\mathrm{h}}, \tag{2.20}$$

wobei U_h die Amplitude der hinlaufenden Spannungswelle und I_h die Amplitude der hinlaufenden Stromwelle ist.

Der Leitungswellenwiderstand einer verlustlosen Leitung ist reell und für einige Leitungstypen einfach geschlossen berechenbar. Als Beispiel betrachten wir die in der Praxis wichtigen Leitungstypen *koaxiale Leitung* (Bild 2.13a) sowie *Paralleldrahtleitung* (Bild 2.13b). Für den Leitungswellenwiderstand der Koaxialleitung gilt:

$$Z_\mathrm{L} = \frac{60\,\Omega}{\sqrt{\varepsilon_\mathrm{r}}} \ln\left(\frac{R_\mathrm{a}}{R_\mathrm{i}}\right) \quad \text{(Koaxialleitung)} \tag{2.21}$$

mit dem Radius R_i des Innenleiters und dem Radius R_a des Außenleiters. Für den Leitungswellenwiderstand der Paralleldrahtleitung gilt:

$$Z_\mathrm{L} = \frac{Z_\mathrm{F0}}{\pi\sqrt{\varepsilon_\mathrm{r}}} \operatorname{arccosh}\left(\frac{D}{d}\right) \quad \text{(Paralleldrahtleitung)} \tag{2.22}$$

mit dem Durchmesser d des Einzelleiters und dem Mittelpunktsabstand D der Leiter voneinander. Die Größe Z_F0 entspricht dem Feldwellenwiderstand des freien Raumes ($Z_\mathrm{F0} \approx 377\,\Omega$).

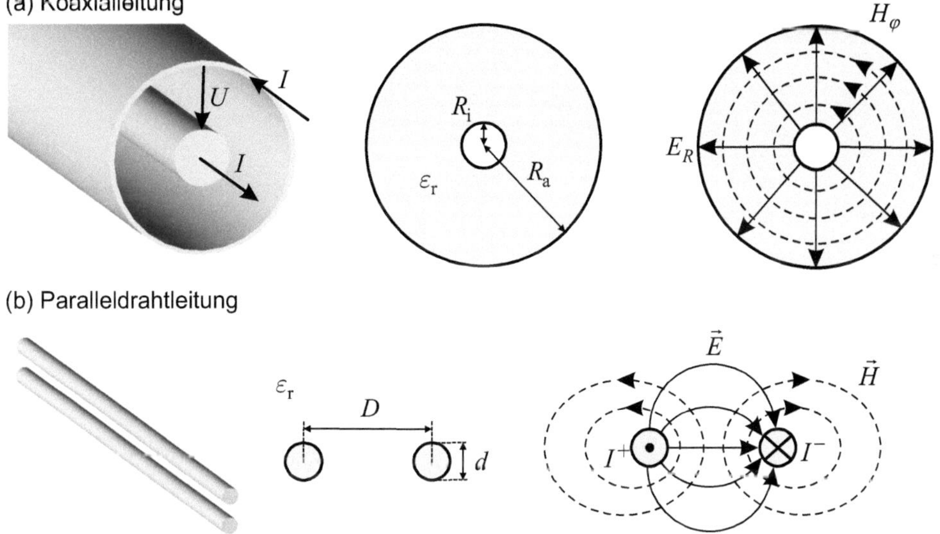

Bild 2.13 (a) Koaxialleitung und (b) Paralleldrahtleitung

Die koaxiale Leitung ist eine *geschlossene* Leitung, die elektrischen und magnetischen Felder verlaufen nur zwischen Innen- und Außenleiter. Der Außenleiter wirkt als Kabelschirm und verhindert die Einkopplungen von äußeren Störfeldern sowie die Abstrahlung von Störungen in die Umgebung der Koaxialleitung. Die Paralleldrahtleitung hingegen ist eine *offene*

Leitungsstruktur, deren Felder in die Umgebung übergreifen und die empfänglich für Störeinkopplungen ist. Durch konstruktive Maßnahmen und geeignete Schaltungskonzepte kann die Störeinkopplung jedoch reduziert werden (siehe Abschnitt 2.5.4 und Abschnitt 4.7).

Die Leitungswellenwiderstände anderer in der Praxis bedeutsamer Leitungstypen wie die Mikrostreifenleitung und Streifenleitung können nur durch aufwendigere Näherungsformeln (z.B. [Wade91]) oder über teils kostenlose Softwaretools (z.B. [AWR10]) berechnet werden.

Trifft die hinlaufende Spannungswelle mit der Amplitude U_h auf das mit der Impedanz Z_A abgeschlossene Ende der Leitung, so wird ein Teil der Welle mit der Amplitude U_r zurückreflektiert. Der Reflexionsfaktor r lautet dann

$$r = \frac{U_r}{U_h} = \frac{Z_A - Z_L}{Z_A + Z_L} \quad \text{(Reflexionsfaktor).} \tag{2.23}$$

Der Reflexionsfaktor verschwindet ($r = 0$), wenn die Leitung mit ihrem Leitungswellenwiderstand abgeschlossen ist ($Z_A = Z_L$). Dieser Zusammenhang eines *reflexionsfreien Abschlusses* wird als *Anpassung* bezeichnet und in der Praxis in aller Regel[5] angestrebt.

Die Reflexion am Ende der Leitung führt zu sich überlagernden hin- und rücklaufenden Wellen, so dass das Verhältnis von Strom und Spannung längs der Leitung variiert. Für harmonische Zeitabhängigkeit kann so eine Formel für die Eingangsimpedanz Z_E in Abhängigkeit von den Leitungsparametern und der Frequenz angegeben werden (Bild 2.14).

$$Z_E = Z_A \cdot \frac{1 + j\frac{Z_L}{Z_A}\tan(\beta\ell)}{1 + j\frac{Z_A}{Z_L}\tan(\beta\ell)} \quad \text{(Impedanztransformation einer Leitung)} \tag{2.24}$$

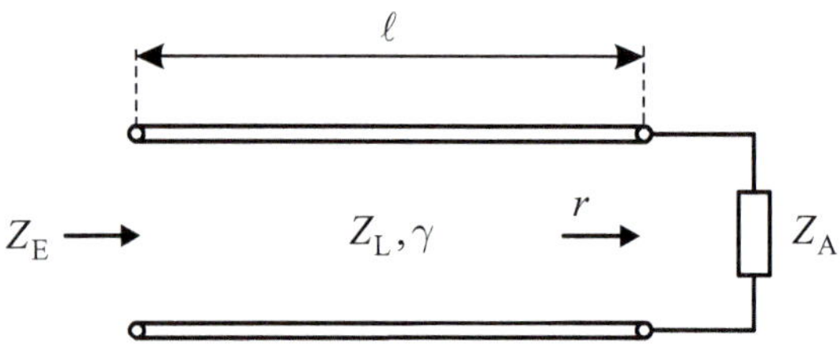

Bild 2.14 Impedanztransformation einer Leitung

Im Falle der Anpassung ($Z_A = Z_L$) ergibt sich der übersichtliche Zusammenhang, dass Abschlussimpedanz, Leitungswellenwiderstand und Eingangsimpedanz übereinstimmen:

$$Z_E = Z_L = Z_A \quad \text{(Anpassung).} \tag{2.25}$$

Ergänzend zu den hier vorgestellten wichtigen Eigenschaften einer Leitung gehen wir in Abschnitt 6.1.6 noch auf die Dämpfung und die Beschränkung des Einsatzfrequenzbereiches (Cut-off-Frequenz) bei Koaxialleitungen ein, die bevorzugt zu Messzwecken verwendet werden.

[5] Ausnahmen sind z.B. Filter, bei denen eine bewusste Fehlanpassung in ausgewählten Frequenzbereichen Störsignale an der Weiterleitung hindern soll.

2.5.3 Dreileitersysteme

Bei den oben betrachteten Leitungen handelt es sich um Zweileitersysteme. Durch die Betrachtung der Masse als zusätzlichem Leiter erhalten wir ein Dreileitersystem.

2.5.3.1 Gleich- und Gegentaktwellen

Bei einem Zweileitersystem sind der Strom I_1 im Hinleiter und der Strom I_2 im Rückleiter immer vom gleichen Betrag und entgegengesetzten Vorzeichen (Bild 2.15a). Bei einer Dreileiteranordnung können sich die Ströme I_1, I_2 und I_3 unterschiedlich auf die drei Leiter verteilen. Es existieren zwei unabhängige Ströme. Der dritte Strom kann dann berechnet werden, da die Summe aller Ströme in einer Querschnittsebene sich zu null addieren muss $I_1 + I_2 + I_3 = 0$. Ebenso reicht zur Beschreibung der Spannungsverhältnisse nicht mehr eine Spannung zwischen den Leitern, sondern es müssen zur Beschreibung zwei Spannungen angegeben werden (Bild 2.15b). Wählt man als unabhängige Spannungen die Spannungen U_1 und U_2 zwischen den Leitern und der Massefläche, so sind alle weiteren Spannungen daraus berechenbar.

- Die Spannungen U_1 und U_2 werden als *unsymmetrische Spannungen* bezeichnet.
- Die Spannung U_s zwischen den Leitern ist die *symmetrische Spannung*.
- Die Spannung U_{as} zwischen der *elektrischen Mitte* der Leiter 1 und 2 und dem Bezugsleiter ist die *asymmetrische Spannung*.

Aus den unabhängigen Spannungen U_1 und U_2 können die symmetrische und die asymmetrische Spannung berechnet werden. Mit Hilfe der Maschenregel lässt sich leicht zeigen, dass folgender Zusammenhang gilt:

$$U_s = U_1 - U_2 \qquad \text{und} \qquad U_{as} = \frac{U_1 + U_2}{2} \quad . \tag{2.26}$$

Häufig sind technische Dreileitersysteme *symmetrisch* aufgebaut, d.h. Hin- und Rückleiter sind von gleicher Größe und Gestalt und gleich in Bezug auf ihre Lage zum dritten Leiter (Bezugspotential, Masse). Bild 2.15c zeigt als Beispiel eine geschirmte Zweidrahtleitung.

Die unterschiedlichen möglichen Betriebszustände auf einem Dreileitersystem mit symmetrischem Aufbau können als Überlagerung (Superposition) zweier unabhängiger *Grundausbreitungsmoden*, des *Gleichtakt-* und des *Gegentaktmodes*, dargestellt werden.

Dreileitersysteme, die aus zwei gleichartigen Leitungen und einem Bezugsleiter bestehen, werden in aller Regel im *Gegentaktmode (Differential mode)* betrieben. Die unsymmetrischen Spannungen sind betraglich gleich, aber von entgegengesetztem Vorzeichen. Bei den Strömen verhält es sich ebenso. Die Spannung zwischen den gleichförmigen Leitungen wird als Differenzspannung U_{diff} bezeichnet. Die asymmetrische Spannung verschwindet bei diesem Ausbreitungsmode.

$$\left.\begin{array}{lll} U_1 = -U_2 & \text{und} & I_1 = -I_2 \\ U_s = U_{diff} & \text{und} & U_{as} = 0 \end{array}\right\} \quad \text{(Gegentaktmode)} \tag{2.27}$$

Der zweite Grundausbreitungsmodus ist der *Gleichtaktmode (Common mode)*. Die unsymmetrischen Spannungen sind hierbei betraglich gleich und von gleichem Vorzeichen. Bei den Strömen verhält es sich ebenso.

$$\left.\begin{array}{lll} U_1 = U_2 & \text{und} & I_1 = I_2 \\ U_s = 0 & \text{und} & U_{as} = U_{cm} \end{array}\right\} \quad \text{(Gleichtaktmode)} \tag{2.28}$$

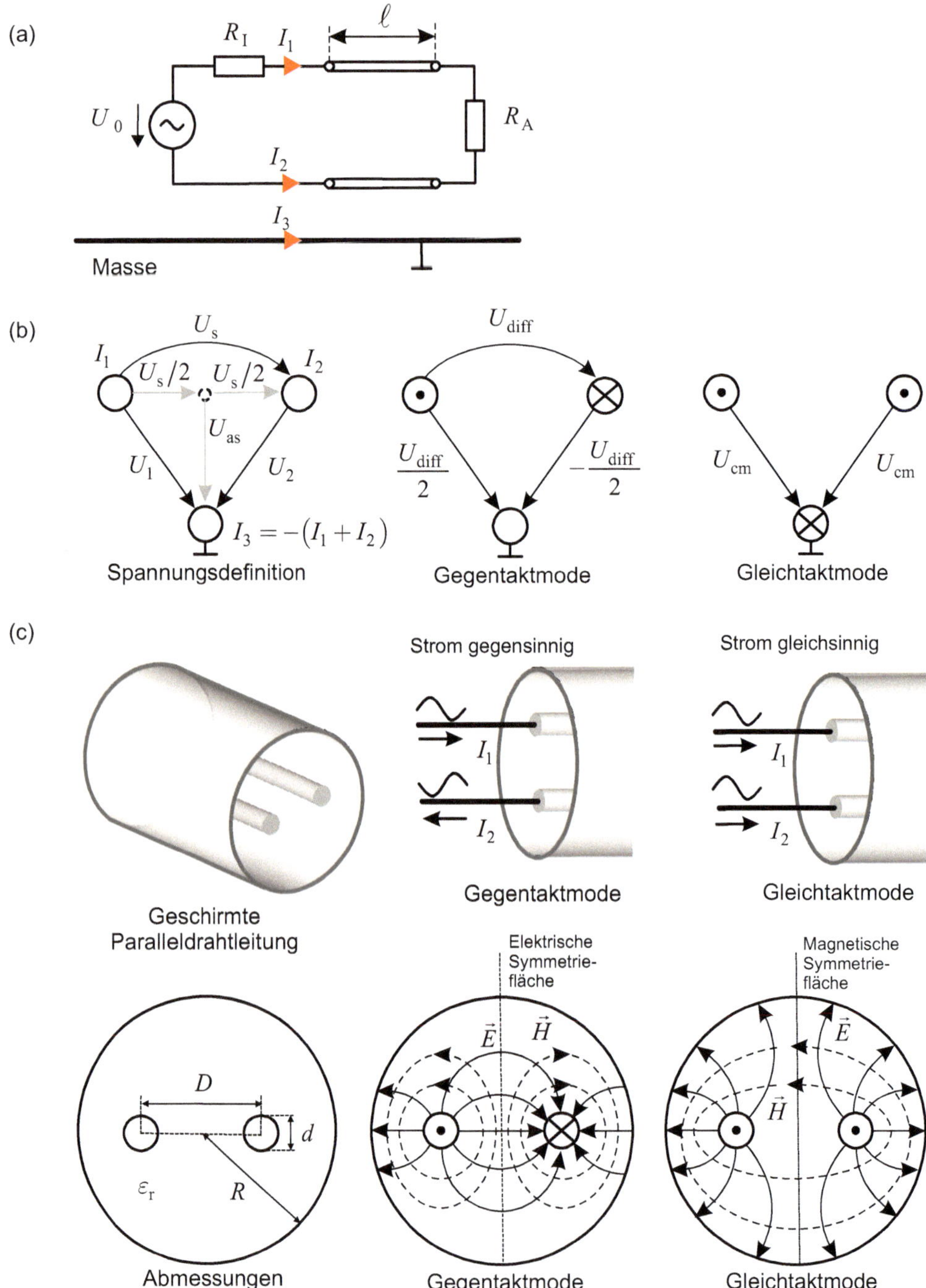

Bild 2.15 (a) Die Schaltung mit zwei Signalleitern und Bezugspotential (Masse) bildet ein Dreileitersystem; (b) Spannungs- und Stromdefinition; (c) geschirmte Zweidrahtleitung als Beispiel für ein technisches Dreileitersystem

2.5.3.2 Leitungswellenwiderstände und Leitungsabschluss

Die beiden Ausbreitungsmoden besitzen im Allgemeinen unterschiedliche Leitungswellenwiderstände $Z_{L,diff}$ für den Gegentaktmode und $Z_{L,cm}$ für den Gleichtaktmode. $Z_{L,diff}$ ist die Eingangsimpedanz einer unendlich langen Leitung, wenn man die Leitung zwischen den gleichförmigen (Signal)-Leitungen 1 und 2 speist (Bild 2.16a). $Z_{L,cm}$ ist entsprechend die Eingangsimpedanz einer unendlich langen Leitung, wenn man die Signalleitungen zusammenführt und die Leitung zwischen den Signalleitungen und der Bezugsmasse speist (Bild 2.16b).

Anstelle von $Z_{L,diff}$ und $Z_{L,cm}$ werden oft die *Odd-mode-* und *Even-mode-*Leitungswellenwiderstände $Z_{L,even}$ (bzw. Z_{0e}) und $Z_{L,odd}$ (bzw. Z_{0o}) verwendet, mit folgenden Zusammenhängen:

$$Z_{L,diff} = 2Z_{0o} = 2Z_{L,odd} \qquad \text{und} \qquad Z_{L,cm} = \frac{1}{2}Z_{0e} = \frac{1}{2}Z_{L,even} \quad . \tag{2.29}$$

Der *Odd-mode-* (bzw. *Even-mode-*) Leitungswellenwiderstand entspricht dem Eingangswiderstand einer unendlich langen Leitung, die zwischen Leiter 1 und dem Bezugsleiter gespeist wird, unter der Bedingung, dass auf Leiter 2 ein entsprechend gegenphasiges (bzw. gleichphasiges) Signal eingespeist wird.

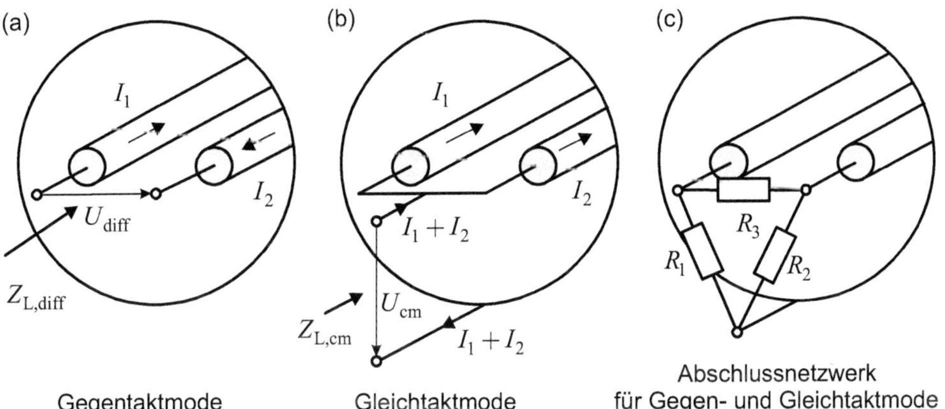

Bild 2.16 Interpretation der Leitungswellenwiderstände für (a) Gegen- und (b) Gleichtaktmode sowie (c) Abschlussnetzwerk

Neben den unterschiedlichen Leitungswellenwiderständen besitzen Gegentakt- und Gleichtaktausbreitungsmode bei inhomogenem Füllmaterial der Leitung unterschiedliche Ausbreitungskonstanten γ_{diff} und γ_{cm} und damit unterschiedliche Dämpfungskonstanten und Ausbreitungsgeschwindigkeiten.

Bleibt noch die Frage, wie wir ein Dreileitersystem nach Bild 2.15 am Leitungsende sinnvoll abschließen sollen. Wird eine Leitung im Gegentaktbetrieb ausgesteuert, so reicht am Ende als Abschlussimpedanz $Z_A = Z_{L,diff}$ zwischen den Signalleitern.

Falls bei einem nichtidealen Kabel ein Teil des Signals in den Gleichtaktmode konvertiert wird oder aber eine Störung als Gleichtaktsignal eingekoppelt wird (Masseschleife), so wird in diesem Fall die Gleichtaktwelle am offenen Ende (Leerlauf) reflektiert. Um auch den Gleichtaktmode reflexionsfrei abzuschließen, kann ein Netzwerk aus drei Widerständen (Bild 2.16c) verwendet werden [Gust19].

$$R_1 = R_2 = 2Z_{\mathrm{L,cm}} = Z_{0\mathrm{e}} \tag{2.30}$$

$$R_3 = \frac{4Z_{\mathrm{L,cm}}Z_{\mathrm{L,diff}}}{4Z_{\mathrm{L,cm}} - Z_{\mathrm{L,diff}}} = \frac{2Z_{0\mathrm{e}}Z_{0\mathrm{o}}}{Z_{0\mathrm{e}} - Z_{0\mathrm{o}}} \tag{2.31}$$

Bei dieser Wahl des Abschlussnetzwerkes werden Gegentakt- und Gleichtaktsignale am Ende der Leitung absorbiert. Würde das Gleichtaktsignal nicht absorbiert, sondern am Leerlauf reflektiert, so würde es zu stehenden Wellen kommen und zur Abstrahlung kommen können.

2.5.4 Symmetrische und unsymmetrische Schaltungen

Für die EMV-Analyse ist es wichtig, wie die Beziehung zwischen den Signalleitern und dem Bezugspotential (Masse, Erde) gestaltet ist (Bild 2.17).

Wir können folgende Szenarien unterscheiden:

- Kein definierter Bezug zur Masse *(Floating circuit)* (Bild 2.17a). Die Ströme in den Signalleitern sind gegengleich, die Masse stromlos.
- Die Masse wird als Rückleiter verwendet (Bild 2.17b). Es gibt nur einen Hinleiter, der den Strom zur Last führt. Der Rückstrom fließt über die Masse.
- Die Schaltung ist symmetrisch zum Bezugspotential aufgebaut (Bild 2.17c). Die Ströme in den Signalleitern sind gegengleich, die Masse stromlos.

Auf diese Grundkonzepte werden wir bei der Analyse von Kopplungswegen im weiteren Verlauf zurückkommen. Aus Gründen des Schutzes von Personen vor Berührungsspannungen kann es bei Schaltungen notwendig werden, das Bezugspotential an einem Punkt stromlos mit dem Erdpotential zu verbinden (VDE 100).

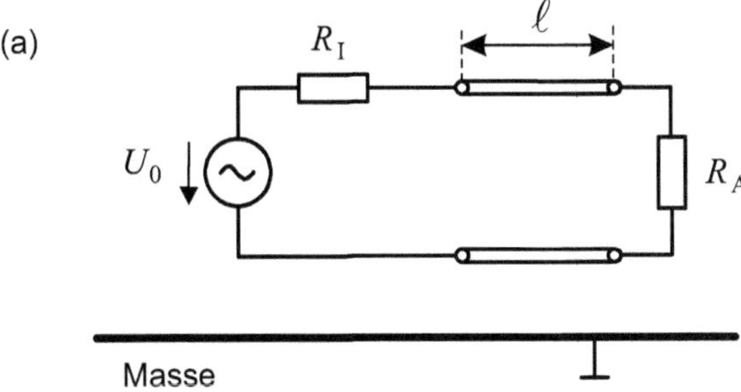

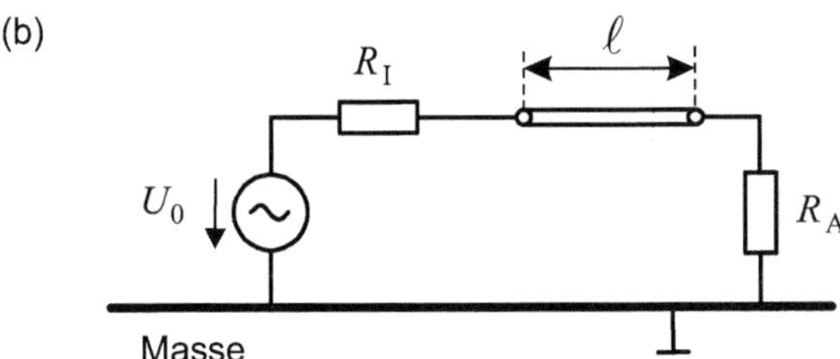

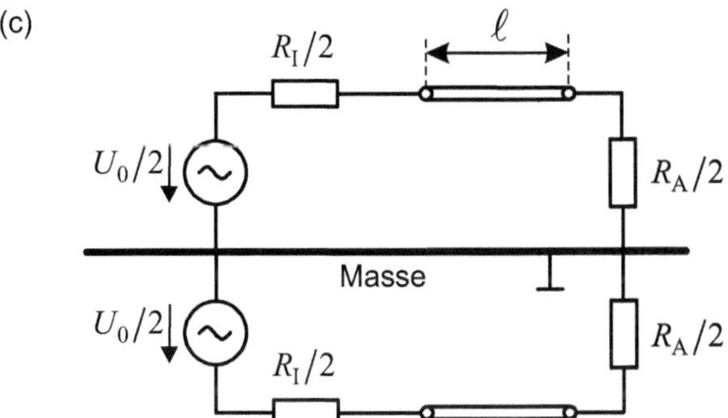

Bild 2.17 Schaltung (a) ohne definierten Massebezug, (b) mit Masse als Rückleiter und (c) mit symmetrischem Aufbau

3 Ausbreitung von Störsignalen

In diesem Kapitel werfen wir einen genaueren Blick auf die Ausbreitung von Störsignalen. Hierbei reicht es nicht aus, sich die Schaltpläne anzusehen, denn die Verkopplung geschieht in aller Regel auf *parasitärem* Wege. Wir starten daher mit einer kurzen anschaulichen Übersicht der Maxwell'schen Gleichungen, die alle elektromagnetischen Phänomene vollständig beschreiben und somit auch die parasitären Eigenschaften erfassen.

Analytische Lösungen der Maxwell'schen Gleichungen können nur für sehr wenige grundlegende Strukturen angegeben werden. In der Praxis wird man versuchen, mit Hilfe von sogenannten Feldsimulationsprogrammen numerische Näherungslösungen des elektromagnetischen Feldproblems zu ermitteln, wobei gerade im Bereich der EMV bereits sehr grobe Modelle oft wertvolle Hilfstellung bei der Problemanalyse geben. Den meisten Ingenieurinnen und Ingenieuren ist der Gebrauch eines Schaltungssimulators (Berechnung von integralen Netzwerkgrößen wie Strom, Spannung, Impedanz, z.B. mit dem Programm *PSpice*[1]) geläufig. Feldsimulationen (Berechnung elektrischer und magnetischer Feldverteilungen $\vec{E}(\vec{r})$ und $\vec{H}(\vec{r})$) sind jedoch aufgrund ihrer Komplexität weniger verbreitet und erfordern in der Regel auch eine längere Einarbeitungszeit für den Anwender, mehr Aufwand bei der Modellerstellung und mehr Rechenleistung. Wir werden die gängigen Rechenverfahren zur Lösung der Maxwell'schen Gleichungen und die Arbeitsschritte bei der Modellerstellung und Auswertung kurz ansprechen.

3.1 Übersicht der Kopplungsarten

Die Maxwell'schen Gleichungen liefern zwar eine vollständige Beschreibung der Wechselwirkung zwischen elektrischen und elektronischen Komponenten und Systemen, sind in ihrer Anwendung und der Interpretation der Ergebnisse aber sehr komplex. In der *Praxis* ist es oft möglich, die Betrachtung auf einen *dominanten Kopplungsmechanismus* zu reduzieren (Bild 3.1) und so zu zwar weniger präzisen, aber einfacher handhabbaren Modellen zu gelangen.

Es hat sich als sinnvoll herausgestellt, dabei die folgenden grundlegenden Kopplungsmechanismen zu unterscheiden:

Galvanische Kopplung – Störsignalübertragung primär durch eine gemeinsame Impedanz unterschiedlicher Stromkreise, zum Beispiel bei einem gemeinsamen Rückleiter oder einer gemeinsamen Versorgungsleitung

Induktive Kopplung – Störsignalübertragung primär durch das *quasi-statische magnetische Nahfeld* in der Umgebung von (relativ großen) Strömen

[1] PSpice – Personal Simulation Program with Integrated Circuit Emphasis

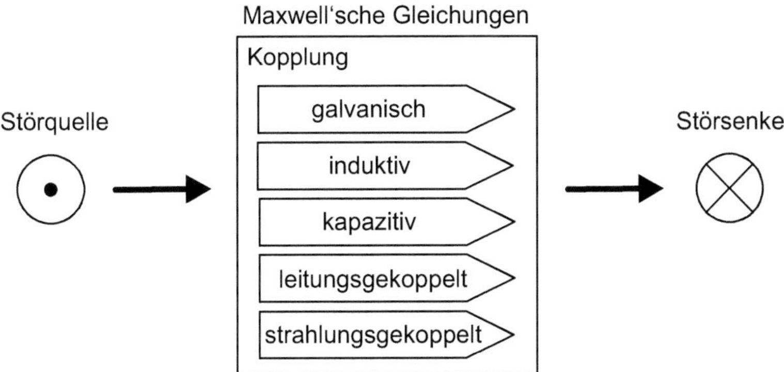

Bild 3.1 Beschreibung des Kopplungsweges durch die vollständigen Maxwell'schen Gleichungen und dominante Kopplungsmechanismen

Kapazitive Kopplung – Störsignalübertragung primär durch das *quasi-statische elektrische Nahfeld* zwischen Bereichen mit (relativ großen) Potentialdifferenzen

Leitungskopplung – Störsignalübertragung primär zwischen parallel geführten Strukturen, wobei die Länge so groß ist, dass *Wellenausbreitung* auftritt und die *elektrischen und magnetischen Nahfelder nicht mehr* als quasi-statisch angesehen werden können

Strahlungskopplung – Störsignalübertragung primär durch die *Ausbreitung elektromagnetischer Wellen* zwischen entfernten Strukturen, also durch *elektromagnetische Fernfelder*; Schaltungsstrukturen können hier ungewollt als Sende- und Empfangsantennen wirken.

Die vorgenannten Kopplungsmechanismen werden wir einzeln analysieren und dabei zur Verdeutlichung analytische und numerische Methoden einsetzen. Anhand der Überlegungen und Beispiele können wir systematisch Hinweise geben, welche Maßnahmen geeignet sind, die Überkopplung von Störungen zu reduzieren und so die elektromagnetische Verträglichkeit von Schaltungen in der Praxis zu optimieren.

3.2 Maxwell'sche Gleichungen

Die Maxwell'schen Gleichungen liefern eine Beschreibung der makroskopischen elektromagnetischen Phänomene, also des Verhaltens von elektrischen und magnetischen Feldern und der Wechselwirkung mit Materie (siehe auch Literatur zum Thema Feldtheorie, z.B. [Blum88] [Flei08] [Ida07] [Klin11] [Krau99] [Schw02]).

Die Maxwell'schen Gleichungen können in integraler und in differentieller Form angegeben werden. In den nachfolgenden Abschnitten wollen wir uns die Gleichungen und die allgemeinen Beziehungen zwischen den elektrischen und magnetischen Feldgrößen genauer ansehen und ihre anschauliche Bedeutung erfassen.

3.2.1 Materialgleichungen

Neben den Maxwell'schen Gleichungen gelten noch die sogenannten *Materialgleichungen*, die die elektrischen und magnetischen Feldstärkegrößen $\vec{E}$ und $\vec{H}$ mit den elektrischen und magnetischen Flussdichten $\vec{D}$ und $\vec{B}$ sowie der elektrischen Leitungsstromdichte $\vec{J}$ verknüpfen.

$$\vec{B} = \mu_0 \mu_r \vec{H} \tag{3.1}$$

$$\vec{D} = \varepsilon_0 \varepsilon_r \vec{E} \tag{3.2}$$

$$\vec{J} = \sigma \vec{E} \tag{3.3}$$

Die elektromagnetischen Eigenschaften der Materie drücken sich dabei in der relativen Dielektrizitätszahl ε_r, der relativen Permittivitätszahl μ_r und der elektrischen Leitfähigkeit σ aus. Die auftretenden Feldgrößen sind Funktionen des Ortes $\vec{r}$ und der Zeit t. Diese Feldgrößen müssen neben den Maxwell'schen Gleichungen noch Rand- und Anfangsbedingungen genügen, so dass sich insgesamt aus mathematischer Sicht ein Anfangs-Randwert-Problem ergibt.

3.2.2 Integralform

Für die analytische Behandlung von Kopplungsproblemen ist die sogenannte Integralform der Maxwell'schen Gleichungen meist einfacher. Wir werden die feldtheoretischen Zusammenhänge daher hier kurz zusammenfassen. Bei der analytischen Betrachtung werden wir in Rechenbeispielen später in diesem Buch stets von dieser Integralform ausgehen.

3.2.2.1 Durchflutungsgesetz

Das *Durchflutungsgesetz* stellt die erste Maxwell'sche Gleichung in Integralform dar und wird auch als *Ampere'sches Gesetz* bezeichnet.

$$\oint_{C(A)} \vec{H} \cdot \mathrm{d}\vec{s} = \iint_A \left(\vec{J} + \frac{\partial \vec{D}}{\partial t} \right) \cdot \mathrm{d}\vec{A} = I_{\mathrm{ges}} \qquad \text{(1. Maxwell'sche Gleichung, Durchflutungsgesetz)} \tag{3.4}$$

Auf der rechten Seite der Gleichung taucht im Integral die *wahre* Stromdichte $\vec{J} + \partial\vec{D}/\partial t$ auf. Die Größe $\vec{J}$ entspricht der Stromdichte in einem leitfähigen Material und wird daher auch als *Leitungsstromdichte* $\vec{J}_L$ bezeichnet. Der Term $\partial\vec{D}/\partial t$ hat die gleiche physikalische Einheit wie $\vec{J}$, ist aber nicht an leitfähige Raumbereiche gebunden. Der Ausdruck trägt die Bezeichnung *Verschiebungsstromdichte* $\vec{J}_V$ und er ist für die Ausbreitung elektromagnetischer Wellen fundamental. Die Summe aus Leitungs- und Verschiebungsstromdichte wird als *wahre Stromdichte* bezeichnet.

$$\vec{J}_{\mathrm{ges}} = \vec{J}_L + \vec{J}_V = \vec{J} + \frac{\partial \vec{D}}{\partial t} = \sigma \vec{E} + \varepsilon_0 \varepsilon_r \frac{\partial \vec{E}}{\partial t} \tag{3.5}$$

Die wahre Stromdichte wird auf der rechten Seite der Gleichung 3.4 über die Fläche A in Richtung der Flächennormale $\mathrm{d}\vec{A}$ integriert. Die Integration liefert also den Gesamtstrom I_{ges} durch die Fläche A. Auf der linken Seite der Gleichung 3.4 muss das magnetische Feld $\vec{H}$ auf einem geschlossenen Weg um die Fläche in Richtung des Wegelementes $\mathrm{d}\vec{s}$ ausgewertet werden. Die Richtung der Flächennormale und der Umlaufsinn des Wegintegrals sind dabei über die Rechte-Hand-Regel miteinander verknüpft. In Bild 3.2a finden wir eine anschauliche Interpretation der vorkommenden Feldgrößen und Integrationspfade und -flächen.

Das Umlaufintegral des magnetischen Feldes $\vec{H}$ um die Fläche A entspricht dem durch die Fläche tretenden Gesamtstrom I_{ges} (Bild 3.2b). Der Gesamtstrom setzt sich zusammen aus der Summe von Leitungsstrom und Verschiebungsstrom.

Das *Durchflutungsgesetz* stellt also einen Zusammenhang zwischen Leitungs- und Verschiebungsströmen (zusammengefasst zum Gesamtstrom I_{ges}) und dem umlaufenden magnetischen Wirbelfeld her.

3.2.2.2 Induktionsgesetz

Das *Induktionsgesetz* ist die zweite Maxwell'sche Gleichung in Integralform und heißt auch *Faraday'sches Gesetz*

$$U_{\text{i}} = \oint\limits_{C(A)} \vec{E}\cdot\mathrm{d}\vec{s} = -\frac{\mathrm{d}}{\mathrm{d}t}\iint\limits_{A} \vec{B}\cdot\mathrm{d}\vec{A} \qquad \text{(2. Maxwell'sche Gleichung, Induktionsgesetz).} \tag{3.6}$$

Das Integral auf der rechten Seite stellt den magnetischen Fluss Ψ_{m} dar. In Bild 3.2c finden wir wieder eine anschauliche Interpretation der vorkommenden Feldgrößen und Integrationswege und -flächen.

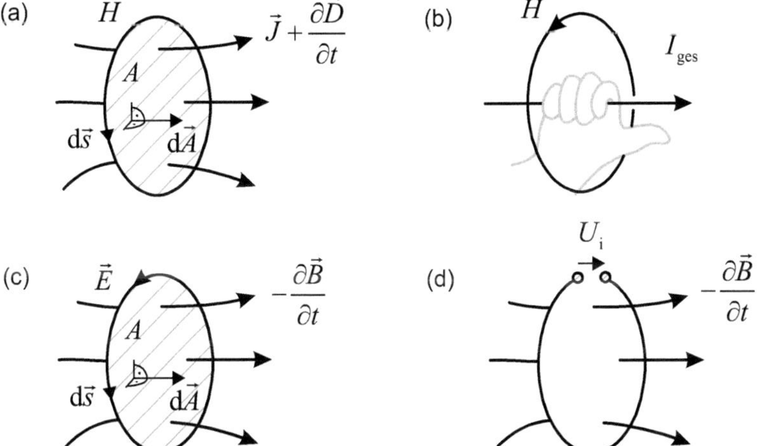

Bild 3.2 (a) Veranschaulichung des Durchflutungsgesetzes und (b) magnetisches Feld um einen stromdurchflossenen Leiter sowie (c) Veranschaulichung des Induktionsgesetzes und (d) induzierte Spannung in einer Leiterschleife

Die negative zeitliche Änderung des magnetischen Flusses Ψ_{m} durch eine Fläche A entspricht dem Umlaufintegral des elektrischen Feldes $\vec{E}$ um diese Fläche.

Das *Induktionsgesetz* sagt uns also, dass ein sich ändernder magnetischer Fluss ein elektrisches Wirbelfeld verursacht. Durchsetzt der Fluss eine offene Leiterschleife, so ergibt sich eine induzierte Spannung U_{i} (Bild 3.2d).

3.2.2.3 Gauß'sches Gesetz des elektrischen Feldes

Die dritte Maxwell'sche Gleichung in Integralform ist auch bekannt als *Gauß'sches Gesetz des elektrischen Feldes.*

$$\oiint_{A(V)} \vec{D} \cdot \mathrm{d}\vec{A} = \iiint_{V} \varrho \, \mathrm{d}v = Q \qquad \text{(3. Maxwell'sche Gleichung, Gauß'sches Gesetz des elektrischen Feldes)} \tag{3.7}$$

Das Integral auf der linken Seite stellt den elektrischen Fluss Ψ_e durch die geschlossene Hüllfläche A des Volumens V dar. Auf der rechten Seite finden wir die Integration über die Raumladungsdichte ϱ. Dies liefert uns die Ladungsmenge Q innerhalb des Volumens V (Bild 3.3a). Wir können also die dritte Maxwell'sche Gleichung folgendermaßen ausdrücken: Der durch die geschlossene Hüllfläche eines Volumens gehende elektrische Fluss liefert die gesamte im Volumen eingeschlossene Ladungsmenge Q.

Das *Gauß'sche Gesetz des elektrischen Feldes* beschreibt also *elektrische Quellenfelder* in der Umgebung von Ladungen. Die Feldlinien zur Darstellung der elektrischen Felder beginnen bei positiven Ladungen und enden auf negativen Ladungen. Bild 3.3b zeigt als anschauliches Beispiel das homogene elektrische Quellenfeld in einem Plattenkondensator.

3.2.2.4 Gauß'sches Gesetz des magnetischen Feldes

Die vierte Maxwell'sche Gleichung in Integralform ist auch bekannt als *Gauß'sches Gesetz des magnetischen Feldes.*

$$\oiint_{A(V)} \vec{B} \cdot \mathrm{d}\vec{A} = 0 \qquad \text{(4. Maxwell'sche Gleichung, Gauß'sches Gesetz des magnetischen Feldes)} \tag{3.8}$$

Das Integral auf der linken Seite stellt den magnetischen Fluss Ψ_m durch die geschlossene Hüllfläche A des Volumens V dar. Dieser ist offenbar immer null (Bild 3.3c).

Das *Gauß'sche Gesetz des magnetischen Feldes* besagt also, dass Feldlinien der magnetischen Flussdichte immer geschlossen sind. Es existieren keine magnetischen Quellenfelder.

3.2.3 Differentialform für allgemeine Zeitabhängigkeit

Die Maxwell'schen Gleichungen in Differentialform bilden die Grundlage einiger numerischer Lösungsverfahren, daher wollen wir sie hier kurz zusammenstellen. Sie können aus der Integralform mathematisch abgeleitet werden.

Die erste Maxwell'sche Gleichung in Differentialform lautet:

$$\operatorname{rot} \vec{H} = \vec{J} + \frac{\partial \vec{D}}{\partial t} \qquad \text{(1. Maxwell'sche Gleichung).} \tag{3.9}$$

Der Rotationsoperator „rot" liefert mathematisch die Ursache eines Wirbelfeldes, also die *Wirbeldichte.* Die erste Maxwell'sche Gleichung besagt anschaulich, dass die Gesamtstromdichte – bestehend aus Leitungs- und Verschiebungsstromdichte – ein magnetisches Wirbelfeld verursacht.

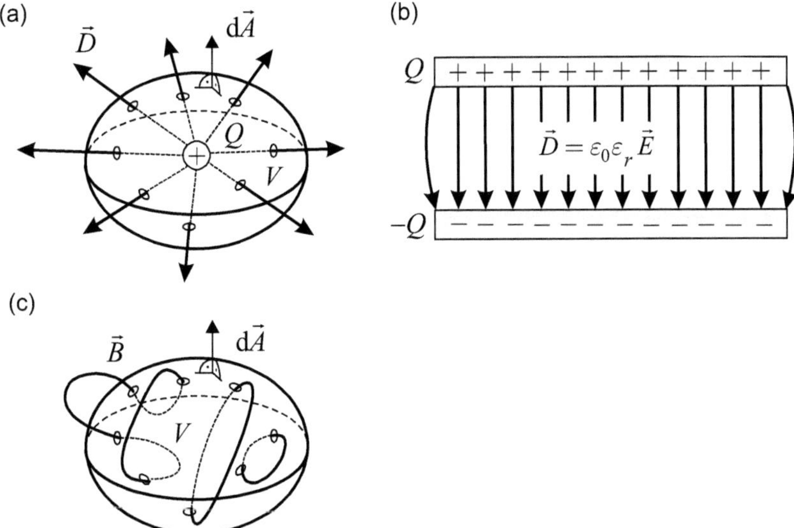

Bild 3.3 (a) Veranschaulichung des Gauß'schen Gesetzes des elektrischen Feldes, (b) elektrisches Quellenfeld im Plattenkondensator und (c) Veranschaulichung des Gauß'schen Gesetzes des magnetischen Feldes

Die zweite Maxwell'sche Gleichung in Differentialform lautet:

$$\operatorname{rot}\vec{E} = -\frac{\partial \vec{B}}{\partial t} \quad \text{(2. Maxwell'sche Gleichung).} \tag{3.10}$$

Die zweite Maxwell'sche Gleichung bedeutet, dass die zeitliche Änderung der magnetischen Flussdichte ein elektrisches Wirbelfeld hervorruft. (Die negative zeitliche Änderung der magnetischen Flussdichte ist die Wirbeldichte der elektrischen Feldstärke.)

Die dritte Maxwell'sche Gleichung in Differentialform lautet:

$$\operatorname{div}\vec{D} = \varrho \quad \text{(3. Maxwell'sche Gleichung).} \tag{3.11}$$

Der Divergenzoperator „div" liefert mathematisch die Ursache eines Quellenfeldes, also die *Quellendichte.* Die dritte Maxwell'sche Gleichung zeigt, dass die Raumladungsdichte die Ursache eines elektrischen Quellenfeldes ist. Die vierte Maxwell'sche Gleichung in Differentialform lautet:

$$\operatorname{div}\vec{B} = 0 \quad \text{(4. Maxwell'sche Gleichung).} \tag{3.12}$$

Die vierte Maxwell'sche Gleichung bedeutet, dass es keine Ursachen für ein magnetisches Quellenfeld gibt. Damit ist das magnetische Feld immer quellenfrei und ein reines Wirbelfeld. (Die Quellendichte der magnetischen Flussdichte verschwindet.)

3.2.4 Differentialform für harmonische Zeitabhängigkeit

Aus der Wechselstromrechnung ist bekannt, dass für eine harmonische Zeitabhängigkeit der physikalischen Größen der Übergang auf eine komplexe Darstellung mathematische Vorteile bietet. Reellwertige Zeitfunktionen, die von drei räumlichen Variablen x, y, z und einer zeitlichen Variable t abhängen, werden dabei ersetzt durch komplexwertige Funktionen und Amplituden (Phasoren), die nur noch von den Ortskoordinaten abhängen. Die Zeitabhängigkeit tritt nicht mehr explizit auf.

Bei der Analyse von elektrischen Netzwerken durch die Kirchhoff'schen Gesetze werden so Differentialgleichungen durch einfacher lösbare algebraische Gleichungen ersetzt. Die zeitliche Ableitung $\mathrm{d}/\mathrm{d}t$ wird einfach durch den Faktor $j\omega$ ersetzt. Die Maxwell'schen Gleichungen für zeitharmonische Vorgänge lauten damit:

$$\mathrm{rot}\,\vec{H} = \vec{J} + j\omega\vec{D} \tag{3.13}$$

$$\mathrm{rot}\,\vec{E} = -j\omega\vec{B} \tag{3.14}$$

$$\mathrm{div}\,\vec{D} = \varrho \tag{3.15}$$

$$\mathrm{div}\,\vec{B} = 0 \quad . \tag{3.16}$$

Die bei der harmonischen Zeitabhängigkeit auftauchenden Feldgrößen sind nun *Phasoren*, also *komplexe* Amplitudenfaktoren. Wir werden sie in der Schreibweise nicht von den Zeitgrößen unterscheiden. Es ergibt sich immer aus dem Zusammenhang, ob die zeitliche Größe oder der Phasor betrachtet wird.

3.2.5 Randbedingungen

Neben den Maxwell'schen Gleichungen müssen die elektrischen und magnetischen Feldgrößen an Materialgrenzen auch noch den *Randbedingungen* (Stetigkeitsbedingungen) genügen. Mit dem Index $i \in \{1,2\}$ bezeichnen wir die Feldgröße unmittelbar vor der Grenzschicht im Medium i. Der Index n zeigt die Normalenkomponente senkrecht zur Oberfläche und der Index t die tangentiale Komponente parallel zur Grenzschicht an.

Bei der elektrischen und magnetischen Flussdichte sind jeweils die Normalenkomponenten stetig.

$$D_{1\mathrm{n}} = D_{2\mathrm{n}} \tag{3.17}$$

$$B_{1\mathrm{n}} = B_{2\mathrm{n}} \tag{3.18}$$

Bei der elektrischen und magnetischen Feldstärke sind die tangentialen Komponenten stetig.

$$E_{1\mathrm{t}} = E_{2\mathrm{t}} \tag{3.19}$$

$$H_{1\mathrm{t}} = H_{2\mathrm{t}} \tag{3.20}$$

Mit den Materialgleichungen $\vec{D} = \varepsilon_0\varepsilon_\mathrm{r}\vec{E}$ und $\vec{B} = \mu_0\mu_\mathrm{r}\vec{H}$ sowie den Gleichungen (3.19) und (3.20) können wir Beziehungen für die tangentialen Komponenten der elektrischen und magnetischen Flussdichte ableiten:

$$\frac{D_{1\mathrm{t}}}{\varepsilon_{\mathrm{r}1}} = \frac{D_{2\mathrm{t}}}{\varepsilon_{\mathrm{r}2}} \tag{3.21}$$

$$\frac{B_{1\mathrm{t}}}{\mu_{\mathrm{r}1}} = \frac{B_{2\mathrm{t}}}{\mu_{\mathrm{r}2}} \quad . \tag{3.22}$$

Weiterhin erhalten wir aus den Materialgleichungen sowie den Gleichungen (3.17) und (3.18) Beziehungen für die Normalenkomponenten der elektrischen und magnetischen Feldstärke.

$$\varepsilon_{r1} E_{1n} = \varepsilon_{r2} E_{2n} \tag{3.23}$$

$$\mu_{r1} H_{1n} = \mu_{r2} H_{2n} \tag{3.24}$$

Die Zusammenhänge für das elektrische Feld sind in Bild 3.4 dargestellt. Die tangentiale Komponente ist stetig (Gleichung (3.19) und die Normalenkomponente erfährt eine Änderung (Gleichung (3.23).

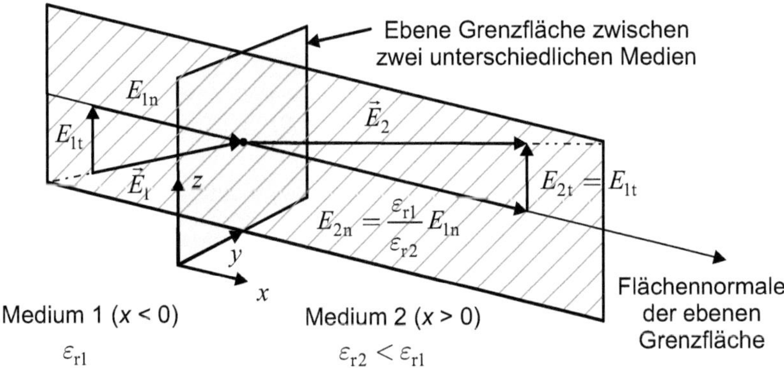

Bild 3.4 Verhalten der elektrischen Feldstärke beim Übergang von einem Dielektrikum (ε_{r1}) in ein zweites Dielektrikum ($\varepsilon_{r2} < \varepsilon_{r1}$)

Falls an der Grenzschicht eine Oberflächenladungsdichte ϱ_F oder eine Oberflächenstromdichte $\vec{J}_F$ vorhanden sind, ändern sich die Gleichungen (3.20) und (3.17) wie folgt:

$$|H_{1t} - H_{2t}| = |\vec{J}_{F\perp}| \tag{3.25}$$

$$|D_{1n} - D_{2n}| = |\varrho_F| \tag{3.26}$$

Im Gegensatz zur Ladungsdichte ϱ (Ladung pro Volumen, C/m^3) sind bei der *Oberflächenladungsdichte* ϱ_F die Ladungen in einem zweidimensionalen Gebiet verteilt (C/m^2). Die Stromdichte $\vec{J}$ ist definiert als Strom (in einem dreidimensionalen Objekt) durch eine Querschnittsfläche (A/m^2). Eine *Oberflächenstromdichte* $\vec{J}_F$ repräsentiert einen Strom in einer *zweidimensionalen Fläche,* so dass die Querschnittsgeometrie eine eindimensionale Linie ist (A/m). Das Symbol $\perp$ bedeutet, dass die Richtung der Stromdichte senkrecht zur Richtung der tangentialen magnetischen Feldstärke verläuft [Blum88].

3.3 Simulation elektromagnetischer Felder

Nur in den seltensten Fällen können Feldprobleme analytisch gelöst werden. In der Regel müssen Näherungslösungen der Maxwell'schen Gleichungen mit Simulationswerkzeugen ermittelt werden. Da zur Berechnung der elektromagnetischen Feldverteilung im allgemeinen die dreidimensionale Geometrie der Schaltung bzw. des Gerätes berücksichtigt werden muss, verfügen diese Werkzeuge über eine 3D-Benutzeroberfläche vergleichbar den CAD-Programmen im Bereich des Maschinenbaus.

In diesem Kapitel wollen wir einen kurzen Überblick über die Arbeitsweise der Simulations-Werkzeuge geben und dabei besonders auf die komplexeren Programme eingehen, die die vollständigen Maxwell'schen Gleichungen berücksichtigen (*Full-wave EM solver*) eingehen.

3.3.1 Einteilung von Feldproblemen

Die oben angegebenen Maxwell'schen Gleichungen beschreiben elektromagnetische Feldprobleme vollständig. In der Praxis können bei niedrigen Frequenzen – d.h. wenn die endliche Ausbreitungsgeschwindigkeit der elektromagnetischen Felder vernachlässigt werden kann – oft sinnvolle Vereinfachungen gemacht werden, so dass sich der Rechenaufwand deutlich reduziert.

3.3.1.1 Statische Felder

Die stärkste Vereinfachung ergibt sich für den Fall *zeitunabhängiger Felder*. Dies führt auf *elektrostatische* Probleme, in denen nur elektrische Feldgrößen auftreten, bzw. auf *magnetostatische* Probleme, in denen nur magnetische Felder auftreten. Magnetische und elektrische Felder sind im statischen Fall entkoppelt.

Bei statischen elektrischen Strömungsfeldern in Leitern tritt zwischen den elektrischen und magnetischen Feldgrößen ebenfalls *keine wechselseitige Verkopplung* auf. Es kann zunächst das elektrische Feldproblem *unabhängig* von magnetischen Feldgrößen gelöst werden. Erst in einem zweiten Schritt werden – ausgehend von den zuvor berechneten elektrischen Stromdichten im Leiter – die magnetischen Felder ermittelt. Eine Rückwirkung der magnetischen Felder auf die ursprünglichen elektrischen Felder findet nicht statt.

Elektrostatik

Im Falle *elektrostatischer* Probleme vereinfachen sich die Maxwell'schen Gleichungen durch Einführung eines skalaren elektrischen Potentials ϕ zur *Possion-Gleichung*

$$\Delta\phi = -\frac{\varrho}{\varepsilon} \qquad \text{(Poisson-Gleichung)} \tag{3.27}$$

mit der Ladungsverteilung ϱ und dem Laplace-Operator Δ. Die unbekannte *skalare* Potentialverteilung $\phi(\vec{r})$ ist dabei leichter zu ermitteln als die unbekannte *vektorielle* Verteilung des elektrischen Feldes $\vec{E}(\vec{r})$. Zur Lösung der Poisson-Gleichung wird auf Verfahren der Mathematik zur Lösung von Differentialgleichungen [Quar94] zurückgegriffen. Aus der Potentialverteilung kann dann durch Gradientenbildung das elektrische Feld berechnet werden.

$$\vec{E} = -\operatorname{grad}\phi \tag{3.28}$$

Magnetostatik

Im Falle *magnetostatischer* Felder kann durch Einführung eines magnetischen Vektorpotentials $\vec{A}$ mit

$$\vec{B} = \operatorname{rot}\vec{A} \tag{3.29}$$

und der Coulomb-Eichung ($\operatorname{div}\vec{A} = 0$) ein der Poisson-Gleichung formal ähnlicher Zusammenhang gefunden werden. Mit der Stromdichteverteilung $\vec{J}$ ergibt sich für das magnetische Vektorpotential $\vec{A}$ folgende Differentialgleichung.

$$\Delta\vec{A} = -\mu\vec{J} \tag{3.30}$$

Biot-Savart'sches-Gesetz

In der Praxis sind oft, z.B. aufgrund einer Schaltungssimulation, die in Leitern verlaufenden linienförmigen (Gleich-)Stromverteilungen im Raum bekannt. In diesem Falle kann mit Hilfe des *Biot-Savart'schen Gesetzes* das magnetische Feld in der Umgebung der Stromverteilung durch direkte Integration berechnet werden, d.h. es müssen in diesem Falle keine Differentialgleichungen gelöst werden.

$$\vec{B}(\vec{r}) = \frac{\mu I}{4\pi} \int\limits_C \frac{\mathrm{d}\vec{s}' \times (\vec{r} - \vec{r}')}{|\vec{r} - \vec{r}'|^3} \qquad \text{(Biot-Savart'sches Gesetz)} \tag{3.31}$$

Bild 3.5 zeigt die grafische Bedeutung des Quellpunktsvektors $\vec{r}'$, des Aufpunktsvektors $\vec{r}$, des Wegelements $\mathrm{d}\vec{s}'$ sowie des Integrationsweges C. Der Integrationsweg beschreibt dabei den Verlauf des geschlossenen Stromkreises.

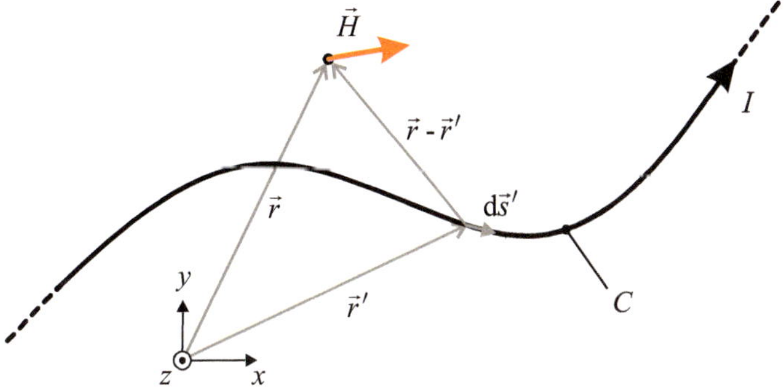

Bild 3.5 Berechnung des magnetischen Feldes eines stromdurchflossenen Linienleiters über das Biot-Savart'sche Gesetz

3.3.1.2 Quasi-statische Felder

Man spricht von quasi-statischen bzw. *langsam veränderlichen* Feldern, wenn die endliche Ausbreitungsgeschwindigkeit der Felder vernachlässigt werden kann. Betrachten wir einen Plattenkondensator mit Plattenabstand d, so gilt im statischen Fall: $E = U/d$. Falls nun das elektrische Feld innerhalb des Plattenkondensators zu jedem Zeitpunkt dem elektrischen Feld entspricht, das im statischen Fall diesem augenblicklichen Spannungswert zugeordnet ist, falls also gilt $E(t) = U(t)/d$, so spricht man von quasi-statischen Feldern (siehe Bild 3.6). Die statische Lösung kann übernommen und um einen Term für die Zeitabhängigkeit ergänzt werden. Damit mit diesem Lösungsansatz gearbeitet werden kann, muss die Laufzeit der Felder im Problembereich deutlich kleiner als die Periodendauer der Schwingung sein. Man kann auch sagen, dass der maximale Ausbreitungsweg $s_{\max}$ der Felder deutlich kleiner als die Wellenlänge sein muss, also $s_{\max} \ll \lambda$.

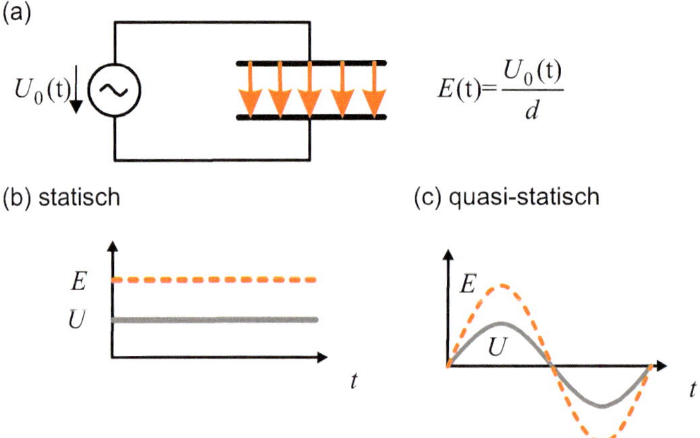

Bild 3.6 (a) Plattenkondensator mit Spannungsquelle und elektrischem Feld, (b) statischer und (c) quasi-statischer Zeitverlauf von Spannung und elektrischem Feld

3.3.1.3 Schnell veränderliche Felder

Bei hochfrequenten Feldern sind die Feldgrößen raschen zeitlichen Änderungen unterworfen. Die endliche Ausbreitungsgeschwindigkeit der Felder wirkt sich nun aus. Es kommt zu Signallaufzeiten, die sich bei harmonischer Zeitabhängigkeit in Phasenverschiebungen ausdrücken. Elektrische und magnetische Felder sind miteinander verkoppelt. Somit entstehen nicht vernachlässigbare Wechselwirkungen zwischen den elektrischen und magnetischen Feldern, und es treten zwei charakteristische Phänomene auf: Durch die *Stromverdrängung* verteilt sich der Strom in guten Leitern nicht mehr gleichmäßig über den Leiterquerschnitt, sondern er verdrängt sich zunehmend an die Oberfläche *(Skineffekt)*. Es kommt außerdem zur *Wellenausbreitung*, d.h. *elektromagnetische Wellen* können sich im freien Raum – und geführt durch Leitungsstrukturen – ausbreiten.

Um schnellveränderliche Felder zu berechnen, müssen die vollständigen Maxwell'schen Gleichungen berücksichtigt werden. Lösungsverfahren für derartige Probleme werden im nachfolgenden Abschnitt kurz vorgestellt.

3.3.2 Numerische Verfahren und moderne 3D-Simulationsprogramme

Beim Entwurf von elektronischen Schaltungen startet man in der Regel mit einer möglichst grundlegenden Schaltungssimulation, die nach und nach verfeinert und optimiert wird, bis sich die gewünschte Funktionalität und Qualität (zum Beispiel Temperaturstabilität) einstellt.

Schaltungssimulatoren berechnen das Verhalten der Schaltungselemente dabei auf der Basis von Ersatzmodellen sehr effizient. Diese Modelle sind jedoch auf einen gewissen Gültigkeitsbereich (Frequenzbereich, geometrische Abmessungen) beschränkt. Parasitäre Effekte, wie sie sich bei einer konkreten Realisierung (Layout) ergeben, sind dabei zunächst nicht berücksichtigt. Hier wird der Einsatz von elektromagnetischen Feldsimulatoren notwendig, die Feldverteilungen in beliebigen Strukturen berechnen können.

Gegenwärtig ist ein Trend festzustellen, die Schaltungs- und Feldsimulatoren unter einer Oberfläche zusammenzuführen, so dass Simulationsmodelle entstehen, die gleichzeitig Schaltungs- und Feldsimulatoranteile beinhalten können *(Electromagnetic co-simulation)*. Auf diese Art und Weise können unterschiedliche Schaltungsteile mit unterschiedlichen Methoden behandelt werden. Beispielsweise können innerhalb eines übergeordneten Modells die nichtlinearen und konzentrierten Schaltungsteile (Transistoren, Kondensatoren) mit dem Schaltungssimulator und die geometrisch ausgedehnte Layoutstruktur mit dem Feldsimulator berechnet werden. Auf diese Weise lassen sich EMV-Aspekte in einem frühen Entwicklungsstadium im numerischen Modell effizient untersuchen.

3.3.2.1 Elektromagnetische 3D-Feldsimulation

In Ergänzung zur etablierten Schaltungssimulation hat das noch vergleichsweise junge Gebiet der 3D-Feldsimulation an Bedeutung gewonnen. Die Methoden in diesem Bereich gestatten die Berechnung von elektromagnetischen Feldverteilungen ($\vec{E}$ und $\vec{H}$) sowie Netzwerkgrößen (Strom, Spannung, Impedanz, Streuparameter) auf der Basis von dreidimensionalen Modellen, indem numerische Näherungslösungen der Maxwell'schen Gleichungen ermittelt werden [Gust06] [Gust18] [Swan03] [Weil08].

Derzeit ist eine Reihe leistungsfähiger und anwendungsfreundlicher Softwarepakete auf dem Markt. Die Softwareprodukte entwickeln sich rasch weiter, so dass die in Tabelle 3.1 gezeigte Liste nur eine unvollständige Momentaufnahme verbreiteter Softwareprodukte sein kann.

Tabelle 3.1 Kommerzielle 3D-Feldsimulatoren (Auswahl)

Produktbezeichung	Unternehmen
ADS (Advanced Design System)	Keysight Technologies, USA
Empire XPU	IMST, Deutschland
EMPro (Electromagnetic Professional)	Keysight Technologies, USA
FEKO	EM Software & Systems GmbH, Deutschland
HFSS (High-Frequency Structure Simulator)	Ansoft, USA
Microwave Studio	CST, Deutschland
SEMCAD X	Schmidt & Partner Engineering AG, Schweiz
XFDTD	Remcom, USA

In den Programmen kommen unterschiedliche numerische Verfahren zum Einsatz: die Finite-Elemente-Methode (FEM), die Methode der Finiten Differenzen im Zeitbereich (FDTD), die Momentenmethode (MoM) und die verallgemeinerte Beugungstheorie (UTD). Innerhalb des Buches wird an einigen Stellen Gebrauch von den 3D-Feldsimulatoren *Empire* (IMST [Empi14]) und *ADS* (Keysight Technologies [Keys21]) gemacht.

Finite-Elemente-Methode

Bild 3.7a zeigt eine geometrische Struktur (Kugel) und Bild 3.7b eine mögliche Diskretisierung mit Tetraedern. In den einzelnen Tetraedern werden Ansatzfunktionen mit zunächst unbekannten Feldwerten an diskreten Raumpunkten aufgestellt. Gemäß der Variationsrechnung wird hier eine den Maxwell'schen Gleichungen äquivalente Formulierung („Funktional") für den monofrequenten Fall (komplexe Wechselstromrechnung) verwendet. Das resultierende

Gleichungssystem zeigt eine dünn besetzte Matrix, so dass das Gleichungssystem vergleichsweise effizient gelöst werden kann.

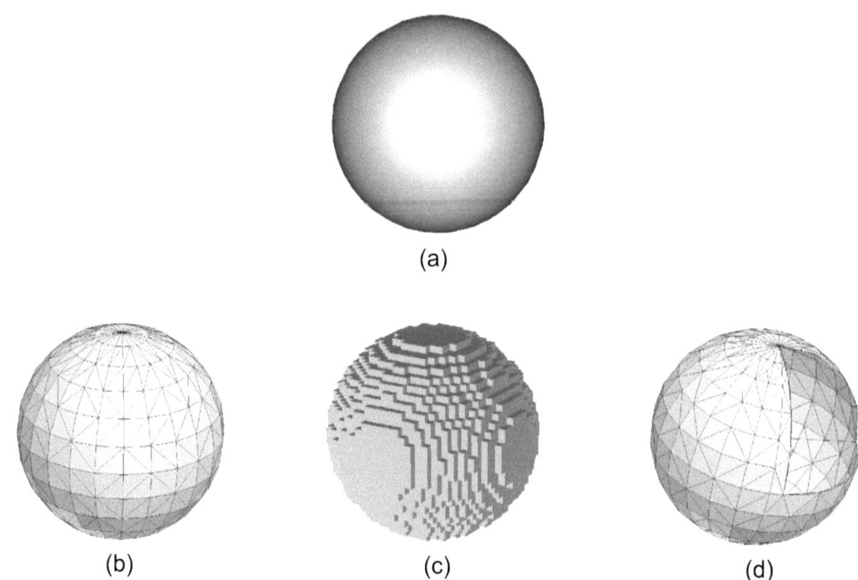

Bild 3.7 (a) Struktur, (b) Diskretisierung der Struktur mit Tetraedern, (c) Diskretisierung der Struktur mit Quaderelementen und (d) Oberflächennetz aus Dreiecken

Nach der Lösung des Gleichungssystems liegen Näherungswerte für die Feldwerte (Phasoren) an unterschiedlichen Raumpunkten vor. Je feiner die Diskretisierung ist, desto akkurater werden im Allgemeinen die Ergebnisse. Allerdings steigt auch der Rechenaufwand zur Lösung des Gleichungssystems, so dass in der Praxis stets ein Kompromiss zwischen Aufwand und Genauigkeit gefunden werden muss.

Damit dieses optimale Netz (akkurate Ergebnisse bei minimalem Rechenaufwand) nicht vom Anwender manuell ermittelt werden muss, verfügen einige Programme über eine *adaptive Netzverfeinerung*. Hierbei startet das Programm die Analyse mit einer recht groben Diskretisierung, die eine erste Näherung liefert. Diese Näherungslösung gibt dann Hinweise auf Raumbereiche, in denen eine Netzverfeinerung notwendig ist, etwa weil hier starke Feldgradienten auftreten, die mit einem groben Netz nicht abgebildet werden können. Durch eine fortlaufende Verfeinerung des Netzes werden die Ergebnisse akkurater und das Verfahren stoppt, wenn die Lösung innerhalb eines vorgegebenen Toleranzbereiches konvergiert, also die Ergebnisgrößen sich bei weiter verfeinertem Netz nicht mehr nennenswert ändern.

Ist nicht nur die Lösung für eine einzige Frequenz gesucht, sondern in einem Frequenzintervall, so müssen in der Regel mehrere Simulationen in dem Frequenzbereich durchgeführt werden, um ausreichend Stützstellen für eine stetige Interpolation zu liefern.

Finite Differenzen im Zeitbereich

Ausgangspunkt der FDTD-Methode (FDTD: *Finite-Difference Time-Domain*) sind die zeitabhängigen Maxwell'schen Gleichungen. In zwei ineinander verschachtelte orthogonale Gitter (*Yee*-Gitter) mit variablen Kantenlängen (Δx, Δy, Δz) werden auf den Kanten der Quader die kartesischen Komponenten der elektrischen und magnetischen Felder definiert. Aufgrund dieser räumlichen Diskretisierung können die Differentialquotienten durch Differenzenquotienten ersetzt werden. Im Zeitbereich wird ein Zeitschritt Δt eingeführt und die Feldkomponenten können so in einem rekursiven Verfahren (*Leapfrog*-Algorithmus) im Zeitbereich berechnet werden. Bild 3.7c zeigt die Unterteilung einer Struktur in Quaderelemente.

Damit das Verfahren stabil ist, muss das *Courant*-Stabilitätskriterium erfüllt sein. Eine feinere räumliche Diskretisierung erfordert dementsprechend einen kleineren Zeitschritt und damit längere Simulationszeiten. Damit bei der Wellenausbreitung die Dispersion begrenzt wird und sich Wellen in unterschiedlichen Richtungen im Yee-Gitter mit der gleichen Geschwindigkeit ausbreiten, ist eine Auflösung von mindestens einer Zehntelwellenlänge ($\Delta x, \Delta y, \Delta z < \lambda/10$) notwendig. Als Anregungszeitsignale werden in der Regel breitbandige (modulierte) Gaußimpulse verwendet. Die Simulation ist beendet, wenn im Simulationsgebiet alle Feldgrößen ausreichend abgeklungen sind.

Aus den Zeitsignalen können dann mittels Diskreter Fouriertransformation (DFT) die frequenzabhängigen Größen (Spannung, Strom, Impedanz, Streuparameter, Nah- und Fernfeldverteilungen) berechnet werden. Bei hochresonanten Strukturen (Filter hoher Güte) kann das Abklingen der Felder sehr lange dauern. Hier existieren Frequenzschätzer, die ein Abkürzen der Simulationszeit durch Prädiktion des Zeitverlaufs möglich machen.

Momentenmethode

Die Finite-Elemente-Methode und die Methode der Finiten Differenzen benötigen eine Volumendiskretisierung des gesamten felderfüllten Lösungsraumes in Grundelemente (Tetraeder bzw. Quader). Bei der Momentenmethode (MoM: *Method of Moments*) werden hingegen nur die Grenzschichten unterschiedlicher Materialien in Flächenelemente (Dreiecke) unterteilt (siehe Bild 3.7d). In den Elementen werden Stromdichtewerte als Unbekannte angenommen. Die Verknüpfungen zwischen den einzelnen Stromdichten liefern Integralgeichungen für den monofrequenten Fall, die durch die Diskretisierung in ein Gleichungssystem überführt werden. Im Gegensatz zur Finiten-Elemente-Methode mit einer nur bandförmig besetzten Matrix ist die Matrix bei der Momentenmethode voll besetzt und daher ist das Gleichungssystem aufwendiger zu lösen.

Bei vielen Materialgrenzen (also stark inhomogenen Strukturen) ist dies von Nachteil. Bei der FEM und FDTD-Methode hingegen ist dies wegen der ohnehin notwendigen Volumendiskretisierung kein Problem. Andererseits ist die Momentenmethode bei großen Abständen zwischen Strukturen im Vorteil, da das Volumen zwischen den Strukturen nicht mit Elementen gefüllt werden muss.

Eine besondere Formulierung der Momentenmetode erlaubt die sehr effiziente Behandlung von 2,5-dimensionalen Strukturen, d.h. geschichteten dielektrischen Strukturen mit beliebigen Metallverteilungen an den planaren Grenzschichten, wie sie bei planaren Schaltungen auftreten. Die dielektrische Schichtenfolge wird dabei durch die sogenannte *Green'sche Funktion* des mit geschichtetem Medium gefüllten Raumes beschrieben, so dass die dielektrischen Grenzschichten nicht diskretisiert werden müssen, sondern lediglich die metallischen Flächenelemente.

Verallgemeinerte Beugungstheorie

Die Beugungstheorie (UTD: *Uniform Theory of Diffraction*) ist ein asymptotisches Verfahren, das zum Beispiel mit den obigen Näherungsverfahren kombiniert werden kann, um große Strukturen (zum Beispiel die Mobilfunkwellenausbreitung in einem städtischen Gebiet) handhaben zu können. Die drei zuvor genannten Verfahren (FEM, FDTD und MoM) erfordern eine Diskretisierung mit einer Kantenlänge unterhalb einer Wellenlänge. Bei großen Strukturen (z.B. mit Abmessungen über 100λ) werden die Modelle aufgrund des großen Rechenaufwandes kaum mehr handhabbar.

Bei einem *hybriden* Verfahren können Quellpunkt (Sendeantenne) und Empfangseinrichtung detailliert mit der Momentenmethode erfasst werden. Die Beugungstheorie erlaubt dann die Hauptausbreitungswege elektromagnetischer Wellen durch die Beugung an Kanten sowie die Reflexion an Flächen sehr effizient zu beschreiben.

3.3.2.2 Arbeitsschritte bei der EM-Simulation

Programme zur numerischen Berechnung elektromagnetischer Felder sind komplexe Werkzeuge, die einige Erfahrung beim Anwender voraussetzen. In der Regel wird auch nicht einfach ein Modell der zu untersuchenden Komponente erstellt und simuliert, sondern (Teil-)Modelle werden gemäß dem Prinzip „Vom Einfachen zum Komplexen" entwickelt. Auf dem Weg der Modellverfeinerung gewinnt der Anwender Erkenntnisse über die Bedeutung unterschiedlicher Einflussgrößen und gelangt so zu einem möglichst effizienten Modell mit aussagekräftigen Ergebnissen. Bild 3.8 zeigt die Arbeitsschritte, die beim Arbeiten mit einem Feldsimulator notwendig sind. [Gust18]

Modellvorbereitung *(pre-processing)*
Über eine CAD-Benutzeroberfläche wird zunächst die Geometrie eingegeben. Bei komplexeren Geometrien können ggf. CAD-Daten aus der Fertigung in normierten Dateiformaten (z.B. DXF, STEP, IGES, SAT, STL) importiert und weiterverarbeitet werden. Im Folgenden werden diesen Strukturen Materialeigenschaften zugeordnet.

Zur Anregung des Modells und um Netzwerkgrößen (Strom, Spannung, Impedanz usw.) zu ermitteln, werden Tore *(ports)* definiert. In vielen Fällen ist die Torgeometrie deutlich kleiner als die Wellenlänge, so dass *konzentrierte Tore* mit zwei idealisierten Anschlussklemmen verwendet werden können. In anderen Fällen müssen die tatsächliche Torgeometrie und unterschiedliche Ausbreitungsmoden berücksichtigt werden (zum Beispiel, wenn Störsignale auf Koaxialleitungen oberhalb der *Cut-off*-Frequenz betrachtet werden).

Schließlich müssen auf den Rändern von Simulationsgebieten geeignete Randbedingungen, wie elektrische Wände für metallische Abschlüsse und absorbierende Randbedingungen für die Freiraumsimulation definiert werden.

Simulation (numerische Lösung des mathematischen Problems)
Dies ist der rechenintensive Schritt der elektromagnetischen Modellierung. Je nach Komplexität können die Simulationen entweder nach Minuten oder aber auch erst nach Tagen beendet sein.[2]

---

[2] Das *komplexeste* Simulationsmodell ist dabei *nicht* unbedingt das *beste Modell*. Bei der Modellentwicklung kommt es vielmehr darauf an, alle Vereinfachungsmöglichkeiten auszuschöpfen, um so ein *effizientes Modell* zu erzeugen.

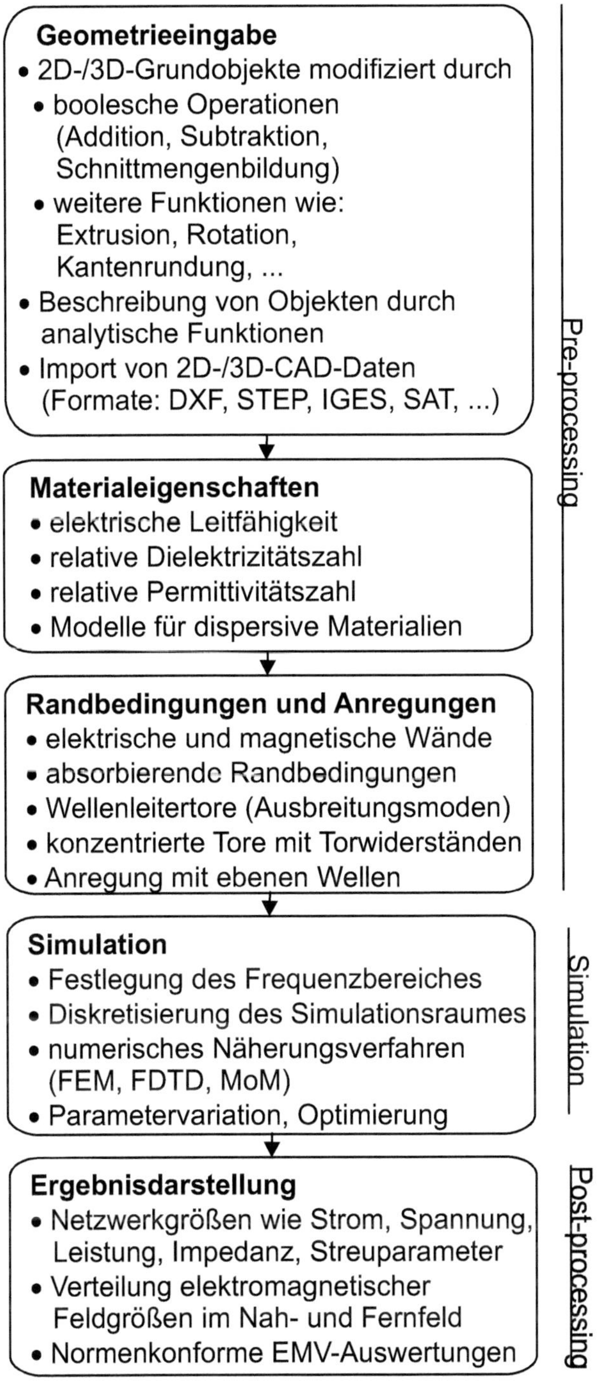

Geometrieeingabe
- 2D-/3D-Grundobjekte modifiziert durch
  - boolesche Operationen (Addition, Subtraktion, Schnittmengenbildung)
  - weitere Funktionen wie: Extrusion, Rotation, Kantenrundung, ...
- Beschreibung von Objekten durch analytische Funktionen
- Import von 2D-/3D-CAD-Daten (Formate: DXF, STEP, IGES, SAT, ...)

Materialeigenschaften
- elektrische Leitfähigkeit
- relative Dielektrizitätszahl
- relative Permittivitätszahl
- Modelle für dispersive Materialien

Randbedingungen und Anregungen
- elektrische und magnetische Wände
- absorbierende Randbedingungen
- Wellenleitertore (Ausbreitungsmoden)
- konzentrierte Tore mit Torwiderständen
- Anregung mit ebenen Wellen

Pre-processing

Simulation
- Festlegung des Frequenzbereiches
- Diskretisierung des Simulationsraumes
- numerisches Näherungsverfahren (FEM, FDTD, MoM)
- Parametervariation, Optimierung

Simulation

Ergebnisdarstellung
- Netzwerkgrößen wie Strom, Spannung, Leistung, Impedanz, Streuparameter
- Verteilung elektromagnetischer Feldgrößen im Nah- und Fernfeld
- Normenkonforme EMV-Auswertungen

Post-processing

Bild 3.8 Workflow bei der numerischen Berechnung elektromagnetischer Felder

Der gewählte Frequenzbereich beeinflusst dabei die notwendige Unterteilung des Lösungsgebietes (Diskretisierung). Höhere Frequenzen benötigen wegen der kleineren Wellenlänge kleinere Zellen und bedeuten damit einen höheren Aufwand. Das Gitter muss fein genug sein, um die geometrische Struktur, den Feldverlauf und die Wellenausbreitung zu repräsentieren.

Während der Simulation können in vielen Fällen bereits Trends und erste Näherungsergebnisse ausgewertet werden. Manchmal lassen sich so in der täglichen Praxis immer mal wieder vorkommende Modellierungsfehler noch vor Ende des Simulationslaufes aufdecken. Durch Abbruch der Simulation, Korrektur und Neustart kann dann deutlich Zeit eingespart werden.

Aktuelle Programme erlauben eine Parametrierung der Modelle und damit eine automatische Variation des Modells (es werden dabei viele Rechnungen automatisch nacheinander durchgeführt mit z.B. variierendem Abstand zwischen Leitungen oder unterschiedlicher Gehäusegestaltung). Somit sind auch automatische Optimierungen möglich. (Anpassung der Modellgeometrie bis Zielvorgaben (z.B. EMV-Grenzwerte) eingehalten sind.)

Auswertung *(post-processing)*
Nach Abschluss der Simulation wird man zunächst die Protokolldatei des Solvers auf Warnungen und Fehlermeldungen prüfen. Bei einwandfreiem Simulationslauf sind nun Netzwerkgrößen und Feldgrößen im gewünschten Frequenzbereich verfügbar. Gegebenenfalls müssen diese für eine normenkonforme Auswertung (z.B. Mittlung) noch nachverarbeitet werden.

Die elektromagnetischen Feldergebnisse, deren Berechnung ja sehr aufwendig ist, hat jetzt aber neben der normenkonformen Bewertung den weiteren Vorteil, dass sie uns etwas über die Wirkungsweise der Struktur mitteilt. So können Resonanzen erkannt und Stromdichteverteilungen begutachtet werden. Hierdurch erhält der Anwender Hinweise, in welche Richtung er seine Struktur verändern muss, um die EMV zu verbessern.

3.4 Kopplungsmechanismen

Wir werden nun etwas genauer auf die bereits in Abschnitt 2.1 angesprochenen Kopplungsmechanismen eingehen. Dabei wollen wir zunächst analytische Betrachtungen anstellen und dann ein numerisches Beispiel betrachten. Aus den gewonnenen Erkenntnissen leiten wir schließlich für jeden Kopplungsmechanismus Maßnahmen zur Verminderung der Störeinkopplung ab.

3.4.1 Galvanische Kopplung

Beim Aufbau elektronischer Schaltungen wird häufig der Rückstrom unterschiedlicher Schaltungsteile über einen gemeinsamen Rückleiter (Masse, Bezugspotential) geführt. Im Idealfall ist dieses Bezugspotential ortsunabhängig, z.B. überall 0 V. In der Praxis stellt jedoch der Rückleiter für die Rückströme eine gewisse Impedanz Z_K (Koppelimpedanz) dar, so dass nach dem Ohm'schen Gesetz ($U = ZI$) es für jeden Rückstrom zu einem Spannungsabfall längs des Rückleiters kommt. Gemäß der Maschenregel wird dieser Spannungsabfall in allen anderen Stromkreisen der Schaltung sichtbar und führt zu Störeinkopplungen.

3.4.1.1 Modellbildung

Bild 3.9 zeigt zwei Schaltungen, die über einen gemeinsamen Rückleiter verfügen. Der Rückleiter selbst wird dabei durch eine Impedanz Z_K (Koppelimpedanz) beschrieben, die im Idealfall verschwindet.

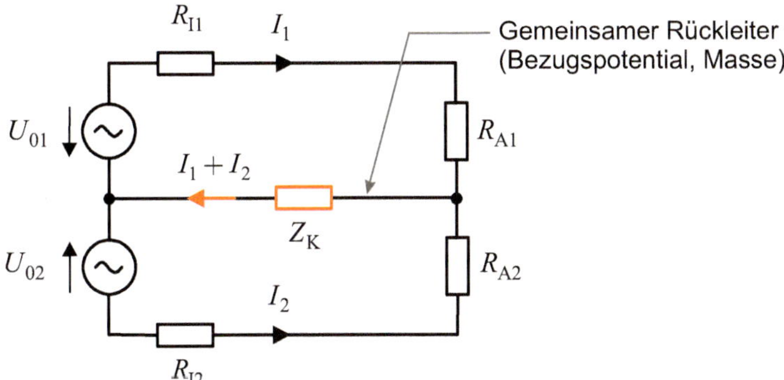

Bild 3.9 Galvanische Kopplung zwischen zwei Schaltungen mit gemeinsamem Rückleiter

In der Praxis ist die Koppelimpedanz jedoch endlich und wird im Wesentlichen durch einen Ohm'schen Anteil R_K und einen induktiven Anteil L_K beschrieben.

$$Z_K = R_K + j\omega L_K \qquad \text{(Koppelimpedanz = Impedanz des Rückleiters)} \tag{3.32}$$

Mit den Innenwiderständen R_I und den Abschlusswiderständen R_A erhalten wir anhand der Maschenregel für die Schaltung:

$$U_{01} = R_{I1} I_1 + R_{A1} I_1 + Z_K(I_1 + I_2) \tag{3.33}$$

$$U_{02} = R_{I2} I_2 + R_{A2} I_2 + Z_K(I_1 + I_2) \quad . \tag{3.34}$$

Wir erkennen, dass die Stromkreise nur für $Z_K \to 0$ voneinander entkoppelt sind. Für endliche Werte von Z_K beeinflusst der Strom I_2 die Verhältnisse in Kreis 1 und der Strom I_1 die Verhältnisse in Kreis 2. Die Schaltungen sind also wechselseitig verkoppelt.

Oftmals ist es so, dass eine Schaltung den deutlich größeren Strom führt und unempfindlicher ist, somit also als Störquelle angesehen werden kann, während die andere Schaltung den deutlich kleineren Strom führt und empfindlicher ist, folglich dann die Rolle der Störsenke übernimmt.

Beispiel 3.1 Zwei Schaltungen mit gemeinsamer Rückleiterimpedanz

Wir betrachten zwei Schaltungen aus je einer Quelle mit Innenwiderstand und Lastwiderstand. Die Widerstände besitzen jeweils den Wert $R = 50\,\Omega$. Um den Einfluss auch optisch gut erkennen zu können, wird Schaltung 1 mit einem Sinussignal (Amplitude 10 V) und Schaltung 2 mit einer Folge trapezförmiger Pulssignale (Maximalwert 5 V) gespeist. Beide Schaltungen verwenden einen gemeinsamen Rückleiter, der durch eine Rückleiterimpedanz von $Z_K = R + j\omega L_K$ beschrieben werde. Wir nehmen für den Rückleiter folgende Werte an: Ohm'scher Widerstand $R = 0{,}05\,\Omega$ und parasitäre Induktivität $L = 100\,\text{nH}$. Bild 3.10a zeigt die Schaltung im Programm ADS[3].

In einer ersten Simulation setzen wir die Werte der Koppelimpedanz zu null ($R = L = 0$) und erhalten die Zeitsignale der ungestörten Ausgangsspannungen an den jeweiligen Lastwiderständen (Bild 3.10b). Die Schaltungen beeinflussen sich nicht: Sinus und Pulssignal ergeben sich jeweils nach der Spannungsteilerregel mit halben Quellamplitudenwerten, also 5 V beim Sinussignal und 2,5 V beim trapezförmigen Pulssignal.

Berücksichtigen wir jedoch in der Simulation die Kopplungsimpedanz konkret, so stellen wir fest, dass die Schaltungen sich gegenseitig beeinflussen (Bild 3.10c). Die Zeitsignale sind nun verändert, was je nach Anwendungszweck der Schaltung zu Funktionsverlust führen kann.

Wenn man die Verhältnisse gemäß der Stromteilerregel betrachtet, dann fällt auf, dass durch die endliche Kopplungsimpedanz ($Z_K > 0$) der Rückstrom von Schaltung 1 nicht mehr vollständig im Rückleiter geführt wird, sondern ein gewisser Anteil des Rückstromes durch den Zweig der zweiten Schaltung fließt. Dieser Stromanteil (Störstrom) führt zu dem unerwünschten Störspannungsabfall an der Last in Kreis zwei. Durch den induktiven Anteil der Kopplungsimpedanz des Rückleiters ist die Kopplung auch bei rein Ohm'schen Lasten frequenzabhängig und nimmt zu steigenden Frequenzen hin zu. ■

3.4.1.2 Maßnahmen zur Reduzierung der galvanischen Kopplung

Die vorhergehenden Überlegungen haben gezeigt, dass bei der galvanischen Kopplung die Impedanz des gemeinsamen Leiters entscheidend ist. Diese Impedanz sollte so gering wie möglich ausfallen. Dies gelingt am besten, wenn

1. die Rückleiterstruktur möglichst *ausgedehnt* ist – also eine Massefläche oder ein Leiter mit großem Querschnitt verwendet wird ($A \uparrow$) – und
2. der gemeinsame Rückleiter möglichst kurz ist ($\ell \downarrow$).

Beide Maßnahmen reduzieren den *Ohm'schen Widerstand* R_K des Rückleiters und gleichzeitig die Induktivität L_K der Anordnung.

Ohm'scher Anteil der Koppelimpedanz

Betrachten wir zunächst den *Ohm'schen Widerstand.* Bei homogener Stromdichteverteilung in einem zylindrischen Leiter gilt der einfache Zusammenhang

$$R = \frac{\ell}{\sigma A} \quad \text{bzw.} \quad R = \varrho \frac{\ell}{A} \tag{3.35}$$

mit der elektrischen Leitfähigkeit σ, dem spezifischen Widerstand ϱ, der Leiterlänge ℓ und dem Drahtquerschnitt A. Bei höheren Frequenzen tritt der sogenannte *Skineffekt* auf, da der Strom sich selbst zunehmend an den Rand des Leiters verdrängt und die Stromdichte $\vec{J}$ in tieferen Regionen des Leiters abnimmt. Bild 3.11 zeigt die homogene Stromdichteverteilung in einem Gleichstrom-durchflossenen Leiter und die im Innern abnehmende Stromdichteverteilung bei höheren Frequenzen.

[3] *Advanced Design System* der Firma *Keysight Technologies* [Keys21]

(a) Schaltung

VtSine
SRC2
Vdc=0 V
Amplitude=10 V
Freq=20 MHz

R
R1
R=50 Ohm

U_load_sine

R
R2
R=50 Ohm

TRANSIENT
Tran
Tran1
StopTime=200 nsec

L
L1
L=100 nH {tune}
R=0.05 Ohm

R
R4
R=50 Ohm

VtPulse
SRC1
Vlow=0 V
Vhigh=5 V
Edge=linear
Rise=2 nsec
Fall=2 nsec
Width=4 nsec
Period =16 nsec

U_load_pulse

R
R3
R=50 Ohm

(b) Ohne Kopplung (R = L = 0)

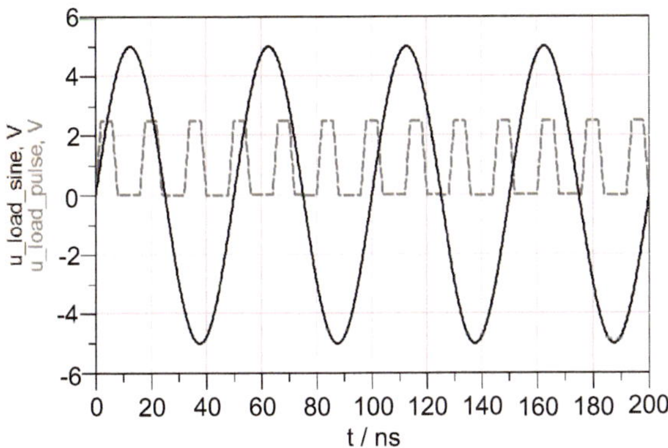

(c) Mit Kopplung

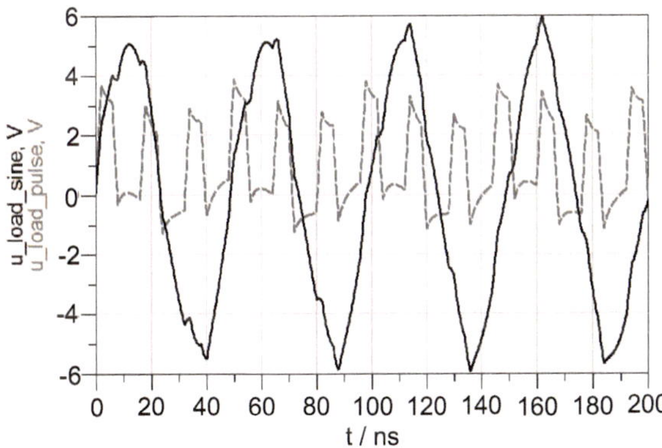

Bild 3.10 Simulationsbeispiel: (a) zwei Schaltungen mit gemeinsamer Koppelimpedanz, (b) Zeitsignale der Ausgangsspannungen ohne Berücksichtigung der Koppelimpedanz (R = L = 0) und (c) Ausgangsspannungen mit Berücksichtigung der galvanischen Kopplung

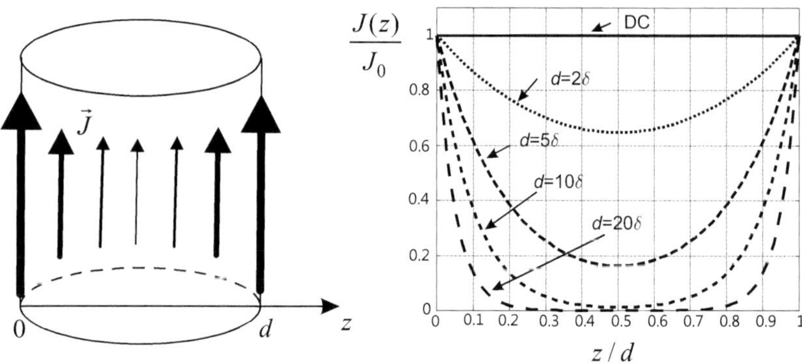

Bild 3.11 Veranschaulichung des Skineffektes: (a) Darstellung des vektoriellen Stromdichtefeldes bei höheren Frequenzen und (b) Stromdichteverteilung auf einem Pfad durch den zylindrischen Leiter für unterschiedliche Werte der Skintiefe

Die *Skintiefe* δ kann berechnet werden mit

$$\delta = \sqrt{\frac{2}{\omega\mu\sigma}} \quad \text{(Skintiefe).} \tag{3.36}$$

Die Skintiefe entspricht der sogenannten *äquivalenten Leitschichtdicke.* Als wirksame stromdurchflossene Fläche ergibt sich bei höheren Frequenzen dann näherungsweise das Produkt aus Leiterumfang und äquivalenter Leitschichtdicke. Bei höheren Frequenzen sind wegen der geringen Eindringtiefe (z.B. $\delta = 6{,}6\,\mu\text{m}$ bei $f = 100\,\text{MHz}$ im Kupferleiter) daher die Umfänge der Leiter und nicht die Querschnittsflächen A maßgebend [Gust19].

Induktiver Anteil der Koppelimpedanz

Um den Einfluss der Querschnittsfläche auf die *Induktivität* zu verstehen, betrachten wir das magnetische Feld in einem von Gleichstrom durchflossenen Leiter. Die magnetischen Feldlinien im und um den Leiter verlaufen in konzentrischen Kreisen um die Leiterachse (Bild 3.12a). Im Inneren eines auf der z-Achse liegenden Leiters mit dem Radius R_0 (Bild 3.12b) steigt das magnetische Feld linear mit dem Radius ($H \sim R$).

$$\vec{H} = \frac{IR}{2\pi R_0^2}\vec{e}_\varphi \tag{3.37}$$

Im Außenbereich des Leiters fällt das Feld reziprok zum Abstand von der Leiterachse ($H \sim 1/R$).

$$\vec{H} = \frac{I}{2\pi R}\vec{e}_\varphi \tag{3.38}$$

Für einen dickeren Leiter mit einem größeren Radius $R_1 > R_0$ ergibt sich ein weniger steiler Anstieg der magnetischen Feldstärke im Innenbereich. Das äußere Feld im Bereich $R > R_1$ jedoch bleibt unverändert (Bild 3.12b).

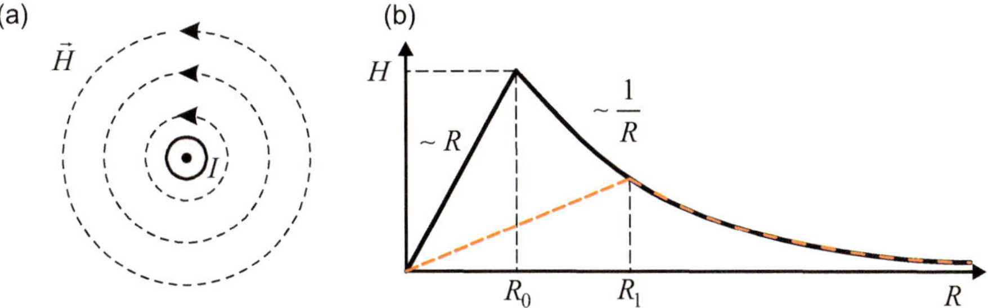

Bild 3.12 Magnetisches Feld eines (gleich-)stromdurchflossenen zylindrischen Leiters: (a) Verlauf der Feldlinien und (b) Betrag des Feldes für zwei unterschiedlich dicke Leiter ($R_1 > R_0$)

Die *Induktivität* L ist verknüpft mit der magnetischen Feldstärke $\vec{H}$ über die magnetische Feldenergie W_m.

$$W_\text{m} = \frac{1}{2} L I^2 = \iiint\limits_V \frac{1}{2} \vec{B} \cdot \vec{H} \, dv \tag{3.39}$$

Aus Gleichung 3.39 erkennen wird, dass höhere Werte für das magnetische Feld (bei gleichem Stromfluss) zu einer erhöhten Induktivität führen. Da die Feldwerte bei ausgedehntem Leiter (im obigen Fall also für die Leiter mit den Radien R_0 und R_1 mit $R_1 > R_0$) stets kleiner oder gleich der Feldwerte bei dünnerem Leiter sind (Bild 3.12b), ist die Induktivität reduziert. Bei hochfrequenten Strömen (Skineffekt) verschwindet das magnetische Feld im Inneren des Leiters fast vollständig. Die innere Induktivität L_i ist null.

Das Volumenintegral in Gleichung 3.39 konvergiert nur, wenn auch der Rückleiter in die Rechnung miteinbezogen wird. Bild 3.13 zeigt das magnetische Feld einer Paralleldrahtleitung. Je näher Hin- und Rückleiter zusammenlaufen, desto mehr Feldanteile heben sich durch destruktive Überlagerung im Außenraum auf und die Induktivität sinkt.

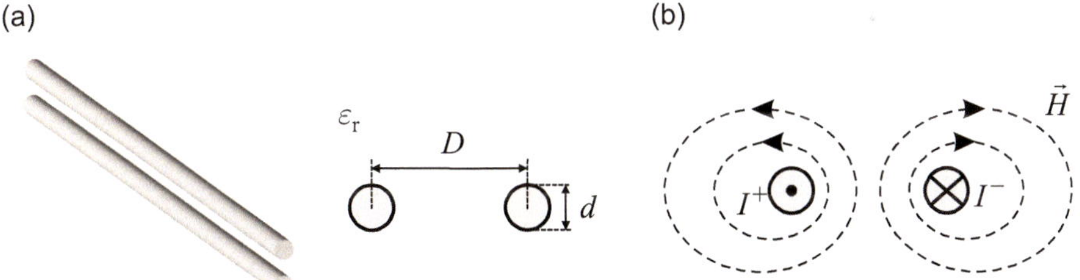

Bild 3.13 (a) Geometrie und (b) magnetisches Feld einer Paralleldrahtleitung

Die Induktivität einer Paralleldrahtleitung ist näherungsweise

$$L \approx \frac{\mu_0 \ell}{\pi} \ln\left(\frac{2D}{d}\right) \qquad \text{für} \quad D > d \tag{3.40}$$

mit dem Abstand D zwischen den Drähten (Mittelpunkt zu Mittelpunkt) und dem Durchmesser d des Einzelleiters. Die Gleichung zeigt, dass eine Vergrößerung der Leiterabstände die Induktivität erhöht und eine Vergrößerung der Leiterquerschnitte diese senkt.

Falls die Maßnahmen zur Reduktion der Rückleiter- bzw. Koppelimpedanz nicht ausreichend sind, können für die Rückstromflüsse unterschiedlicher Schaltungsteile jeweils *unterschiedliche Massen* verwendet werden. So kann eine Aufteilung zwischen digitalen und analogen Schaltungsteilen sinnvoll sein. Ebenso können stromintensive Schaltungen und Leitungen (Versorgungsleitungen, leistungsstarke Ausgangsstufen) massemäßig von Schaltungsteilen und Leitungen mit empfindlichen Signalen kleinerer Amplituden (Eingangsstufen, Messschaltungen) getrennnt werden. Die unterschiedlichen Massen führen dann unabhängig voneinander die jeweiligen Rückströme. Um definierte Potentialwerte auf den unterschiedlichen Massen herzustellen, sind diese dann (sternförmig) miteinander zu verbinden (Bild 3.14).

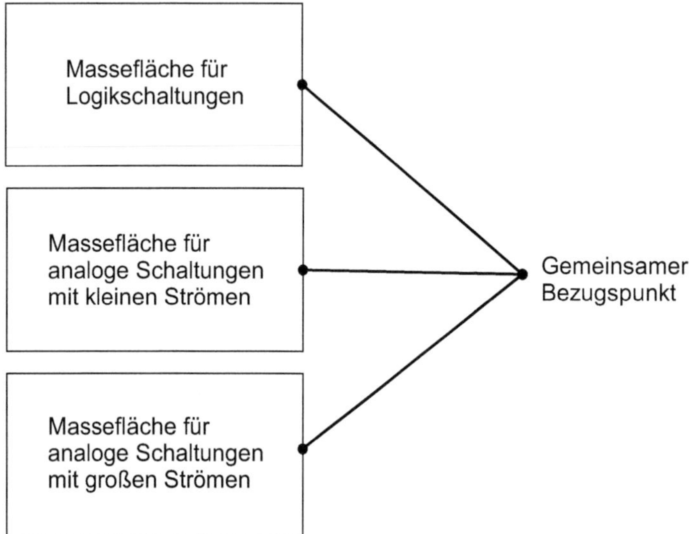

Bild 3.14 Getrennte Massen zur Verminderung der galvanischen Kopplung

3.4.1.3 Masseschleifen

Bezugsleiter bzw. Massen werden häufig an einem Punkt (stromlos) mit dem Erdpotential verbunden. Die Schutzerde (PE = Protective Earth) dient dem Schutz von Personen vor Berührungsspannungen (VDE 100 Normenreihe). Durch die Verbindung mehrerer Geräte mit dem Erdpotential und Verbindungen von Geräten untereinander (z.B. Signalquelle und Verstärker) kann es zu sogenannten *Erdschleifen* kommen. Diese Erdschleifen können aufgrund der räumlichen Ausdehnung der Zuleitungen nennenswerte Flächen für die Induktion von Störspannungen aufspannen (Bild 3.15). Im nachfolgenden Abschnitt 3.4.2 über die induktive Kopplung kommen wir auf diese Problematik zu sprechen.

Falls Masse- oder Erdschleifen auftreten, so kann die Auswirkung einer Einkopplung oft durch Erhöhung der Impedanz für das Gleichtaktstörsignal verbessert werden. Eine Erhöhung der Schleifenimpedanz senkt den Störstrom ab und führt dann zu einer geringeren wirksamen Störspannung an der Last. Mögliche Maßnahmen sind hier der Einsatz von Gleichtaktdrosseln bzw. Ferritringen (Abschnitt 4.4), die Verwendung von Trenntransformatoren (Abschnitt 4.5) oder der Einsatz von Optokopplern (Abschnitt 4.6).

(a)

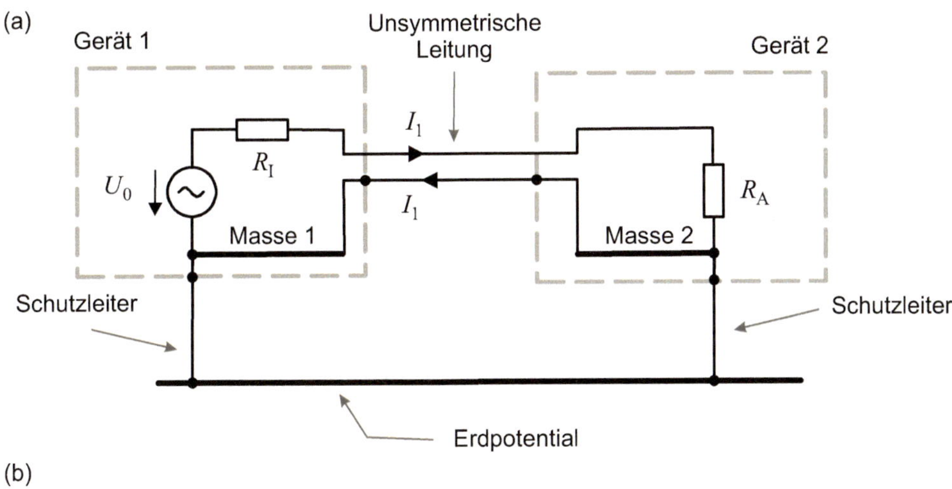

(b)

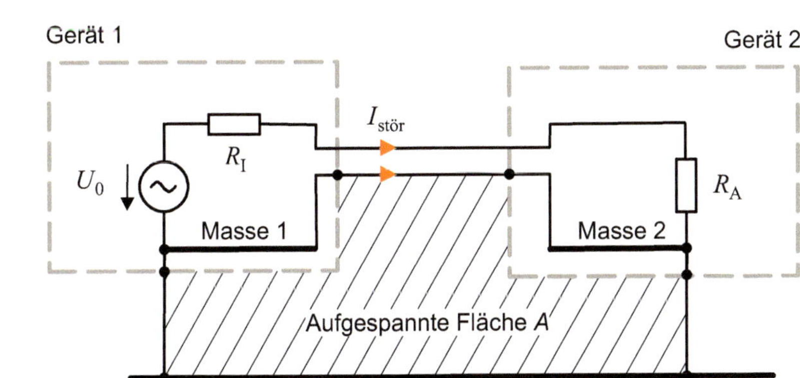

Bild 3.15 (a) Zwei geerdete Geräte verbunden über eine unsymmetrische Leitung und (b) induzierter Gleichtaktstörstrom in der Erdschleife

3.4.2 Induktive Kopplung

Von induktiver Kopplung spricht man, wenn die Störeinkopplung primär über das quasistatische magnetische Feld geschieht.

3.4.2.1 Modellbildung

In elektrischen Schaltungen fließen Ströme, die von magnetischen Feldern umgeben sind. Diese magnetischen Felder induzieren dann in benachbarten Schaltungen Störspannungen mit der Folge, dass – abhängig von den Impedanzen in dieser Schaltung – Störströme fließen. Diese Störströme erzeugen nun ihrerseits (sekundäre) magnetische Felder und wirken so auf ihre Ursache zurück. In vielen Fällen kann die Rückwirkung allerdings vernachlässigt werden, so dass die Analyse induktiver Kopplungen sich in zwei Arbeitsschritte zerlegen lässt:

1. Berechnung der magnetischen Feldstärke der Störquelle am Ort der Störsenke. Die mathematische Beschreibung liefert hier das Durchflutungsgesetz (Gl. (3.4)).

2. Ausgehend von der zuvor ermittelten Verteilung des magnetischen Feldes wird mit Hilfe des Induktionsgesetzes (Gl. (3.6)) die induzierte Spannung bestimmt. Die Spannung kann dann in einer Schaltungssimulation als Störspannungsquelle U_{i0} modelliert werden.

Bild 3.16a zeigt zwei Grundschaltungen bestehend aus Quellen (ideale Spannungsquellen U_{01} und U_{02} und Innenwiderständen R_{I1} und R_{I2} sowie Lastwiderständen R_{A1} und R_{A2}). Die elektrisch kurzen Leitungen ($\ell_1, \ell_2 \ll \lambda$) repräsentieren die räumliche Ausdehnung des Schaltungslayouts. Schaltung 1 werde in diesem Beispiel als Störquelle betrachtet und Schaltung 2 als Störsenke. Das vom Strom I_1 herrührende magnetische Feld $\vec{H}_1$ durchsetzt die von Schaltung 2 aufgespannte Fläche A_2 und führt zu einer induzierten Spannung U_{i0}. Es entsteht ein Störstrom $I_{\text{stör}}$, der die ursprünglichen Zustände (z.B. Spannungsabfall an der Last) ändert und so zu unerwünschtem Verhalten der Schaltung führen kann.

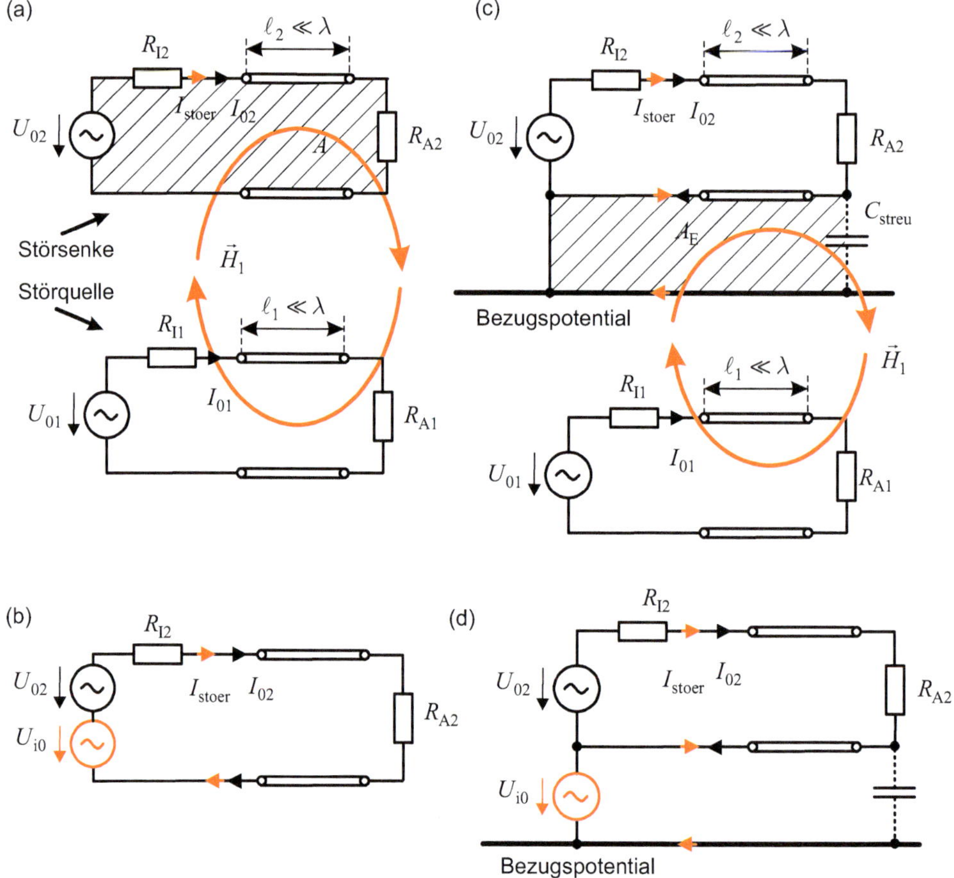

Bild 3.16 (a) Felddarstellung der induktiven Störeinkopplung, (b) Schaltung mit Störspannungsquelle U_{i0}, (c) Felddarstellung der induktiven Einkopplung in eine Erdschleife, (d) Schaltung mit Störspannungsquelle U_{i0}

Der Einfluss der induzierten Spannung auf die Schaltung kann in einem Schaltungssimulator untersucht werden. Die induzierte Spannung taucht hier als zusätzliche ideale Spannungsquelle U_{i0} (siehe Bild 3.16b) in Reihe mit der Nutzspannungsquelle U_{02} auf. In diesem Beispiel bereitet sich die Störung als *Gegentaktsignal* aus (Der Störstrom in den Signalleitungen fließt – ebenso wie der Nutzstrom I_{02} – in entgegengesetzter Richtung).

Durch die induktive Kopplung kann es aber auch zur Ausbreitung von *Gleichtaktstörsignalen* kommen. In Bild 3.16c ist die zuvor gezeigte Schaltung 2 (Störsenke) quellseitig geerdet. Lastseitig liegt zwar keine direkte Erdverbindung vor, durch die räumliche Nähe von Last und geerdeten Strukturen wollen wir aber eine Streukapazität C_{streu} annehmen, deren Impedanz mit zunehmender Frequenz sinkt ($Z = 1/(j\omega C_{\text{streu}})$). Das magnetische Feld $\vec{H}_1$ durchsetze nun die durch die Erdung der Quelle und die Streukapazität aufgespannte Fläche A_{E} der *Erdschleife*.

Die in der Erdschleife induzierte Spannung führt zu einem Stromfluss, der in der Schaltung als *Gleichtaktsignal* (der Störstrom fließt in den Signalleitungen in der gleichen Richtung) auftritt.

In einem Schaltungssimulator kann die Störspannung wieder als ideale Spannungsquelle modelliert werden (Bild 3.16d). Die Spannungsquelle sitzt diesmal zwischen Erde und der Schaltung. Maßnahmen gegen Erdschleifen werden in Abschnitt 3.4.1.3 diskutiert. Interessanterweise kann sich ein Erdschleifenproblem auch bei nicht geerdeten Geräten ergeben, denn wenn wir Schaltung 1 nicht erden, sondern auch hier eine Streukapazität annehmen, so kann trotzdem ein Gleichtaktstörstrom fließen!

3.4.2.2 Berechnung des magnetischen Feldes

Für einige einfache Geometrien können analytische Lösungen der Maxwell'schen Gleichungen bestimmt werden. Bild 3.17a zeigt das magnetische Feld $\vec{H}$ um einen in z-Richtung (aus der Zeichenebene heraus) orientierten (unendlich) langen zylindrischen Leiter (Radius R_0), der vom (Gleich-)Strom I durchflossen wird.

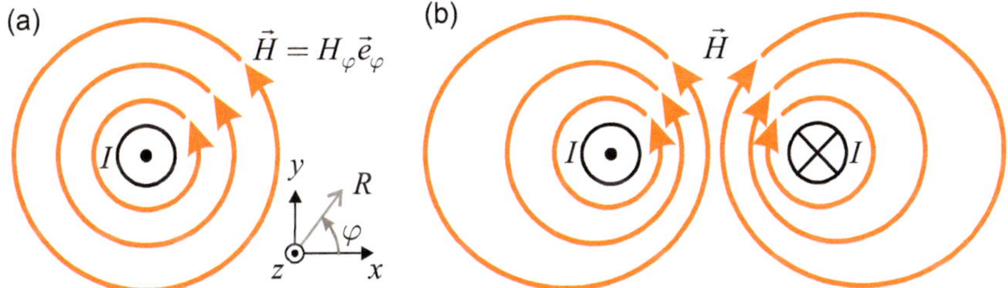

Bild 3.17 Magnetisches Feld in der Umgebung (a) eines langen zylindrischen Leiters und (b) einer Doppelleitung

Wir wollen zunächst das magnetische Feld in der Umgebung des Einzelleiters (Bild 3.17a) mit Hilfe des Durchflutungsgesetzes in Gleichung 3.41 berechnen.

$$\oint_{C(A)} \vec{H} \cdot \mathrm{d}\vec{s} = 2\pi R H_\varphi = \iint_A \left(\vec{J} + \frac{\partial \vec{D}}{\partial t} \right) \cdot \mathrm{d}\vec{A} = I_{\text{ges}} = I \tag{3.41}$$

Das magnetische Feld $\vec{H}$ umläuft den Leiter kreisförmig, d.h. es gibt – ausgedrückt in Zylinderkoordinaten (R, φ, z) – nur eine konstante Umfangskomponente $H_\varphi \neq 0$, also $\vec{H} = H_\varphi \vec{e}_\varphi$. Integrieren wir längs einer kreisförmigen Feldlinie das stets in Wegrichtung zeigende magnetische Feld ($\vec{H} \parallel d\vec{s}$), so erhalten wir auf der linken Seite des Durchflutungsgesetzes das Produkt aus Magnetfeldbetrag $H = H_\varphi$ und Weglänge mit dem Kreisumfang $2\pi R$. Die Ortskoordinate R in Zylinderkoordinaten gibt den Abstand zur Zylinderachse (z-Achse) an. Auf der rechten Seite des Durchflutungsgesetzes erhalten wir den durch die Fläche gehenden Gesamtstrom $I_{\text{ges}} = I$.

Das magnetische Feld um einen Leiter lautet also:

$$H = \frac{I}{2\pi R} \quad \text{(magnetische Feldstärke um einen zylindrischen Leiter).} \tag{3.42}$$

Mit zunehmendem Abstand fällt also die Feldstärke mit $1/R$.

Ein (unendlich) langer Einzelleiter macht technisch allerdings keinen Sinn, sondern es muss für den Strom stets ein Rückweg bestehen. Daher sehen wir uns nun eine *Doppelleitung* an, die aus zwei parallelen unendlich langen zylindrischen Leitern besteht (Bild 3.17b). Die gegensinnig vom gleichen Strom $I_1 = I_2 = I$ durchflossenen Leiter verlaufen parallel zur z-Achse und haben einen Abstand von $D = 2x_0$ zueinander.

Nach dem *Superpositionsprinzip* können die magnetischen Felder $\vec{H}_1$ und $\vec{H}_2$ einfach vektoriell überlagert werden, so dass sich das in Bild 3.17b gezeigte Feldlinienbild ergibt. Der Umlaufsinn der Felder um die jeweiligen Leiter ist entgegengesetzt, so dass wir zwischen den Leitern eine konstruktive Überlagerung sehen. Mit zunehmendem Abstand vom Koordinatenursprung jedoch heben sich die Feldanteile immer mehr auf.

Unter EMV-Gesichtspunkten ist interessant, dass das magnetische Feld im Außenraum einer Doppelleitung (Paralleldrahtleitung) um so geringer ausfällt, je geringer der Leiterabstand D ist.

In der xz-Ebene kann das magnetische Feld besonders einfach angeben werden, da die zu überlagernden Feldanteile nur eine y-Richtung aufweisen.

$$\vec{H} = \vec{H}_1 + \vec{H}_2 = \left[\frac{I}{2\pi(x+x_0)} - \frac{I}{2\pi(x-x_0)}\right]\vec{e}_y = -\frac{I}{2\pi}\cdot\frac{2x_0}{x^2-x_0^2}\vec{e}_y \quad \text{(Doppelleitung)} \tag{3.43}$$

Bild 3.18 zeigt zum Vergleich den Betrag des magnetischen Feldes auf der x-Achse für den Einzelleiter und für die Doppelleitung. Die Parameter wurden folgendermaßen gewählt: Leiterradius $R_0 = 5\,\text{mm}$, Leiterabstand $D = 2x_0 = 50\,\text{mm}$ und Strom je Leiter $I = 1\,\text{A}$. Das magnetische Feld der Doppelleitung fällt im Außenraum für $x \gg x_0$ mit $1/x^2$ ab.

3.4.2.3 Berechnung der eingekoppelten Spannung

Bei der eingekoppelten Spannung muss nun das Induktionsgesetz angewandt werden. Exemplarisch legen wir eine Leiterschleife neben die zuvor diskutierte Doppelleitung (Bild 3.19). Die quadratische Leiterschleife habe eine Kantenlänge von $a = b = 100$ mm und befinde sich im Bereich von $x_1 = -125$ mm bis $x_2 = -225$ mm, also 100 mm neben der Achse des nächstliegenden Leiters. Im Gleichstromfalle existiert keine induzierte Spannung, wir betrachten hier exemplarisch eine Frequenz von $f = 50\,\text{MHz}$.

Wenn man das magnetische Feld im Bereich der Leiterschleife als hinreichend homogen annehmen kann, vereinfacht sich die Berechnung und man kann überschlägig zum Beispiel den Wert in der Mitte der Leiterschleife als repräsentativen Wert auffassen. An der Stelle $x = -175\,\text{mm}$ gilt $H = 0{,}2652\,\text{A/m}$. Damit erhalten wir für den Betrag der induzierten Spannung als ersten sinnvollen Näherungswert:

$$|U_\text{i}| = \left|-\frac{\text{d}}{\text{d}t}\iint\limits_A \vec{B}\cdot\text{d}\vec{A}\right| \approx \left|j\omega\mu_0 H a b\right| = 1{,}047\,\text{V} \tag{3.44}$$

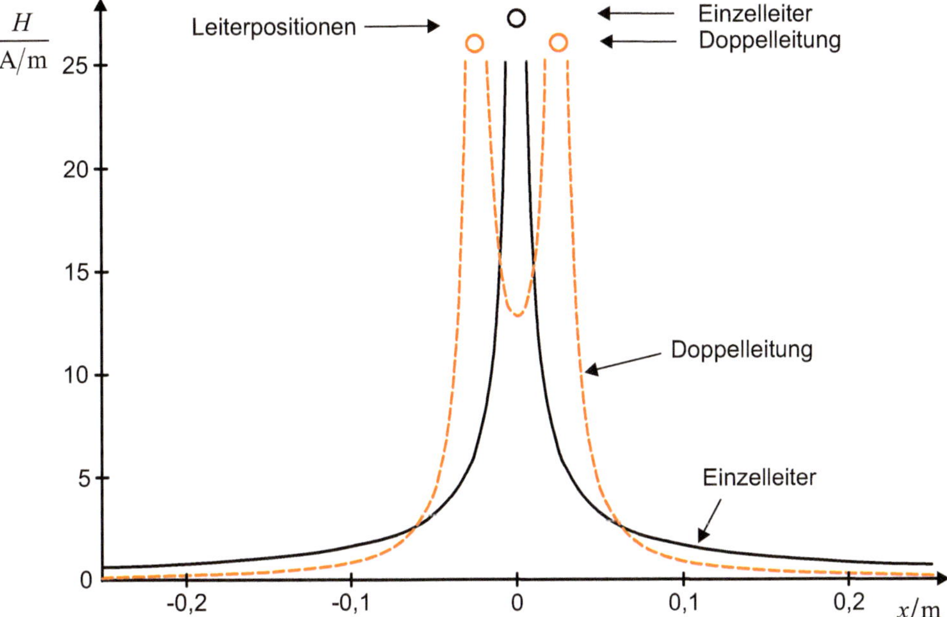

Bild 3.18 Betrag des magnetischen Feldes eines langen zylindrischen Leiters (Einzelleiter) und einer Doppelleitung

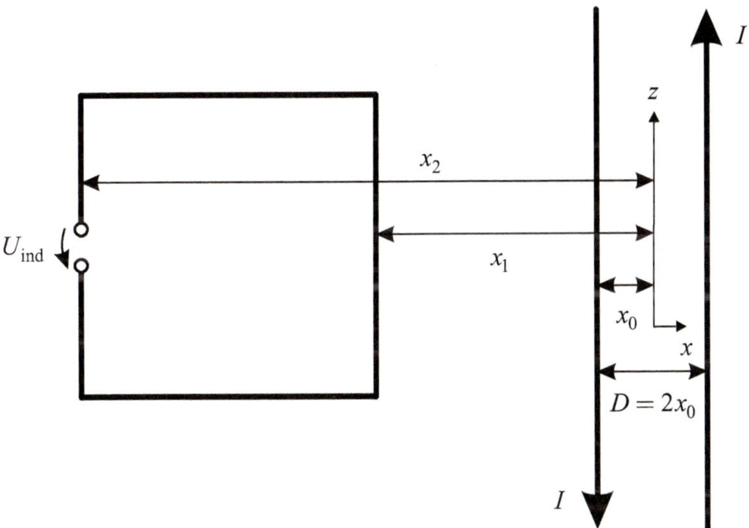

Bild 3.19 Doppelleitung mit Leiterschleife

Ein genaueres Ergebnis bekommen wir, wenn wir über die tatsächliche Verteilung des magnetischen Feldes aus Gleichung (3.43) integrieren.

$$|U_\mathrm{i}| = \left| -\frac{\mathrm{d}}{\mathrm{d}t} \int_0^a \int_{x_1}^{x_2} \mu_0 H \,\mathrm{d}x\mathrm{d}z \right| = \left| j\omega\mu_0 \frac{I}{2\pi} a \left[\ln\left(\frac{x_2 + x_0}{x_1 + x_0}\right) - \ln\left(\frac{x_2 - x_0}{x_1 - x_0}\right) \right] \right|$$

$$= \omega\mu_0 \frac{I}{2\pi} a \ln\left(\frac{5}{6}\right) = 1{,}145\,\mathrm{V} \tag{3.45}$$

Der Spannungswert ist etwas größer als nach einfacher Abschätzung, da das magnetische Feld in Richtung Leiter überproportional stark ansteigt.

Beispiel 3.2 Doppelleitung und Leiterschleife

Nach der analytischen Behandlung des Beispiels wollen wir es nun mit einem Feldsimulator untersuchen. Feldsimulatoren sind mächtige Werkzeuge, deren Benutzung einige Erfahrung beim Anwender voraussetzt. Beim Einstieg in den Umgang mit diesen Werkzeugen hat es sich als sinnvoll herausgestellt, analytisch beherrschbare Problemstellungen nachzuspielen. Auf diese Art und Weise können unterschiedliche Modellierungsstrategien validiert werden.

Modellerstellung

Das Simulationsmodell wurde mit dem 3D-Feldsimulator EMPIRE[4] erstellt. Das Programm ermittelt eine Näherungslösung der *vollständigen* Maxwell'schen Gleichungen unter Verwendung der Methode der Differenzen im Zeitbereich (FDTD). Die Geometrie besteht aus zwei zylindrischen Leitern im Abstand D. Das Programm erfordert die Vorgabe eines quaderförmigen Lösungsraumes. Die Ränder des Lösungsraumes sind in x- und y-Richtung mit absorbierenden Randbedingungen abgeschlossen und befinden sich so weit von der Struktur entfernt, dass Rückwirkungen vernachlässigt werden können. In z-Richtung wurden elektrische Randbedingungen eingesetzt, um einen unendlich langen Leiter nachzubilden[5]. In die Leiter wird ein Strom von $I = 1\,\text{A}$ eingespeist.

Berechnung des magnetischen Feldes

Bild 3.20a zeigt das Simulationsmodell der Doppelleitung, sowie das magnetische Feld in einer Querschnittsebene. Vergleichen wir das Ergebnis mit dem grundsätzlichen Verlauf in Bild 3.17 und den Zahlenwerten in Bild 3.18 so erkennen wir eine gute Übereinstimmung. Der Wert in der Mitte zwischen den Leitungen beträgt etwa 13 A/m.

Als Vorbereitung auf die Berechnung der induzierten Spannung betrachten wir noch das Feld am Ort $x = -175\,\text{mm}$, an dem sich später der Mittelpunkt der Leiterschleife befinden wird. Bild 3.20b zeigt die Verteilung mit einem Maximum von 0,2622 A/m am Ort der Leiterschleife.

Berechnung der induzierten Spannung

Als nächstes positionieren wir – wie in Bild 3.21a gezeigt – eine offene Leiterschleife neben der Doppelleitung. In der Öffnung der Leiterschleife wird eine Spannungsmessbox positioniert, um die induzierte Spannung zu erfassen.

Die induzierte Spannung ist in Bild 3.21b im Frequenzbereich von 20 bis 60 MHz dargestellt. Die Spannung steigt linear mit der Frequenz und bei einer Frequenz von $f =$

[4] FDTD-Simulator der Firma *IMST GmbH* [Empi14]

[5] Da das magnetische Feld der Doppelleitung von der z-Richtung unabhängig ist, hätte ein 2D-Programm, welches nur eine Querschnittsebene rechnet, Vorteile. Allerdings wollen wir ja im zweiten Schritt noch die induzierte Spannung berechnen und da benötigen wir dann die 3D-Funktionalität.

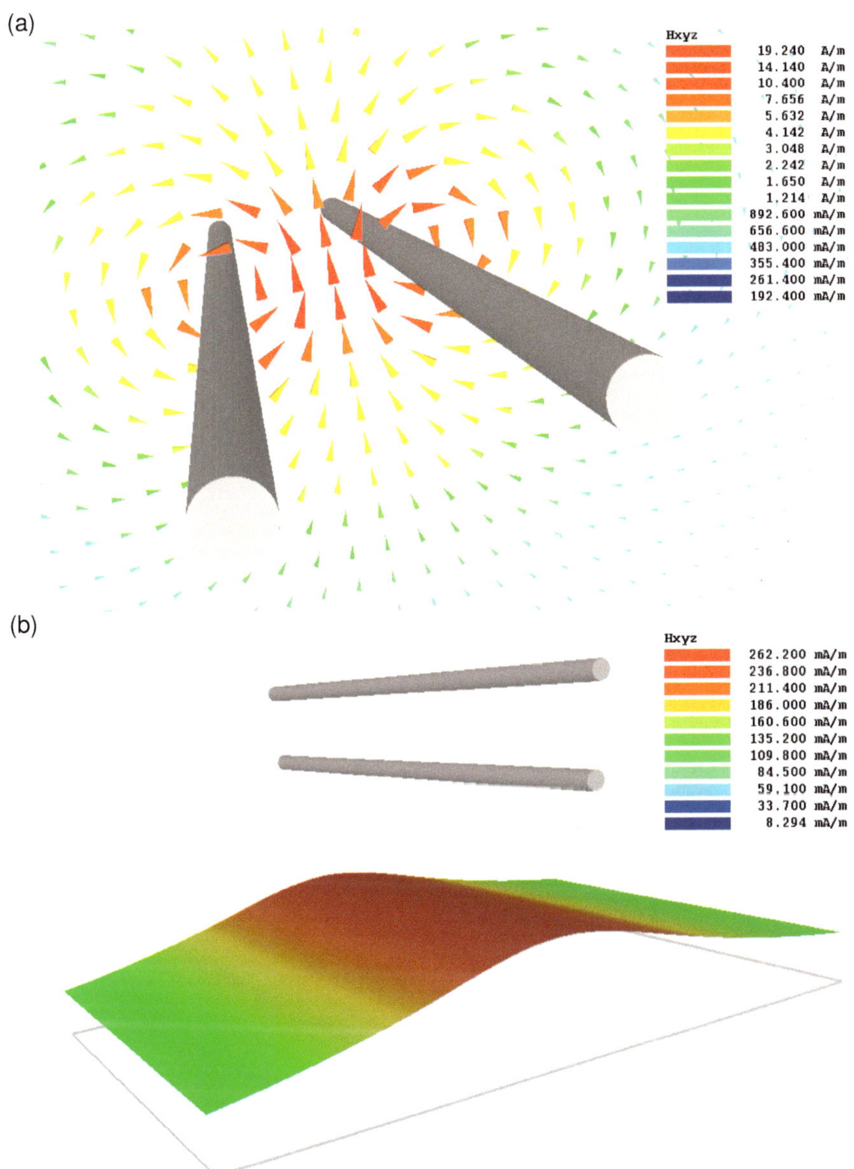

Bild 3.20 (a) Vektoren des magnetischen Feldes der Doppelleitung in einer Querschnittsebene und (b) Betrag des magnetischen Feldes in der Ebene $x = -175\,\text{mm}$

50 MHz erhalten wir eine induzierte Spannung von $U_{\text{ind}} = 1{,}12\,\text{V}$, was in guter Näherung dem theoretischen Wert von $U_{\text{ind}} = 1{,}145\,\text{V}$ entspricht.

Bei der Bewertung des Ergebnisses muss berücksichtigt werden, dass einige Unterschiede im theoretischen Modell und im Simulationsmodell bestehen.

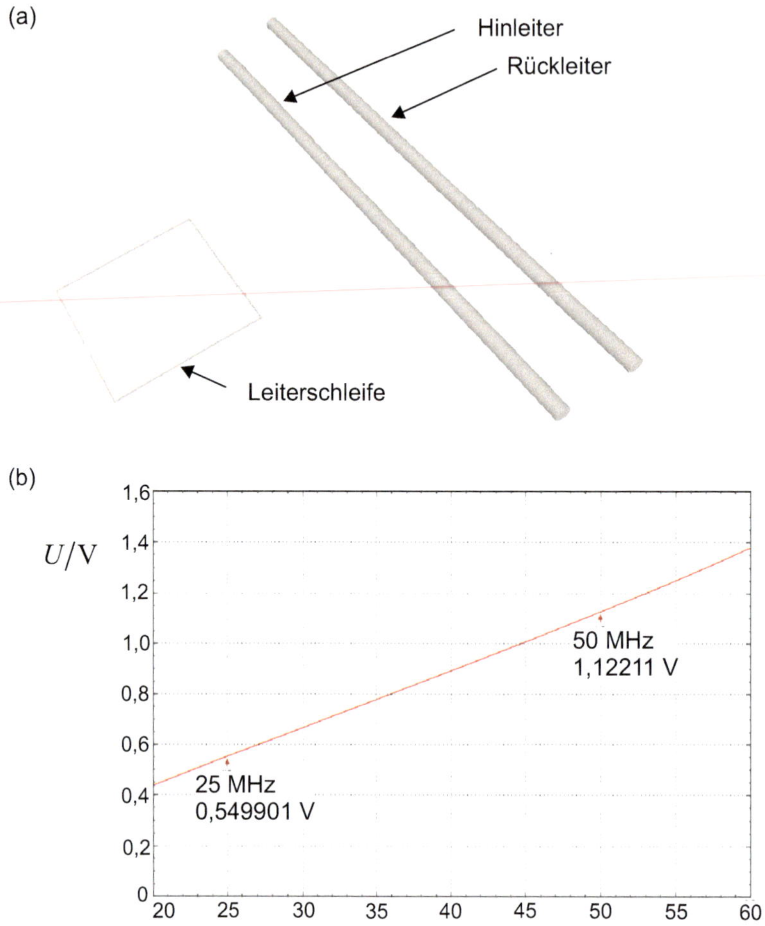

Bild 3.21 (a) Geometrie der Anordnung: Leiterschleife neben Doppelleitung und (b) induzierte Spannung im Frequenzbereich 20 – 60 MHz

- Das theoretische Modell unterstellt eine – eigentlich nur im Gleichstromfall vorhandene – *vollständige* Entkopplung elektrischer und magnetischer Felder. Durchflutungsgesetz und Induktionsgesetz werden *nacheinander* angewandt. Das Simulationsmodell hingegen berücksichtigt die *vollständigen* Maxwell'schen Gleichungen und erfasst daher auch den Einfluss des elektrischen Feldes!
- Die Genauigkeit des Simulationsergebnisses hängt von der gewählten räumlichen Auflösung (Diskretisierung) ab. Im Sinne eines effizienten (wenig rechenintensiven Lösungsprozesses) wird man bestrebt sein, eine möglichst grobe Diskretisierung zu wählen. Im Bereich der EMV ist die Genauigkeit zumeist zweitrangig, oft interessiert für realistische Abschätzungen eher die Größenordnung eines Störsignals.

Ergänzung eines Kurzschlussringes

Zur Reduzierung der Einkopplung ergänzen wir einen Kurzschlussring um unsere Schaltung (Bild 3.22a). Im Kurzschlussring wird nun ebenfalls eine Spannung induziert. Im Gegensatz zur offenen Leiterschleife ist aber Stromfluss möglich. Das durch diesen Strom erzeugte sekundäre Magnetfeld wirkt dem anregenden Magnetfeld entgegen (Lenz'sche Regel) und reduziert so den magnetischen Fluss durch die offene Leiterschleife und damit die induzierte Spannung. Der Strom im Kurzschlussring wird begrenzt durch den Ohm'schen Widerstand und durch die Induktivität der Anordnung.

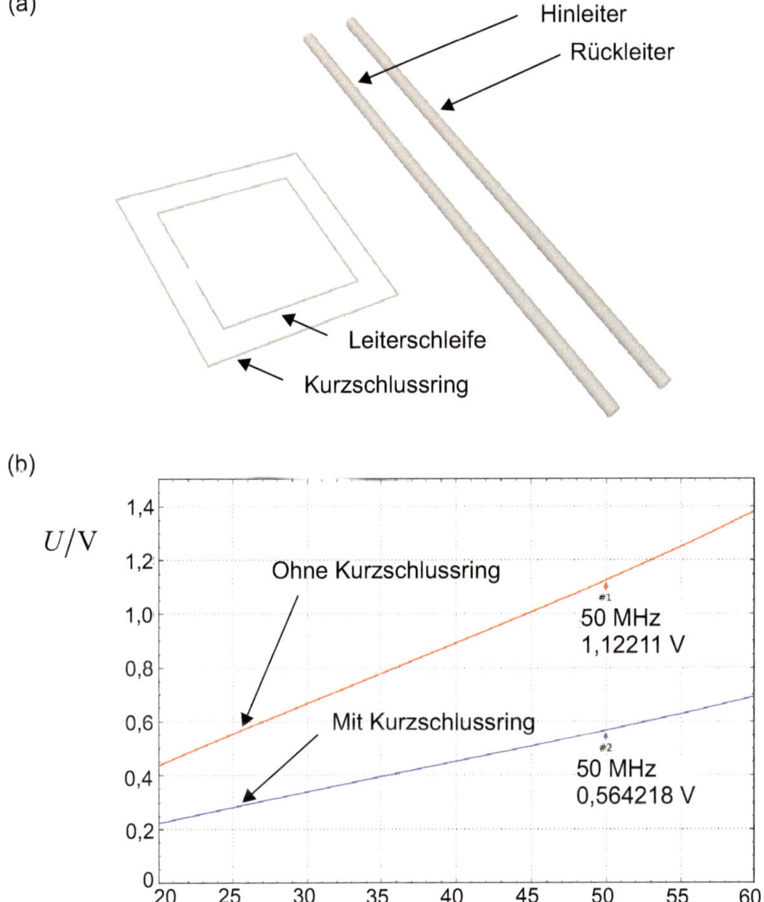

Bild 3.22 (a) Geometrie der Anordnung: Leiterschleife mit umgebendem Kurzschlussring neben Doppelleitung und (b) induzierte Spannung im Frequenzbereich 20 – 60 MHz, mit und ohne Kurzschlussring

Der Spannungsverlauf in Bild 3.22b zeigt, dass in obigem Beispiel die induzierte Spannung durch den Kurzschlussring in etwa halbiert werden konnte.

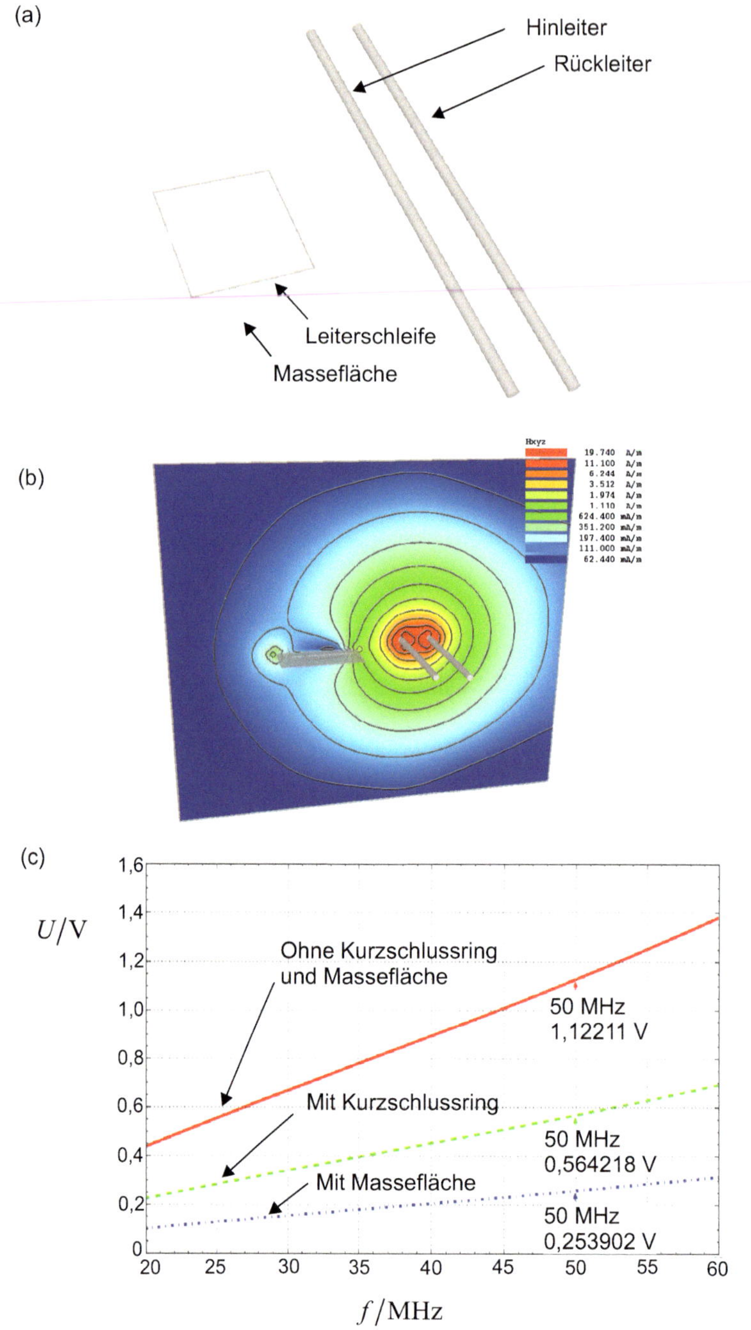

Bild 3.23 (a) Geometrie der Anordnung: Leiterschleife mit Massefläche, (b) Verteilung des magnetischen Feldes und (c) induzierte Spannung im Frequenzbereich 20 – 60 MHz, ohne und mit Massefläche bzw. Kurzschlussring

Ergänzung einer Massefläche

Als alternative Maßnahme zur Reduzierung der induzierten Störspannung verwenden wir eine metallische Massefläche hinter der Leiterschleife (Bild 3.23a). Bei hohen Frequenzen (Skineffekt) wird das magnetische Feld die Massefläche nicht durchdringen können, sondern um die Massefläche abgelenkt werden (Bild 3.23b). Hierdurch wird der magnetische Fluss durch die Leiterschleife signifikant verringert. Die induzierte Spannung wird dadurch deutlich reduziert (Bild 3.23c). ■

3.4.2.4 Maßnahmen zur Verminderung der induktiven Kopplung

Die theoretische Diskussion des Einzelleiters, der Doppelleitung und der offenen Leiterschleife zeigt einige wichtige Zusammenhänge auf, die verwendet werden können, um den Einfluss der induktiven Kopplung zu vermindern. Betrachten wir zunächst die Seite der *Störquelle* (hier die Doppelleitung).

- Eine Verringerung des Stromes I reduziert das magnetische Feld H in der Umgebung, da nach dem Durchflutungsgesetz gilt $H \sim I$.
- Eine Vergrößerung des Abstandes R von der Störquelle reduziert das magnetische Feld $\vec{H}$.
- Je geringer der Abstand D zwischen Hin- und Rückleiter ist, desto kleiner fällt das magnetische Feld in der Umgebung aus, da sich die Magnetfeldanteile teilweise auslöschen (destruktive Interferenz).
- Bei höheren Frequenzen – d.h. wenn die Leitungsabmessungen nicht mehr klein gegen die Wellenlänge sind – muss in der Regel der *Leitungswellenwiderstand* Z_L einer Leitung bedacht werden, um Reflexionen an den Leitungsenden zu verhindern. Die Vorgabe eines Leitungswellenwiderstandes steht aber der Verringerung des Abstandes möglicherweise entgegen (siehe Formeln für den Leitungswellenwiderstand in Abschnitt 2.5.2). Mit einer Koaxialleitung – Hin- und Rückleiter verlaufen dabei *ko-axial*, besitzen also die gleiche Achse – kann tatsächlich ein verschwindendes äußeres Feld erreicht werden.
- Mit Blick auf das Induktionsgesetz ist quellseitig die Verwendung niedriger Frequenzen bedeutsam, da die induzierte Störspannung proportional zur Frequenz steigt ($U_{\text{ind}} \sim f$). (An nichtlinearen Komponenten auftretende Oberwellen erfordern also eine besondere Beachtung.)

Seitens der *Störsenke* – in unserem Beispiel der Leiterschleife – ist das Induktionsgesetz zu betrachten.

- Die induzierte Störspannung steigt mit der Größe der vom magnetischen Feld durchsetzten Fläche A. Diese sollte also möglich klein sein. Dies kann erreicht werden durch:
  - enge Leiterführung von Hin- und Rückleiter,
  - Verdrillen (Verseilen) von Leitern. Die effektive Fläche verschwindet durch den ständigen Richtungswechsel der Flächennormale $\mathrm{d}\vec{A}$.
- Falls die Feldrichtung des magnetischen Feldes $\vec{B} = \mu_0\mu_r\vec{H}$ bekannt ist, so kann mit Blick auf das Skalarprodukt zwischen magnetischer Flussdichte und Flächennormale $\vec{B}\cdot\mathrm{d}\vec{A}$ im Induktionsgesetz auch die Leiterschleife so im Raum orientiert werden, dass magnetische Flussdichte und Flächennormale senkrecht aufeinanderstehen ($\vec{B} \perp \mathrm{d}\vec{A}$). In diesem Falle liefert das Skalarprodukt den Wert null und es tritt keine induzierte Spannung auf.
- Weiterhin kann das einfallende magnetische Feld durch einen *Kurzschlussring* um die Leiterschleife reduziert werden (Reduktionsleiter).

- Durch eine (allerdings sehr aufwendige) metallische Schirmung (geschlossene metallische Box um die Leiterschleife) schließlich, kann mit zunehmender Frequenz das einfallende magnetische Feld schließlich fast vollständig reduziert werden.

3.4.3 Kapazitive Kopplung

Von *kapazitiver* Kopplung spricht man, falls die Kopplung im Wesentlichen über das quasistatische *elektrische* Feld stattfindet.

3.4.3.1 Modellbildung

Zwischen Leitern auf unterschiedlichen Potentialen bilden sich elektrische Felder aus, die im Ersatzschaltbild durch eine *Streukapazität* berücksichtigt werden können. Bild 3.24 zeigt dazu zwei sich kreuzende, flächige Leiterbahnen auf den Potentialen φ_1 und φ_2 sowie das elektrische Feld $\vec{E}$ zwischen den Leiterbahnen.

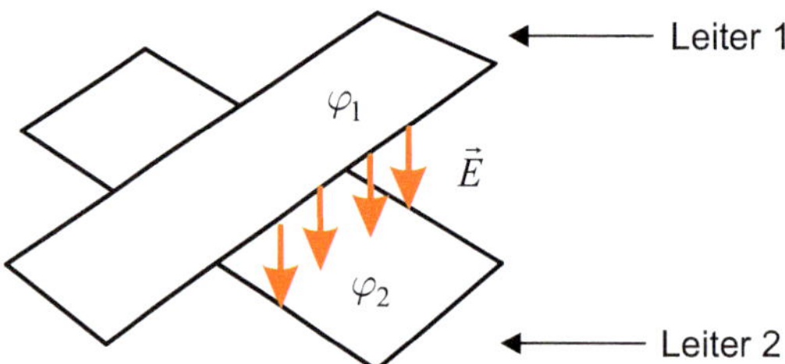

Bild 3.24 Elektrisches Feld zwischen zwei sich kreuzenden Leiterbahnen auf unterschiedlichen Potentialen

In Bild 3.25a sind zudem zwei kapazitiv gekoppelte Schaltungen dargestellt. Die Elemente der äußeren Schaltung tragen den Index 1 und die Elemente der inneren Schaltung den Index 2. Die Schaltungen verbinden jeweils über Leitungen Quell und Last miteinander. Die Längen der Leitungen sollen kurz gegen die Wellenlänge sein ($\ell \ll \lambda$), so dass wir von quasi-statischen Bedingungen ausgehen können. Zudem nehmen wir an, dass sich die Leiter auf unterschiedlichen Potentialen befinden, so dass sich die eingezeichneten elektrischen Felder $\vec{E}_{K1}$ und $\vec{E}_{K2}$ zwischen den Leitern einstellen.

Bild 3.25b zeigt das Ersatzmodell mit Streukapazitäten C_{K1} und C_{K2}. Durch die Streukapazitäten ist ein Stromfluss zwischen störender Schaltung und gestörter Schaltung möglich. Der Strom $I_{\text{stör}}$ durch die Streu- oder Kopplungskapazität ändert die Strom- und Spannungsverhältnisse in beiden Schaltungen. Dies kann zu Störungen oder Ausfällen der Schaltungen führen. Exemplarisch ist hier die Störspannung $U_{\text{stör}}$ an der Last in Schaltung 2 eingezeichnet.

3.4.3.2 Berechnung der eingekoppelten Spannung

Falls die Kapazitäten bekannt sind, können mit einem Schaltungssimulator die Störströme und Störspannungen berechnet werden. Kreuzen sich die Leitungen in geringem Abstand (ver-

(a)

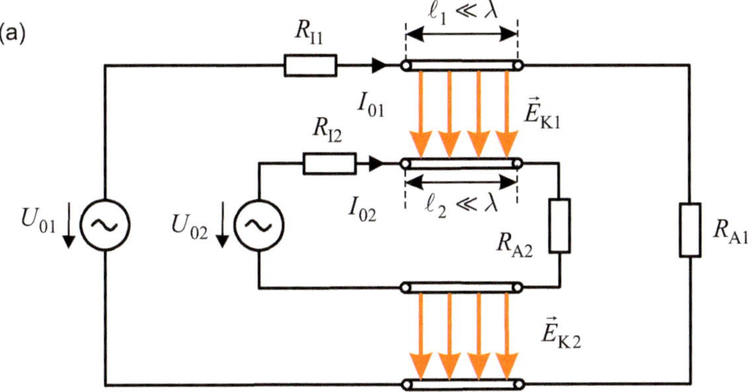

(b)

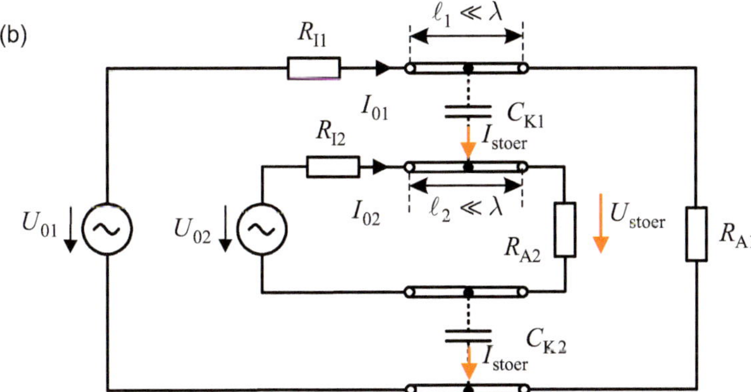

Bild 3.25 (a) Felddarstellung der kapazitiven Einkopplung in einer Schaltung und (b) Ersatzschaltbild mit Streu- bzw. Koppelkapazitäten

glichen mit den Leiterbahnbreiten in Bild 3.24), so liefert die bekannte Formel für den *Plattenkondensator* eine erste Abschätzung:

$$C = \varepsilon_0 \varepsilon_r \frac{A}{d} \qquad \text{(Plattenkondensator)}, \tag{3.46}$$

mit dem Plattenabstand d, der Plattenfläche A und der relativen Dielektrizitätszahl ε_r. Gleichung 3.46 gilt exakt natürlich nur unter Annahme eines homogenen Feldes zwischen den Platten.

Beispiel 3.3 Simulation zweier Schaltungen mit einer Leitungskreuzung

Mit Hilfe des Programmes ADS[6], einem System-, Schaltungs- und Feldsimulator wollen wir ein Beispiel zur kapazitiven Kopplung untersuchen. Wir benutzen dabei den Feldsimulator der Software und berechnen die Torgrößen über die Momentenmethode.

6 *Advanced Design System* der Firma *Keysight Technologies* [Keys21]

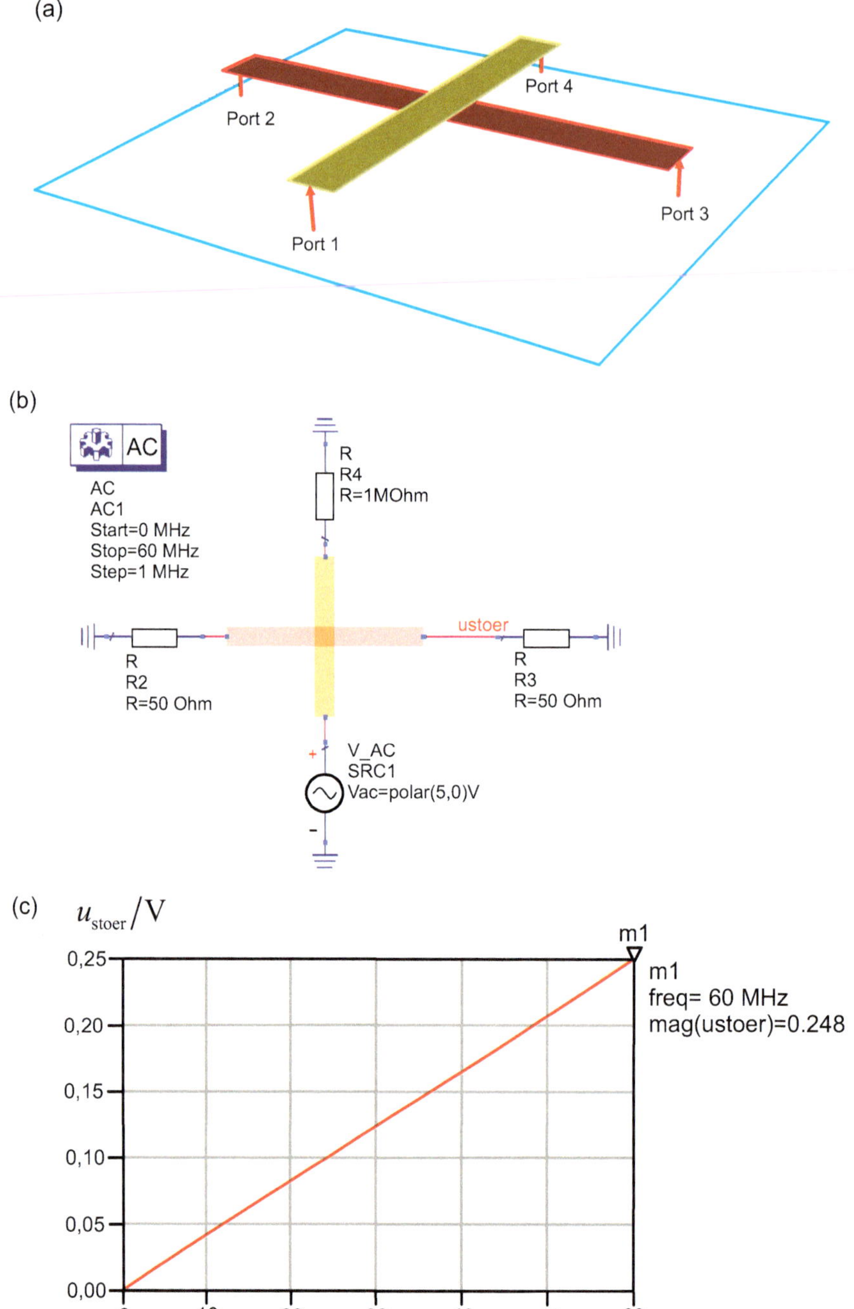

Bild 3.26 (a) Geometrie der Leitungskreuzung, (b) Schaltungssimulation mit EM-Modell *(EM-Circuit-Cosimulation)* und (c) Störspannung

Bild 3.26a zeigt zwei sich kreuzende Leitungen mit den Leitungslängen $\ell_1 = 80$ mm und $\ell_2 = 100$ mm und Breiten von $w = 10$ mm. Die untere Leitung verläuft 10 mm über der Massefläche und der Abstand zwischen den Platten beträgt $d = 0{,}2$ mm. Bei einer Überdeckungsfläche der Leitungen von $A = 10 \times 10\,\text{mm}^2$ ergibt Gleichung 3.46 für die Kapazität eines Plattenkondensators einen ersten Schätzwert für die Kopplungskapazität von

$$C = \varepsilon_0 \varepsilon_\mathrm{r} \frac{A}{d} \approx 4{,}4\,\text{pF} \quad . \tag{3.47}$$

Eine Feldsimulation mit ADS liefert erwartungsgemäß einen etwas größeren Wert von $C \approx 6{,}3$ pF, da hierbei die komplette Struktur berücksichtigt wird.

Die Leitungskreuzung wird nun wie in Bild 3.26b gezeigt beschaltet. An der oberen Leitung liegt eine Spannung von $U_{01} = 5$ V an. Durch den hohen Abschlusswiderstand von $R_{\mathrm{A1}} = R4 = 1\,\text{M}\Omega$ fließt nur ein kleiner Strom in Schaltung 1. Zusätzlich verschwindet aufgrund der orthogonalen Anordnung die durch ein magnetisches Feld induzierte Spannung. Das Ersatzschaltbild (Bild 3.27) besteht aus der Koppelkapazität C und der Parallelschaltung von $R2 = 50\,\Omega$ (Quellwiderstand $R_{\mathrm{I2}} = R2$ der Schaltung 2) und $R3 = 50\,\Omega$ (Lastwiderstand $R_{\mathrm{A2}} = R3$ der Schaltung 2).

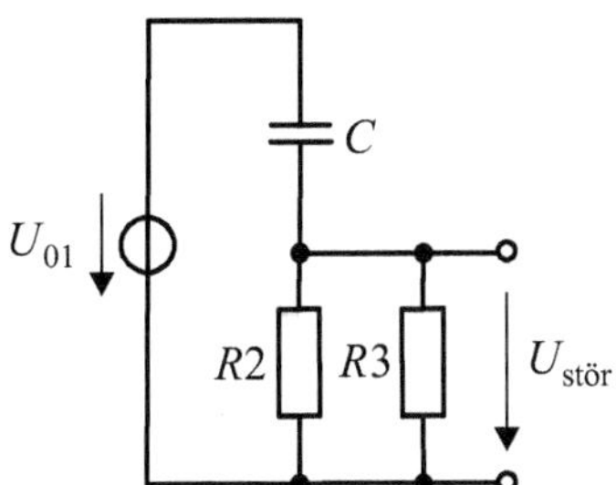

Bild 3.27 Ersatzschaltbild zur Schaltung mit Leitungskreuzung

Nach der Spannungsteilerregel erwarten wir eine Störspannung $U_{\text{stör}}$ von

$$U_{\text{stör}} = 5\,\text{V} \frac{R2 \parallel R3}{(R2 \parallel R3) + \frac{1}{j\omega C}} = 5\,\text{V} \frac{j\omega C (R2 \parallel R3)}{1 + j\omega C (R2 \parallel R3)} \quad . \tag{3.48}$$

Bild 3.26c zeigt die Störpannung. Wie nach Gleichung 3.48 erwartet, steigt die Spannung bei niedrigen Frequenzen linear. Die Schaltungssimulation liefert einen Wert von $U_{\text{stör}} \approx 0{,}25$ V. Eine Berechnung über die Spannungsteilerregel liefert mit $U_{\text{stör}} \approx 0{,}29$ V bereits eine sehr gute Abschätzung. Die Schaltungssimulation berücksichtigt – im Gegensatz zu unserer einfachen Abschätzung – auch die zwischen den Leiterbahnen und der Massefläche vorhandenen Kapazitäten, so dass hier genauere Werte zu erwarten sind. ■

3.4.3.3 Maßnahmen zur Verminderung der kapazitiven Kopplung

Die theoretische Diskussion der sich kreuzenden Leitungen zeigt einige wichtige Zusammenhänge auf, die verwendet werden können, um den Einfluss der kapazitiven Kopplung zu vermindern.

- Eine Verringerung der *Spannungsdifferenz* reduziert den Strom durch die Kopplungskapazität und damit die induzierte Störspannung.
- Eine Verringerung der Frequenz reduziert ebenfalls den eingekoppelten Strom.
- Beim Betrachten der Gleichung 3.46 erkennen wir, dass eine Verringerung der *Überdeckungsfläche A* die Koppelkapazität verringert. Die Strukturen sollten sich also möglichst im rechten Winkel kreuzen.
- Weiterhin führt eine Vergrößerung des *Abstands d* zwischen den Leitern zu einer Verringerung der Kopplungskapazität.
- Durch das Einbringen eines (geerdeten) *Schirms* können die elektrischen Felder von der gestörten Schaltung ferngehalten werden. Schirmungsmaßnahmen betrachten wir in Abschnitt 4.8.

3.4.4 Leitungskopplung

Die zuvor angewandte Trennung von magnetischem Einfluss (induktive Kopplung) und elektrischem Einfluss (kapazitive Kopplung) ist nur im quasi-statischen Fall (Abmessungen deutlich kleiner als die Wellenlänge) gerechtfertigt. Bei höheren Frequenzen muss der Verkopplung der Felder Rechnung getragen werden. Bei Leitungen sind insbesondere auch *Leitungswellenwiderstand* und *Ausbreitungskonstante* zu berücksichtigen.

3.4.4.1 Modellbildung

Ausgangspunkt der Leitungstheorie ist das in Bild 3.28a gezeigte Ersatzschaltbild für ein kurzes Leitungssegment der Länge Δz. Aus den vier Leitungsbelägen L', C', R' und G' lassen sich die wichtigen Leitungskenngrößen (Leitungswellenwiderstand Z_L und Ausbreitungskonstante γ) berechnen [Gust19]. Die Leitungsbeläge selbst können messtechnisch oder – bei einfachen Geometrien und bekannten Materialeigenschaften – rechnerisch ermittelt werden. Anhand der aus dem Ersatzschaltbild folgenden Differentialgleichung (Telegrafengleichung) erkennt man, dass sich *elektromagnetische Wellen* auf einer Leitung ausbreiten. Auf einer Leitung sind bei einer rein fortschreitenden Welle elektrische und magnetische Felder über den Feldwellenwiderstand ($Z_\text{F} = Z_\text{F0} / \sqrt{\varepsilon_\text{r}\mu_\text{r}}$) und Strom- und Spannungsamplituden über den Leitungswellenwiderstand Z_L miteinander verknüpft (Abschnitt 2.5.2).

Im verlustlosen Fall (Bild 3.28b) entfallen der Widerstandsbelag ($R' = 0$) und der Leitwertbelag ($G' = 0$). Bei bekannten Materialparametern können durch eine Kapazitätsmessung ($C' = C / \ell$) die Leitungskenngrößen einfach bestimmt werden.

Bei zwei *gekoppelten Leitungen* kann das Ersatzschaltbild erweitert werden wie in Bild 3.28c dargestellt [Zink00]. Die Kapazität C_{12} und die Gegeninduktivität L_{12} verdeutlichen, dass die Kopplung der Leitungen über das elektrische *und* magnetische Feld stattfindet. Aus dem Ersatzschaltbild können Differentialgleichungen abgleitet und die Kopplung analysiert werden. Im praktischen Einsatz nutzt man Schaltungs- oder Feldsimulatoren, wie im Folgenden gezeigt wird.

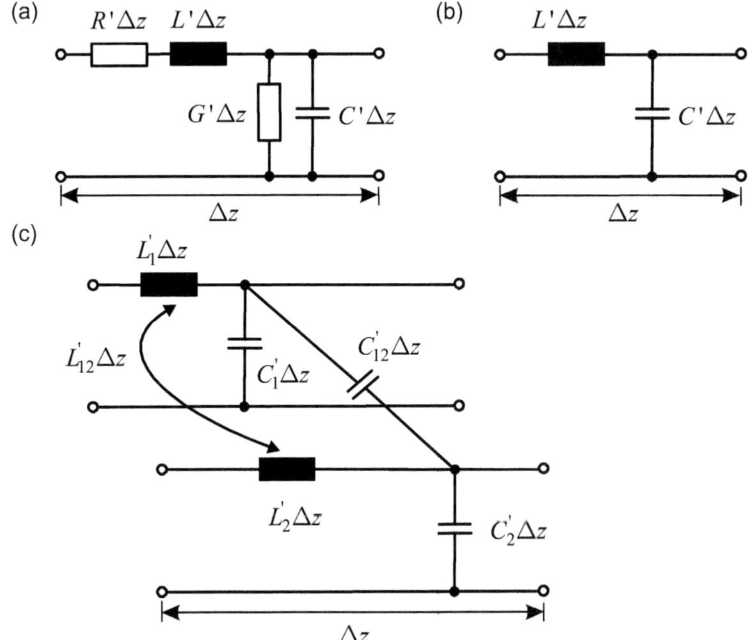

Bild 3.28 Ersatzschaltbild eines kurzen Leitungselementes für eine (a) verlustbehaftete und (b) verlustlose Leitung; (c) Ersatzschaltbild für gekoppelte Leitungen im verlustlosen Fall

Beispiel 3.4 Überkopplung zwischen Leitungen

Für dieses Beispiel nutzen wir den Feldsimulator EMPIRE[7], der aufgrund der Berechnungsmethode der Finiten Differenzen im Zeitbereich (FDTD) bei der Berechnung von Zeitsignalen besonders geeignet ist. Bild 3.29a zeigt zwei gekoppelte Mikrostreifenleitungen. Leitung 1 verbindet die Tore 1 und 2 und Leitung 2 die Tore 3 und 4. Die Innenwiderstände aller Tore und die Leitungswellenwiderstände beider Leitungen betragen 50 Ω. Leitung 2 nimmt einen Umweg um ein Bauteil (hier vereinfachend als Quader dargestellt), so dass sich die beiden Leitungen auf einer Länge ℓ bis auf den Abstand d nähern. Die Bilder 3.29b und c zeigen veränderte Abstände. Im Folgenden wollen wir untersuchen, wie sich die Abstandsveränderung auf die Kopplung auswirkt.

An Tor 1 werde ein trapezförmiges Zeitsignal eingespeist, welches im Idealfall nach einer Laufzeit Δt an Tor 2 erscheinen sollte. Bild 3.30a zeigt die Zeitverläufe an den Toren 1 bis 4 für einen großen Leitungsabstand (Bild 3.29a). Das Signal an Tor 1 zeigt bereits einen nichtidealen Verlauf, da der Leitungswellenwiderstand im Frequenzbereich des Eingangssignals nur näherungsweise 50 Ω beträgt. Da Mikrostreifenleitungen *dispersiv*[8] sind, erscheint das Ausgangssignal an Tor 2 nicht nur verzögert, sondern auch in der Form leicht verändert. Dieses Verhalten der Signale an Leitung 1 ergibt sich für alle untersuchten Abstände zwischen Leitung 1 und 2.

---

7 EMPIRE der Firma *IMST GmbH* [Empi14]

8 Die Ausbreitungsgeschwindigkeit elektromagnetischer Wellen ist frequenzabhängig $c = c(\omega)$.

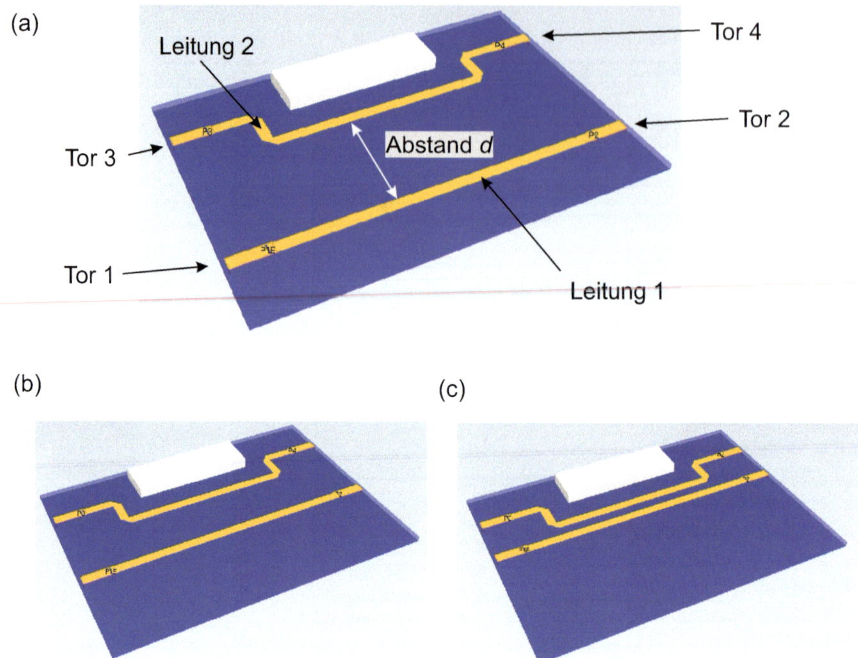

Bild 3.29 Simulationsmodell mit gekoppelten Mikrostreifenleitungen

Die Spannungen an den Anschlüssen (Tor 3 und 4) der benachbarten Leitung 2 sind allerdings stark vom Abstand abhängig: Bei maximaler Entfernung (Bild 3.30a) ist quasi keine Signaleinkopplung auf Leitung 2 zu beobachten. Bei mittlerem Leitungsabstand (Bild 3.30b) sind bereits eingekoppelte Spannungen zu erkennen. Bei minimalem Leitungsabstand schließlich (Bild 3.30c) sehen wir sehr deutliche Signalüberkopplung. Besonders groß ist das an Tor 4 auftretende Störsignal. Es ist gut zu erkennen, dass vor allem die steilen Taktflanken für die Überkopplung verantwortlich sind, denn das Signal an Tor 4 weist im Abstand der Taktflanken einen Impuls in den positiven und einen Impuls in den negativen Spannungsbereich auf.

In Bild 3.31 ist die Verteilung des elektrischen Feldes unter der Mikrostreifenleitung auf Höhe der Massefläche für vier unterschiedliche Zeitpunkte dargestellt. In Bild 3.31a sehen wir den an Tor 1 eingespeisten trapezförmigen Puls auf der linken Seite. In Bild 3.31b passiert das eingespeiste Signal den Anfang des Bereichs der parallelen Leiterführung. Eine Überkopplung auf Leitung 2 ist deutlich zu erkennen, vor allem im Bereich der ersten (steigenden) Taktflanke (1). Das dritte Bild (Bild 3.31c) verdeutlicht, dass mit zunehmender Leitungslänge das übergekoppelte Signal im Bereich der ersten (steigenden) Taktflanke größer wird (1). Im letzten Bild (Bild 3.31d) erreicht das eingespeiste trapezförmige Signal das Ausgangstor (Tor 2). Etwas später erreicht der durch die steigende Taktflanke auf Leitung 2 verursachte Impuls (1) Tor 4. Im Bereich der fallenden Taktflanke des trapezförmigen Signals ist zudem schön eine weitere Überkopplung zu erkennen (2), die dann später Tor 4 erreicht. Somit erklären sich die Zeitverläufe in Bild 3.30c.

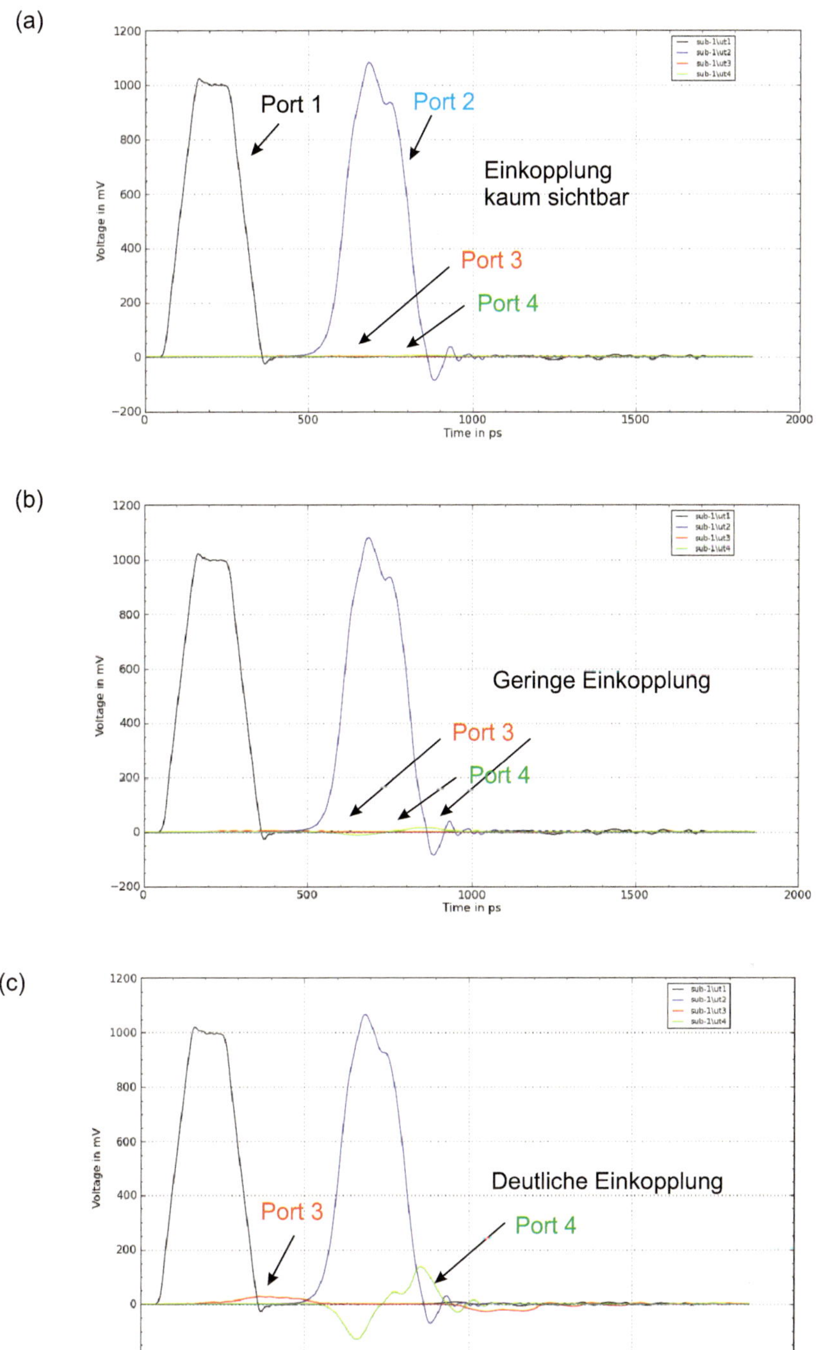

Bild 3.30 Zeitverläufe der Spannungen an den Toren für unterschiedliche Abstände mit (a) großem, (b) mittlerem und (c) kleinem Abstand d

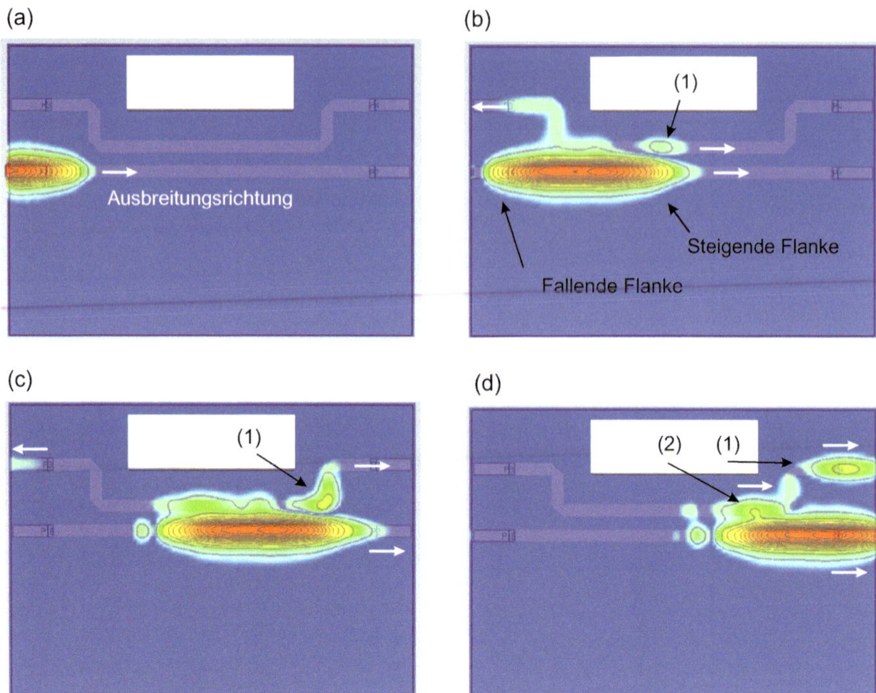

Bild 3.31 Verteilung des Betrages des elektrischen Feldes auf einer Ebene unterhalb der Leiter zur Veranschaulichung der Wellenausbreitung auf den Leitungen

Mit Untersuchungen wie im obigen Simulationsbeispiel gezeigt, können Regeln zur Sicherstellung der inneren EMV eines Produkts abgeleitet werden. ■

3.4.4.2 Maßnahmen zur Verminderung der Leitungskopplung

Aus den Simulationen können wir einige Folgerungen für die Verminderung von Überkopplungen zwischen Leitungen ableiten.

- Eine Vergrößerung des Abstandes vermindert die Einkopplung.
- Leitungen sollten möglichst nicht über eine größere Strecke parallel geführt werden.

In der Kommunikationstechnik werden elektrische Nachrichtenkabel aber über größere Entfernungen gemeinsam geführt. Bei solchen Kommunikationskabeln werden daher die folgenden Maßnahmen eingesetzt:

- Verdrillen der Leitungen,
- Schirmung von Kabeln,
- orthogonale Anordnung von Leiterstrukturen (Sternvierer),
- Einsatz von Lichtwellenleitern,
- symmetrische Signalübertragung.

3.4.5 Strahlungskopplung

Bei den bisherigen Kopplungsmechanismen standen die elektrischen und magnetischen Nahfelder im Vordergrund. Bei der Strahlungskopplung sind die verkoppelten Strukturen jedoch so weit voneinander entfernt, dass die Nahfelder praktisch abgeklungen sind. Bei der Strahlungskopplung geschieht die Störsignalübertragung hingegen durch *Fernfelder.* Hierzu bedarf es einer abstrahlenden Struktur („Sendeantenne"), eines Mediums, in dem sich eine *elektromagnetische Welle* ausbreiten kann, und einer empfangenden Struktur („Empfangsantenne").

3.4.5.1 Modellbildung

Bild 3.32 zeigt die Komponenten bei der Strahlungkopplung. Das hier als Sendeantenne bezeichnete Element ist im Bereich der Störsignalbetrachtung in der Regel eine Struktur, die nicht als Antenne gedacht war, sondern ungewollt zur abstrahlenden Struktur wird. Dies kann zum Beispiel ein Kühlkörper, eine Massefläche oder ein Bauteil in räumlicher Nähe des die Störung verursachenden Schaltkreises sein.

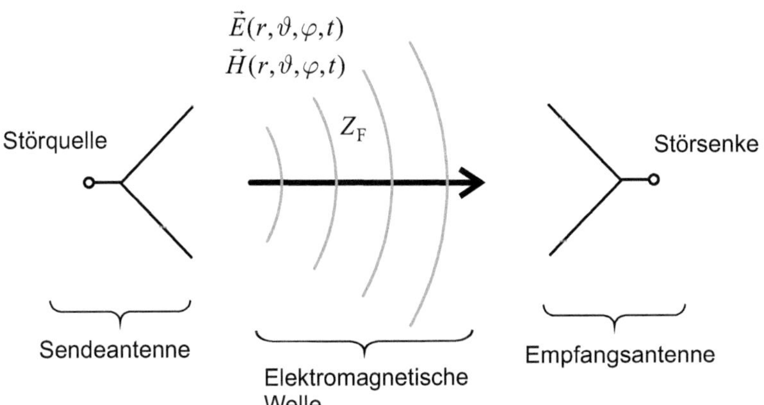

Bild 3.32 Elemente bei der Strahlungskopplung

Als Grundstruktur einer Antenne kann der *Halbwellendipol* (Bild 3.33) angesehen werden, eine stabförmige metallische Struktur mit der Länge einer halben Wellenlänge ($\ell = \lambda/2$). Der Strom $I(z)$ längs des Stabes ist cosinusförmig mit Nullstellen an den Enden und einem Maximum in der Mitte. Aufgrund des Durchflutungsgesetzes ergibt sich ein umlaufendes magnetisches Nahfeld $\vec{H}$. Die Potentialverteilung $\varphi(z)$ ist sinusförmig mit maximalen Werten an den Stabenden. Das elektrische Nahfeld ist ein Quellenfeld, welches in der einem Dipolhälfte entspringt und in der anderen endet. Aufgrund der *Resonanz* ergeben sich hohe Ströme und somit gute Abstrahlungseigenschaften bei der Resonanzfrequenz

$$f = \frac{c}{\lambda} = \frac{c_0}{2\ell} \qquad \text{(Resonanzfrequenz)} \tag{3.49}$$

mit der Ausbreitungsgeschwindigkeit c_0 für elektromagnetische Wellen im Vakuum und der Wellenlänge λ. Wird ein Halbwellendipol in der Praxis als Antenne eingesetzt, so wird er üblicherweise in der Mitte gespeist und zeigt hier eine Eingangsimpedanz von $Z_A \approx 73\,\Omega$.

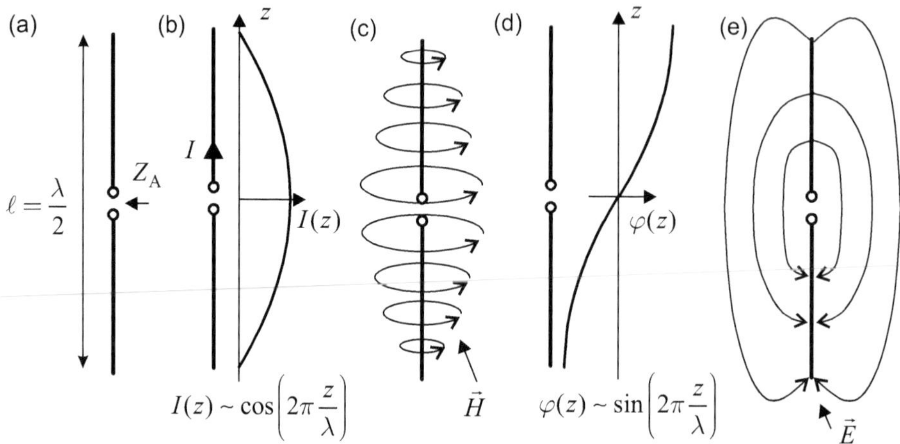

Bild 3.33 Halbwellendipol: (a) geometrische Länge, (b) Stromverteilung, (c) magnetisches Nahfeld, (d) Potentialverteilung und (e) elektrisches Nahfeld

Bei der Verwendung als Antenne ist nicht das in Bild 3.33 gezeigte elektrische und magnetische Nahfeld interessant, sondern nur noch die Komponenten, die in größerem Abstand (Fernfeld) dominieren und für den Leistungstransport über größere Distanzen sorgen. Eine praktische Antenne zeigt dabei ein richtungsabhängiges Abstrahlverhalten. Zur anschaulichen Beschreibung dient hierbei das *Strahlungsdiagramm* (Richtfunktion, Richtcharakteristik), das in Kugelkoordinaten angegeben wird. Dargestellt wird hier die Strahlungsleistungsdichte $S(r,\vartheta,\varphi)$ in φ- und ϑ-Richtung bezogen auf die Strahlungsleistungsdichte $S_\mathrm{i} = P/(4\pi r^2)$ des isotropen Kugelstrahlers als Referenzantenne. Der isotrope Kugelstrahler ist eine ideale (nicht realisierbare) Antenne, die in alle Raumrichtungen gleichmäßige Abstrahlung zeigt.

$$D(\vartheta,\varphi) = \left.\frac{S(r,\vartheta,\varphi)}{S_\mathrm{i}(r)}\right|_{r\to\infty} \qquad \text{(Richtfunktion)} \tag{3.50}$$

Das Maximum der Richtfunktion wird als *Richtfaktor D* bezeichnet.

$$D = \max\{D(\vartheta,\varphi)\} \qquad \text{(Richtfaktor)} \tag{3.51}$$

Der Richtfaktor wird in der Regel logarithmisch angegeben mit

$$D/\mathrm{dBi} = 10\lg(D) \quad , \tag{3.52}$$

wobei die Pseudoeinheit dBi auf den isotropen Strahler als Bezugsantenne hinweist. Ebenfalls gebräuchlich ist die Verwendung der normierten feldstärkebezogenen Richtcharakteristik $C(\vartheta,\varphi)$ für die gilt: $D(\vartheta,\varphi) = DC^2(\vartheta,\varphi)$.

Bild 3.34 zeigt das dreidimensionale Strahlungsdiagramm eines in z-Richtung orientieren Halbwellendipols. Die Hauptstrahlrichtung liegt senkrecht zur Dipolachse, der Öffnungswinkel ist groß, d.h. die Richtwirkung ist schwach (Richtfaktor $D = 2{,}15\,\mathrm{dBi} = 1{,}64$). Der Halbwellendipol ist die klassische rundstrahlende Antenne. In Dipolachsrichtung selbst findet keine Abstrahlung statt.

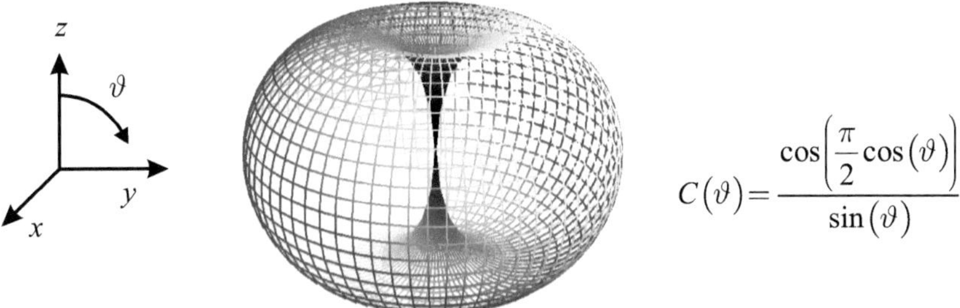

Bild 3.34 Strahlungsdiagramm eines in *z*-Richtung orientierten Halbwellendipols

Das Strahlungsdiagramm spiegelt nur das reale Abstrahlverhalten im Fernfeld wider, wenn die Antenne im freien Raum ihre Leistung abgeben kann. Bei EMV-Überlegungen liefert das Diagramm oft nur bedingt Hinweise, da die Umgebung der Antenne, d.h. im Sinne der EMV die Umgebung der abstrahlenden Schaltungsstruktur, das Diagramm stark beeinflusst. Aufgrund der Wellennatur elektromagnetischer Phänomene kommt es zu Reflexion, Beugung, Streuung, Dämpfung und Interferenzerscheinungen.

Falls man bei einem Dipol an einem Ende einen Massekontakt zu einer großflächigen leitenden Ebene herstellt, stellt sich die Resonanz bereits bei der halben Länge ein und man erhält den *Viertelwellenmonopol*, der bereits bei der Hälfte der Länge eines Halbwellendipols resonantes Verhalten zeigt. Bild 3.35 zeigt den Halbwellendipol und den Viertelwellendipol im Vergleich. Da der Viertelwellenmonopol nur in den oberen Halbraum abstrahlt, ist die Eingangsimpedanz nur halb so groß ($Z_{A,D} = 2Z_{A,M}$). Der Richtfaktor D_M ist doppelt so groß wie der des Halbwellendipols $D_M = 2D_D = 5{,}15\,\text{dBi} = 3{,}28$.

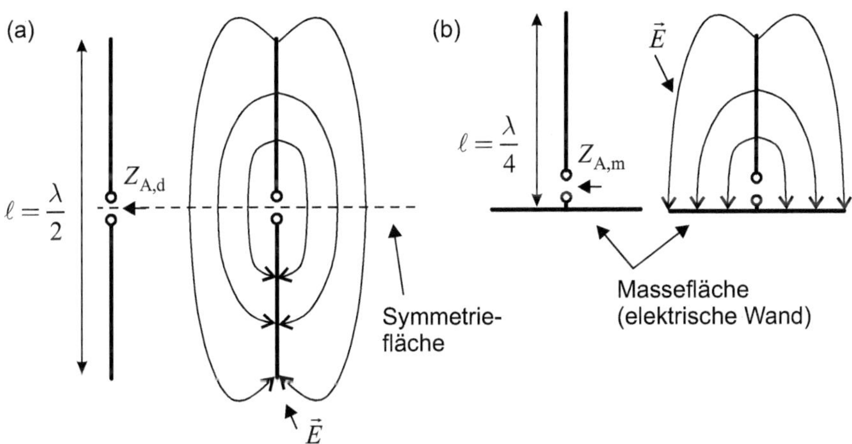

Bild 3.35 Halbwellendipol und Viertelwellenmonopol im Vergleich

Beispiel 3.5 Strahlungskopplung zwischen Microstrip-Leitungen durch resonante Strukturen

Für dieses Beispiel verwenden wir das Feldsimulatormodul aus dem Programm ADS[9]. Bild 3.36a zeigt zwei Mikrostreifenleitungen auf FR4-Substrat mit einem Leitungswellenwiderstand von $Z_L = 50\,\Omega$ (Substratdicke $h = 1\,\text{mm}$, relative Dielektrizitätszahl $\varepsilon_r = 4{,}4$, Leitungsbreite $w_1 = 2\,\text{mm}$, Leitungslänge $\ell_1 = 100\,\text{mm}$). Die Mikrostreifenleitungen befinden sich im Abstand $d = 39\,\text{mm}$. Die Leitung 12 verbindet die Tore 1 und 2 und ist beidseitig angepasst. Entsprechend verbindet die Leitung 34 die Tore 3 und 4 und ist ebenso beidseitig angepasst. Die beiden Leitungen jeweils mit den Toren repräsentieren unabhängige Grundschaltungen, die aus Quelle, Leitung und Last bestehen. Aufgrund des großen Abstandes ist die Verkopplung zwischen den Schaltungsteilen gering (typ. Transmissionsfaktor < −50 dB).

Um den Einfluss der Strahlungskopplung an einem Beispiel zu verdeutlichen, wurde im Abstand $s = 1\,\text{mm}$ neben den Leitungen jeweils eine rechteckige Metallfläche (Länge $\ell = 30\,\text{mm}$ und Breite $w = 2\,\text{mm}$) positioniert. Diese Metallflächen *(Patches)* sind durch die räumliche Nähe gut an die Leitung angebunden. In der Praxis könnten die Metallflächen benachbarte Bauteile, Kühlkörper o. Ä. sein. Der Reflexionsfaktor s_{11} an Tor 1 und der Transmissionfaktor s_{31} von Tor 1 zu Tor 3 in Bild 3.36b zeigen bei niedrigen Frequenzen bis ca. $f = 2{,}5\,\text{GHz}$ zunächst das erwartete Verhalten: geringe Reflexion ($s_{11} < -40\,\text{dB}$) und geringe Überkopplung zwischen den Schaltungsteilen ($s_{31} < -50\,\text{dB}$).

Bei einer Frequenz von $f_1 \approx 2{,}683\,\text{GHz}$ ist jedoch schmalbandig eine deutliche Überkopplung von Tor 1 zu Tor 3 zu sehen $s_{31} > -20\,\text{dB}$. Gleichzeitig wächst der Refexionsfaktor s_{11} an. Offenbar findet nun eine deutliche Verkopplung zwischen Leitung 12 und Patch 12 statt. Bild 3.37a stellt die Stromdichteverteilung in der Gesamtstruktur dar. Patch 12 zeigt eine sinusförmige Stromverteilung gemäß der Grundresonanz der Struktur (Bild 3.37b). Die erste Resonanz erwarten wir, falls die Länge des Patch-Streifens gerade eben der halben Wellenlänge $\ell = \lambda/2$ entspricht, bzw. wenn die elektrische Länge gerade eben 180° ist. Da der Patch-Streifen nicht Vakuum (oder) Luft als Umgebungsmedium besitzt, sondern auf einem Substrat liegt, muss die effektive relative Dielektrizitätszahl $\varepsilon_{r,\text{eff}}$ berücksichtigt werden. Mit Hilfe des Programmes TX-Line[10] (Bild 3.38) kann die effektive relative Dielektrizitätszahl zu $\varepsilon_{r,\text{eff}} = 3{,}37$ bestimmt werden. Die geometrische Länge entspricht in etwa der halben Wellenlänge, d.h. die elektrische Länge ist ca. 177°. Aufgrund des kapazitiven Endeffektes [Gust19] ist die Leitung etwas kürzer, so dass ein Wert knapp unter 180° zu erwarten ist.

Aus der geometrischen Länge von $\ell = 30$ mm und der Bedingung, dass die Länge gerade eben der halben Wellenlänge entspricht ($\lambda = 2\ell$) sowie der effektiven relativen Dielektrizitätszahl $\varepsilon_{r,\text{eff}} = 3{,}37$ kann also die Frequenz von $f = 2{,}683$ GHz ganz gut auch ohne Simulation abgeschätzt werden.

$$f = \frac{c_0}{\sqrt{\varepsilon_{r,\text{eff}}} \cdot \lambda} = \frac{c_0}{\sqrt{\varepsilon_{r,\text{eff}}} \cdot 2\ell} = 2{,}72\,\text{GHz} \tag{3.53}$$

Bei der Resonanzfrequenz von Patch 12 kommt es – ebenso wie beim Halbwellendipol – zur Abstrahlung elektromagnetischer Wellen. Das gleichlange Patch 34 neben der zwei-

9 *Advanced Design System* der Firma *Keysight Technologies* [Keys21]

10 *TX-Line* der Firma *AWR Corporation* [AWR10]

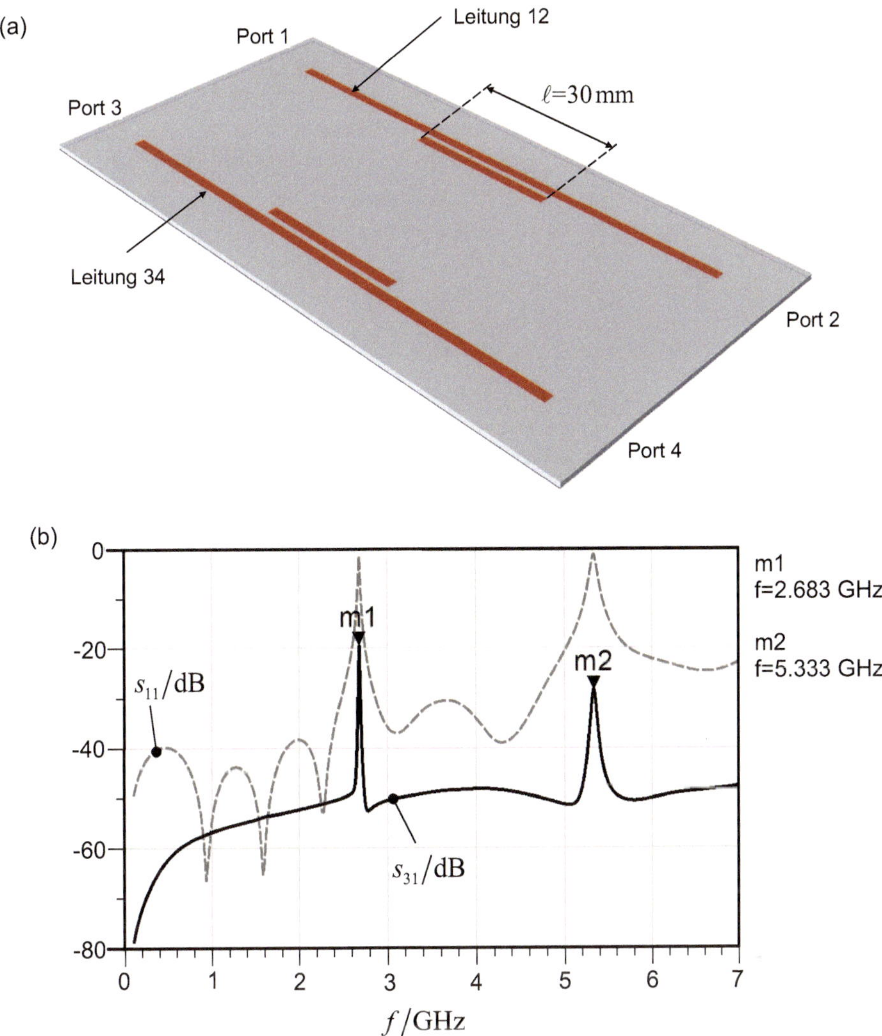

Bild 3.36 (a) Simulationsmodell mit Mikrostreifenleitungen und Patches sowie (b) Reflexionsfaktor s_{11} an Port 1 und Transmissionsfaktor s_{31} von Port 1 zu Port 3

ten Leitung wirkt nun als Empfangsantenne und koppelt einen nennenswerten Teil der Leistung in die Leitung 34 ein, so dass an den Toren 3 und 4 ein Signal sichtbar wird. Exemplarisch ist in Bild 3.36b der Transmissionsfaktor s_{31} gezeigt, der bei der Resonanzfrequenz einen deutlich höheren Wert aufweist als im umgebenden Frequenzbereich.

Bei Vielfachen der Grundfrequenz kommt es zu weiteren Resonanzen, so dass wir in Bild 3.36b bei einer Frequenz von $f = 5{,}333$ GHz wieder eine Abstrahlung und erhöhte Überkopplung sehen. Aufgrund des Umstandes, dass die Mikrostreifenleitung leicht dispersiv ist, und wegen des kapazitiven Endeffektes, ist der Wert nur in guter Näherung doppelt so hoch. Bild 3.37c zeigt die Stromdichteverteilung bei der zweiten Re-

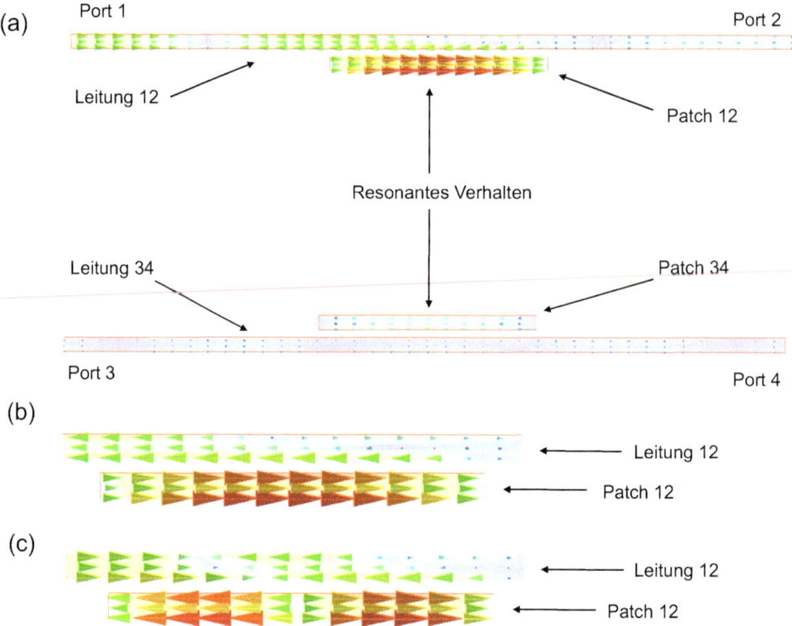

Bild 3.37 (a) Stromdichteverteilung in der Gesamtstruktur bei 2,683 GHz sowie (b) Stromdichteverteilung auf Patch 12 bei 2,683 GHz und (c) bei 5,333 GHz

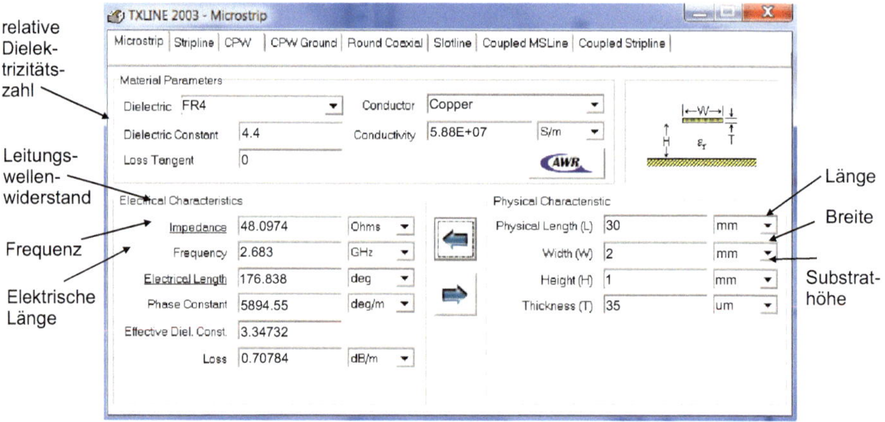

Bild 3.38 Elektrische Parameter des Patch-Streifens für eine Frequenz von 2,683 GHz berechnet mit dem Programm TX-Line

sonanzfrequenz. Die Patchlänge entspricht nun ungefähr der Wellenlänge (zwei halbe Sinusschwingungen). ■

3.4.5.2 Maßnahmen zur Verminderung der Strahlungskopplung

Aus den Simulationen und allgemeinen Überlegungen aus der Leitungstheorie und Antennentechnik können wir Folgerungen für die Strahlungskopplung zwischen Schaltungen aufstellen.

- Resonante Strukturen führen zur Abstrahlung elektromagnetischer Wellen bei charakteristischen Frequenzen. Die Grundfrequenz ergibt sich dabei aus dem Verhalten eines Halbwellendipols bzw. bei Komponenten mit Masseanschluss aus dem Verhalten eines Viertelwellenmonopols.
- Durch Veränderung der Länge kann die Resonanzfrequenz ggf. in einen unkritischen Bereich verschoben werden.
- Fehlangepasste Leitungen führen zu stehenden Wellen und damit ebenso zu erhöhter Abstrahlung. Dabei kann es durchaus sein, dass das System im Nutzfrequenzbereich angepasst ist, im Frequenzbereich des Störsignals aber eben gerade nicht mehr, da bei höheren Frequenzen die parasitären Komponenten von Abschlusswiderständen dominanter werden.
- Durch Schirmung bzw. Absorption kann die Störaussendung und Störeinkopplung vermindert werden.

3.5 Feldsimulation der elektromagnetischen Kopplung

In diesem letzten Abschnitt wollen wir zeigen, wie numerische Verfahren eingesetzt werden können, um elektromagnetische Kopplungen zu analysieren, d.h. tatsächlich quantitative Werte für die Überkopplung zu ermitteln. Neben der Analyse der Kopplung kann auch die Wirksamkeit von Maßnahmen zur Verminderung der Störeinkopplung und Störaussendung untersucht werden.

3.5.1 Überkopplung zwischen benachbarten Mikrostreifenleitungen

Mikroelektronische (Hochfrequenz-)Schaltungen werden heute kostengünstig und sehr stark miniaturisiert in planarer Schaltungstechnik realisiert (z.B. in Standard-Leiterplatten-Technologie (FR4), in LTCC[11]-Technologie für passive Strukturen und in MMIC[12]-Technologie für die Integration aktiver und passiver Elemente). Es kommen dabei unterschiedliche Leitungsgeometrien zum Einsatz (Bild 3.39).

Mikrostreifenleitungen *(microstrip)* – Auf einem dielektrischen Substratmaterial (relative Dielektrizitätszahl ε_r) liegt eine flächige Leiterbahn der Breite w. Der Rückleiter erstreckt sich als Metallfläche über die gesamte Unterseite des Substrates (Bild 3.39a). Das elektrische und das magnetische Feld in der Umgebung der Leitung durchsetzen gleichermaßen den Luftraum über der Schaltung wie auch das Substratmaterial. Es breitet sich daher eine

[11] Low Temperature Co-fired Ceramic
[12] Monolithic Microwave Integrated Circuit

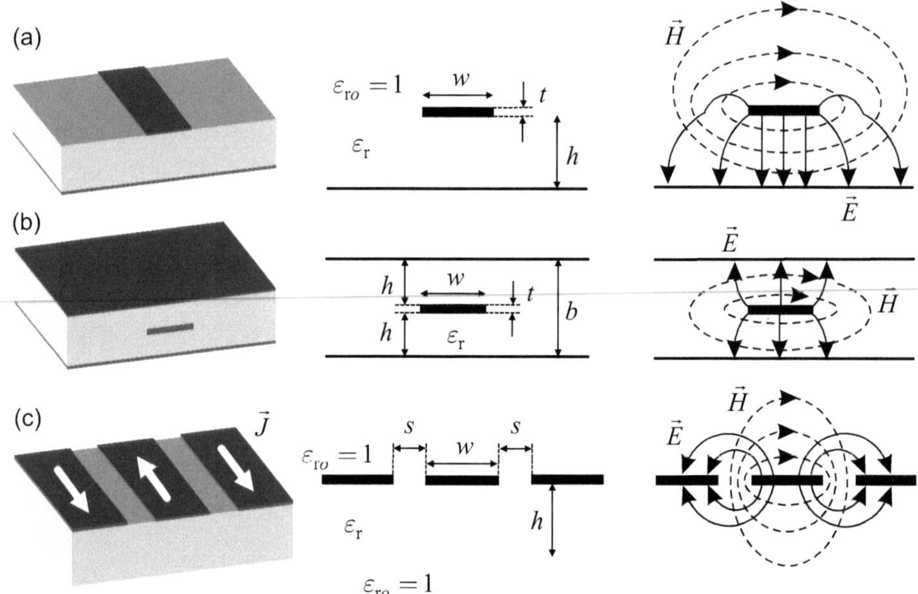

Bild 3.39 Geometrie und Feldverteilung bei (a) einer Mikrostreifenleitung, (b) einer Streifenleitung und (c) einer Koplanar-Leitung

Quasi-TEM-Welle aus, die eine frequenzabhängige Ausbreitungsgeschwindigkeit (Dispersion) zeigt. Aufgrund seiner offenen Struktur kann es vergleichsweise einfach zu Abstrahlung oder zur Einkopplung von Störungen kommen.

Streifenleitungen ***(stripline)*** – Der Signalleiter wird zwischen zwei Masseflächen geführt und ist komplett vom Substratmaterial umgeben (Bild 3.39b). Es breitet sich eine TEM-Welle aus, da die elektrischen und magnetischen Felder sich in einem homogenen Material ausbreiten. Der Leitungstyp ist (relativ) geschlossen, da er zwischen zwei Masseflächen liegt, die für eine Schirmung sorgen.

Koplanare Leitungen ***(coplanar waveguide)*** – Signalleiter und Masseflächen liegen in der *gleichen Ebene*, d.h. *ko-planar* (Bild 3.39c). Die Leitung ist offen (Abstrahlung) und dispersiv (Quasi-TEM-Welle). Um das Bezugspotential auf beiden Seiten der Leitung gleich zu halten, werden in gewissen Abständen Brücken über den Signalleiter eingebaut (Bild 3.40). Diese stellen eine Leitungsdiskontinuität dar und müssen so ausgeführt werden, dass sich der Leitungswellenwiderstand möglichst wenig ändert, sonst kommt es durch Reflexionen zu stehenden Wellen, die zu Abstrahlungsphänomenen führen.

Die Leitungen führen die Signale und sind dabei von elektrischen und magnetischen Feldern umgeben. Durch die Felder in der Umgebung der Schaltungen kommt es zur Kopplung mit benachbarten Strukturen. Die Kopplung fällt umso größer aus, je geringer der Abstand ist.

Diese Leitungen werden innerhalb der sehr kleinen mikroelektronischen Schaltungsstrukturen nun in enger räumlicher Nähe zu anderen Schaltungselementen geführt. Um den Einfluss der Kopplung gering zu halten, können zum Beispiel Durchkontaktierungsreihen *(Via fence)* verwendet werden, die wir im nächsten Beispiel untersuchen wollen.

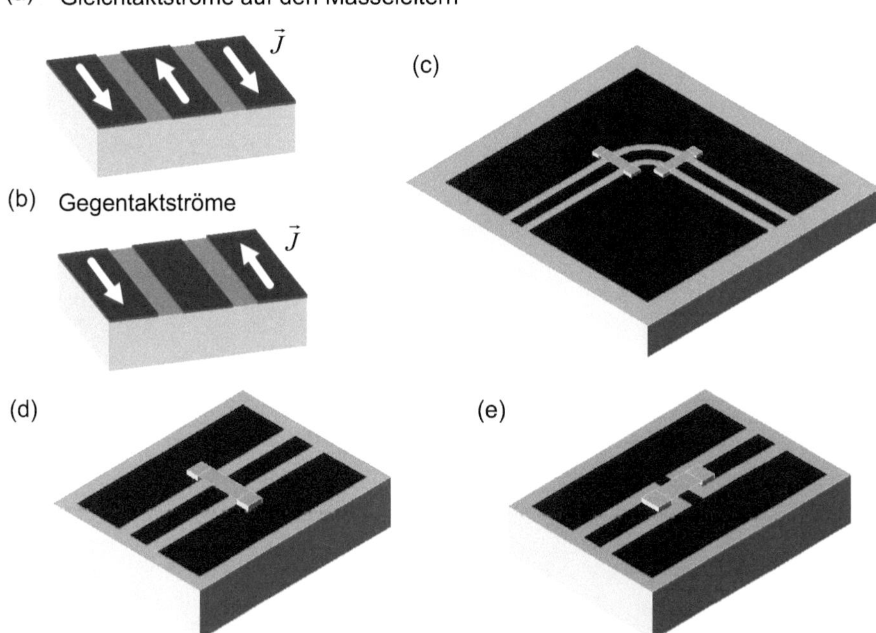

Bild 3.40 Stromflussrichtungen im (a) erwünschten Gegentaktbetrieb und (b) unerwünschten Gleichtaktbetrieb, (c–e) Beispiele für Brücken *(Air Bridges)*

Beispiel 3.6 Verkopplung zwischen Leitungen

Als anschauliches Beispiel betrachten wir in Bild 3.41a zwei Mikrostreifenleitungen, die über eine Länge ℓ im Abstand d parallel geführt werden [Raya10]. Bild 3.41b und c zeigen die gleiche Anordnung, aber ergänzt um eine Reihe von Durchkontaktierungen *(Via fence)*. Für dieses Beispiel verwenden wir das Feldsimulatormodul (Momentenmethode) aus dem Programm ADS[13].

Bild 3.42 verdeutlicht exemplarisch an der Transmission von Tor 1 zu Tor 3 (s_{31}) die Auswirkung der Durchkontaktierungen auf die Entkopplung der benachbarten Leitungsstrukturen. Bei einer so geringen Distanz zwischen Via fence und Leitungsstruktur wie in obigem Beispiel ändert sich natürlich die Feldverteilung in der Umgebung der Leitung und damit u.a. der Leitungswellenwiderstand Z_L. Es ist daher notwendig, die Breite w der Mikrostreifenleitung anzupassen. Der Abstand zwischen den einzelnen Durchkontaktierungen und der Radius hat zudem einen Einfluss auf die Entkopplung. Mit Hilfe einer numerischen Parameterstudie kann das Optimum ermittelt werden. Hierbei sind dann auch technologische Randbedingungen (Fertigungstoleranzen und -grenzen) zu berücksichtigen.

Via fences können auch bei Streifenleitungen, die sich zwischen zwei Masseflächen befinden, verwendet werden, um Schaltungen voneinander zu entkoppeln. Die Durchkontatierungen erstecken sich dann von der oberen zur unteren Massefläche und kön-

[13] *Advanced Design System* der Firma *Keysight Technologies* [Keys21]

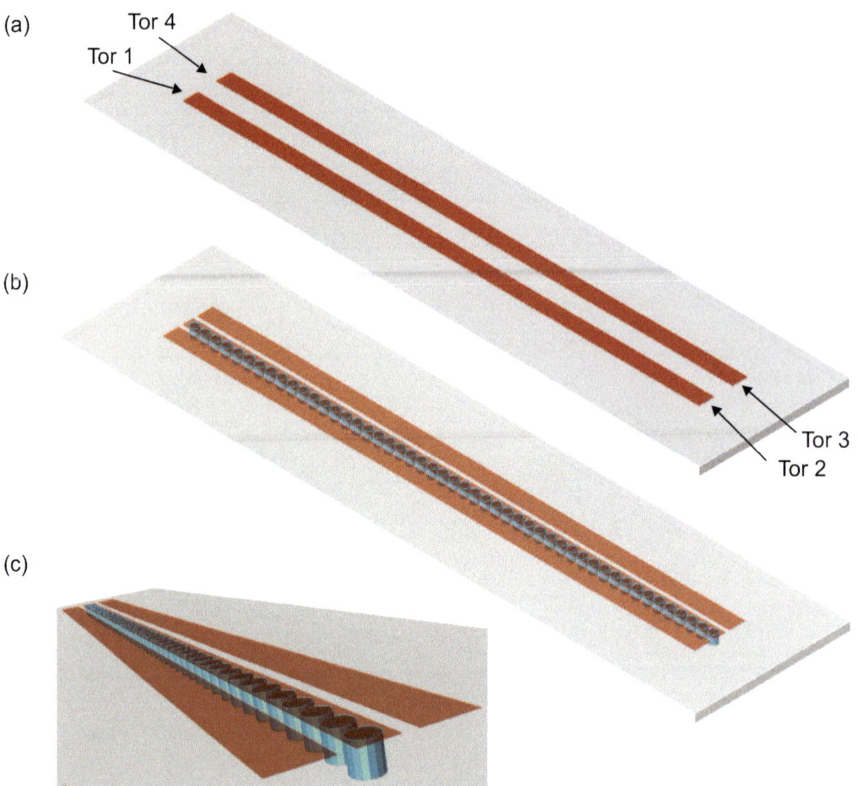

Bild 3.41 Mikrostreifenleitungen (a) ohne sowie (b), (c) mit Durchkontaktierungen (Via fence) zur Entkopplung

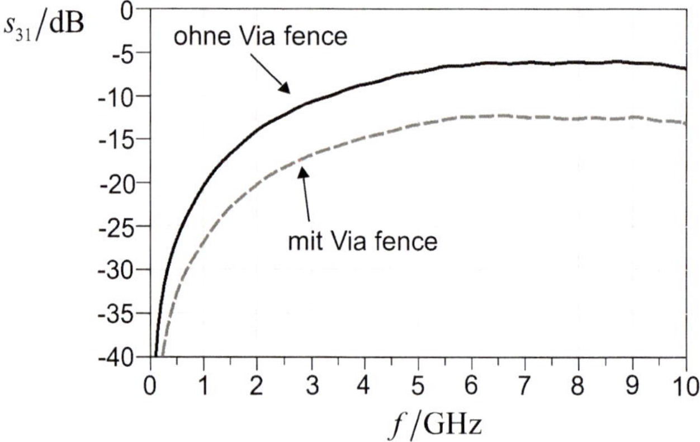

Bild 3.42 Transmissionsfaktoren s_{31} zur Veranschaulichung der parasitären Überkopplung mit und ohne Durchkontaktierungen (Via fence)

nen auf der Mittelebene, auf der auch die eigentliche Signalleitung geführt wird, miteinander verbunden werden.

Bild 3.43 zeigt zwei Schaltungsbereiche (exemplarisch repräsentiert durch eine einfache Leitung), die jeweils von einer dichten Durchkontatierungsreihe umgeben sind. Auf diese Weise sind die Schaltungen nicht nur untereinander entkoppelt, sondern wegen des hermetischen Abschlusses auch von der gesamten Umgebung isoliert.

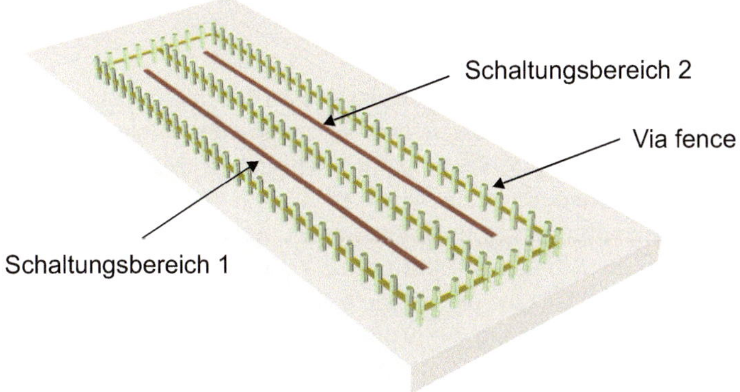

Bild 3.43 Zwei durch Durchkontaktierungsreihen hermetisch voneinander getrennte Schaltungsbereiche

Der Grad der Entkopplung wird dabei wieder von der genauen Geometrie der Durchkontaktierungsreihe bestimmt und muss im Einzelnen untersucht werden. Da Durchkontaktierungsreihen immer Lücken aufweisen, ist ihre Isolation begrenzt. Alternativ besteht die Möglichkeit, den Rand einer Platine flächig zu verlöten und so eine geschlossene Struktur mit höherer Isolation zu erreichen. ■

3.5.2 Parasitäre Gehäuseresonanzen

Elektronische Schaltungen werden zur Entkopplung von benachbarten Strukturen oft in metallische, hermetisch geschlossene, quaderförmige Gehäuse eingebaut. Diese Gehäuse bilden dann Hohlraumresonatoren, die mit der Schaltung in Wechselwirkung treten. Bei einem leeren Hohlraum mit den Seitenlängen a, b und c können die Resonanzfrequenzen $f_{\mathrm{R},mnp}$ nach der folgenden Formel berechnet werden.

$$f_{\mathrm{R},mnp} = \frac{c_0}{2}\sqrt{\left(\frac{m}{a}\right)^2 + \left(\frac{n}{b}\right)^2 + \left(\frac{p}{c}\right)^2} \tag{3.54}$$

Die Indizes m, n und p sind dabei nicht-negative ganze Zahlen. Die niedrigste Resonanzfrequenz ergibt sich, wenn die Indizes für die längeren Seiten zu eins und der Index für die kürzere Seite zu null gesetzt wird. Für den Fall $c > a > b$ würde die niedrigste Resonanzfrequenz also lauten

$$f_{\mathrm{R},101} = \frac{c_0}{2}\sqrt{\left(\frac{1}{a}\right)^2 + \left(\frac{1}{c}\right)^2} \quad . \tag{3.55}$$

An einem nachfolgenden Beispiel soll verdeutlicht werden, welchen Einfluss das Gehäuse auf das Schaltungsverhalten besitzt und welche Gegenmaßnahmen möglich sind, um störende Auswirkungen zu mildern.

Beispiel 3.7 Verkopplung von Schaltungen durch parasitäre Gehäuseresonanzen

Für dieses Beispiel verwenden wir das Feldsimulatormodul (Finite-Elemente-Methode) aus dem Programm ADS[14].

Schaltungen ohne Gehäuse

Wir betrachten zunächst zwei Schaltungen, die sich im Abstand $s = 23{,}8$ mm auf einem gemeinsamen Substratmaterial (relative Dielektrizitätszahl $\varepsilon_\mathrm{r} = 9{,}8$ und Substrathöhe $h = 635\,\mu$m) befinden (Bild 3.44a). Die Schaltungen bestehen jeweils aus Last und Quelle, die über Mikrostreifenleitungen der Länge $\ell = 15$ mm verbunden sind. Die Mikrostreifenleitung der Schaltung 1 verbindet die Quelle (Tor 1) mit der Last (Tor 2) und die Mikrostreifenleitung der Schaltung 2 verbindet die Quelle (Tor 4) mit der Last (Tor 3). Aufgrund der räumlichen Distanz der beiden Schaltungen ist die Kopplung zwischen beiden Schaltungen sehr gering ($s_{ij} < -60$ dB) (Bild 3.44b).

Schaltungen mit metallischem Gehäuse

Die zuvor untersuchten Schaltungen werden nun in ein metallisches Gehäuse eingebaut (Bild 3.45a). Die Gehäuseabmessungen betragen $c = 47$ mm, $a = 37$ mm und $b = 10$ mm. Gemäß Gleichung 3.55 erwarten wir eine niedrigste Resonanzfrequenz von etwa $f_{\mathrm{R},101} \approx 5{,}16$ GHz. Da Gleichung 3.55 für einen leeren Hohlraum gilt, in unserem Beispiel der Hohlraum jedoch teilweise mit Substratmaterial und Leitungselementen gefüllt ist, dürfen wir diesen Wert nur als erste Näherung betrachten.

Die Streuparameter in Bild 3.45b zeigen nun bei Frequenzen von 5 GHz und 7,3 GHz eine deutliche Überkopplung $s_{31} \approx -6$ dB. Bei der Frequenz von 5 GHz regt die Schaltung mit Tor 1 den Grundschwingungsmode des Hohlraumresonators an und dieser koppelt wieder einen Teil der Leistung in die Schaltung mit Tor 3 ein. Durch die Gehäuseresonanz kommt es in diesem Frequenzbereich also zu einer deutlichen Kopplung trotz der räumlich weit auseinanderliegenden Schaltungen. Die erste Abschätzung der Resonanzfrequenz mit $f_{\mathrm{R},101} \approx 5,16$ GHz lieferte also einen guten Näherungswert. Mit Hilfe eines Feldsimulationsprogrammes kann die elektrische Feldverteilung in einer Ebene oberhalb der Schaltung visualisiert werden (Bild 3.46a). Man erkennt ein Maximum ($p = 1$) in Richtung der längsten Seite c und ein Maximum ($m = 1$) in Richtung der zweitlängsten Seite a. In Höhenrichtung b (hier nicht dargestellt) ist der Verlauf der elektrischen Feldstärke konstant ($n = 0$, kein Maximum).

Bei einer Frequenz von 7,3 GHz wird der nächst höhere Schwingungsmode angeregt. Bei den gegebenen Seitenlängen ist dies für den leeren Hohlraum der Wert $f_{\mathrm{R},102} \approx 7,56$ GHz. Die elektrische Feldverteilung in einer Ebene oberhalb der Schaltung zeigt Bild 3.46b. Man erkennt nun zwei Maxima ($p = 2$) in Richtung der längsten Seite c und ein Maximum ($m = 1$) in Richtung der zweitlängsten Seite a. In Höhenrichtung b (hier

[14] *Advanced Design System* der Firma *Keysight Technologies* [Keys21]

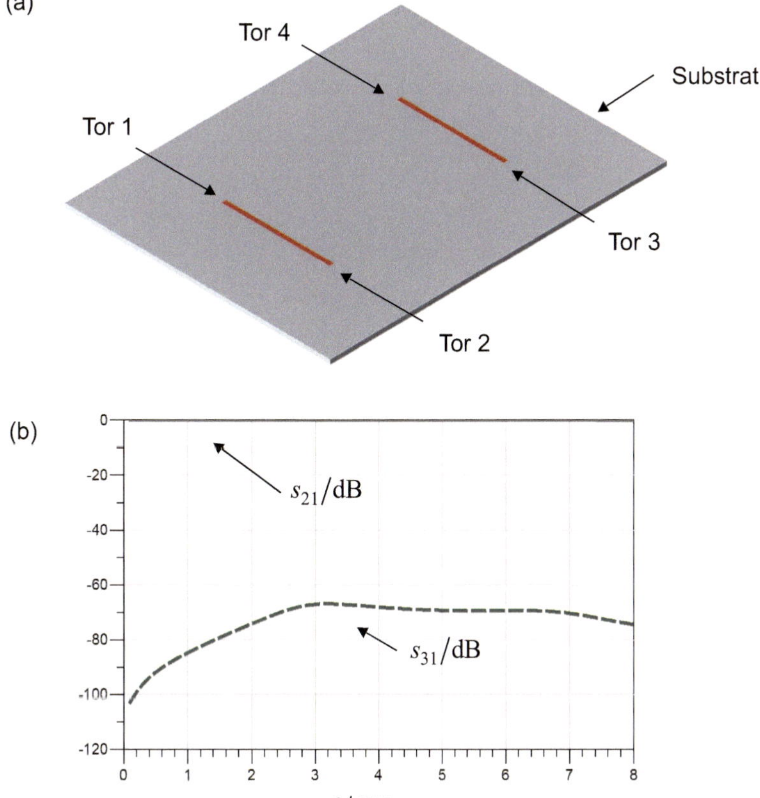

Bild 3.44 (a) Zwei Mikrostreifenleitungen, jeweils mit Last und Quellen, (b) Transmissionsfaktoren s_{21} und s_{31} für die gewollte Übertragung von Tor 1 zu Tor 2 (s_{21}) und für die parasitäre Übertragung von Tor 1 zu Tor 3 (s_{31})

nicht dargestellt) ist der Verlauf der elektrischen Feldstärke wiederum konstant ($n = 0$, kein Maximum).

Die Gleichungen 3.54 und 3.55 liefern also sinnvolle Abschätzungen für den Frequenzbereich ab dem Gehäuseresonanzen auftreten können. Feldsimulatoren, die die tatsächliche Geometrie berücksichtigen, liefern bei Bedarf genauere Werte. Anhand der Gleichungen ist ersichtlich, dass bei Betrachtung der Grundfrequenz, die kürzeste Länge b keine Rolle spielt. Eine Verkleinerung des Gehäuses in Bezug auf die größeren Längen a und c verschiebt die Resonanzfrequenzen zu höheren Frequenzen. Entsprechend bewirkt eine Vergrößerung des Gehäuses, dass Probleme durch Resonanzen bereits bei niedrigeren Frequenzen auftreten können.

Schaltungen mit Gehäuse und Absorberfolie

In der Praxis kann man den Gehäuseresonanzen mit einer absorbierenden Folie entgegenwirken. Um die Funktion der eigentlichen Schaltung nicht zu stören, sollte die Absorberfolie möglichst weit von der Schaltungsstruktur entfernt sein. Bild 3.47a zeigt

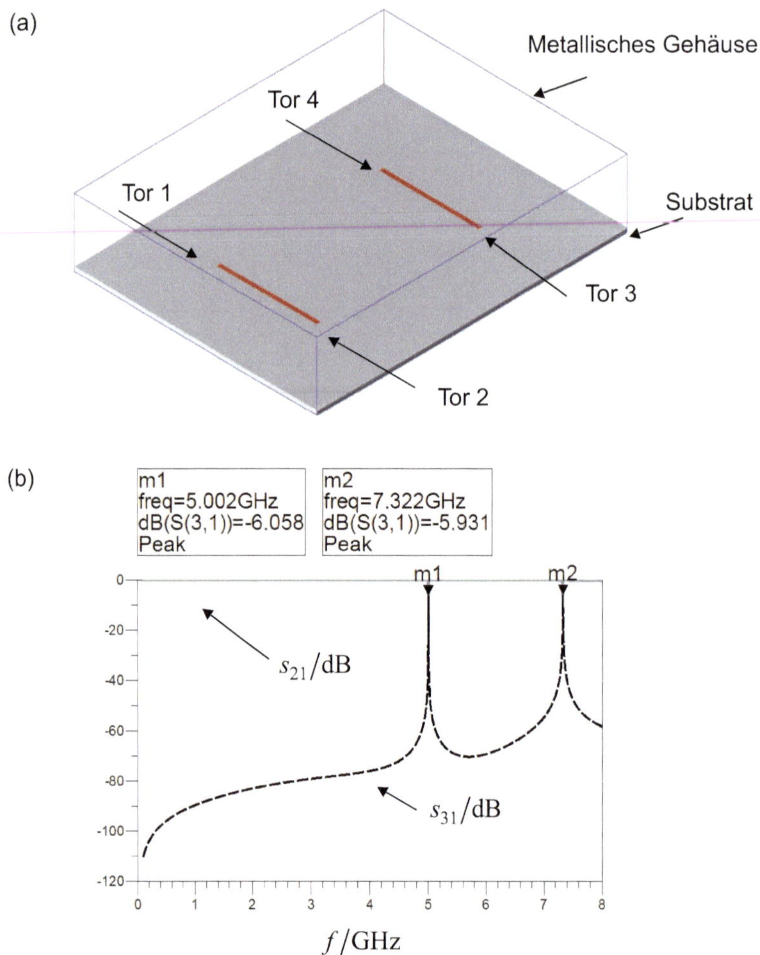

Bild 3.45 (a) Zwei Mikrostreifenleitungen, jeweils mit Last und Quellen, in einem metallischen Gehäuse, (b) Transmissionsfaktoren s_{21} und s_{31} für die gewollte Übertragung von Tor 1 zu Tor 2 (s_{21}) und für die parasitäre Übertragung von Tor 1 zu Tor 3 (s_{31})

ein Modell, bei dem die Folie unter den Deckel des Gehäuses geklebt wurde. Die elektrischen und magnetischen Felder der regulären Schaltung befinden sich unmittelbar in Leitungsnähe, so dass die Absorberfolie hier praktisch ohne Einfluss ist. Die Felder der Hohlraumresonanzen erstrecken sich aber über die gesamte Höhe und führen so zu Verlusten im Absorbermaterial. Bild 3.47b zeigt die Auswirkungen auf die Streuparameter. Die Resonanzen erscheinen nun gedämpft. Der Grad der Dämpfung lässt sich über Dicke und Beschaffenheit des Materials steuern. ■

Treten störende Resonanzen auf, so gibt es also zwei mögliche Gegenmaßnahmen:

- Veränderung der geometrischen Abmessungen des Gehäuses, hierdurch können Resonanzen oft in einen unkritischen Bereich verschoben werden;

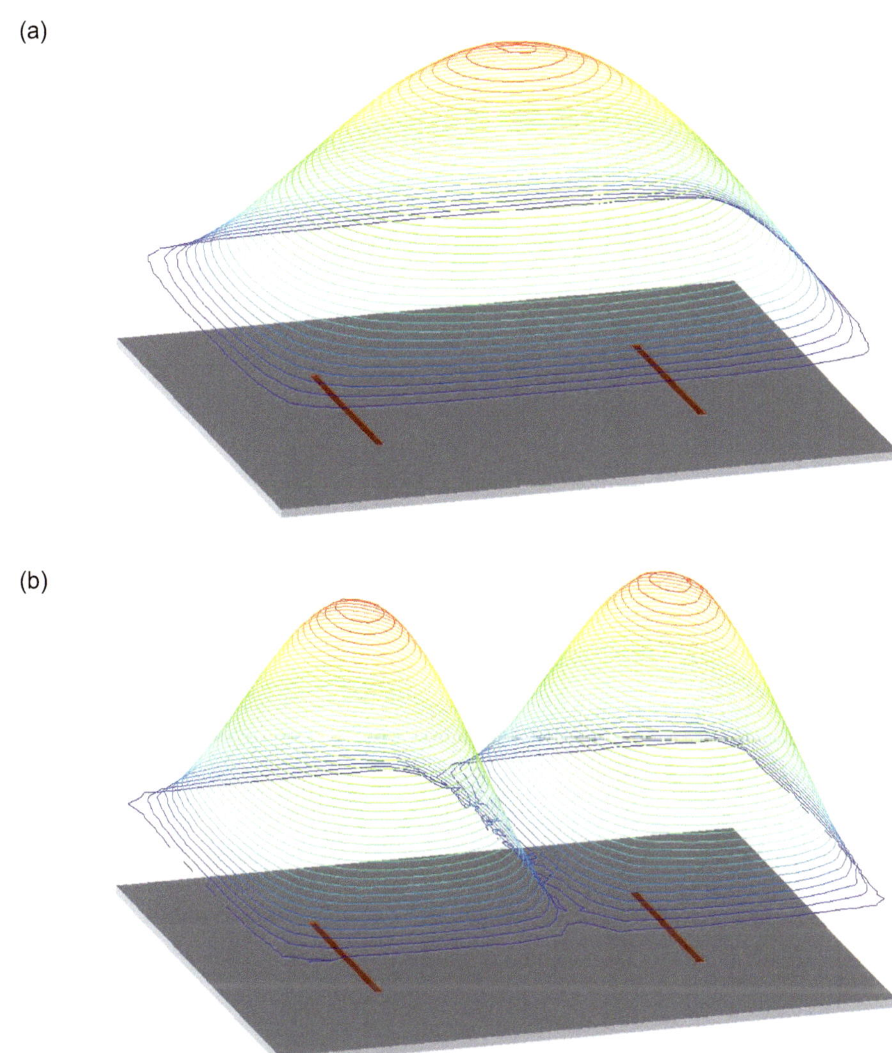

Bild 3.46 Betrag der elektrischen Feldstärke in einer Ebene über dem Substrat (a) bei 5 GHz (TE_{101}–Mode) und (b) 7,3 GHz (TE_{102}–Mode)

- Dämpfung der Resonanzen durch eine Absorberfolie, die in das Gehäuse geklebt wird. Verluste im Absorbermaterial reduzieren die Schwingungsamplitude und damit die Überkopplung zwischen den Schaltungen.

(a)

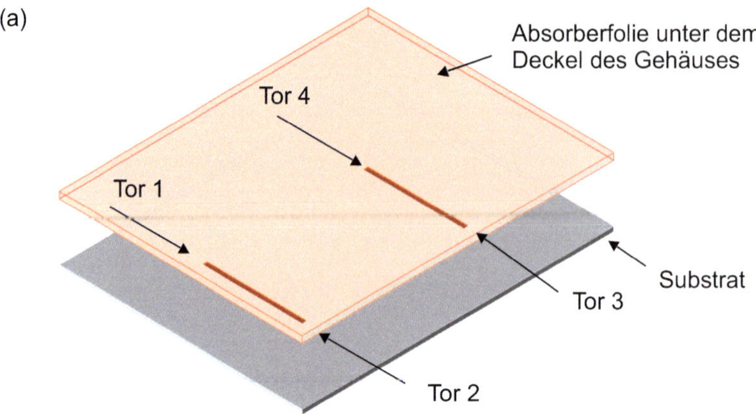

(b)

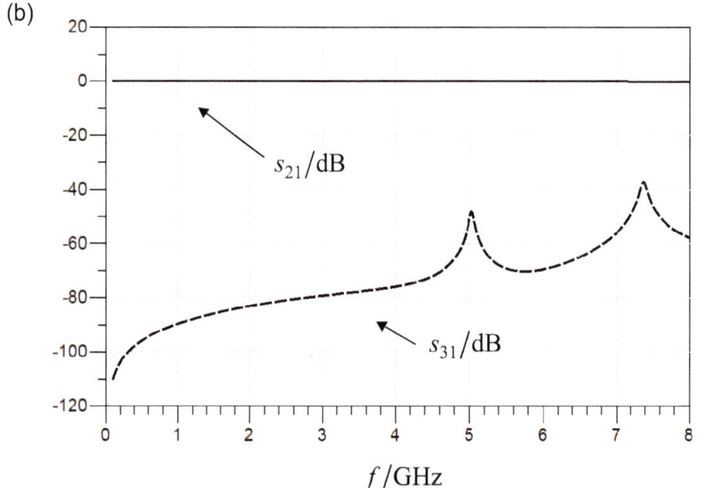

Bild 3.47 (a) Zwei Mikrostreifenleitungen, jeweils mit Last und Quellen, in einem metallischen Gehäuse mit Absorberfolie unter dem Deckel, (b) Transmissionsfaktoren s_{21} und s_{31} für die gewollte Übertragung von Tor 1 zu Tor 2 (s_{21}) und für die parasitäre Übertragung von Tor 1 zu Tor 3 (s_{31})

3.5.3 Abstrahlverhalten einer Schlitzantenne

In Abschnitt 3.4.5 haben wir uns mit dem Abstrahlverhalten eines Halbwellendipols beschäftigt, der aus zwei leitfähigen Stäben besteht, deren Gesamtlänge gerade eben der halben Wellenlänge entspricht ($\ell = \lambda/2$). Der Dipol als Antenne wird in der Regel zentral gespeist (Bild 3.48a).

Nach dem Babinet'schen Prinzip kann aber auch eine dem Dipol duale Struktur zur Abstrahlung genutzt werden, indem aus einer metallischen Fläche die Dipolstruktur herausgelöst wird, so dass ein *Schlitz* in der metallischen Fläche entsteht, der eben die Länge des Halbwellendipols besitzt (Bild 3.48b). Es entsteht eine *Schlitzantenne* (slot antenna). Um diese

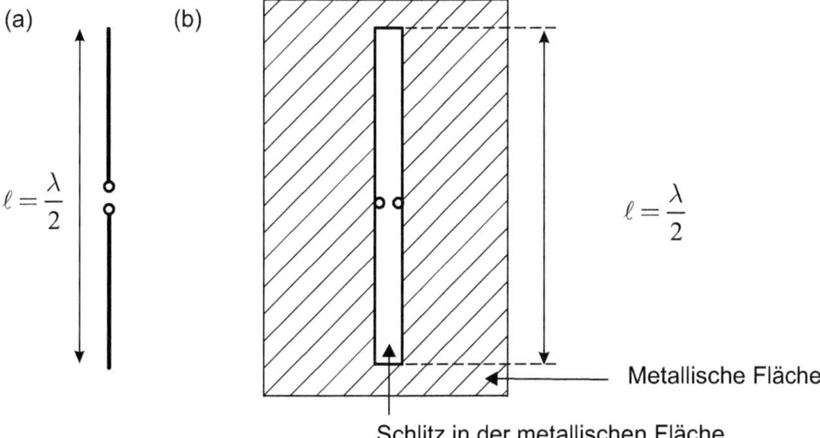

Bild 3.48 (a) Halbwellendipol und (b) Schlitzantenne

Schlitzantenne anzuregen, kann sie zum Beispiel senkrecht zur Schlitzlängsrichtung in der Mitte gespeist werden.

In der Technik werden Schlitzantennen oft zu Gruppen zusammengefasst und durch Hohlleiter angeregt, so lassen sich flächige Gruppenantennen für Radaranwendungen konstruieren. Zur Versorgung von Aufzugschächten und Tunnel kommen geschlitzte Koaxialeitungen (Schlitzleitungen) zum Einsatz. Im Bereich der EMV entstehen Schlitzantennen in der Regel unbeabsichtigt durch Öffnungen in Gehäusen, die der Schirmung dienen sollen. Diese Öffnungen können beabsichtigt sein (Lüftung, Zugriff) oder unbeabsichtigt (unzureichend verbundene metallische Flächen).

Beispiel 3.8 Gehäuse mit abstrahlendem Schlitz

Bild 3.49 zeigt die Geometrie des Simulationsmodells. Zwei metallische Flächen im Abstand von $d = 10\,\text{mm}$ repräsentieren ein geschlossenes Gehäuse. Innen liegend verläuft eine planare Leitung (Länge 20 mm, Breite 2 mm, Höhe 1 mm), die zwei Tore (Torwiderstände $50\,\Omega$) miteinander verbindet. Unterhalb der Leitung wird nun mittig in die obere Fläche, die die Masse für die Schaltung darstellt, ein Schlitz (Länge $\ell = 60\,\text{mm}$, Breite $b = 2\,\text{mm}$) erzeugt. Für dieses Beispiel verwenden wir das Feldsimulatormodul (Momentenmethode) aus dem Programm ADS[15].

Die Länge des Schlitzes von $\ell = 60$ mm korrespondiert mit einer Resonanzfrequenz von $f = 2{,}5\,\text{GHz}$. Bild 3.50a zeigt die Verteilung der magnetischen Stromdichte $\vec{M}$ mit der Einheit V/m^2 im Bereich des Schlitzes. Aufgrund der Resonanz stellt sich wie beim Dipol (Bild 3.33b) ein sinusförmiger Verlauf der Stromdichte ein mit einem Maximum an der Speisestelle.

In Bild 3.50b schließlich ist das Strahlungsdiagramm für die Frequenz von 2,5 GHz gezeigt. Ein Vergleich mit dem Strahlungsdiagramm des Halbwellendipols in Bild 3.34 macht deutlich, dass der Halbwellendipol und die gleichlange Schlitzantenne die glei-

[15] *Advanced Design System* der Firma *Keysight Technologies* [Keys21]

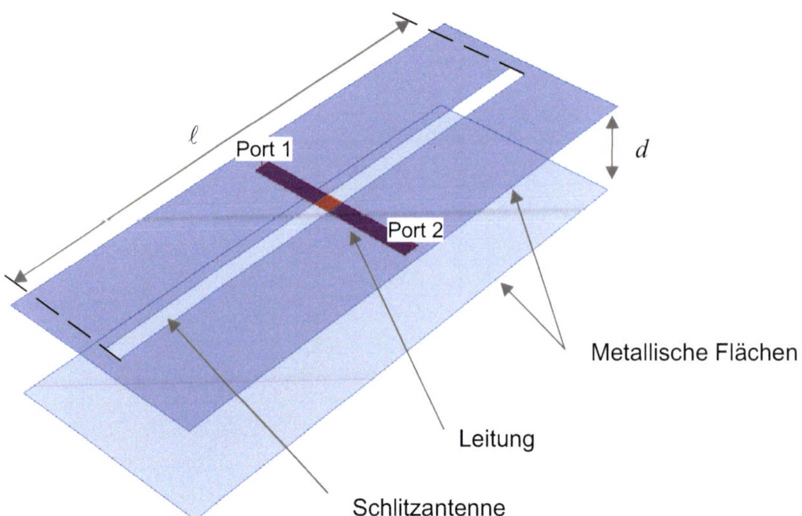

Bild 3.49 Geometrie des Simulationsmodells (Gehäuse mit abstrahlendem Schlitz)

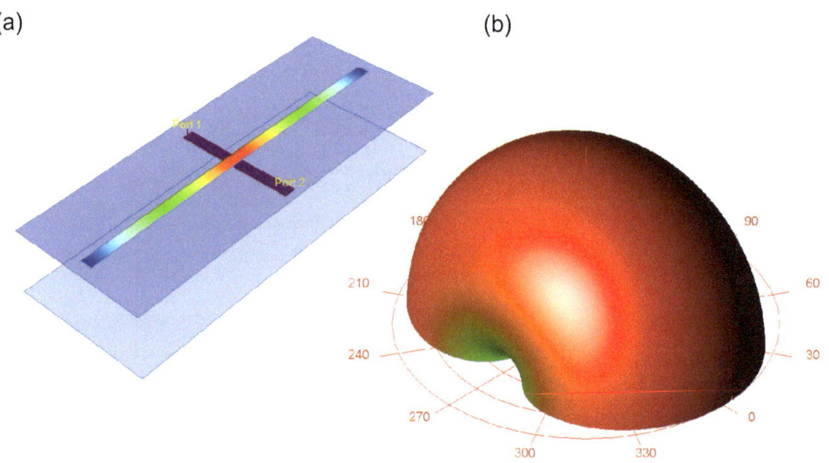

Bild 3.50 (a) Magnetische Stromdichte im Bereich des Schlitzes und (b) 3D-Strahlungsdiagramm bei 2,5 GHz

che Strahlungscharakteristik zeigen. In unserem Beispiel strahlt die Schlitzantenne aufgrund der rückseitigen Metallfläche jedoch nur in einen Halbraum, so dass das Strahlungsdiagramm halbiert erscheint. Das Simulationsprogamm weist den Richtfaktor der Antenne mit einem Wert von 5,15 dBi aus und liegt damit erwartungsgemäß um 3 dB über dem in den gesamten Raum abstrahlenden Halbwellendipol.

Steigt die Frequenz an, so zeigt sich eine deutlich richtungsabhängigere Abstrahlung. In Bild 3.51a ist die magnetische Stromdichte im Bereich der Schlitzantenne exemplarisch für eine Frequenz von 20 GHz gezeigt. Aufgrund der achtfach höheren Frequenz ergeben sich nun vier Wellenlängen für die Länge des Schlitzes ($\ell = 4\lambda$).

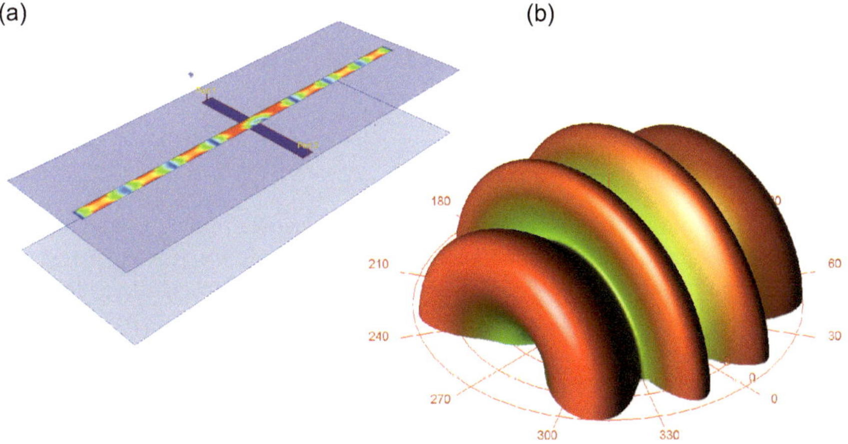

Bild 3.51 (a) Magnetische Stromdichte im Bereich des Schlitzes und (b) 3D-Strahlungsdiagramm bei 20 GHz

Im Fernfeld kommt es aufgrund von Laufzeitunterschieden nun zu Winkelbereichen mit konstruktiver und destruktiver Interferenz. Entsprechend sehen wir im 3D-Strahlungsdiagramm in Bild 3.51b mehrere Strahlungskeulen. Um bei einer EMV-Messung nicht zufällig in einem Winkelbereich geringer Strahlung zu messen und die Abstrahlung zu positiv zu bewerten, wird die Messantenne in der Position verfahren (Höhenscan). Auf weitere Aspekte bei der Messung von Störabstrahlungen gehen wir in Abschnitt 6.5 ein. ■

4 Komponenten und Konzepte zur Verbesserung der EMV

Im vorangegangenen Kapitel haben wir im Detail die Wege (Kopplungspfade) untersucht, auf denen sich elektromagnetische Störsignale von der Störquelle zur Störsenke ausbreiten können. In diesem Kapitel wollen wir einige Maßnahmen kennenlernen, die helfen können, die Störausbreitung zu vermindern oder aber die Auswirkung einer Störeinkopplung zu reduzieren.

Da die EMV als horizontale Disziplin sich durch alle Bereiche der Elektrotechnik und Informationstechnik zieht, also den Bogen von der Leistungselektronik bis zur Mikroelektronik spannt, ist die Breite an technischen Maßnahmen sehr groß und in der konkreten Umsetzung in den Details sehr unterschiedlich. Wir werden daher im Rahmen dieses Kapitels nur einige ausgewählte Aspekte aufgreifen können. Vertiefende und weiterführende Darstellungen zu unterschiedlichen Themengebieten finden sich zum Beispiel in folgenden Werken [Durc95] [Fran02] [Gons05] [Gons92] [Habi98] [Nedt96] [Schw11].

4.1 Kondensatoren

Ein idealer Kondensator mit der Kapazität C besitzt eine mit der Frequenz abnehmende Impedanz $Z = 1/(j\omega C)$. Reale Kondensatoren können bis zu ihrer Resonanzfrequenz durch ein einfaches Ersatzschaltbild[1] (Bild 4.1a) beschrieben werden. Dabei repräsentiert eine parasitäre Induktivität die durch den Strom verursachte magnetische Feldenergie. Die dielektrischen und Ohm'schen Verluste werden durch einen Ersatzserienwiderstand R_{ESR} dargestellt.

Die Impedanz eines realen Kondensators ist dann

$$Z = R_{\mathrm{ESR}} + j\omega L + \frac{1}{j\omega C} = R_{\mathrm{ESR}} + j\left(\omega L - \frac{1}{\omega C}\right) \tag{4.1}$$

mit der Serienresonanzfrequenz

$$f_0 = \frac{1}{2\pi} \cdot \frac{1}{\sqrt{LC}} \quad . \tag{4.2}$$

Die Werte der parasitären Ersatzschaltbildelemente hängen dabei von der Bauform ab. Kleine Chipkondensatoren können dabei bis zu sehr hohen Frequenzen als Kapazität wirken.

[1] Es existieren auch komplexere Ersatzschaltbilder mit mehr als drei Elementen, die eine Gültigkeit über einen noch weiteren Frequenzbereich besitzen. In der Praxis sind die vielen Elementwerte aber oft nicht bekannt, so dass das Ersatzschaltbild für konkrete Rechnungen dann nicht anwendbar ist.

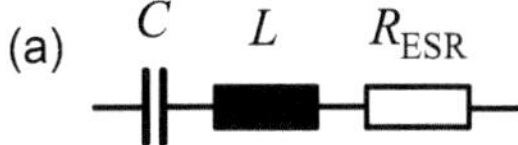

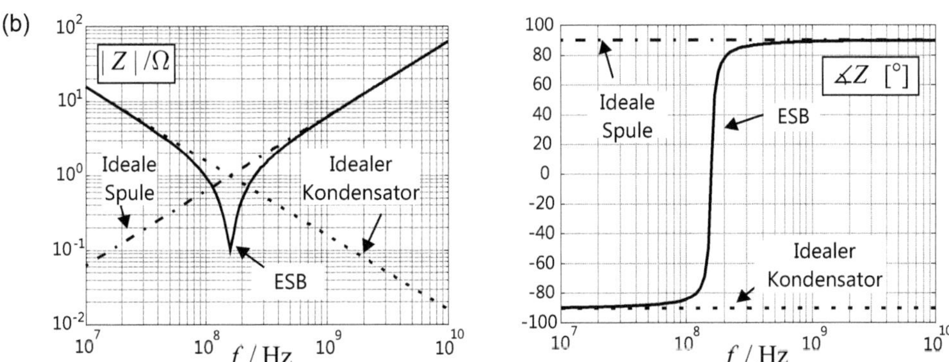

Bild 4.1 (a) Einfaches Ersatzschaltbild aus drei Elementen und (b) Frequenzverhalten eines realen Kondensators

Bild 4.1b zeigt den Betrag und die Phase der Impedanz für einen Chipkondensator ($C = 1\,\text{nF}$, $R_{ESR} = 0{,}1\,\Omega$, $L = 1\,\text{nH}$). Bis zur Resonanzfrequenz dominiert das kapazitive Verhalten. Ein minimaler Impedanzwert wird bei der Resonanzfrequenz f_0 erreicht.

4.1.1 Abblockkondensator

Da die Impedanz eines Kondensators bis zur Resonanzfrequenz f_0 sinkt, können hochfrequente Störungen auf Versorgungsleitungen mit Gleichsignalen oder niederfrequenten Signalen durch einen parallel geschalteten Kondensator (Kurzschluss) abgeblockt werden.

Bild 4.2a zeigt dazu einen Parallelkondensator zwischen zwei Versorgungsleitungen. Für das niederfrequente Nutzsignal stellt die Kapazität einen Leerlauf dar. Die hochfrequenten Störsignale werden kurzgeschlossen und können die Anschlussstelle nicht passieren, also zum Beispiel einen Schaltungsteil nicht verlassen oder nicht in diesen eindringen. Ein Kurzschluss bedeutet aber nicht, dass die hochfrequenten Störungen absorbiert werden. Vielmehr werden sie vollständig reflektiert (Reflexionsfaktor bei Kurzschluss $r_{KS} = -1$). Die Reflexion von Störsignalen kann, zum Beispiel durch Resonanzen innerhalb einer Schaltung selbst wieder zum Problem werden (Abstrahlung). Beim Anschluss des Kondensators ist darauf zu achten, dass die Zuleitungen zwischen Leitung und Kondensator kurz gehalten werden, um einen induktiven Einfluss zu minimieren. Eine mögliche Realisierung besteht in der Verwendung eines *Vierpolkondensators* (Bild 4.2b).

Bei Dreileiteranordnungen aus zwei Versorgungsleitungen und zusätzlicher Masse- oder Erdverbindung werden drei Kondensatoren eingesetzt, um neben den Gegentakt-Störsignalen auch die Gleichtakt-Störsignale kurzzuschließen, d.h. zu reflektieren (Bild 4.2c).

Schnelle ICs auf Leiterplatten benötigen bei ihren Zustandswechseln schnell veränderliche Versorgungsströme. Diese bedeuten hochfrequente Störsignale auf den Versorgungsleitun-

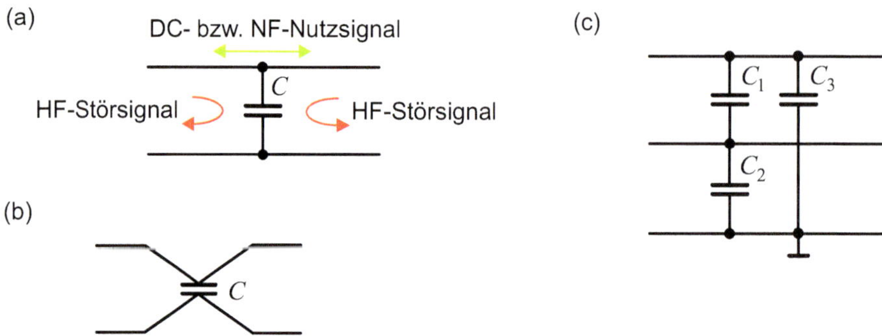

Bild 4.2 (a) Parallelschaltung bei Zweileiteranordnung, (b) Vierpolkondensator und (c) Kondensatorschaltung bei Dreileiteranordnung

gen. Um diesen schwankenden Strombedarf abzufangen, werden unmittelbar an den Versorgungsanschlüssen parallele Kondensatoren eingebaut (Bild 4.2d). Diese verhindern das Eindringen von äußeren Störsignalen und stabilisieren die Versorgungsspannung (daher auch die Bezeichnung *Stützkondensator*).

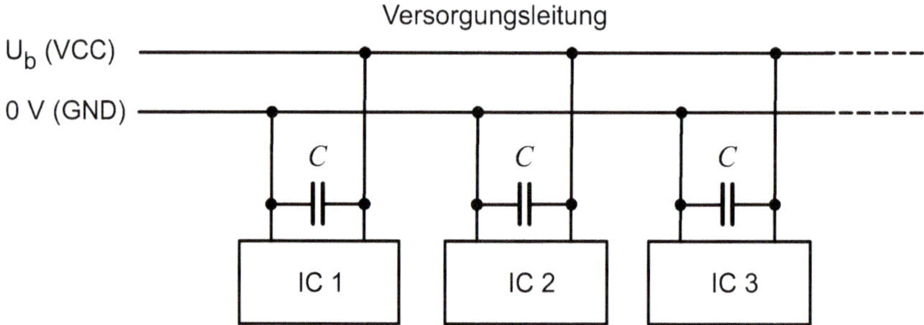

Bild 4.3 Stützkondensatoren an den Versorgungseingängen von ICs

4.1.2 Durchführungskondensator

Werden Gleichstrom-führende Versorgungsleitungen oder niederfrequente Signalleitungen durch Öffnungen in metallischen Gehäusen (Schirmung) geführt, so können diese Durchgänge mit Hilfe von Durchführungskondensatoren realisiert werden.

Bild 4.4a zeigt die Signalleitung und den Aufbau des Kondensators. Der Kondensator besteht praktisch aus der Signalleitung und einem umgebenden Zylinder, der niederinduktiv (großflächig) mit den Gehäuse (Bezugspotential) verbunden ist. Zwischen den beiden Elektroden befindet sich ein dielektrisches Füllmaterial.

Für hochfrequente Störsignale stellt der Durchführungskondensator einen Kurzschluss nach Masse dar. Somit können keine Störsignale von außen in das Gehäuse eindringen und es können keine Störungen das Gehäuse auf diesem Wege verlassen. Bild 4.4b zeigt das Prinzipschaltbild der Anordnung.

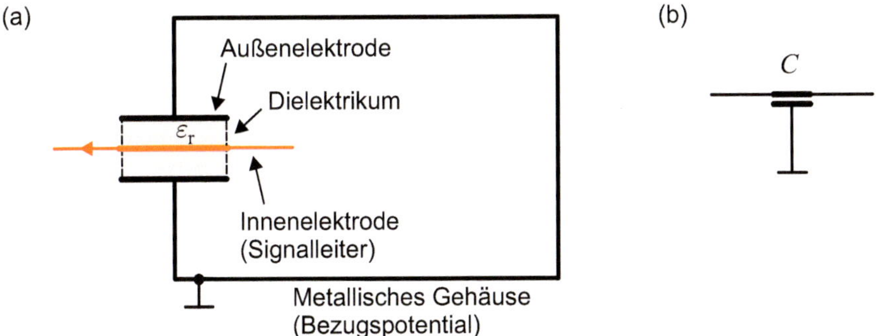

Bild 4.4 Durchführungskondensator: (a) Aufbau und Anschluss, (b) Schaltbild

4.2 Spulen

Eine ideale Spule mit der Induktivität L besitzt eine mit der Frequenz zunehmende Impedanz $Z = j\omega L$. Reale Spulen können bis zu ihrer Resonanzfrequenz durch ein einfaches Ersatzschaltbild aus drei Elementen (Bild 4.5a) beschrieben werden. Dabei repräsentiert eine parasitäre Kapazität C die durch das elektrische Feld zwischen den Windungen verursachte elektrische Feldenergie. Die magnetischen und Ohm'schen Verluste werden in einem Widerstand R_S zusammengefasst.

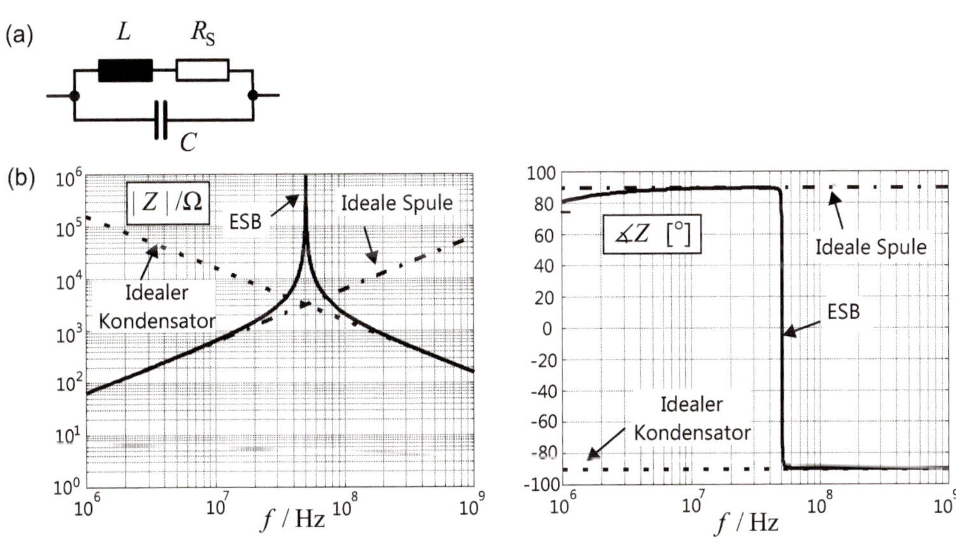

Bild 4.5 (a) Einfaches Ersatzschaltbild aus drei Elementen und (b) Frequenzverhalten einer realen Spule

Aus dem einfachen Ersatzschaltbild folgt für die Impedanz einer realen Spule

$$Z = (R_S + j\omega L) \parallel \frac{1}{j\omega C} = \frac{R_S + j\omega L}{j\omega C(R_S + j\omega L) + 1} \tag{4.3}$$

mit der Parallelresonanzfrequenz

$$f_0 = \frac{1}{2\pi} \cdot \frac{1}{\sqrt{LC}} \quad . \tag{4.4}$$

Die Werte der parasitären Ersatzschaltbildelemente hängen dabei von der konkreten Bauform ab. Bild 4.5b zeigt das typische Frequenzverhalten einer Spule. Bis zur Resonanzfrequenz dominiert das induktive Verhalten. Ein maximaler Impedanzwert wird bei der Resonanzfrequenz erreicht.

Die Impedanz einer Spule steigt bis zur Resonanzfrequenz f_0 an. Somit können hochfrequente Störungen auf Versorgungsleitungen mit Gleichsignalen oder niederfrequenten Signalen durch seriell in die Leitungen verbaute Spulen (Leerlauf) abgeblockt werden.

Bild 4.6 zeigt zwei Spulen, die in die Versorgungsleitungen integriert wurden. Für das niederfrequente Nutzsignal stellen die Spulen näherungsweise einen Kurschluss dar und lassen dieses passieren. Für die hochfrequenten Störsignale stellen die Spulen Leitungsunterbrechungen (Leerläufe) dar. Sie können die Stelle nicht passieren. An dem Leerlauf tritt für hochfrequente Störungen also eine Reflexion auf (Reflexionsfaktor bei Leerlauf $r_{LL} = +1$).

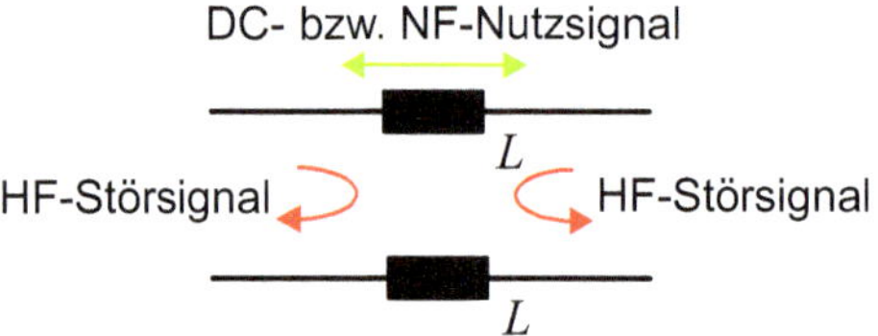

Bild 4.6 Drosselspulen in den Versorgungsleitungen

4.3 Filter

4.3.1 RC-Filter

Der in Abschnitt 4.1.1 betrachtete parallel geschaltete Kondensator C stellt mit der Quellimpedanz R_I und der Lastimpedanz R_A einen Tiefpass erster Ordnung dar (Bild 4.7). Die Einfügedämpfung a ist ein Maß für die durch den Filter erreichte frequenzabhängige Dämpfung der Amplitude an der Last

$$\frac{a}{\text{dB}} = 20 \lg \left(\frac{U_{\text{ohne}}}{U_{\text{mit}}} \right) \quad , \tag{4.5}$$

wobei U_{mit} die Spannung an der Last *mit* Filter und U_{ohne} die Spannung an der Last *ohne* Filter sind. Der Frequenzverlauf zeichnet sich durch eine 3-dB-Eckfrequenz f_0 aus, oberhalb derer die Amplitude der Dämpfung mit 20 dB/Dekade ansteigt. Der Dämpfungsverlauf in Bild 4.7b zeigt das Frequenzverhalten in doppelt logarithmischer Darstellung für eine 3-dB-Eckfrequenz von $f_0 = 1\,\text{MHz}$. Für die 3-dB-Eckfrequenz gilt

$$f_g = \frac{1}{2\pi} \cdot \frac{1}{RC} \qquad \text{mit} \qquad R = R_I \parallel R_A \quad . \tag{4.6}$$

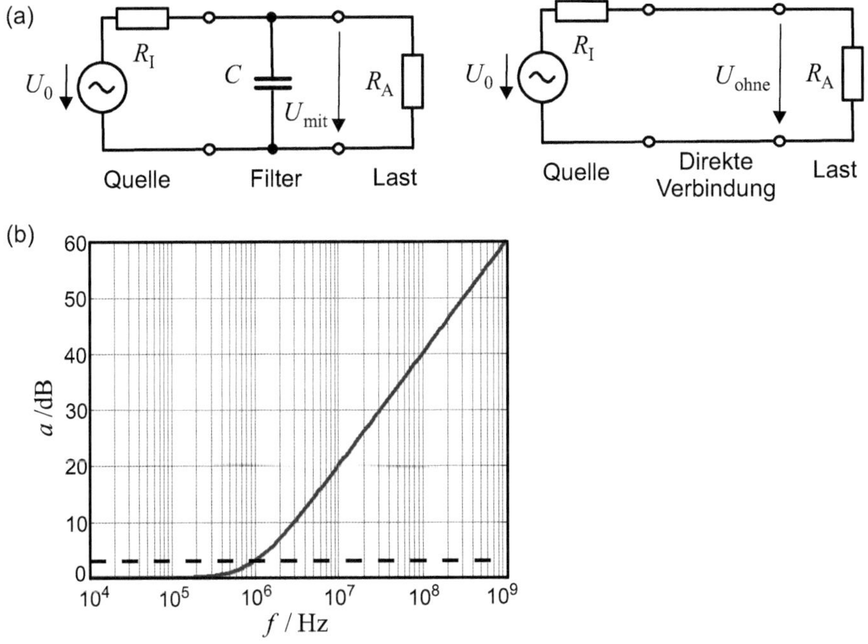

Bild 4.7 Tiefpass erster Ordnung: (a) Schaltung mit und ohne Kondensator zur Entstörung sowie (b) Beispiel für einen Dämpfungsverlauf in doppelt logarithmischer Darstellung

Beispiel 4.1 Entwurf eines einfachen RC-Tiefpassfilters mit einer Grenzfrequenz von 1 MHz

Wir betrachten eine Schaltung mit einer angepassten Quell- und Lastimpedanz von $R_I = R_A = 50\,\Omega$. Neben der Nutzspannungsquelle U_0 existiert auch eine Gegentakt-Störspannungsquelle U_i (Bild 4.8a). Die Gegentaktstörspannungsquelle kann zum Beispiel eine magnetische Störeinkopplung repräsentieren (siehe Abschnitt 3.4.2).

Die niederfrequenten Nutzsignale der Schaltung liegen im Frequenzbereich deutlich kleiner als 1 MHz und die Störsignale befinden sich im Frequenzbereich deutlich größer als 1 MHz. Um die Störspannung $U_{\text{Stör}}$ an der Last zu verringern, soll mit einem (zunächst idealen) Kondensator ein RC-Tiefpass mit einer Grenzfrequenz von $f_g = 1\,\text{MHz}$ realisiert werden.

Entwurf mit idealem Kondensator

Mit Hilfe von Gleichung 4.6 können wir den erforderlichen Kapazitätswert C ermitteln

$$C = \frac{1}{2\pi f_g R} = 6{,}366\,\text{nF} \quad , \tag{4.7}$$

wobei R der Parallelschaltung aus Quell- und Lastwiderstand entspricht. Mit Hilfe einer Schaltungssimulation in ADS [Keys21] wollen wir unser Ergebnis überprüfen.

Bild 4.8b zeigt das imulationsmodell mit Ein- und Ausgangstor. Der logarithmische Dämpfungswert ergibt sich aus dem negativen Wert des Transmissionsfaktors s_{21}

$$\frac{a}{\text{dB}} = -\frac{s_{21}}{\text{dB}} \quad . \tag{4.8}$$

Der berechnete Dämpfungsverlauf ist in Bild 4.8c zu sehen. Die 3-dB-Grenzfrequenz liegt wie erwartet bei einer Frequenz von 1 MHz. Für höhere Frequenzen zeigt sich ein Anstieg der Dämpfung mit 20 dB/Dekade, d.h. bei der zehnfachen Grenzfrequenz beträgt die Dämpfung 20 dB und bei der hundertfachen Grenzfrequenz 40 dB.

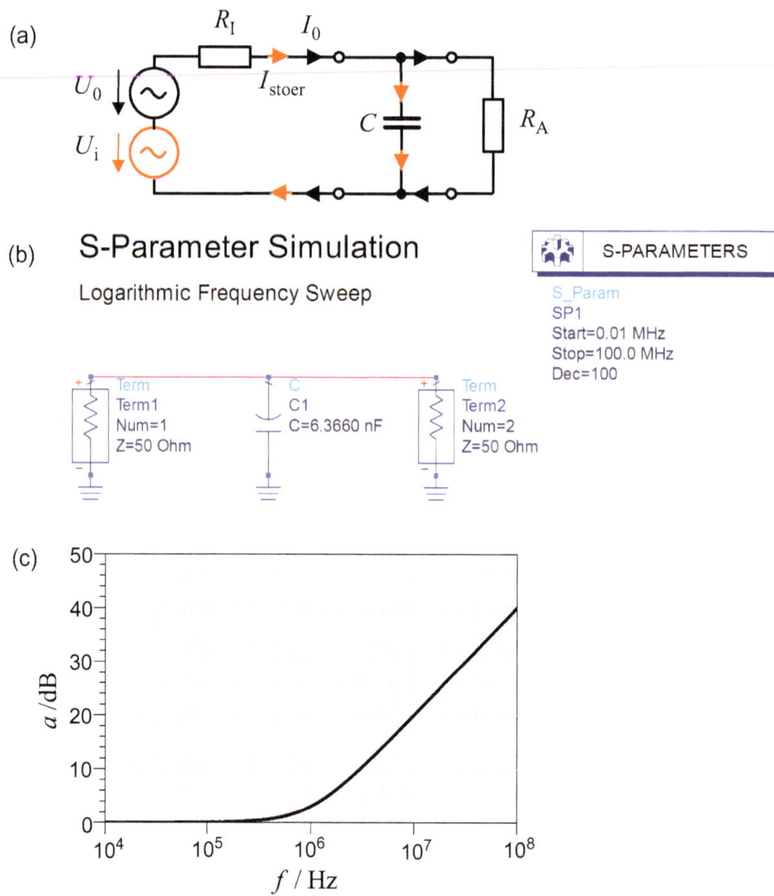

Bild 4.8 RC-Tiefpass erster Ordnung: (a) Schaltung mit (idealem) Kondensator zur Entstörung, (b) ADS-Simulationsmodell und (c) berechneter Dämpfungsverlauf nach Betrag und Phase in doppelt logarithmischer Darstellung

Einfluss realer Bauteileigenschaften

Der in Bild 4.8c gezeigte Dämpfungsverlauf mit einem Anstieg von 20 dB/Dekade gilt nur bei einem *idealen* Kondensator. In Abschnitt 4.1 haben wir gesehen, dass reale Kondensatoren parasitäre Eigenschaften besitzen. Das einfache Ersatzschaltbild eines realen Kondensators besteht aus einem verlustbehafteten Serienschwingkreis mit den Elementen C, L und R (Bild 4.9a). Für eine beispielhafte Rechnung nehmen wir an, es gelte für die parasitären Bauteileigenschaften $L = 10\,\text{nH}$ und $R = 30\,\text{m}\Omega$.

Die Kapazität entspricht dem Nennelement, die Induktivität repräsentiert die magnetische Feldenergie der Anordnung und Zuleitungen und der Widerstand R beschreibt

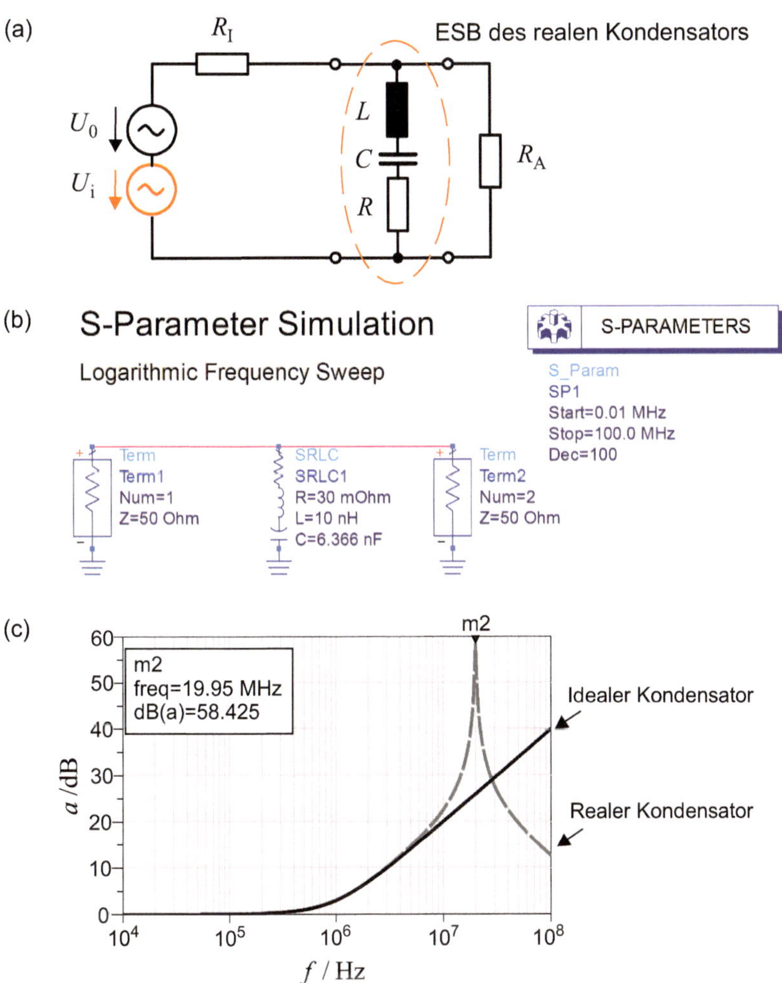

Bild 4.9 RC-Tiefpass erster Ordnung: (a) Schaltung mit (nichtidealem) Kondensator zur Entstörung, (b) ADS-Simulationsmodell und (c) berechneter Dämpfungsverlauf nach Betrag und Phase in doppelt logarithmischer Darstellung

die Ohm'schen Verluste in den Zuleitungen. Aus den Elementen des Ersatzschaltbildes kann die Resonanzfrequenz f_0 bestimmt werden.

$$f_0 = \frac{1}{2\pi} \cdot \frac{1}{\sqrt{LC}} = 19{,}95\,\text{MHz} \tag{4.9}$$

Bis zur Resonanzfrequenz fällt der Betrag der Impedanz des Kondensators und nimmt bei der Resonanzfrequenz ein Minimum an. Oberhalb der Resonanzfrequenz nimmt die Impedanz des Kondensators dann zu und nähert sich dem Verhalten einer Induktivität (Bild 4.1a). Bild 4.9b zeigt das ADS-Simulationsmodell.

Die parasitären Eigenschaften des Bauelementes führen nun zu einem veränderten Dämpfungsverlauf des Filters im Vergleich zum vorhergehenden Ergebnis (Bild 4.9c).

Im Frequenzbereich deutlich unter der Resonanzfrequenz stellen wir quasi keine Änderung fest. Bei Annäherung an die Resonanzfrequenz steigt die Dämpfung schneller als beim idealen Kondensator. Bei der Resonanzfrequenz (in unserem Beispiel ca. 20 MHz) ergibt sich ein Dämpfungsmaximum. Danach sinkt die Dämpfung wieder, da die parasitäre Induktivität L die Impedanz erhöht. Ab ca. 30 MHz unterschreitet die Dämpfung den erwarteten Verlauf und sinkt weiter ab. Die Wirksamkeit des Filters nimmt hier also rasch ab.

Das Beispiel zeigt, dass die Wirksamkeit der Entstörmaßnahme wesentlich von der Qualität (in diesem Falle: hohe Resonanzfrequenz) des verwendeten Bauteils abhängt. Die verwendeten Bauteile müssen sich also nicht nur am Nutzfrequenzbereich, sondern auch am erwarteten Störfrequenzbereich orientieren. Dies kann den Einsatz von Hochfrequenzbauteilen und die Berücksichtigung von Hochfrequenzphänomenen (Wellenausbreitung, Signallaufzeiteffekte) bei Niederfrequenzgerätschaften notwendig machen. ■

4.3.2 LC-Filter

In den vorangegangenen Abschnitten haben wir den *separaten* Einsatz von Spulen bzw. Kondensatoren betrachtet, um niederfrequente Nutzsignale von hochfrequenten Störsignalen zu befreien. Spulen und Kondensatoren können jedoch auch zu Entstörfiltern *kombiniert* werden, um die Effizienz der in den vorhergehenden Abschnitten besprochenen Entstörmaßnahmen zu verbessern. Der Entstörfilter in Bild 4.10a stellt einen Tiefpass dritter Ordnung dar. Bei Elementwerten gemäß Butterworth-Design[2] ergibt sich ein monotoner Dämpfungsverlauf. Oberhalb der 3-dB-Grenzfrequenz (im Beispiel ist $f_g = 1$ MHz) steigt die Dämpfung mit 60 dB/Dekade (Bild 4.10b).

Im Bereich der EMV sind die bislang diskutierten Tiefpassfilter die am häufigsten eingesetzten Filter. Insgesamt kann man vier Filtertypen unterscheiden:

Tiefpassfilter können bei niederfrequenten Nutzsignalen und hochfrequenten Störsignalen angewendet werden. Beim Aufbau des Filters werden Längsinduktivitäten und Querkapazitäten verwendet. Bild 4.11a zeigt den Schaltungsaufbau für einen Tiefpass 5. Ordnung. Ein charakteristischer Dämpfungsverlauf ist in Bild 4.11b wiedergegeben. Die 3-dB-Grenzfrequenz f_g markiert den Durchlassbereich des Filters mit einer maximalen Dämpfung a_p. Ab der Sperrfrequenz f_s wird die Mindestsperrdämpfung a_s erreicht.

Hochpassfilter können bei hochfrequenten Nutzsignalen und niederfrequenten Störsignalen eingesetzt werden. Beim Aufbau des Hochpasses erscheinen die Längs- und Querelemente gegenüber dem Tiefpass als getauscht. Es werden also Längskapazitäten und Querinduktivitäten verwendet. Bild 4.12a zeigt den Schaltungsaufbau für einen Hochpass 5. Ordnung. Ein charakteristischer Dämpfungsverlauf ist in Bild 4.12b dargestellt.

Bandpassfilter können angewendet werden, wenn die Nutzsignale in einem definierten (oft schmalen) Frequenzbereich liegen und niederfrequentere und höherfrequentere Störsignale außerhalb dieses Frequenzbereiches erwartet werden. Gegenüber dem Tiefpass werden

2 Der Butterworth-Filter besitzt einen *monotonen* Dämpfungsverlauf und ist im Durchlassbereich unterhalb der 3-dB-Eckfrequenz sehr flach. Erst unmittelbar vor der Grenzfrequenz f_0 steigt die Dämpfung an und besitzt im Sperrbereich eine Steigung mit $n \cdot 20$ dB pro Dekade, wobei n die Ordnung des Filters ist.

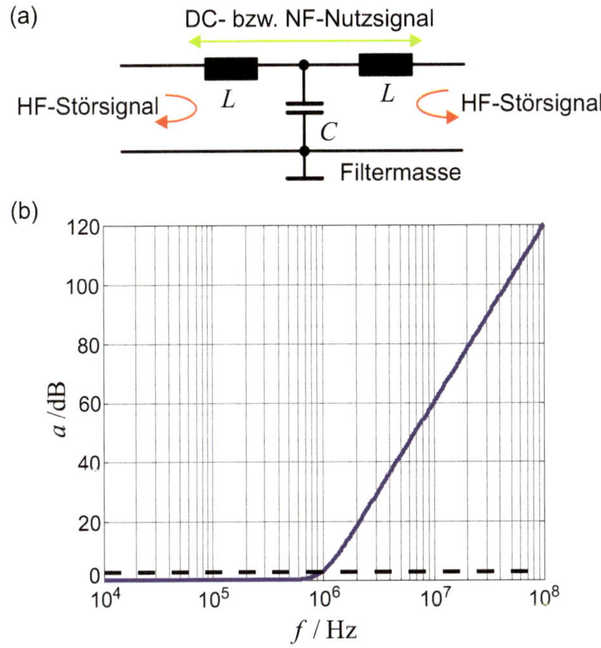

Bild 4.10 (a) Entstörfilter mit drei Elementen und (b) zugehöriger Dämpfungsverlauf für Elementwerte gemäß Butterworth-Design

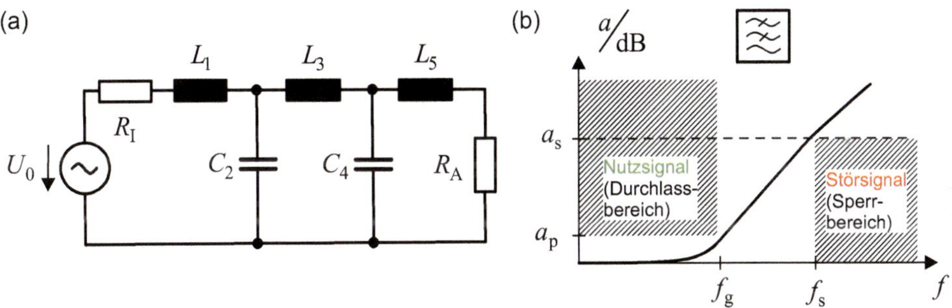

Bild 4.11 Tiefpassfilter: (a) Schaltung und (b) charakteristischer Dämpfungsverlauf

nun die Längsinduktivitäten durch Serienschwingkreise und die Parallelkapazitäten durch Parallelschwingkreise ersetzt. Bild 4.13a zeigt den Schaltungsaufbau für einen Bandpass 5. Ordnung. Ein charakteristischer Dämpfungsverlauf ist in Bild 4.13b dargestellt.

Bandsperrfilter können bei (breitbandigen) hochfrequenten oder niederfrequenten Nutzsignalen angewendet werden, wenn ein schmalbandiges Störsignal gezielt gedämpft werden soll. Gegenüber dem Bandpass werden Längs- und Querelemente getauscht. Parallelresonanzkreise erscheinen nun als Längselemente und Serienresonanzkreise als Querelemente.

Bei weit auseinanderliegenden Spektren der Nutz- und Störsignale können bereits mit wenigen Elementen ausreichende Dämpfungen erzielt werden. Liegen die Spektren dichter bei-

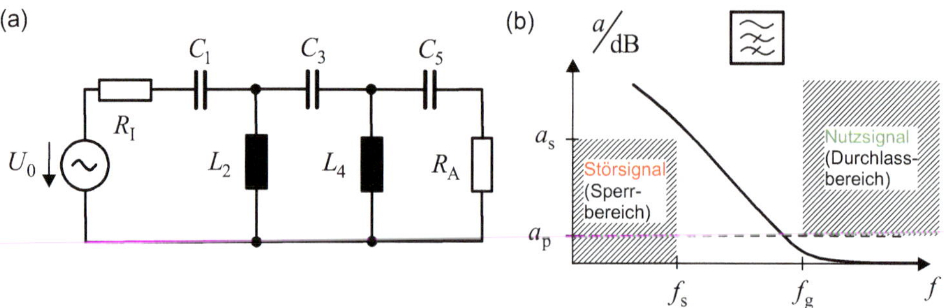

Bild 4.12 Hochpassfilter: (a) Schaltung und (b) charakteristischer Dämpfungsverlauf

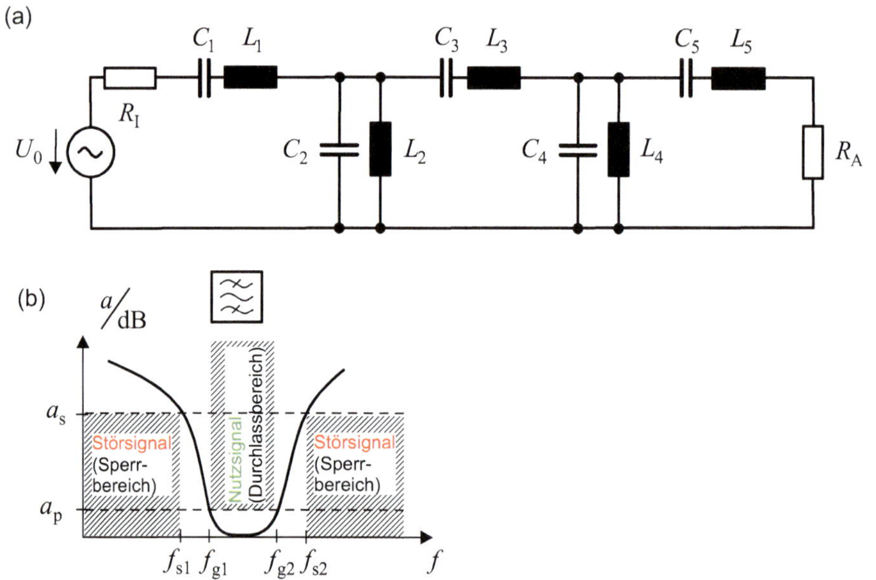

Bild 4.13 Bandpassfilter: (a) Schaltung und (b) charakteristischer Dämpfungsverlauf

einander, so müssen die Filter steilflankiger ausgelegt werden, was im Allgemeinen zu einem erhöhten Aufwand führt.

Bei vielen Anwendungen ist neben dem in Bild 4.11 bis Bild 4.13 gezeigten Amplitudenfrequenzgang der Dämpfung auch der Phasengang des Filters zu beachten, denn Filter mit nicht konstanter Gruppenlaufzeit im Durchlassbereich führen zu Signalverzerrungen.

In Abhängigkeit von den Filterspezifikationen (Grenzfrequenz f_g und maximale Dämpfung a_p des Durchlassbereiches sowie Sperrfrequenz f_s und minimale Dämpfung a_s im Sperrbereich und Gruppenlaufzeitanforderungen) können die Bauelementewerte ermittelt werden. Entweder über Standardwerke des Filterdesigns (z.B. [Matt80]) oder mit Hilfe moderner Schaltungssimulatoren (z.B. [Keys21]). Standard-Filterdesigns sind zum Beispiel Butterworth-, Tschebyscheff-, Bessel-, Cauer-Filter.

Die oben gezeigten Dämpfungsverläufe gelten für *ideale* Kondensatoren und Spulen. Das Verhalten des Filters bei Verwendung von *realen* Bauteilen kann durch eine Simulation mit den in Abschnitt 4.1 und 4.2 gezeigten Ersatzschaltbildern angenähert werden. Bei den zuvor gemachten idealisierten Annahmen wurde zudem von einer idealen Anbindung an eine klar definierte Filtermasse ausgegangen. Bei einem realen Schaltungsaufbau ist dies aber bei hochfrequenten Störsignalen wegen der auftretenden parasitären Induktivitäten der Masseverbindung bei nicht vernachlässigbaren Abmessungen nicht immer präzise definiert. Hier müssen beim Layout hochfrequenztechnische Aspekte berücksichtigt werden. Das tatsächliche Layoutdesign kann mit einem Schaltungs- und Feldsimulator (vgl. Abschnitt 3.3.2) optimiert werden.

Beispiel 4.2 Entwurf eines Butterworth-LC-Filters

In diesem Beispiel wollen wir den Entwurf eines Butterworth-Tiefpassfilters exemplarisch vorführen. Der Entwurf eines Butterworth-Tiefpassfilters ist besonders einfach, falls

- der Innenwiderstand R_I der Quelle und der Lastwiderstand R_A übereinstimmen ($R_I = R_A = R$) sowie
- die maximale zulässige Dämpfung im Durchlassbereich $a_{dB,p}^{max}$ gerade eben 3 dB entspricht.

Der theoretische Dämpfungsverlauf eines Butterworth-Filters der Ordnung n berechnet sich dann zu

$$a_{dB} = 10 \lg\left(1 + \left(\frac{f}{f_g}\right)^{2n}\right) \quad . \tag{4.10}$$

Aus Gleichung (4.10) kann die notwendige Filterordnung abgeleitet werden, um im Sperrbereich ($f > f_s$) die geforderten Dämpfungswerte zu erreichen. In Tabelle 4.1 wird beispielhaft gezeigt, welche Dämpfungen sich bei einer Sperrfrequenz f_s theoretisch erreichen lassen, die gerade eben dem 1,5-Fachen, dem Doppelten, dem Fünffachen und dem Zehnfachen der 3-dB-Grenzfrequenz f_g entspricht.

Tabelle 4.1 Dämpfung eines Butterworth-Filters n-ter Ordnung bei 1,5-facher, doppelter, fünffacher und zehnfacher 3-dB-Grenzfrequenz

Filterordnung n	$n=1$	$n=2$	$n=3$	$n=4$	$n=5$
Dämpfung $a_{dB}(f_s = 1{,}5 f_g)$	5,12 dB	7,83 dB	10,9 dB	14,3 dB	17,7 dB
Dämpfung $a_{dB}(f_s = 2 f_g)$	6,99 dB	12,3 dB	18,1 dB	24,1 dB	30,1 dB
Dämpfung $a_{dB}(f_s = 5 f_g)$	14,1 dB	28,0 dB	41,9 dB	55,9 dB	69,9 dB
Dämpfung $a_{dB}(f_s = 10 f_g)$	20,0 dB	40,0 dB	60,0 dB	80,0 dB	100,0 dB

Der weitere Entwurf besteht darin, dass wir zunächst mit

$$a_i = 2\sin\left(\frac{(2i-1)\pi}{2n}\right) \quad \text{für} \quad i = 1,2,\ldots,n \qquad \text{(Butterworth-Filterkoeffizienten)} \tag{4.11}$$

die Filterkoeffizienten a_i bestimmen und daraus über die Formeln

$$C_i = \frac{a_i}{\omega_g R} \quad ; \quad L_i = \frac{a_i R}{\omega_g} \quad ; \quad \omega_g = 2\pi f_g \qquad \text{(Filterelemente)} \tag{4.12}$$

die endgültigen Elementwerte der Kapazitäten C_i und Induktivitäten L_i berechnen. Wir haben dann zwei Möglichkeiten, den Filter zu realisieren: beginnend mit einer Längsinduktivität oder beginnend mit einer Querkapazität. Betrachten wir dazu im Folgenden ein Beispiel mit konkreten Zahlenwerten.

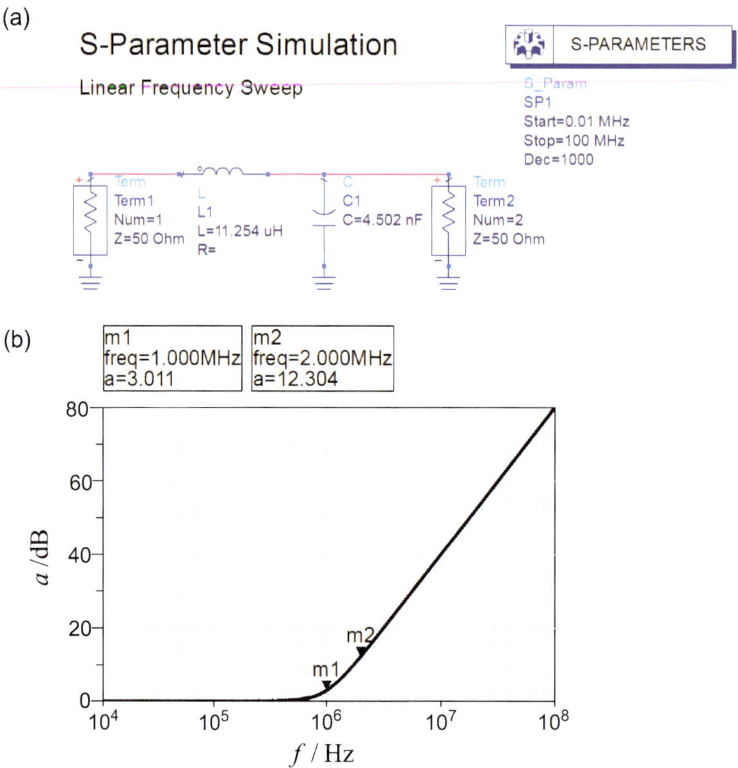

Bild 4.14 Butterworth-Tiefpassfilter 2. Ordnung: (a) Simulationsmodell und (b) Dämpfungsverlauf

Wir geben uns folgende Randbedingungen für die Realisierung eines Butterworth-Tiefpassfilters vor:

- $R_\mathrm{I} = R_\mathrm{A} = R = 50\,\Omega$,
- 3-dB-Grenzfrequenz $f_\mathrm{g} = 1$ MHz,
- Mindestdämpfung bei der doppelten Grenzfrequenz: $a_\mathrm{dB}(f_\mathrm{s} = 2f_\mathrm{g}) \geq 10$ dB.

Aus Tabelle 4.1 lesen wir eine Filterordnung von $n = 2$ ab, um die geforderte Mindestdämpfung von 10 dB bei der doppelten Grenzfrequenz zu erfüllen. Wir benötigen für unseren Filter also zwei reaktive Elemente. Über Gleichung (4.11) berechnen wir die Filterkoeffizienten zu

$$a_1 = a_2 = \sqrt{2}.$$

Die Elementwerte berechnen wir mit Gleichung (4.12). Es gibt zwei Realisierungsvarianten für den Filter: Von der Quelle aus gesehen, kann das erste Element eine Serieninduktivität (L_1) oder eine Querkapazität (C_1) sein. Für einen Filter beginnend mit einer Serieninduktivität ergibt sich:

$$L_1 = 11{,}254\,\mu\text{H}, \quad C_2 = 4{,}502\,\text{nF}.$$

In Bild 4.14 ist diese Schaltungsvariante mit dem Schaltungssimulator ADS [Keys21] berechnet worden. Es zeigt sich wie erwartet der für einen Butterworth-Filter typische monotone Verlauf des Betrages der Dämpfungsfunktion. Der Filter erfüllt also die in der Aufgabe vorgegebene Spezifikation.

Da der Entwurf von Filtern zu den Standard-Aufgaben in der EMV und Kommunikationstechnik gehört, existieren rechnergestützte, automatisierte Entwurfswerkzeuge *(Design Guides)* für Filter-Design und Optimierung [Keys21].

Der Standard-Filterentwurf kann zu unrealistischen Bauteilwerten führen. Reale Bauteile sind oft nur mit bestimmten Nennwerten und mit unvermeidbaren Toleranzen und parasitären Eigenschaften zu erhalten. Daher müssen in einem nächsten Schritt reale Bauteilmodelle angenommen werden. Der erste Entwurf wird so unter Berücksichtigung dieser zusätzlichen Randbedingungen in einem weiteren Schritt an die Spezifikationen angepasst. ■

4.3.3 Leitungsfilter

Bei hohen Frequenzen (> 1 GHz) werden Filter aus Leitungssegmenten, sogenannte *Leitungsfilter* zunehmend interessant, denn in diesem Frequenzbereich treten die parasitären Eigenschaften von Kondensatoren und Spulen immer deutlicher hervor und die Performance von LC-Filtern sinkt. Die bei Leitungsfiltern verwendeten Leitungssegmente liegen im Bereich von typischerweise einem Bruchteil der Wellenlänge. Die Abmessungen werden also durch die Verwendung von höheren Frequenzen und Substraten mit hohen relativen Dielektrizitätszahlen kleiner und damit praxisgerechter.

Leitungsfilter (Bild 4.15) lassen sich in planarer Leitungstechnik (Mikrostreifenleitung (microstrip), Streifenleitung (stripline)) hervorragend mit den übrigen Schaltungsteilen miniaturisieren und so in kompakten integrierten[3] oder hybriden Hochfrequenzschaltungen realisieren.

Bild 4.15a zeigt einen Tiefpassfilter, der aus elektrisch kurzen Mikrostreifen-Leitungsstücken besteht. Die breiten Leitungsstücke wirken dabei aufgrund des elektrischen Feldes unter der Fläche (Plattenkondensator) als Parallelkapazität gegenüber der Massefläche. Die dünnen Leitungstücke hingegen konzentrieren den Strom und führen durch die hohe magnetische Feldenergie zu dem Verhalten einer Serieninduktivität. Insgesamt ergibt sich das in Bild 4.15b gezeigte Ersatzschaltbild eines Tiefpasses, welches für Frequenzen gültig ist, in denen die Leitungsstücke als elektrisch kurz angesehen werden können. Bei höheren Frequenzen kommt es durch Resonanzen auf den Leitungsstücken zu schmalbandigen parasitären Durchlassbereichen.

Zwischen LC-Filtern und Leitungsfiltern existiert also ein wesentlicher Unterschied:

[3] MMIC = Microwave Monolithic Integrated Circuit

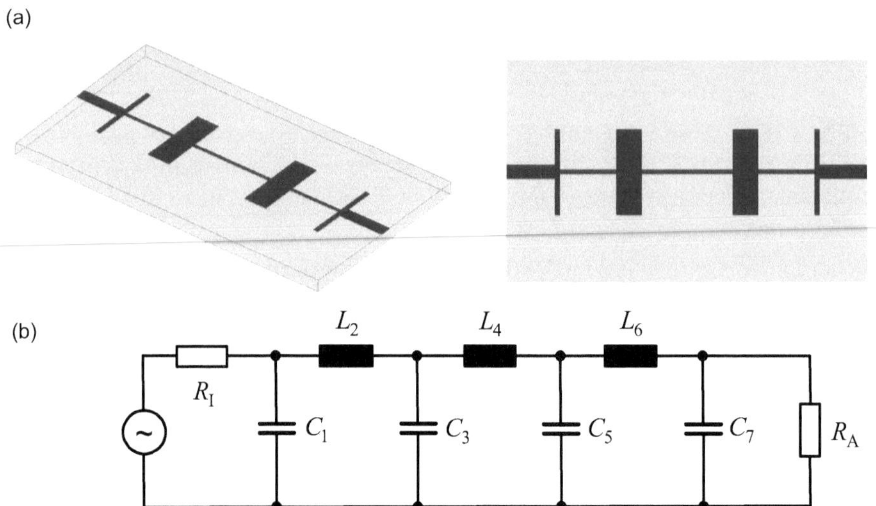

Bild 4.15 (a) Tiefpassfilter (Stepped impedance filter) und (b) Ersatzschaltbild für Frequenzen, bei denen die Leitungsstücke noch als elektrisch kurz angesehen werden können

- *LC-Filter* besitzen eine nichtperiodische Übertragungsfunktion, d.h. ein Tiefpassfilter sowie ein Bandpassfilter zeigen (bei der Verwendung von idealen Bauelementen) einen einzigen Durchlassbereich. Der folgende Sperrbereich erstreckt sich bis zu unendlich hohen Frequenzen.
- *Leitungsfilter* auf der anderen Seite zeigen ein zyklisches Bild: Durchlass- und Sperrbereiche wechseln sich in regelmäßigen Intervallen ab. Bild 4.16 zeigt einen typischen Leitungsfilter mit einem gewünschten Durchlassbereich um 2 GHz. Bei Vielfachen dieser Frequenz (4 GHz, 6 GHz, ...) tauchen nun aber aufgrund des periodischen Verhaltens der Leitungen weitere (parasitäre) Durchlassbereiche auf.

4.3.4 Aktive Filter

Mit Hilfe von Operationsverstärkern können sogenannte *aktive Filter* realisiert werden. Neben den Operationsverstärkern werden hierbei Widerstände und Kapazitäten verwendet. Bild 4.17 zeigt als Beispiel einen invertierenden Bandpass 2. Ordnung mit zwei Kapazitäten (C_1 und C_2) und drei Widerständen (R_1, R_2 und R_3).

Die bei passiven Filtern notwendigen Induktivitäten entfallen. Dies ist vorteilhaft, denn Induktivitäten sind in der Regel teurer als Kapazitäten, besitzen eine kleinere Güte (höhere Verluste) und lassen sich bei integrierten Schaltungen schlechter miniaturisieren.

Operationsverstärker besitzen eine hohe Open-Loop-Gleichspannungsverstärkung und zeigen im Allgemeinen ein Tiefpassverhalten erster Ordnung. Der Frequenzgang zeichnet sich durch eine Grenzfrequenz aus, ab der die Verstärkung mit 20 dB/Dekade bis zur Transitfrequenz fällt. Bei der Transitfrequenz, die typischerweise im Bereich einiger MHz liegt, ist die Open-Loop-Verstärkung auf den Wert eins (0 dB) gefallen. Aufgrund des Frequenzgangs des

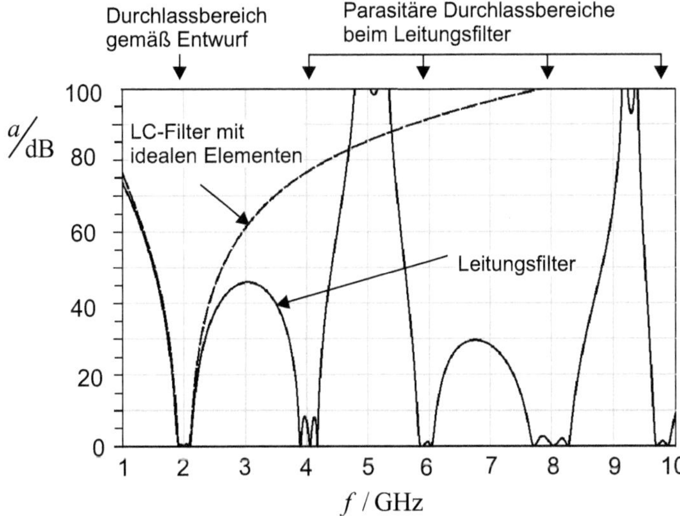

Bild 4.16 Dämpfungsverläufe von Bandpassfiltern: LC-Filter (gestrichelte Linie) mit nur einem Durchlassbereich und Leitungsfilter (durchgezogene Linie) mit zusätzlichen parasitären Durchlassbereichen

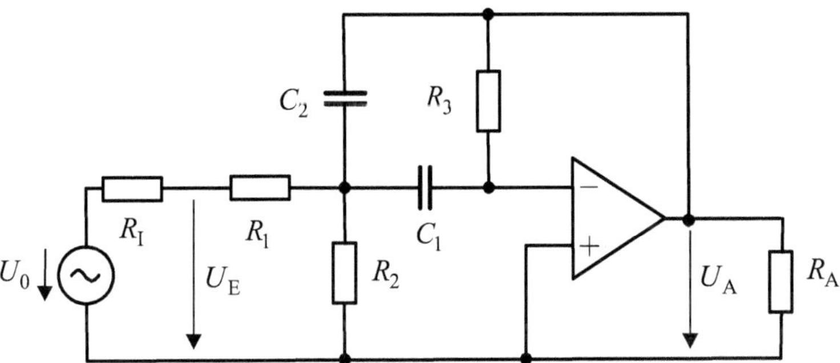

Bild 4.17 Aktiver Filter mit Operationsverstärker: invertierender Bandpass 2. Ordnung

Operationsverstärkers besitzt damit die Gesamtschaltung generell Tiefpasscharakter und verhindert die Ausbreitung von höherfrequenten Störsignalen.

Im Bereich der EMV muss bedacht werden, dass im Allgemeinen die Amplitude von einfallenden Störsignalen nicht bekannt ist. Somit kann es durch die Aussteuergrenzen realer Operationsverstärker zu Verzerrungen des niederfrequenten Nutzsignals kommen. Aktive Filter können wegen des nichtlinearen Verhaltens unter EMV-Gesichtspunkten problematisch sein.

4.4 Gleichtaktdrossel

In Abschnitt 3.4.1.3 haben wir erkannt, dass durch Erdverbindungen oder ringförmig verbundene Massen sogenannte *Masseschleifen* entstehen können. Bei der Signalübertragung kann es so zur induktiven Einkopplung von Gleichtaktstörungen kommen (Bild 4.18). Der Nutzstrom I_{Nutz} stellt ein Gegentaktsignal dar, wohingegen der Störstrom $I_{\text{Stör}}$ sich in den Leitungen als Gleichtaktsignal ausbreitet. Durch eine *Erhöhung der Impedanz für das Gleichtaktsignal* in der Masseschleife kann der Störstrom mit Hilfe einer Gleichtaktdrossel vermindert werden.

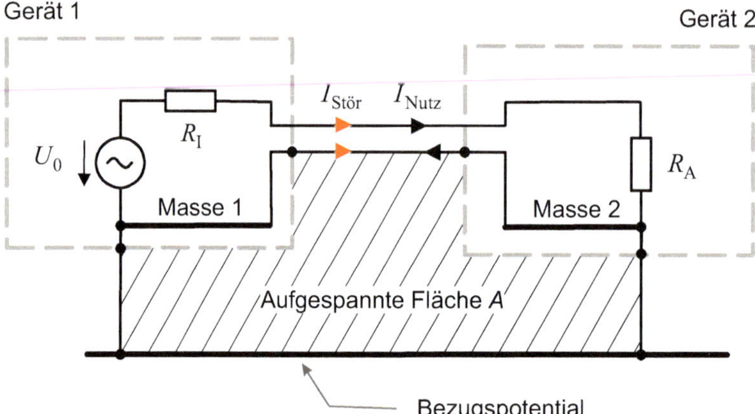

Bild 4.18 Induktive Einkopplung einer Gleichtaktstörung in einer Masseschleife

Die Gleichtaktdrossel ist auch unter den Bezeichnungen stromkompensierte Drossel, Neutralisierungstransformator oder Symmetriertransformator bekannt. Mit Hilfe der Gleichtaktdrossel kann ein *Gleichtaktstörsignal* effektiv gedämpft werden, während ein *Gegentaktnutzsignal* die Drossel nahezu unbeeinflusst passiert.

Die Gleichtaktdrossel besteht aus zwei Wicklungen auf einem gemeinsamen Kern (Bild 4.19a). Der Nutzstrom (Gegentakt) erzeugt gegensinnig verlaufende magnetische Felder im Kern, die sich gegenseitig aufheben. Der Störstrom (Gleichtakt) hingegen erzeugt magnetische Felder im Kern, die sich konstruktiv überlagern. Für das störende Gleichtaktsignal ergibt sich also die Wirkung einer Induktivität L. Der Störstrom sieht folglich eine mit der Frequenz steigende Impedanz $Z = j\omega L$, die den Störstrom dämpft.

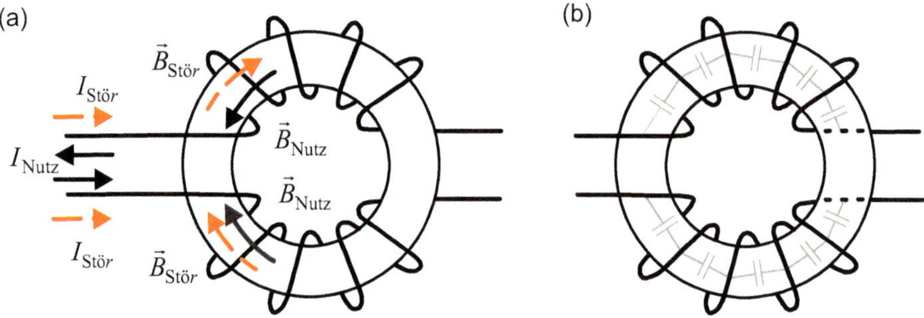

Bild 4.19 (a) Gleichtaktdrossel mit Stör- und Nutzstrom sowie (b) wirksame Streukapazitäten bei höheren Frequenzen

Bei hohen Frequenzen werden die in Bild 4.19b gezeigten parasitären Kapazitäten zwischen den einzelnen Windungen der beiden Wicklungen problematisch. Der Strom wird so mit steigender Frequenz zunehmend kapazitiv an den Wicklungen vorbeigeleitet und der Aufbau des notwendigen magnetischen Feldes im Kernmaterial wird unterbunden.

Daher verwendet man bei höherfrequenten Gleichtaktstörungen Ferritringe (zum Beispiel in der Ausführung als Klapp-Ferrit), bei denen das Kernmaterial um die Leiter gelegt wird. Bild 4.20 zeigt das zylindrische bzw. ringförmige Kernmaterial und den Verlauf der magnetischen Flussdichten für Nutz- und Störsignal. Auch hier heben sich für den Gegentaktnutzstrom die magnetischen Felder auf und für den Gleichtaktstörstrom ergibt sich die Wirkung einer Induktivität aufgrund der konstruktiven Überlagerung der Magnetfeldanteile.

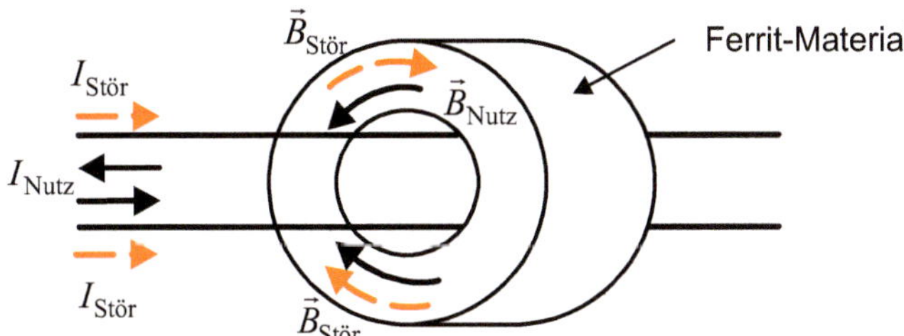

Bild 4.20 Ferritring zur Dämpfung hochfrequenter Gleichtaktstörungen

Obwohl die wirksame Induktivität L für das Gleichtaktstörsignal wegen der fehlenden Umwicklung des Kernmaterials gering ist, werden durch den proportionalen Zusammenhang mit der Frequenz bei hohen Frequenzen ausreichend große Impedanzwerte $Z = j\omega L$ erreicht.

Ferritringe sollten ein Kabel möglichst eng umschließen, da die magnetischen Feldlinien in der direkten Kabelumgebung am größten sind und sich so hohe Werte für die wirksame Impedanz erzielen lassen. Die Wirkung kann ferner durch die Verlängerung des Ferritringes oder durch den Einsatz mehrerer Ferritringe hintereinander gesteigert werden.

4.5 Trenntransformator

Der Trenntransformator (bzw. Übertrager) kann – ebenso wie die Gleichtaktdrossel – zur Dämpfung von Störsignalen verwendet werden, wenn das Wechselstrom-Nutzsignal als Gegentaktsignal und das Störsignal als Gleichtaktsignal vorliegt. Als Beispiel sei wieder die Masseschleife in Bild 4.18 erwähnt.

Bild 4.21a zeigt das Prinzip des Trenntransformators: Ein Wechselstrom-Gegentakt-Nutzstrom I_{Nutz} erzeugt in den primärseitigen Windungen im Kernmaterial einen magnetisches Fluss (Durchflutungsgesetz), der sekundärseitig eine Spannung erzeugt (Induktionsgesetz). Das Wechselstrom-Gegentakt-Nutzsignal wird so vom Trenntransformator übertragen. Für das Gleichtaktstörsignal stellt der Trenntransformator einen Leerlauf dar.

Da es keine leitende Verbindung des Ein- und Ausgangstores gibt, sind Primär- und Sekundärseite *galvanisch getrennt*. Aufgrund des transformatorischen Prinzips können – im Gegensatz zur Gleichtaktdrossel – mit dem Trenntransformator keine Gleichspannungssignale (zum Beispiel zur Spannungsversorgung) übertragen werden.

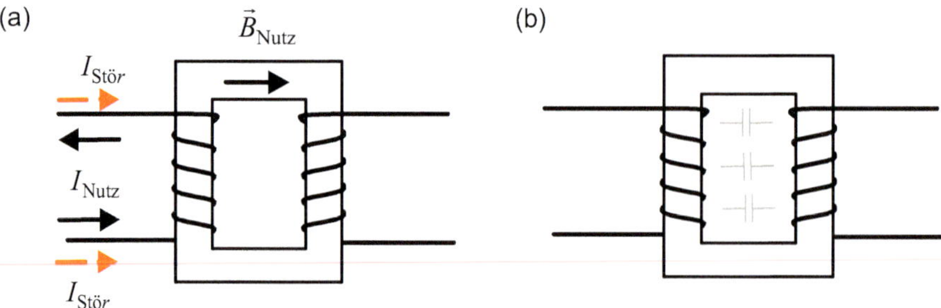

Bild 4.21 (a) Trenntransformator (Prinzip) und (b) Streukapazitäten bei höheren Frequenzen

Bei höheren Frequenzen wirkt sich die Kapazität zwischen Primär- und Sekundärwindung ungünstig aus, so dass die Dämpfung des Störsignals vermindert wird (Bild 4.21b). Trenntransformatoren besitzen einen eingeschränkten Frequenzbereich, da bei niedrigen Frequenzen die Wicklungsimpedanz sinkt und bei höheren Frequenzen die oben beschriebenen Windungskapazitäten (wie bei der Gleichtaktdrossel) wirksam werden. In Hinsicht auf die verwendeten Amplituden ist darauf zu achten, dass Sättigungserscheinungen im magnetischen Material nicht zu unerwünschten Signalverzerrungen führen.

4.6 Optokoppler und Lichtwellenleiter

Optokoppler sind eine weitere Möglichkeit, Signale ohne galvanische Verbindung zu übertragen und so Gleichtaktstörsignale in Masseschleifen zu dämpfen. Bild 4.22a zeigt das Schaltsymbol eines Optokopplers und damit sogleich das Wirkprinzip: Das Gegentaktnutzsignal erzeugt quellseitig mit einer Photodiode ein optisches Signal, welches von einem Phototransistor in ein lastseitiges Signal umgesetzt wird. Für ein Gleichtaktstörsignal stellt der Optokoppler einen Leerlauf dar.

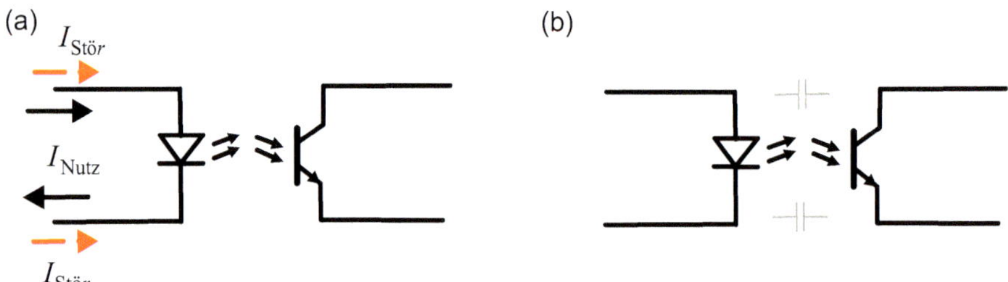

Bild 4.22 (a) Optokoppler (Schaltsymbol) und (b) Streukapazitäten bei höheren Frequenzen

Durch die räumliche Nähe der Komponenten zueinander in einem integrierten Schaltkreis vermindern Streukapazitäten die erreichbare Dämpfung bei hohen Frequenzen (Bild 4.22b). Werden die optischen Komponenten in größere Entfernung zueinander gebracht und wird das Licht durch einen dielektrischen Lichtwellenleiter geführt, so lassen sich extrem hohe Gleichtaktdämpfungen erreichen.

4.7 Symmetrische Übertragung

4.7.1 Prinzip

In Abschnitt 2.5.4 haben wir unsymmetrische und symmetrische Schaltungen unterschieden. Auf Leiterplatten werden oft unsymmetrische Schaltungen verwendet, die für unterschiedliche Schaltungsteile einen gemeinsamen Rückleiter (Masse, Bezugspotential) verwenden (Bild 4.23a). Als Hinleiter für den Strom wird im Allgemeinen eine schmale Leiterbahn verwendet und der Rückleiter besteht aus einer ausgedehnten Massefläche. Bei unsymmetrischen Schaltungen besitzen Hin- und Rückleiter also häufig eine unterschiedliche Geometrie. Wird zum Beispiel durch eine Masseschleife ein Störsignal eingekoppelt, so wird an der Last eine Störspannung $U_{\text{Stör}}$ sichtbar sein.

Bei einer symmetrischen Signalübertragung werden nun zunächst unabhängig vom Massesystem einer Schaltung getrennte und geometrisch gleichartige Hin- und Rückleiter verwendet, also eine *symmetrische Leitung*. Bild 4.23b zeigt eine symmetrische Leitung, die zwei Geräte miteinander verbindet.

Weiterhin werden Hin- und Rückleiter mit *Gegentaktsignalen* gespeist, d.h. die Spannungen auf Hin- und Rückleiter sind betragsgleich, besitzen aber ein entgegengesetztes Vorzeichen. Schematisch wird dies in Bild 4.23b durch zwei ideale Spannungsquellen $U_0/2$ in Gerät 1 angedeutet. Die Zählpfeile zeigen in unterschiedliche Richtung in Bezug auf die Schaltungsmasse (Masse 1) und erzeugen so gegengleiche Spannungen auf der Leitung.

Der Signalempfänger ist hier schematisch durch zwei Widerstände dargestellt, so dass sich auch hier eine bezüglich der Masse symmetrische Struktur ergibt. Wird nun, wie im vorhergehenden Fall der unsymmetrischen Schaltung, ein Störsignal in der Masseschleife induziert, so breitet es sich aufgrund der vollständigen Symmetrie des Aufbaus als Gleichtaktsignal aus. In beiden Signalleitern fließt der Strom $I_{\text{Stör}}$. In den Abschlusswiderständen R_{A} fallen bezüglich Masse die gleichen Spannungen $U_{\text{Stör}}$ ab. Die Gesamtnutzspannung wird nicht verändert, so dass der Störstrom an der Last ohne Auswirkung ist. Die beiden Störanteile heben sich auf.

$$U_{\text{Nutz,gesamt}} = \left(\frac{U_{\text{Nutz}}}{2} + U_{\text{Stör}}\right) + \left(\frac{U_{\text{Nutz}}}{2} - U_{\text{Stör}}\right) \tag{4.13}$$

In der Praxis müssen die symmetrischen Spannungen quellseitig erzeugt und lastseitig mit schaltungstechnischen Mitteln ausgewertet werden. Hier gibt es unterschiedliche Möglichkeiten, wie wir in Abschnitt 4.7.3 sehen werden. Zunächst einmal wollen wir uns aber noch genauer mit der symmetrischen Leitung auseinandersetzen.

4.7.2 Symmetrische Leitung

Wir haben gesehen, dass in Bezug auf eine Masseschleife, der vollsymmetrische Schaltungsaufbau Vorteile besitzt, da sich die Teilstörspannungen an der Last aufheben. Wir wollen uns nun gedanklich von der Masseschleife lösen und allgemein eine symmetrische Leitung betrachten, die durch ein gestörtes Umfeld mit hohen elektrischen und magnetischen Feldern

(a)

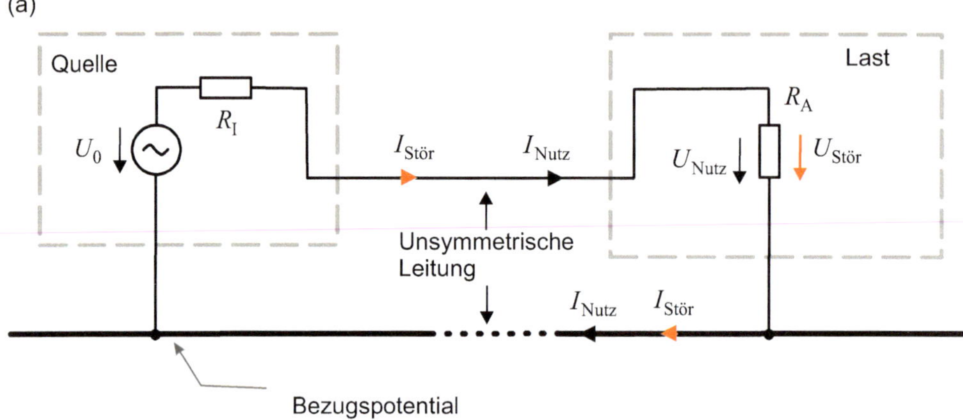

(b)

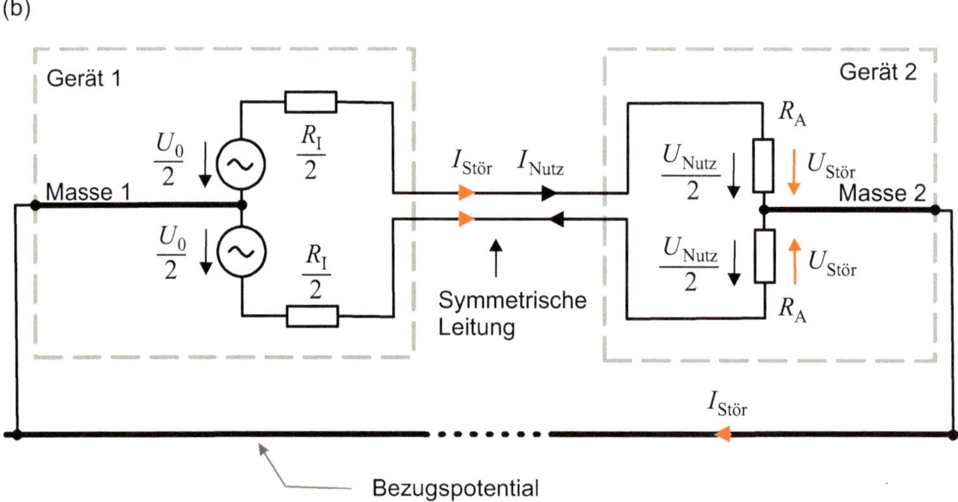

Bild 4.23 Prinzipschaltung: (a) für die unsymmetrische Übertragung und (b) für die symmetrische Signalübertragung und Auswirkung eines Störsignals in einer Masseschleife

läuft. Um den Einfluss dieser Felder beherrschbar zu machen, werden symmetrische Leitungen in der Praxis verseilt (verdrillt). Bild 4.24 zeigt die beiden Leiter einer verseilten Leitung. Nach der Schlaglänge s haben sich die Leitungen einmal komplett umeinander gedreht.

In Abschnitt 3.4.2 haben wir gesehen, dass zur Induktion einer Störspannung durch ein *magnetisches Feld* eine Induktionsfläche A notwendig ist. Im Induktionsgesetz (Gleichung 4.14) taucht ferner das Skalarprodukt aus magnetischer Flussdichte $\vec{B}$ und der Flächennormalen $\mathrm{d}\vec{A}$ auf.

$$U_\mathrm{i} = -\frac{\mathrm{d}}{\mathrm{d}t} \iint_A \vec{B} \cdot \mathrm{d}\vec{A} \tag{4.14}$$

Bild 4.24 (a) Verseilte symmetrische Leitung und (b) kreuzförmig verseilte Doppeladern (Sternvierer)

Durch Verseilen der Leitung ändert sich nun fortlaufend die Richtung der Flächennormalen. Für den Fall, dass das magnetische Feld über eine gewisse Länge der Leitung als homogen angenommen werden kann, liefert das Skalarprodukt alternierend positive und negative Spannungswerte, die sich im Idealfall komplett auslöschen. Bild 4.25a zeigt schematisch eine verseilte Leitung mit den aufgespannten Teilinduktionsflächen A_i. Durch die Verseilung wird der Einfluss eines externen magnetischen Feldes also minimiert.

Die Verseilung der Leiter ist auch für die Minimierung der über das elektrische Feld kapazitiv einkoppelnden Störungen vorteilhaft. Dazu überlegen wir uns, dass die beiden Leiter der symmetrischen Leitung jeweils Streukapazitäten zu ihrer Umgebung besitzen (Bild 4.25b). Diese Umgebung kann zum Beispiel in einer Fahrzeugkarosserie bestehen, die auf einem bestimmten elektrischen Potential liegt. Ohne Verseilung der Leiter könnte es passieren, dass einer der beiden Leiter näher an der Karosserie läuft als der andere. Folglich würden sich die Leiter in ihrer Streukapazität zur Umgebung unterscheiden. Durch die Verseilung der Leiter ergibt sich aber – im Mittel – ein gleichmäßiger Bezug beider Leiter zur Umgebung. Elektrische Störungen koppeln daher auf beide Leiter in gleicher Weise ein. Im vorhergehenden Abschnitt haben wir gesehen, dass auf beiden Leitungen sich in gleicher Richtung ausbreitende Störsignale (Gleichtaktstörung) an der Last keine Wirkung zeigen.

Neben der Symmetrierung der Störeinkopplung durch Verseilung besteht auch die Möglichkeit die Störeinkopplung elektromagnetischer Phänomene durch einen leitenden Schirm weiter zu reduzieren. Hierdurch entsteht, wie in Bild 4.26a gezeigt, ein Dreileitersystem. Um die Flexibilität bei einem technischen Kabel zu wahren, wird im Allgemeinen ein Schirm aus Geflecht verwendet. Um wirksam zu sein, muss der Schirm an das Bezugspotential angeschlossen sein. Bild 4.26b zeigt den sender- und empfängerseitigen Anschluss an das Bezugspotential, wobei darauf zu achten ist, dass der Anschluss niederinduktiv ausgelegt werden sollte, so dass Ausgleichsströme ungehindert fließen können.

Bei der Übertragung schneller Signale mit hochfrequenten Signalanteilen ist es zudem wichtig, dass die Leitung längshomogen ist, so dass sich der Leitungswellenwiderstand Z_L nicht ändert.

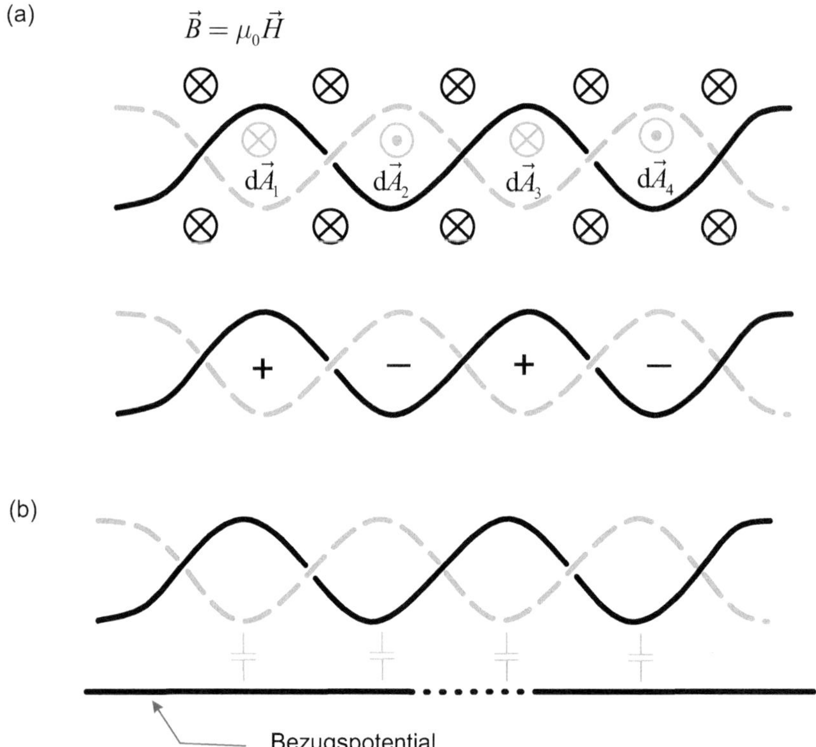

Bild 4.25 (a) Wirksame Fläche für induktive Einkopplung über das magnetische Feld und (b) Kapazitäten zwischen Leitung und Umgebung für kapazitive Einkopplung durch das elektrische Feld

Änderungen im Leitungswellenwiderstand führen zu unerwünschten Reflexionen. Selbstverständlich muss die Leitung auch mit ihrem Leitungswellenwiderstand abgeschlossen sein.

4.7.3 Erzeugung und Auswertung symmetrischer Signale

4.7.3.1 Symmetrierung durch Übertrager

Soll eine symmetrische Leitung mit Gegentaktsignalen betrieben werden, so kann ein unsymmetrisches Signal U_0 mit einem Übertrager mit Mittelabgriff (Bild 4.27a) senderseitig in symmetrische Signale ($U_1 = -U_2$) auf der Leitung gewandelt werden. Eine solche Schaltung wird auch als Balun (balanced-unbalanced) bezeichnet. Bild 4.27b zeigt die Eingangsspannung $U_0(t)$ und die gegenphasigen Ausgangsspannungen $U_1(t)$ und $U_2(t)$ für einen harmonischen Zeitverlauf. Empfängerseitig werden die symmetrischen Signale dann durch einen weiteren Übertrager mit Mittelabgriff wieder in ein unsymmetrisches Signal zurückgewandelt. Bild 4.27c zeigt das gesamte Übertragungssystem.

Kommt es auf der symmetrischen Leitung zur Einkopplung von Gleichtaktstörsignalen, so wird dies von den Übertragern nicht umgesetzt.

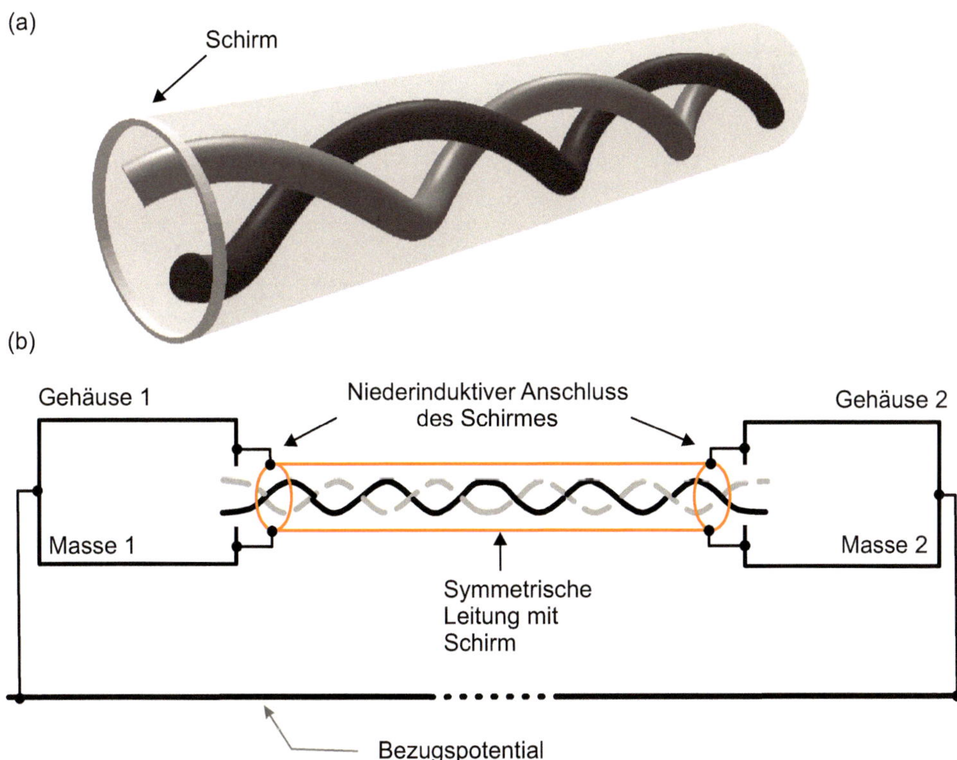

Bild 4.26 (a) Aufbau einer symmetrischen, verdrillten Leitung mit elektrischem Schirm und (b) Anschluss des Schirms an das Bezugspotential

Aufgrund des transformatorischen Prinzips können vom Übertrager Gleichspannungen nicht übertragen werden. Das frequenzabhängige Übertragungsverhalten und Sättigungserscheinungen führen zudem zu Signalverzerrungen. Weiterhin sind Übertrager bei höheren Frequenzen im Bereich der Datenkommunikation nicht einsetzbar. Hier werden Differenzverstärker als Empfänger eingesetzt und Leitungstreiber genutzt, um symmetrische Signale zu erzeugen.

4.7.3.2 Differenzverstärker und Leitungstreiber

Am Ende einer symmetrischen Leitung muss die Potentialdifferenz ausgewertet werden. Hierzu werden sogenannte *Differenzverstärker* eingesetzt.

Schaltungen mit idealen Operationsverstärkern

Der in Bild 4.28a gezeigte Operationsverstärker (OP) besitzt einen invertierenden (–) und einen nichtinvertierenden (+) Eingang. Bei einem idealen Operationsverstärker ergibt sich die Ausgangsspannung U_A als Differenz der Eingangsspannungen $U_D = U_p - U_n$ multipliziert mit dem

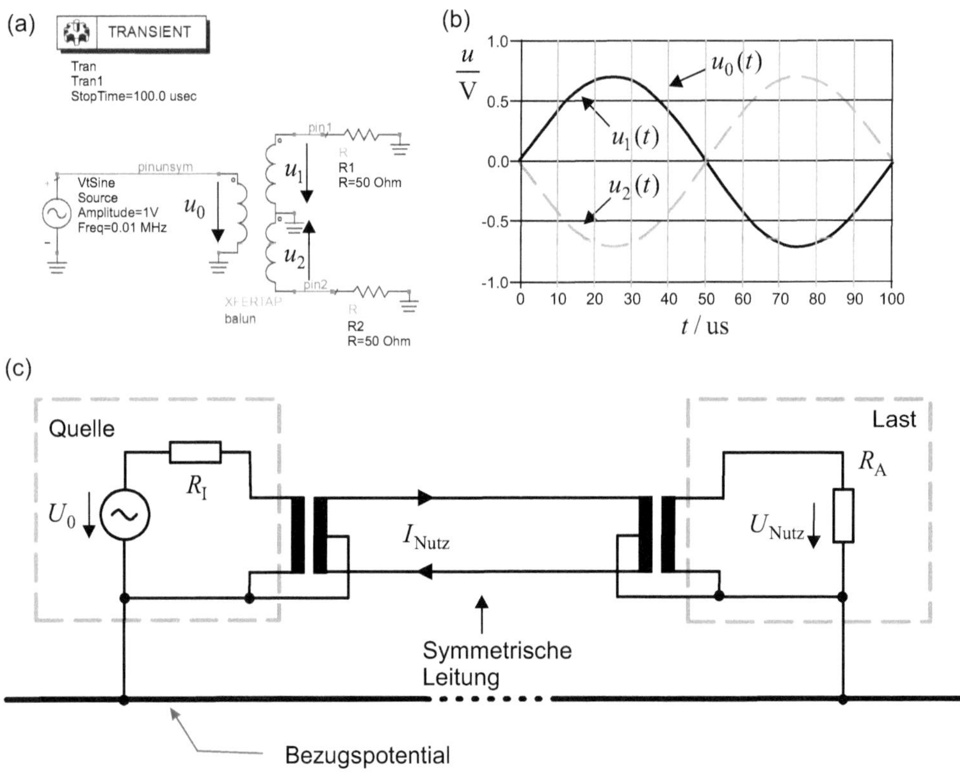

Bild 4.27 Symmetrische Übertragung mit Übertragern

Differenzverstärkungsfaktor A_D zu

$$U_A = A_D \left(U_p - U_n \right) = A_D U_D \quad . \tag{4.15}$$

Ideale Operationsverstärker besitzen unendlich[4] hohe Spannungsdifferenzverstärkungen ($A_D \to \infty$), die durch Gegenkopplung auf ein praxisrelevantes Maß reduziert werden können. Sehr vorteilhaft ist, dass sich dadurch Schaltungen ergeben, die allein von der äußeren Beschaltung abhängen. Bild 4.28b zeigt einen *invertierenden Verstärker* mit einer Spannungsverstärkung V_U von

$$V_U = -\frac{R_2}{R_1} \quad . \tag{4.16}$$

Der invertierende Verstärker besitzt eine niedrige Eingangsimpedanz (R_1).

Bild 4.28c zeigt einen *nichtinvertierenden Verstärker* mit einer Spannungsverstärkung V_U von

$$V_U = \left(1 + \frac{R_2}{R_1} \right) \quad . \tag{4.17}$$

[4] Die Differenzspannungsverstärkung eines realen Operationsverstärkers bei sehr niedrigen Frequenzen ist typischerweise 100 dB = 10^5.

Der nichtinvertierende Verstärker besitzt eine sehr hohe Eingangsimpedanz. Die Eingangs- und Ausgangsspannungen des invertierenden und nichtinvertierenden Verstärkers haben einen Massebezug.

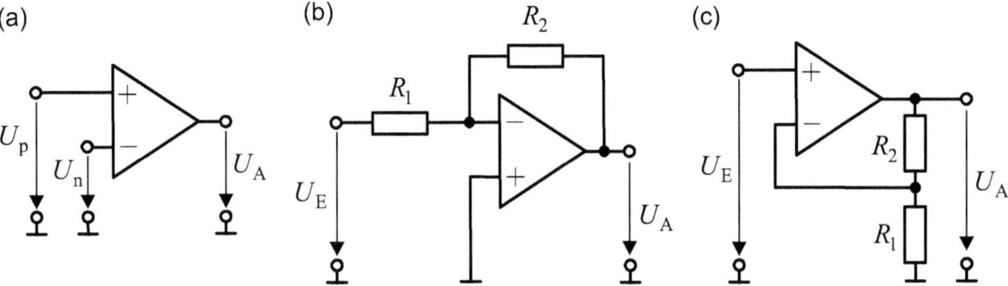

Bild 4.28 (a) Operationsverstärker, (b) invertierender Verstärker und (c) nichtinvertierender Verstärker

Durch Erweiterung der beiden Grundschaltungen entstehen Differenzverstärkerschaltungen, wie sie für die Auswertung symmetrischer Signale benötigt werden. Bild 4.29 zeigt als Beispiel für einen Differenzverstärker einen *Subtrahierer.*

Die Ausgangsspannung der Subtrahierschaltung in Bild 4.29 kann ganz einfach nach dem Superpositionsprinzip berechnet werden. Für die Eingangsspannung U_{E1} stellt die Schaltung einen invertierenden Verstärker dar. Für die Eingangsspannung U_{E2} haben wir es mit einem nichtinvertierenden Verstärker zu tun, der über den Spannungsteiler aus R_2 und R_4 gespeist wird. In Summe erhalten wir

$$U_A = -\frac{R_3}{R_1} U_{E1} + \frac{R_4}{R_2 + R_4} \left(1 + \frac{R_3}{R_1}\right) U_{E2} \quad . \tag{4.18}$$

Falls $R_1 = R_3$ und $R_2 = R_4$ ist, so gilt

$$U_A = U_{E2} - U_{E1} = \Delta U \quad . \tag{4.19}$$

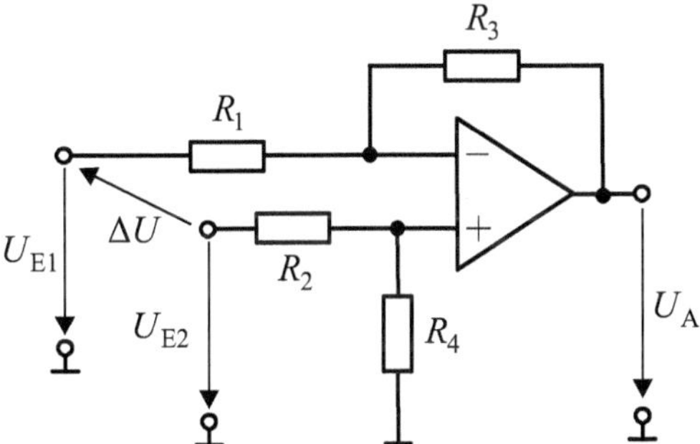

Bild 4.29 Differenzverstärkerschaltung (Subtrahierer) mit einem Operationsverstärker und niederohmigen Eingängen

Bild 4.30 zeigt eine Schaltung (Instrumentenverstärker) mit drei Operationsverstärkern. Die vier Widerstände mit der Bezeichnung R_3 und der Operationsverstärker OP3 entsprechen dem

Subtrahierer aus Bild 4.29. Für die Spannungsverstärkung gilt:

$$U_A = (U_{E2} - U_{E1})\left(1 + \frac{2R_2}{R_1}\right) \quad . \tag{4.20}$$

Der Instrumentenverstärker zeichnet sich durch eine hohe Eingangsimpedanz und eine hohe Gleichtaktunterdrückung aus.

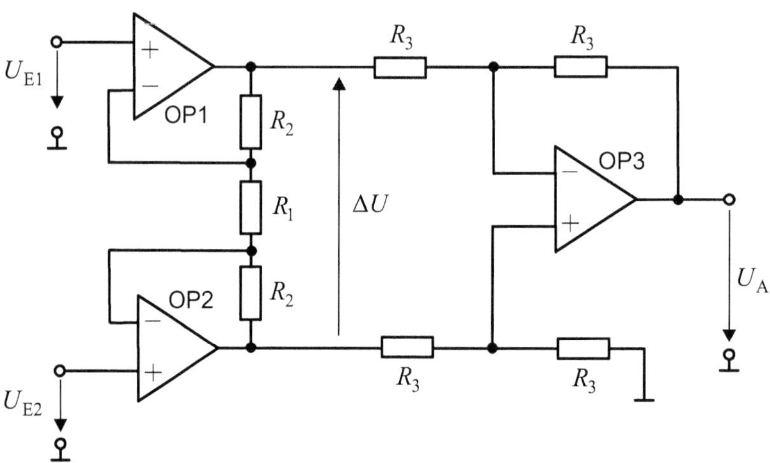

Bild 4.30 Differenzverstärkerschaltung (Instrumentenverstärker) mit drei Operationsverstärkern und hochohmigen Eingängen

Schaltungen mit realen Operationsverstärkern

Reale Operationsverstärker verstärken nicht nur das Differenzeingangssignal $U_D = U_p - U_n$, sondern auch das anliegende Gleichtaktsignal $U_{Gl} = (U_p + U_n)/2$. Es gilt:

$$U_A = A_D U_D + A_{Gl} U_{Gl} = A_D\left(U_p - U_n\right) + A_{Gl}\left(\frac{U_p + U_n}{2}\right) \tag{4.21}$$

Auch ohne Differenzspannungssignal (U_D) ergibt sich eine Ausgangsspannung, wenn die Summe der Spannungen nicht null ist, also ein Gleichtaktsignal, zum Beispiel als Störsignal, vorliegt. Während der Wert der Differenzspannungsverstärkung typischerweise 100 dB (= 10^5) beträgt, liegt die Gleichtaktverstärkung ungefähr in der Größenordnung von eins ($A_{Gl} \approx 1$). Als Qualitätskriterium führt man die *Gleichtaktunterdrückung G* ein. Es gilt

$$G = \frac{A_D}{A_{Gl}} \quad , \tag{4.22}$$

bzw. als logarithmisches Maß

$$\mathrm{CMRR} = 20 \lg G \quad , \tag{4.23}$$

wobei CMRR für „Common Mode Rejection Ratio“ steht. Da die Nutzsignale als Gegentaktsignale und die Störsignale als Gleichtaktsignale vorliegen, sollte die Gleichtaktunterdrückung der in Schaltungen verwendeten Operationsverstärker möglichst groß sein.

Beim realen Operationsverstärker sind noch weitere Aspekte zu berücksichtigen, die hier nur kurz genannt werden sollen, für deren Behandlung aber auf die einschlägige Literatur im Bereich elektronische Schaltungstechnik (z.B. [Tiet13]) verwiesen wird.

- Versorgungsspannung und Ausgangsspannungsbegrenzung („Single-Supply-OP", „Rail-to-Rail-Output"),
- Offsetspannung,
- Ausgangsstrombegrenzung,
- Eingangsruheströme,
- Gegentakt- und Gleichtakt-Eingangswiderstände,
- Frequenzgang (Transitfrequenz),
- maximale Änderungsrate der Ausgangsspannung („Slewrate").

Komponenten (Leitungstreiber, Empfänger) für die symmetrische Übertragung (zum Beispiel über Twisted-Pair-Kabel mit einem Leitungswellenwiderstand von $Z_L = 100\,\Omega$) sind als integrierte Schaltungen kommerziell verfügbar.

4.8 Schirmung

Unter einem Schirm versteht man eine – im Idealfall geschlossene – Hülle, welche Raumbereiche mit empfindlichen Schaltungsteilen von Raumbereichen mit hohen Störpegeln trennt, wobei der Schirm eine feldmindernde Wirkung entfaltet. Je nach Frequenzbereich und dominierendem Feldanteil (elektrisches Feld oder magnetisches Feld) kommen unterschiedliche Schirmmaterialien zur Anwendung.

4.8.1 Schirmdämpfung

Bild 4.31a zeigt die Reduktion der Störeinwirkung einer von außen kommenden gestrahlten Störung durch einen Schirm, der die empfindliche Störsenke im Innenraum des Schirms schützt. Hier geht es also um die Reduktion der Immission. In Bild 4.31b wird das elektromagnetische Störfeld in der Umgebung einer Störquelle dadurch reduziert, dass die Störquelle von einem geschlossenen Schirm umgeben wird. Dies dient also der Reduktion der gestrahlten Emission.

Die feldmindernde Wirkung des Schirmes wird beschrieben durch die Schirmdämpfung für das elektrische Feld a_E und die Schirmdämpfung für das magnetische Feld a_H.

$$a_E = 20\,\lg\left|\frac{E_{ohne}}{E_{mit}}\right| \tag{4.24}$$

$$a_H = 20\,\lg\left|\frac{H_{ohne}}{H_{mit}}\right| \tag{4.25}$$

Hierbei gibt E_{ohne} das elektrische Feld am betrachteten Ort $\vec{r}$ an, welches ohne Einsatz des Schirms beobachtet wird. Die Größe E_{mit} schließlich beschreibt die elektrische Feldgröße, falls

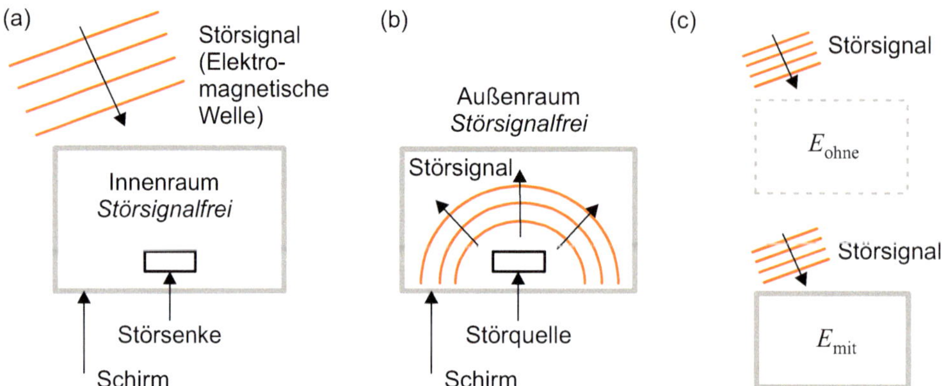

Bild 4.31 (a) Abschirmung einer Störsenke vor einem externen Störsignal, (b) Schirmung der Störquelle zur Vermeidung äußerer Störfelder und (c) elektrische Feldstärke ohne und mit Schirm zur Definition der Schirmdämpfung

der Schirm vorhanden ist. Für die magnetischen Felder gilt Entsprechendes. Da bei praxisgerechter Ausführung des Schirms das Feld ohne Schirm stets größer sein wird als mit Schirm ($E_{\text{mit}} < E_{\text{ohne}}$) – eine Reduktion ist schließlich das Ziel –, erhalten wir also positive Dämpfungswerte.

4.8.2 Physikalische Grundlagen der Schirmwirkung

Zur Erzielung einer ausreichenden Schirmwirkung kommen je nach Frequenzbereich und dominierender Feldkomponente unterschiedliche Lösungen in Betracht. Im Folgenden wollen wir auf die physikalischen Grundlagen eingehen, um die eingesetzten Materialien und Anordnungen zu verstehen.

4.8.2.1 Schirmung statischer und quasi-statischer elektrischer Felder

Bringen wir eine geschlossene, *elektrisch gut leitfähige* Schirmhülle (z.B. ein metallisches Gehäuse) in ein statisches elektrisches Feld, so werden Ladungen in dem leitfähigen Material so lange verschoben, bis keine tangentialen Kräfte mehr auf die Ladungen wirken. Infolgedessen stehen die elektrischen Feldlinien senkrecht auf der Gehäusewand. Die verschobenen Ladungen erzeugen im Inneren der Schirmhülle ein gleichgroßes Gegenfeld, so dass das Gesamtfeld im Inneren der elektrisch leitfähigen Hülle verschwindet.

Bild 4.32a zeigt zur Verdeutlichung ein homogenes elektrisches Feld $\vec{E}_0$. Die durch Kraftwirkung des elektrischen Feldes verschobenen Ladungen Q rufen im Inneren der Schirmhülle – wie in Bild 4.32b gezeigt – ein gleichgroßes Gegenfeld $\vec{E}_{\text{gegen}} = -\vec{E}_0$ hervor, welches das ursprünglich vorhandene elektrische Feld $\vec{E}_0$ aufhebt. Im Innern der Schirmhülle gilt also:

$$\vec{E}_{\text{gesamt}} = \vec{E}_0 + \vec{E}_{\text{gegen}} = 0 \qquad \text{(Feld im Innern).} \qquad (4.26)$$

Für die Kompensation des äußeren Feldes müssen sich die Ladungen frei bewegen können. Bei der technischen Realisierung kommt es also darauf an, die Verbindung von Wandflächen

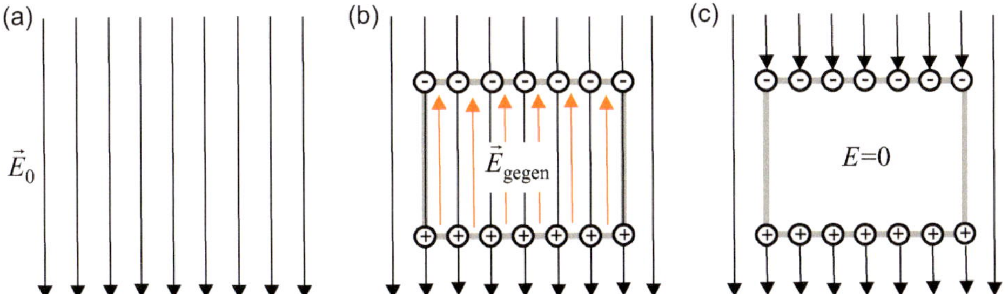

Bild 4.32 (a) Externes elektrisches Feld $\vec{E}_0$, (b) Ladungsverschiebung in einer elektrischen Hülle führt zum Gegenfeld $\vec{E}_{\text{gegen}}$ und (c) Gesamtfeld $\vec{E} = 0$ im Innern der Schirmung

zu einer geschlossenen Hüllfläche so zu gestalten, dass eine leitfähige Verbindung besteht. Lücken im Schirm sollten vermieden werden, um ein Eindringen von Feldanteilen zu verhindern. In der Praxis wird man Öffnungen im Schirm benötigen, zum Beispiel um Signale zu- und abzuführen oder um effektiv durch Belüftung für Kühlung zu sorgen. Wie diese Öffnungen auszugestalten sind, um die Wirkung des Schirms nicht allzu stark zu mindern, betrachten wir in Abschnitt 4.8.3.

Bei langsam zeitabhängigen (quasi-statischen) elektrischen Feldern werden die Ladungsverteilungen sich den veränderten elektrischen Feldbedingungen anpassen und dabei stets – mit unmerklichen Verzögerungen – das äußere Feld kompensieren. Damit die Ausgleichsströme ungehindert fließen können, ist für kleine Übergangswiderstände zwischen den Elementen der Schirmhülle zu sorgen.

Auch bei nichtleitenden Materialien (Dielektrika) kann es zu einer gewissen Schirmwirkung kommen. Im Innern von *dielektrischen Materialien* kommt es durch *Polarisation* (Orientierung von Dipolen im elektrischen Feld) zu einer Reduzierung der elektrischen Feldstärke. So wirkt also zum Beispiel durch umgebendes Mauerwerk oder durch Substratmaterial bei planaren Schaltungen ein verringertes elektrostatisches Feld aus der Umgebung auf die Schaltung ein. Allerdings ist der physikalische Effekt für gezielte Anwendungen im praktischen Einsatzbereich im Allgemeinen zu ineffizient im Vergleich mit der Wirkung eines metallischen Schirms.

4.8.2.2 Schirmung statischer und quasi-statischer magnetischer Felder

Im Gegensatz zu statischen elektrischen Feldern können statische magnetische Felder nicht durch elektrisch leitfähige Materialien abgeschirmt werden. Im statischen Fall ist dies nur möglich durch die Verwendung von hochpermeablen Materialien ($\mu_r \gg 1$). Bild 4.33 zeigt den Einfluss eines hochpermeablen Schirms auf den Verlauf der magnetischen Feldlinien.

Die in der Praxis gebräuchlichen Mu-Metall-Werkstoffe (weichmagnetische Eisen-Nickel-Legierung) zeigen relative Permeabilitätszahlen bis über 100 000.

Bei niederfrequenten (quasi-statischen) magnetischen Feldern hingegen kann wie bei elektrischen Feldern eine Schirmdämpfung durch elektrisch leitfähige Materialien erreicht werden, da magnetische Wechselfelder in leitfähigem Material elektrische Stromdichten erzeugen. Diese Wirbelströme sind von (sekundären) magnetischen Felder umgeben, die dem anregenden Magnetfeld entgegenwirken (Lenz'sche Regel) und dieses damit schwächen (siehe auch Abschnitt 3.4.2.3). Um eine hohe Schirmwirkung erreichen zu können, müssen die Wirbelströme

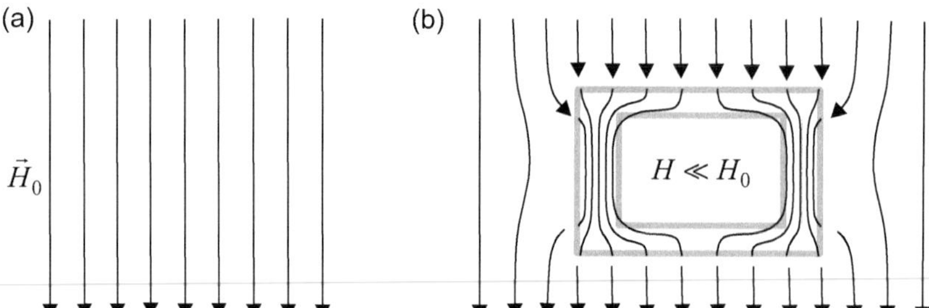

Bild 4.33 Schirmung von magnetostatischen Feldern durch hochpermeables Material: (a) homogenes Feld ohne Schirm und (b) Führung der Feldlinien im hochpermeablen Material

ungehindert fließen können, so dass also gute elektrische Kontakte zwischen den Wänden einer Schirmhülle benötigt werden. Die erreichbare Schirmwirkung hängt dabei von der Schirmgeometrie, der elektrischen Leitfähigkeit, der Frequenz und der relativen Permeabilitätszahl ab.

4.8.2.3 Schirmung hochfrequenter elektromagnetischer Wellen

Bei höheren Frequenzen tritt die Verkopplung der elektrischen und magnetischen Felder immer deutlicher zutage. Bei elektromagnetischen Wellen – z.B. im Fernfeld einer Störquelle – sind elektrische und magnetische Felder über den Feldwellenwiderstand des freien Raumes miteinander gekoppelt.

$$Z_{F0} = \frac{E}{H} \approx 377\,\Omega \tag{4.27}$$

Die Leistungsflussdichte ergibt sich mit dem Poyntingvektor zu

$$\vec{S} = \frac{1}{2}\vec{E} \times \vec{H}^* \quad . \tag{4.28}$$

Trifft eine elektromagnetische Welle auf die Wand eines elektromagnetischen Schirms, so treten folgende Effekte auf: Reflexion, Absorption und Transmission (Bild 4.34).

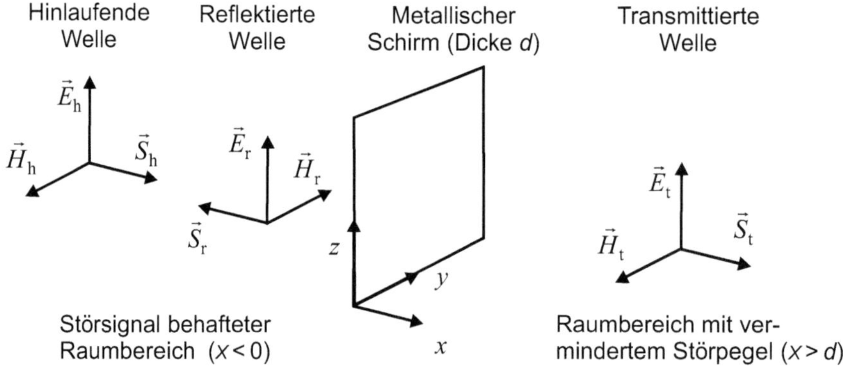

Bild 4.34 Schirmung elektromagnetischer Wellen

Reflexion – Ein Teil der elektromagnetischen Welle wird reflektiert. Bei metallischen Schirmhüllen ist dieser reflektierte Anteil dominierend. Im Außenbereich der Schirmhülle ergibt sich also eine Überlagerung hin- und rücklaufender elektromagnetischer Wellen.

$$\vec{E} = \vec{E}_\text{h} + \vec{E}_\text{r} \qquad (\text{für } x < 0) \tag{4.29}$$

Absorption – Ein zweiter Anteil der elektromagnetischen Welle dringt in das Schirmmaterial ein und verursacht dort aufgrund elektrischer Stromdichten im leitfähigen Material Ohm'sche Verluste. Im Material kommt es zu einem exponentiellen Abfall, der durch die Skintiefe δ beschrieben wird.

$$\delta = \sqrt{\frac{2}{\omega\mu\sigma}} \qquad (\text{Skintiefe}) \tag{4.30}$$

Je dicker die Schirmhülle ist, desto größer der Abfall der Amplitude beim Durchgang der Welle durch das Material der Schirmhülle, denn für die exponentiell abfallende Feldstärke einer in x-Richtung fortschreitenden Welle gilt:

$$|E(x)| = |E(x=0)|\,\mathrm{e}^{-x/\delta} \quad . \tag{4.31}$$

Transmission – Die im Medium gedämpft verlaufende Welle erreicht schließlich die Innenwand und wird dort erneut reflektiert sowie in den Innenraum der Schirmhülle transmittiert. Je nach Dämpfung im Material kann auch die Mehrfachreflexion im Schirmmaterial noch nennenswerten Einfluss haben. Aus dem Verhältnis der hinlaufenden Welle und der insgesamt transmittierten Welle kann die Schirmdämpfung berechnet werden.

$$a_\text{Schirm} = 20\lg\left|\frac{E_\text{h}}{E_\text{t}}\right| = 20\lg\left|\frac{H_\text{h}}{H_\text{t}}\right| = 10\lg\left|\frac{S_\text{h}}{S_\text{t}}\right| \tag{4.32}$$

4.8.3 Nicht vollständig geschlossene Schirmhülle

Berechnet man unter idealisierten Annahmen gemäß den obigen Überlegungen und physikalischen Gesetzmäßigkeiten Werte für die Schirmdämpfung a_Schirm, so ergeben sich selbst bei der Annahme realer Materialien sehr hohe Dämpfungswerte von teilweise deutlich mehr als 100 dB [Durc95].

In der Praxis sind die Dämpfungswerte oft geringer, da die Gehäuse nicht wirklich ideal geschlossen sind. Dies kann an einer unsachgemäßen Verarbeitung liegen oder aber an gewollten Unterbrechungen der Schirmhülle. Mögliche Gründe für beabsichtigte Öffnungen im Gehäuse können sein:

- Belüftung/Wärmeaustausch/Klimatisierung,
- Zuführung externer elektrischer, optischer oder mechanischer Größen,
- Zutritt zum Innenraum bzw. Zugriff auf innere Objekte,
- Sichtfenster zur optischen Überwachung.

Damit Öffnungen die Schirmwirkung nicht wieder zunichtemachen, müssen sie EMV-gerecht gestaltet werden.

Türen und Zugriffsmöglichkeiten – Soll der Innenraum einer Schirmhülle betreten werden können (zum Beispiel um einen Prüfling für eine Messung in eine EMV-Schirmkabine einzubringen), so muss die Tür im geschlossenen Zustand allseitig guten elektrischen Kontakt zur Schirmhülle haben, damit die Wandströme ungehindert fließen können. Bei Türen können hierzu Kontaktfederleisten (HF-Dichtungen) verwendet werden. Diese gewährleisten durch großflächige, metallische Kontaktfedern mit ausreichendem Anpressdruck einen niederimpedanten Übergang zwischen Schirmhülle und Tür. Ebenso ist bei Gehäusedeckeln oder modular aufgebauten und geschraubten Gehäusen auf EMV-dichte Fugen zu achten. Auch hier bieten Kontaktfedern eine reversible Lösung. Werden Fugen nicht leitfähig geschlossen, so ergibt sich die Wirkung einer Schlitzantenne (siehe Abschnitt 3.5.3) und es kann zur Ein- oder Auskopplung von Störsignalen kommen.

Belüftung und Klimatisierung – Sollen zur Belüftung und Wärmeabfuhr durch Konvektion flächig verteilte Löcher verwendet werden, so setzt dies die Schirmdämpfung herab. In der Praxis sind viele kleine Löcher besser als weniger große Löcher [Schw11]. Die genaue Form und Anordnung der Löcher bestimmt dabei die verbleibende Schirmdämpfung. Für höhere Anforderungen müssen Wabenkamineinsätze verwendet werden (siehe unten).

Zuführung optischer und mechanischer Größen – Große Öffnungen in der Schirmhülle, die zum Beispiel eine Durchführung von Lichtwellenleitern erlauben, senken im Allgemeinen die Schirmwirkung deutlich ab. Die Situation lässt sich entscheidend verbessern, wenn statt einfacher, flacher runder Öffnungen, die Öffnungen rohrförmig verlängert werden (Kamindurchführung). Das Metallrohr wirkt dann wie ein Rundhohlleiter, der unterhalb seiner Cut-off-Frequenz betrieben wird. Die Cut-off-Frequenz für den niedrigsten ausbreitungsfähigen Wellentyp (TE_{11}) beträgt [Gust12]

$$f_{c,TE_{11}} = \frac{c_0}{1{,}7063 \cdot D} \qquad \text{(Cut-Off-Frequenz)}, \tag{4.33}$$

mit dem Rohrdurchmesser D und der Vakuumlichtgeschwindigkeit c_0. Unterhalb der Cut-Off-Frequenz werden in das Rohr einlaufende Wellen exponentiell gedämpft. (Zahlenbeispiel: Ein Rohrdurchmesser von $D = 1\,\text{cm}$ bedeutet eine Cut-off-Frequenz von ungefähr 17,6 GHz.)

Sichtfenster – Das Konzept der exponentiellen Dämpfung elektromagnetischer Wellen kann auch zur Konstruktion von Sichtfenstern verwendet werden. Hierzu werden viele rohrförmige Öffnungen wabenförmig neben und übereinander angeordnet (Wabenkaminfenster). Für niedrige Frequenzen (bis etwa 1 GHz) können die rohrförmigen Öffnungen zum besseren Durchblick netzartig durchbrochen sein (Bild 4.35).

Elektrische Signale – Elektrische Signale sollten grundsätzlich über Filter geführt werden, um auszuschließen, dass Störungen über die Zuleitungen in den geschirmten Bereich geführt werden (siehe auch Abschnitt 6.5.4).

4.8.4 Hohlraumresonanzen

Geschlossene metallische Schirmgehäuse bilden einen *Hohlraumresonator*, der bei bestimmten Frequenzen zu Schwingungen angeregt werden kann. Bei einem quaderförmigen, leeren Hohlraum mit den Seitenlängen a, b und c (Bild 4.36a) können die Resonanzfrequenzen

Bild 4.35 Wabenkamineinsatz

$f_{R,mnp}$ nach der folgenden Formel berechnet werden.

$$f_{R,mnp} = \frac{c_0}{2}\sqrt{\left(\frac{m}{a}\right)^2 + \left(\frac{n}{b}\right)^2 + \left(\frac{p}{c}\right)^2} \quad \text{(Hohlraumresonanzfrequenzen)} \qquad (4.34)$$

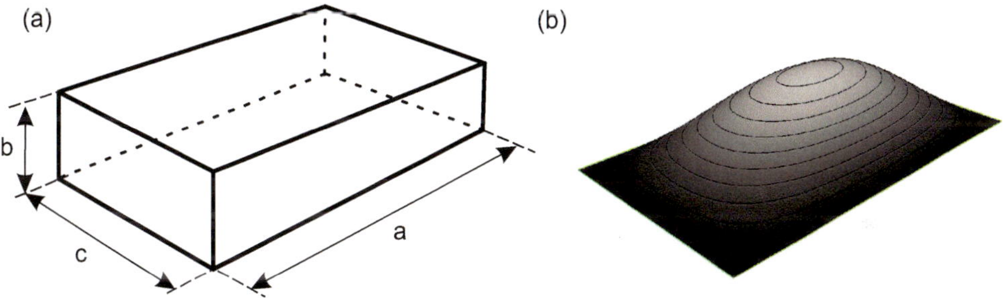

Bild 4.36 (a) Quaderförmiger Hohlraumresonator und (b) Grundschwingung (Betrag der elektrischen Feldstärke in einer horizontalen Ebene)

Die Indizes m, n und p sind dabei nichtnegative ganze Zahlen. Die niedrigste Resonanzfrequenz ergibt sich, wenn die Indizes für die längeren Seiten zu eins und der Index für die kürzere Seite zu null gesetzt wird. Für den Fall $c > a > b$ würde die niedrigste Resonanzfrequenz also lauten

$$f_{R,101} = \frac{c_0}{2}\sqrt{\left(\frac{1}{a}\right)^2 + \left(\frac{1}{c}\right)^2} \quad \text{(Grundfrequenz).} \qquad (4.35)$$

Exemplarisch sind für das quaderförmige Volumen einer Messkabine mit der Länge $c = 5\,\text{m}$, der Breite $a = 3\,\text{m}$ und der Höhe $b = 2{,}5\,\text{m}$ die ersten zehn Resonanzfrequenzen in Tabelle 4.2 aufgeführt. Bild 4.37a zeigt die Verteilung des elektrischen Feldes für den Grundmode in einer horizontalen Ebene. In vertikaler Richtung ist die Feldverteilung konstant, d.h. unabhängig von der Höhe. Durch die Reflexion an den metallischen Seitenwänden entstehen sich überlagernde stehende Wellen. Für höhere Frequenzen ergeben sich komplexere Schwingungsmuster. Exemplarisch sind in Bild 4.37b–d für ausgewählte Frequenzen die Verteilungen des Betrages des elektrischen Feldes in einer horizontalen Ebene gezeigt.

Tabelle 4.2 Resonanzfrequenzen für eine Messkabine (Länge c = 5 m, Breite a = 3 m und Höhe b = 2,5 m)

m	n	p	Frequenz
1	0	1	58,3 MHz
0	1	1	67,1 MHz
1	1	0	78,1 MHz
1	1	1	83,7 MHz
2	0	1	104,4 MHz
1	0	2	78,1 MHz
0	2	1	123,7 MHz
0	1	2	84,9 MHz
1	2	0	130,0 MHz
2	1	0	116,6 MHz

Bei diesen Resonanzfrequenzen reichen bereits geringe Störeinkopplungen aus, um im Inneren der Schirmung durch Resonanz hohe Störpegel hervorzurufen. Aus diesem Grund kann es sinnvoll sein, absorbierendes Material in das Schirmvolumen einzubringen, so dass die Resonanzen stark gedämpft werden. Im Abschnitt 3.5.2 haben wir bereits ein metallisches Gehäuse und mögliche Maßnahmen gegen Gehäuseresonanzen betrachtet. Auf die Bedeutung für Absorberhallen und Schirmkabinen für EMV-Prüfungen gehen wir in Abschnitt 6.5.1 ein.

4.8.5 Kabelschirme

In Abschnitt 2.5.2 über Leitungen haben wir gesehen, dass es unterschiedliche Leitungstypen gibt, die *offen* oder *geschlossen* sein können. Offene Leitungen – wie eine einfache Zweidrahtleitung oder eine Mikrostreifenleitung – sind empfänglich für Störsignale von außen. Geschlossene Leitungen – wie eine Koaxialleitung oder eine geschirmte verdrillte Zweidrahtleitung – besitzen einen Schirm, der die Signale auf der Leitung vor Störsignalen von außen schützt.

4.8.5.1 Leitungsvarianten und Schirmanschluss

Bei der Koaxialleitung ist der Schirm zugleich der Rückleiter für das Nutzsignal (Bild 4.38a). Eine geschirmte verdrillte Zweidrahtleitung hingegen ist eine Dreileiteranordnung. Die verdrillten inneren Signalleiter führen den Nutzstrom, der Schirm führt das Störsignal (Bild 4.38b). Bild 4.38c zeigt eine Sonderform der Koaxialleitung mit zusätzlichem Schirm (Triaxialkabel), bei der drei Leiter koaxial angeordnet und voneinander isoliert sind. Hier sind dann ebenfalls Störströme auf dem Schirm und der Rückstrom im mittleren Leiter voneinander getrennt.

Für Kabelschirme gelten in Hinsicht auf die Schirmwirkung grundsätzlich die gleichen Überlegungen wie für die zuvor behandelten (Gehäuse-)Schirmungen. Die Kabelschirme sollten

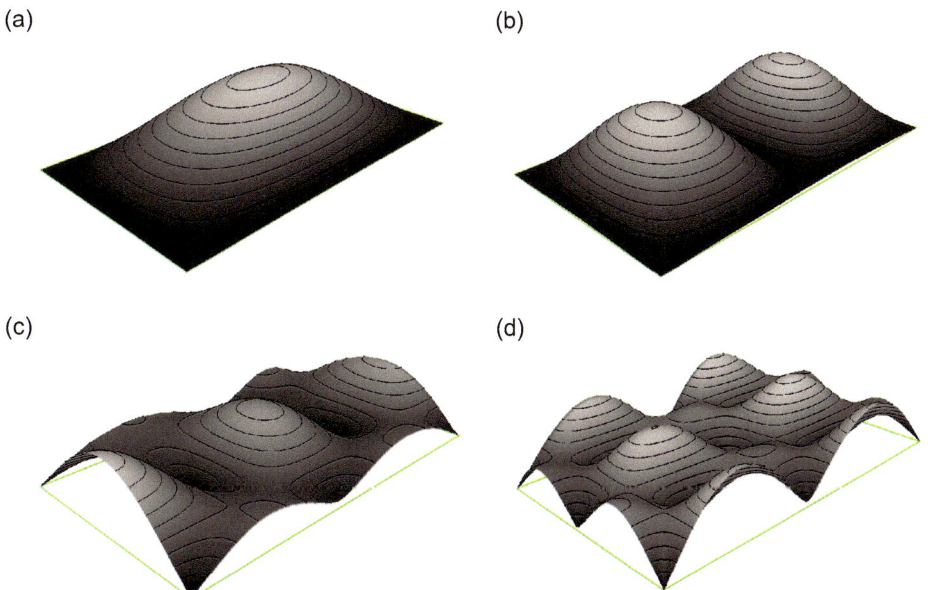

Bild 4.37 Stehende Wellen (Betrag der elektrischen Feldstärke) in einer Messkabine (Länge c = 5 m, Breite a = 3 m und Höhe b = 2,5 m) bei (a) 58,3 MHz, (b) 78,1 MHz, (c) 103 MHz und (d) 134,5 MHz

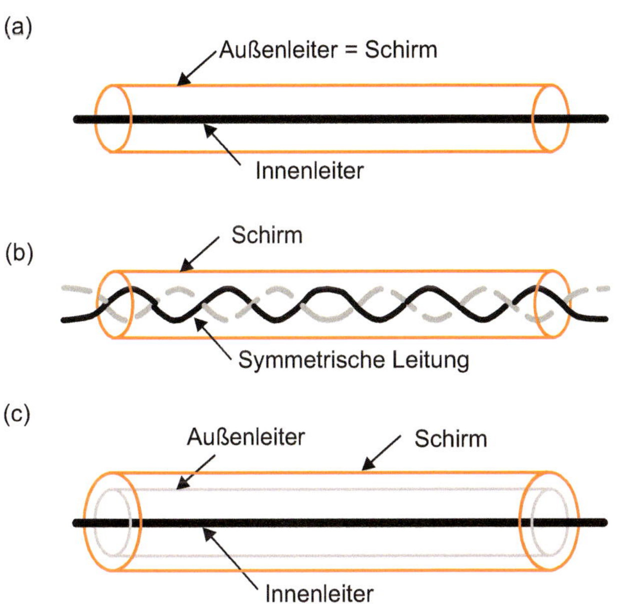

Bild 4.38 (a) Koaxialkabel, (b) geschirmte, verdrillte Zweidrahtleitung und (c) Triaxialkabel

zunächst möglichst dicht sein. In der Praxis ist jedoch auch eine mehr oder weniger ausgeprägte Flexibilität gefordert. Entsprechend gibt es *eher starre* Lösungen mit einem rohrförmigen Schirm (Semi-Rigid-Koaxialkabel) bzw. mit einem Schirm aus Wellrohr; oder *eher flexible*

Lösungen aus einem Geflecht bzw. als doppelt geschirmte Variante mit Schirm und leitfähiger Folie. Der Innenleiter kann als massiver Draht oder als Litze (Leiter aus dünnen Einzeldrähten) aufgebaut sein.

Starre Rohre oder Wellrohre zeichnen sich durch eine sehr hohe Schirmdämpfung aus. Geflechtschirme besitzen geringere Dämpfungswerte. Ein wichtiger Parameter bei Geflechten ist der Überdeckungsgrad und Überdeckungswinkel. Bild 4.39 zeigt zwei unterschiedliche koaxiale Kabel mit Geflechtschirmen und Litzenleitern.

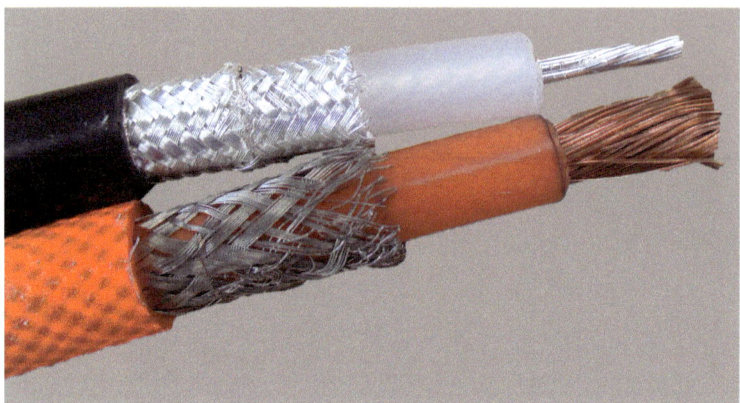

Bild 4.39 Kabel mit Litzenleiter und Geflechtschirm

Im Allgemeinen ist es sinnvoll, Kabelschirme sender- und empfängerseitig aufzulegen, um einen ungehinderten Stromfluss zu ermöglichen. Die Anbindung sollte niederinduktiv geschehen, d.h. Schirm und Gehäuse sollten möglichst großflächig und geschlossen verbunden werden. Bild 4.40a zeigt die korrekte Verbindung von Kabelschirm und Gehäuse.

In Bild 4.40b ist eine ungünstige Anbindung über einen einfachen dünnen Draht *(pigtail)* gezeigt. Dieser wirkt induktiv und begrenzt zeitvariante Ausgleichsströme. In Bild 4.40c ist der Schirm bis in das Schirmgehäuse eingeführt. Störsignale auf dem Schirm gelangen so in das Gehäuse und reduzieren die Schirmwirkung deutlich. Bild 4.40d zeigt einen nichtleitfähig angeschlossenen Schirm. Über eine Kapazität (bzw. Streukapazität) können nur bei hohen Frequenzen Ausgleichsströme fließen.

4.8.5.2 Messverfahren zur Bestimmung der Kabelschirmdämpfung

Zur Beschreibung der Schirmwirkung eines Kabelschirms haben sich drei Größen und Messverfahren etabliert, die jeweils unterschiedliche physikalische Zusammenhänge bewerten. Die Transferimpedanz Z_T und die Transferadmittanz Y_T sind längenbezogene Größen, die für elektrisch kurze Kabel (Kabellänge deutlich kleiner als die Wellenlänge, also $\ell \ll \lambda$) von Bedeutung sind. Für elektrisch lange Kabel hingegen liefert das triaxiale Messverfahren einen Wert für die Schirmdämpfung a_S.

Transferimpedanz (Kopplungswiderstand)
Bild 4.41 zeigt den Messaufbau zur Bestimmung der Transferimpedanz Z_T eines Kabels mit der Länge ℓ.

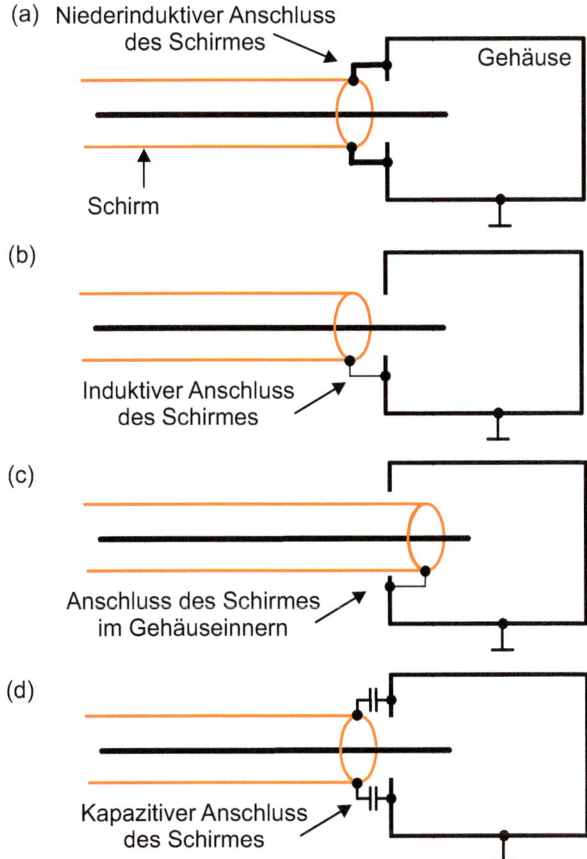

Bild 4.40 (a) Niederinduktiver Anschluss, (b) ungünstiger induktiver Anschluss, (c) ungünstiger Anschluss im Gehäuseinnern und (d) kapazitiver Anschluss

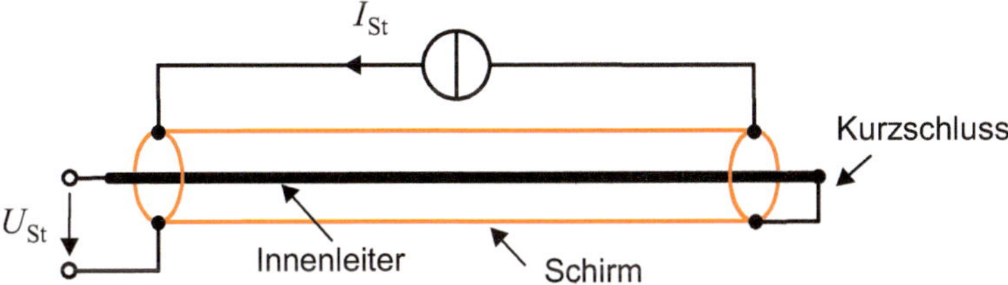

Bild 4.41 Messung der Transferimpedanz (Kopplungswiderstand)

Ein Störstrom I_{St} wird auf den Schirm eingeprägt. Die Leitung wird an einem Ende kurzgeschlossen und am anderen Ende wird die Störspannung U_{St} gemessen.

$$Z_T = \frac{U_{St}}{I_{St} \cdot \ell} \qquad \text{(Transferimpedanz in } \Omega/\text{m)} \tag{4.36}$$

Die Transferimpedanz Z_T ist im Allgemeinen eine Funktion der Frequenz. Das Messverfahren ist anwendbar auf elektrisch kurze Leitungen ($\ell < \lambda/4$) und erfasst die galvanische und induktive Kopplung zwischen Innenleiter und Schirm.

Transferadmittanz

Bild 4.42 zeigt den Messaufbau zur Bestimmung der Transferadmittanz Y_T eines Kabels mit der Länge ℓ.

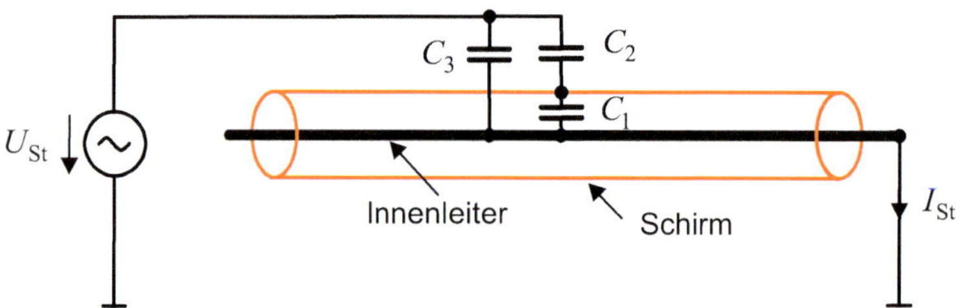

Bild 4.42 Messung der Transferadmittanz

Eine Störspannung U_{St} wird über eine Kapazität C_2 kapazitiv auf dem Kabelschirm eingekoppelt. Aufgrund der Kapazität C_1 zwischen Schirm und Innenleiter und der Kapazität C_3 zwischen Innenleiter und Umgebung wird ein Störstrom I_{St} auf dem mit Masse verbundenen Innenleiter messbar.

$$Y_T = \frac{I_{St}}{U_{St} \cdot \ell} \quad \text{(Transferadmittanz in S/m)} \tag{4.37}$$

Die Durchgriffskapazität C_3 zwischen Innenleiter und Umgebung ist bei Geflechtschirmen um so größer, je geringer der Bedeckungsgrad ist. Die Transferadmittanz Y_T ist im Allgemeinen eine Funktion der Frequenz. Das Messverfahren ist anwendbar auf elektrisch kurze Leitungen ($\ell < \lambda/4$) und erfasst den kapazitiven Durchgriff auf den Innenleiter.

Schirmdämpfung (triaxiales Messverfahren)

Bild 4.43 zeigt den Messaufbau für das triaxiale Verfahren. Die Messung kann mit einem Netzwerkanalysator (VNA = Vector Network Analyzer) durchgeführt werden. Hierzu wird das zu überprüfende Kabel (CUT = Cable Under Test) mit seinem Leitungswellenwiderstand Z_L abgeschlossen und im Inneren eines umschließenden Rohres platziert. Es befinden sich damit der Innenleiter, der Kabelschirm und das äußere Rohr auf einer *gemeinsamen Achse*, daher der Name triaxiales Verfahren. Das äußere Rohr und der Kabelschirm bilden dabei ein äußeres koaxiales System, in das infolge der endlichen Schirmdämpfung ein Teil der Leistung eingekoppelt wird. Aus dem Verhältnis von ausgekoppelter Leistung P_2 zu zugeführter Leistung P_1 kann die Schirmdämpfung a_S berechnet werden.

$$a_S = 10 \lg \frac{P_1}{P_2} \quad \text{(Kabelschirmdämpfung)} \tag{4.38}$$

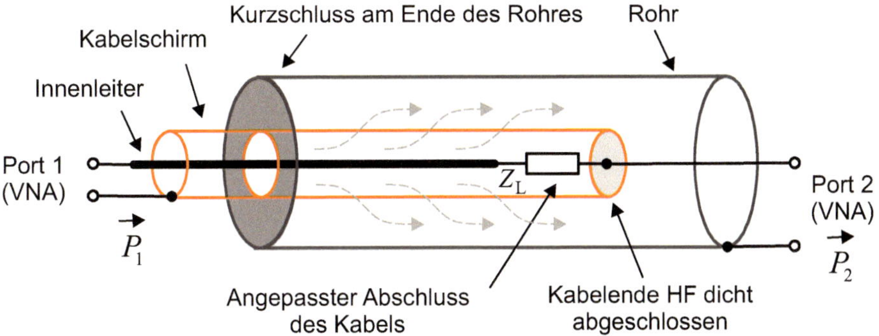

Bild 4.43 Messung der Kabelschirmdämpfung (triaxiales Messverfahren)

5 Richtlinien, Normen und Zulassungsprozesse

Grundlage aller Vergleichbarkeit sind in der Technik die zur Anwendung kommenden Verordnungen, Normen und Richtlinien. Sie garantieren einheitliche technische und formale Standards und beinhalten den umfangreichen Erfahrungsschatz ihrer Verfasser.

Durch das EMV-Gesetz [EMVG16], welches die europäische Richtlinie zur Elektromagnetischen Verträglichkeit 2014/30/EU [RLEP14] in deutsches Recht umsetzt und die Straßenverkehrszulassungsordnung [StVZO] bekommen auch die darin referenzierten (oder dazu gelisteten) Normen eine Art indirekten Gesetzescharakter. Wer fahrlässig oder vorsätzlich ein Gerät in den Verkehr bringt, das den grundlegenden EMV-Schutzanforderungen der Richtlinien nicht genügt, begeht eine Ordnungswidrigkeit, die mit bis zu 500.000 € Geldstrafe und/oder Vertriebsverbot der Geräte geahndet werden kann (§ 30 „Zwangsgeld", EMVG).

Schon aus reinem Qualitätsinteresse sollte ein Hersteller bemüht sein, sein Produkt durch Einhaltung der EMV-Schutzanforderungen gegen die Widrigkeiten der späteren Einsatzorte zu wappnen. Dieses Kapitel gibt Hilfestellung auf dem Pfad durch den Dokumentendschungel und erklärt die beiden gängigsten Zulassungsverfahren CE-Kennzeichnung und E-Kennzeichnung.

5.1 Gesetze und Richtlinien

Die Vorgaben zur elektromagnetischen Verträglichkeit sind in oberster Instanz durch europäische Richtlinien und nationale Gesetze geregelt. Die nationalen Gesetze verpflichten hierbei die im Land ansässigen juristischen und natürlichen Personen (Firmen und Privatpersonen) zu bestimmten Verhaltens- und Vorgehensweisen was die Produktion, den Gebrauch und Vertrieb von bestimmten regulierten Produkten (elektrische Betriebsmittel, Funkanlagen, Maschinen, Spielzeuge, Medizinprodukte, Batterien, etc.) betrifft.

5.1.1 Das EMV-Gesetz

Das deutsche EMV-Gesetz [EMVG16] ist eine Umsetzung der europäischen Richtlinie 2014/30/EU [RLEP14], welche die sogenannten grundlegenden EMV-Schutzanforderungen definiert. Alle innerhalb der Mitgliedstaaten der europäischen Union in Verkehr gebrachten nicht-trivialen Produkte, die elektrischen Strom zur Funktion verwenden, können unter diese Richtlinie, bzw. deren nationale Umsetzungen fallen, wenn diese nicht von anderen Richtlinien erfasst werden, welche die EMV gesondert regeln. Dem Gesetzgeber ist dabei bewusst, dass ihm gewöhnlich die Sachkenntnis fehlt, exakte Anforderungen für die Erfüllung der gesetzlichen Vorgaben zu definieren - die Richtlinie enthält daher nur die grundlegenden Anforderungen, dass alle Produkte im Geltungsbereich der Richtlinie *elektromagnetisch verträglich* sein müssen, d.h. nicht unzulässig zum elektromagnetischen Störpegel innerhalb ihrer Umgebung beitragen dürfen und eine gewisse Störfestigkeit gegen die elektromagnetischen Einflussfaktoren in der für das Produkt erwartbaren Umgebung haben. Damit setzt die Richtlinie das im Rechtsbereich übliche Verursacherprinzip außer Kraft. Tritt also eine elektromagnetische Unverträglichkeit in der Praxis auf, ist nicht automatisch der Hersteller der Quelle der Störungen im Streitfall im Nachteil, sondern es kann sich auch auf Senkenseite um eine unzulässige Störanfälligkeit handeln.

Das Gesetz bzw. die Richtlinie gibt die Festlegung von detaillierten Anforderungen, die zur Einhaltung der Schutzanforderungen notwendig sind, an europäische Standardisierungsorganisationen (CEN[1], CENELEC[2] und ETSI[3]) und deren technische Gremien ab, die aus Experten von Industrie, Arbeitsschutz und Forschung zusammengesetzt sind. Der Nachweis der Einhaltung der EMV-Schutzanforderungen kann vom Hersteller durch die Einhaltung von technischen Normen, bzw. die in ihnen definierten Messverfahren und Grenzwerte erbracht werden.

5.1.2 Richtlinien

Hersteller sind vor dem Inverkehrbringen eines Produktes auf dem europäischen Markt dazu verpflichtet, die Einhaltung aller Richtlinien und Verordnungen, die für ihr Produkt in Frage kommen, zu überprüfen. Der Unterschied einer Richtlinie zu einer Verordnung ist, das Richtlinen nach ihrer Veröffentlichung zunächst von den Mitgliedsstaaten in nationales Recht umgesetzt werden müssen, während Verordnungen direkt in allen Mitgliedsländern gelten. Da die EMV in einer Richtlinie geregelt ist, wird sich der folgende Abschnitt auf Richtlinen konzentrieren.

Es existieren in der EU einige Dutzend Richtlinien, die zunächst in horizontale und vertikale Richtlinien zu unterteilen sind. Unter einer *vertikalen Richtlinie* versteht man eine solche Richtlinie, die Anforderungen für bestimmte Produktgruppen enthält, z.B. für Fahrzeuge, Spielwaren, Medizinprodukte, oder Maschinen. Unter einer *horizontalen Richtlinie* versteht man eine solche Richtlinie, die phänomenbezogene Anforderungen für sehr breite Produktspektren enthält. Ein Beispiel ist die Niederspannungsrichtlinie 2014/35/EU für alle elektrischen Betriebmittel mit einer Nennspannung zwischen 50 V-AC und 1000 V-AC, bzw. 75 V-DC und 1500 V-DC.

Auch die EMV-Richtlinie zählt zu den horizontalen, phänomenbezogenen Richtlinien und regelt die EMV für alle Produkte, sofern deren EMV nicht in ihrer zugehörigen vertikalen Richtlinie vollständig geregelt ist. D.h., sind alle relevanten EMV-Aspekte in einer vertikalen Richtlinie geregelt, so ist nur diese Richtlinie anzuwenden. Ist ein EMV-Aspekt (Störemission oder Störfestigkeit) in der vertikalen Richtlinie nicht, oder unzureichend geregelt, so sind grundsätzlich beide Richtlinien für das Produkt in Kombination anzuwenden.

[1] Comité Européen de Normalisation (Europäisches Komitee für Normung)
[2] Comité Européen de Normalisation Électrotechnique (Europäisches Komitee für elektrotechnische Normung)
[3] European Telecommunications Standards Institute (Europäische Institut für Telekommunikationsnormen)

Ein Beispiel für eine vertikale Richtlinie, die den Aspekt der EMV vollständig regelt, ist die Kraftfahrzeugrichtlinie [EMVK04], die in der Straßenverkehrszulassungsordnung (StVZO) in nationales Recht umgesetzt ist. Die Richtlinie (2021 gilt hier die UN ECE[4] R10 Rev. 05 [UNEC14] für die EMV von Kraftfahrzeugen) beschreibt die anzuwendenden Messverfahren unter Verweis auf Grundnormen und setzt Grenzwerte für maximale Emission und minimale Störfestigkeit, die von den Fahrzeugen für eine erfolgreiche Zulassung für den öffentlichen Straßenverkehr einzuhalten sind.

Ein Beispiel für eine vertikale Richtlinie, die den Aspekt der EMV nicht regelt, ist die Maschinenrichtlinie [MaRL06], die vor allem Vorgaben zur sicheren Verwendung von Machinen und deren Zubehöhr macht. Die horizontale EMV-Richtlinie muss also zusätzlich zur vollumfänglichen Überprüfung der Produkteigenschaften herangezogen werden, um die Konformität des Produktes mit den Anforderungen nachzuweisen.

Zur jeder europäischen Richtline existiert eine Liste im sogenannten „offiziellen Amtsblatt der Europäischen Union“ (Official Journal of the European Union, oder „OJEU“) mit „harmonisierten“ Standards. Werden diese Standards von einem Produkt erfüllt, gilt dann die sogenannte „Konformitätsvermutung“, d.h. der Hersteller darf qualifiziert vermuten, das sein Produkt den eher allgemein gehaltenen Anforderungen der Richtlinie entspricht.

5.2 Normen

Normen beschreiben den „Stand der Technik“ (juristisch gesehen ist dies unterhalb des „*neuesten Stands* von Wissenschaft und Technik“ zu verstehen). Die Gruppe von Normen, die in der EMV besonder interesssant sind, sind diejenigen, die beschreiben, welche *Messverfahren* mit welchen *Grenzwerten* Hersteller anwenden können, um für ihr Produkt die Einhaltung der EMV-Schutzanforderungen nachzuweisen (Konformitätsvermutung). Europäische Normen und die passenden nationalen Umsetzungen der Mitgliedstaaten können „harmonisiert“ sein, d.h. sie sind in allen EU-Ländern gleich – nationale Normen sind hierbei häufig nur Übersetzungen der EU-weiten Norm. Eine DIN [5] EN [6] Norm ist also inhaltlich äquivalent zur EN-Norm (kann aber in Einzelfällen tatsächlich Abweichungen enthalten, die teilweise durch Übersetzungsfehler entstehen – der „Originaltext“ der englischen EN Version gilt dann). Die Gleichheit der Normen verhindert Wettbewerbsverzerrungen und Vertriebsbeschränkungen innerhalb der Europäischen Union.

Auf internationaler Ebene ist das System der Normen leider nicht immer konsistent, d.h. es gibt DIN EN ISO Normen, die von internationaler Ebene auf EU-Ebene übernommen und dann in eine nationale Norm übersetzt wurden, aber auch reine ISO-Normen, die keine Umsetzung in der EU gefunden haben. Ein Beispiel ist die EN 13309 (2010) für Baumaschinen, die mit der internationalen ISO 13766 (2006) für Erdbewegungsmaschinen bis zum Jahr 2018 kollidierte. Die Einhaltung der EN 13309 gestattete dabei den Vertrieb innerhalb der EU. Die Einhaltung der ISO 13766 ermöglichte den breiten internationalen Vertrieb. Seit 2018 ist nach langer und

---

4 UN ECE = United Nations Economic Commission for Europe (Wirtschaftskommission für Europa bei den Vereinten Nationen)

5 DIN = Deutsche Industrienorm bzw. Deutsches Institut für Normung

6 EN = Europäische Norm

intensiver Normungsarbeit die EN ISO 13766-1 erschienen, welche die ehemals kollidierenden Anforderungen international harmonisiert und seit Juni 2021 gültig ist. (Eine indirekte Anwendungsverpflichtung auf internationaler Ebene existiert allerdings vorrangig durch branchenweite und länderübergreifende Anerkennungen von ISO-Standards.)

Unterschieden werden Normen in *(Fach-)Grundnormen*, die Messverfahren, Phänomene und elektromagnetische Umgebungen beschreiben, und *Produktnormen*, welche die Anwendung der Grundnormen für bestimmte Produktgruppen konkretisieren. Hinzu kommen noch die herstellerspezifischen *Prüfpläne*, die konkret auf ein einzelnes Produkt zugeschnitten sind, aber keine Normen im engeren Sinne sind (Bild 5.1), da sie nicht in technischen Gremien verfasst wurden. Prüfpläne sind oft verbindlicher Vertragsbestandteil bei Vereinbarungen zwischen Hersteller und Zulieferer oder Hersteller und Betreiber.

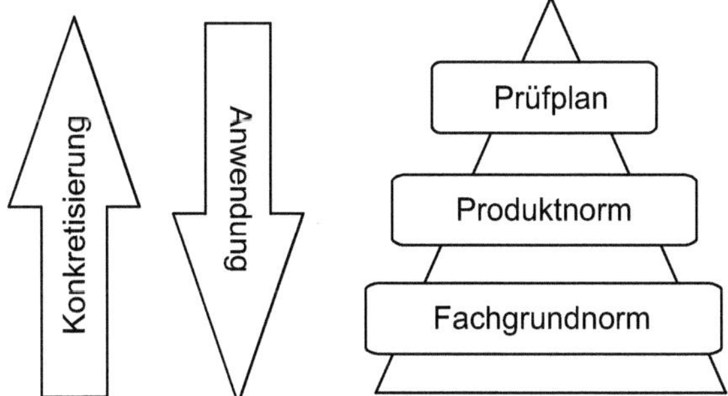

Bild 5.1 Hierarchie der Prüfspezifikationen: Fachgrundnormen sind allgemein gehalten und beschreiben anwendungsorientiert Messverfahren, Produktnormen zitieren Fachgrundnormen und geben für Produktgruppen Grenzwerte und durchzuführende Messungen vor, Prüfpläne sind speziell auf einzelne Produkte zugeschnitten und sind oft Vertragsbestandteil zwischen Hersteller und Kunde.

Die Normenwelt ist gespalten – während ISO[7] und CEN den Bereich der Immunitätsaspekte für Fahrzeuge und Fahrzeugkomponenten regeln, sind die IEC- und CENELEC Normen für den Bereich der sonstigen elektrischen Betriebsmittel zugeschnitten. Beispiele sind die ISO 11452-x Normen für Störfestigkeitsprüfungen an Fahrzeugkomponenten und die IEC-61000-6-x Fachgrundnormen für Störfestigkeitsprüfungen an industriellen Produkten und Konsumgütern.

Für den Emissionsaspekt der EMV von Industriegütern, Konsumgütern, Fahrzeugen und Komponenten gibt es die CISPR-Normen[8] („internationales Sonderkomitee für Funkstörungen"), die Messverfahren für reproduzierbare Störaussendungsmessungen beschreiben und standardisieren. Die internationalen CISPR-Normen haben jeweils europäische Umsetzungen, die die Abkürzung „CISPR" nicht in der Bezeichnung enthalten – also anders als z.B. bei den DIN EN ISO Normen. Die CISPR 11 entspricht dabei z.B. der EN 55011.

Die Anwendung von Normen ist nur in seltenen Fällen verpflichtend – die Nicht-Anwendung stellt Hersteller aber oft vor noch größere Probleme, z.B. in der Kommunikation mit potentiellen Kunden (die Einhaltung der Norm wird vom Markt verlangt) oder beim Nachweis der

7 ISO = International Standardization Organisation (Internationale Standardisierungsorganisation)

8 CISPR = Comité international spécial des perturbations radioélectriques (Internationales Sonderkomitee für Funkstörungen)

Konformität zu Europäischen Richtlinien - zusätzlich zum nicht-normbasierten Konformitätsbewertungsverfahren selbst muss der Hersteller dann auch noch belegen, warum sein Alternativverfahren mindestens gleichwertig zur Anwendung der harmonisierten Norm ist.

5.2.1 Übersicht Normenreihe ISO 11451

Titel[9]: „Road vehicles – Vehicle test methods for electrical disturbances from narrowband radiated electromagnetic energy"

Die Normenreihe ISO 11451 (Tabelle 5.1) beschreibt Messverfahren der Störfestigkeit allgemein für Straßenfahrzeuge. Die ISO 11451-2 beschreibt dabei das „typische" Antennenverfahren – eine Alternative findet sich in ISO 11451-4 mit der Stromeinkopplung nach dem BCI-Verfahren, sollten Ressourcen fehlen oder das Fahrzeug zu groß für eine Absorberhalle sein. Bild 5.2 zeigt, dass bei entsprechenden Hallenabmessungen auch größere Fahrzeuge untersucht werden können.

Tabelle 5.1 Übersicht Normenreihe ISO 11451

Normennr.	Titel	Messverfahren
ISO 11451-1	General principles and terminology	–
ISO 11451-2	Off-vehicle radiation sources	Messung der gestrahlten Störfestigkeit in der Absorberhalle
ISO 11451-3	On-board transmitter simulation	Messung der gestrahlten Störfestigkeit in der Absorberhalle mit Mobilfunkantennen im Fahrzeug
ISO 11451-4	Bulk current injection (BCI)	Messung der leitungsgebundenen Störfestigkeit mit dem BCI-Verfahren (alternativ zu ISO 11451-2)

5.2.2 Übersicht Normenreihe ISO 11452

Titel[10]: „Road vehicles – Component test methods for electrical disturbances from narrowband radiated electromagnetic energy"

Die Normenreihe ISO 11452 (Tabelle 5.2) beschreibt Messverfahren der Störfestigkeit allgemein für Fahrzeugkomponenten. Die ISO 11452-2 beschreibt dabei das „typische" Antennenverfahren – eine ganze Reihe von Alternativen findet sich in den dort folgenden Reihennummern. Die Messverfahren unterscheiden sich im Kostenaufwand und im Frequenzbereich, den sie sinnvoll abdecken können, behandeln aber prinzipiell ähnliche Phänomene.

[9] „Straßenfahrzeuge – Fahrzeugprüfverfahren für elektrische Störungen durch schmalbandige gestrahlte elektromagnetische Energie"

[10] „Straßenfahrzeuge – Komponentenprüfverfahren für elektrische Störungen durch schmalbandige gestrahlte elektromagnetische Energie"

Bild 5.2 Fahrzeug in einer Absorberhalle (mit freundlicher Genehmigung der Meyer & Meyer GmbH)

Tabelle 5.2 Übersicht Normenreihe ISO 11452

Normennr.	Titel	Messverfahren
ISO 11452-1	General principles and terminology	–
ISO 11452-2	Absorber-lined shielded enclosure	Messung der gestrahlten Störfestigkeit in der Absorberhalle
ISO 11452-3	Transverse electromagnetic mode cell	Messung der gestrahlten Störfestigkeit in der TEM-Zelle
ISO 11452-4	Harness excitation methods	Messung der leitungsgebundenen Störfestigkeit mit dem BCI-Verfahren
ISO 11452-5	Stripline	Messung der leitungsgebundenen Störfestigkeit mit der Streifenleitung
ISO 11452-7	Direct radio frequency (RF) power injection	Messung der leitungsgebundenen Störfestigkeit mit CDN (HF)
ISO 11452-8	Immunity to magnetic fields	Messung der gestrahlten Störfestigkeit mit Spulenantennen
ISO 11452-10	Immunity to conducted disturbances in the extended audio frequency range	Messung der leitungsgebundenen Störfestigkeit mit CDN (Audio)
ISO 11452-11	Reverberation chamber	Messung der gestrahlten Störfestigkeit mit der Modenverwirbelungskammer

5.2.3 Übersicht Normenreihe IEC 61000-3

Titel[11]: „Electromagnetic compatibility (EMC) – Part 3“

Die Normenreihe IEC 61000-3 (Tabelle 5.3) beschreibt Messverfahren der niederfrequenten *Störaussendung* allgemein für industrielle Geräte, die an ein öffentliches Niederspannungsversorgungsnetz angeschlossen werden sollen. Die zu vermessenden Phänomene sind dabei Oberschwingungsströme (induziert durch nicht-rein-Ohm'sche Verbraucher) und Flicker (induziert durch schnelle Lastwechsel), die für Geräte verschiedener Leistungsklassen jeweils unterschiedlich zu bewerten sind. Anders als typische Fachgrundnormen enthalten diese bereits einzuhaltende Grenzwerte.

Tabelle 5.3 Übersicht Normenreihe IEC 61000-3

Normennr.	Titel	Messverfahren
IEC 61000-3-2	Limits for harmonic current emissions (equipment input current ≤16 A per phase)	Messung der Oberschwingungsströme für einphasige Geräte (inkl. Grenzwerte)
IEC 61000-3-3	Limitation of voltage changes, voltage fluctuations and flicker in public low-voltage supply systems, for equipment with rated current ≤16 A per phase and not subject to conditional connection	Messung der Flickerstärke für einphasige Geräte (inkl. Grenzwerte)
IEC 61000-3-11	Limition of voltage changes, voltage fluctuations and flicker in public low-voltage supply systems – Equipment with rated current ≤75 A and subject to conditional connection	Messung der Flickerstärke für dreiphasige Geräte (inkl. Grenzwerte)
IEC 61000-3-12	Limits for harmonic currents produced by equipment connected to public low-voltage systems with input current >16 A and ≤75 A per phase	Messung der Oberschwingungsströme für dreiphasige Geräte (inkl. Grenzwerte)

5.2.4 Übersicht Normenreihe IEC 61000-4

Titel: „Electromagnetic compatibility (EMC) – Part 4“

Die Normenreihe IEC 61000-4 (Tabelle 5.4) beschreibt Messverfahren der *Störfestigkeit* allgemein für industrielle Geräte. Die jeweiligen Produktnormen listen dabei für die jeweilige Produktgruppe die anzuwendenden Messverfahren und definieren die Grenzwerte. Viele der Messverfahren kommen für praktisch alle Geräte zum Einsatz, andere nur in ganz speziellen Fällen – z.B. muss nur dann nach IEC 61000-4-8 und -9 getestet werden, wenn das Gerät magnetisch empfindliche Bauteile (z.B. Hall-Sensoren) enthält.

[11] „Elektromagnetische Verträglichkeit“

Tabelle 5.4 Übersicht Normenreihe IEC 61000-4

Normennr.	Titel	Messverfahren
IEC 61000-4-1	Testing and measurement techniques – Overview of IEC 61000-4 series	–
IEC 61000-4-2	Electrostatic discharge immunity test	Messung der gestrahlten Störfestigkeit mit einem ESD-Generator
IEC 61000-4-3	Radiated, radio-frequency, electromagnetic field immunity test	Messung der gestrahlten Störfestigkeit in der Absorberhalle
IEC 61000-4-4	Electrical fast transient/burst immunity test	Messung der leitungsgebundenen Störfestigkeit mit Burst-Impulsen
IEC 61000-4-5	Surge immunity test	Messung der leitungsgebundenen Störfestigkeit mit Surge-Impulsen
IEC 61000-4-6	Immunity to conducted disturbances, induced by radio-frequency fields	Messung der leitungsgebundenen Störfestigkeit mit CDN (HF)
IEC 61000-4-8	Power frequency magnetic field immunity test	Messung der gestrahlten Störfestigkeit mit 50 Hz/60 Hz Magnetfeldern
IEC 61000-4-9	Pulse magnetic field immunity test	Messung der gestrahlten Störfestigkeit mit Surge-induzierten Magnetfeldern
IEC 61000-4-10	Damped oscillatory magnetic field immunity test	Messung der gestrahlten Störfestigkeit mit abklingenden Magnetfeldern
IEC 61000-4-11	Voltage dips, short interruptions and voltage variations immunity tests	Messung der leitungsgebundenen Störfestigkeit mit kurzen Spannungsabschaltungen
IEC 61000-4-13	Harmonics and interharmonics including mains signalling at a.c. power port, low frequency immunity tests	Messung der leitungsgebundenen Störfestigkeit mit synthetischen Oberschwingungsströmen
IEC 61000-4-14	Voltage fluctuation immunity test for equipment with input current not exceeding 16 A per phase	Messung der leitungsgebundenen Störfestigkeit mit schwankender Versorgungsspannung
IEC 61000-4-21	Reverberation chamber test methods	Messung der gestrahlten Störfestigkeit mit der Modenverwirbelungskammer
IEC 61000-4-22	Radiated emissions and immunity measurements in fully anechoic rooms (FARs)	Messung der gestrahlten Störfestigkeit und Störaussendung mit Freiraumhallen
IEC 61000-4-27	Unbalance, immunity test for equipment with input current not exceeding 16 A per phase	Messung der leitungsgebundenen Störfestigkeit für dreiphasige Systeme mit schwankender Einzelphasenspannung
IEC 61000-4-28	Variation of power frequency, immunity test for equipment with input current not exceeding 16 A per phase	Messung der leitungsgebundenen Störfestigkeit für einphasige und dreiphasige Systeme mit schwankender Einzelphasenfrequenz
IEC 61000-4-29	Voltage dips, short interruptions and voltage variations on d.c. input power port immunity tests	Messung der leitungsgebundenen Störfestigkeit mit schwankender Versorgungsspannung speziell für DC-versorgte Systeme

5.2.5 Übersicht Normenreihe CISPR

Die CISPR-Normen (Tabelle 5.5) beschreiben allgemein Messverfahren zur Feststellung der Störaussendung – je nach Ordnungsnummer für Fahrzeuge, Fahrzeugkomponenten oder Industriegeräte. Die in den CISPR-Normen enthaltenen Grenzwerte sind dabei nur Vorschläge der Kommission und können von Produktnormen oder Herstellerspezifikationen variiert werden.

Tabelle 5.5 Übersicht Normenreihe CISPR

Normennr.	Titel	Messverfahren
CISPR 11	Industrial, scientific and medical equipment – Radio-frequency disturbance characteristics – Limits and methods of measurement	Emissionsmessverfahren für Industrieprodukte
CISPR 12	Vehicles, boats and internal combustion engines – Radio disturbance characteristics – Limits and methods of measurement for the protection of off-board receivers	Emissionsmessverfahren für Gesamtfahrzeuge
CISPR 25	Vehicles, boats and internal combustion engines – Radio disturbance characteristics – Limits and methods of measurement for the protection of on-board receivers	Emissionsmessverfahren für Fahrzeugkomponenten

5.2.6 Übersicht Normenreihe ISO 7637

Titel[12]: „Road vehicles – Electrical disturbances from conduction and coupling"

Die Normenreihe ISO 7637 (Tabelle 5.6) beschreibt die Prüfung transienter Phänomene, die auf Fahrzeugbordnetzen auftreten. Unterschieden werden Hochvolt- und Niedervoltnetze, sowie Signalleitungen.

5.2.7 Grundnormen und Fachgrundnormen

Grundnormen wie die Normenreihe IEC 61000-4-x beschreiben grundlegende Messverfahren, die für die Nachbildung von elektromagnetischen Phänomenen in einer Laborumgebung oder in bestimmten Außenbereichen geeignet sind. Das Ziel ist die genaue Festlegung von Messplatz, Messgeräten und Ablauf, um eine möglichst *gute Reproduzierbarkeit* mit *praxisnaher Anwendung* zu kombinieren. Sie beinhalten sowohl Messverfahren zur Störfestigkeit, z.B. die IEC 61000-4-6 für die galvanische Einkopplung von Hochfrequenzsignalen auf Anschlussleitungen, als auch Messverfahren für Störaussendungsmessungen, z.B. die IEC 61000-3-11 für die Messung von Oberschwingungsströmen am Niederspannungsversorgungsanschluss für Geräte mit einer Stromaufnahme zwischen 16 A und 75 A. Grenzwerte sind in diesen Grund-

[12] „Straßenfahrzeuge – Elektrische Störungen durch Leitung und Kopplung"

Tabelle 5.6 Übersicht Normenreihe 7637

Normennr.	Titel	Messverfahren
ISO 7637-1	Road vehicles – Electrical disturbances from conduction and coupling – Part 1: Definitions and general considerations	–
ISO 7637-2	Road vehicles – Electrical disturbances from conduction and coupling – Part 2: Electrical transient conduction along supply lines only	Störfestigkeitsmessverfahren für impulsartige Phänomene aus Versorgungsleitungen in Fahrzeugbordnetzen
ISO 7637-3	Road vehicles – Electrical disturbances from conduction and coupling – Part 3: Electrical transient transmission by capacitive and inductive coupling via lines other than supply lines	Störfestigkeitsmessverfahren für impulsartige Phänomene aus Signalleitungen in Fahrzeugbordnetzen
ISO 7637-4	Road Vehicles – Electrical disturbance by conduction and coupling – Part 4: Electrical transient conduction along shielded high voltage supply lines only	Störfestigkeitsmessverfahren für impulsartige Phänomene aus Versorgungsleitungen in Hochvolt-Bordnetzen in Elektro- und Hybridfahrzeugen (Status 2014: noch in Bearbeitung)

normen gewöhnlich nicht zu finden, da dies eher den spezifischen Fach- oder Produktnormen überlassen wird.

Fachgrundnormen sind diejenigen Normen, die generische *elektromagnetische Umgebungen* über eine Zusammenstellung anwendbarer Grundnormen beschreiben, z.B. Wohnbereich, Industriebereich oder geschützte Umgebung. Sie enthalten möglichst allgemeingültige Grenzwerte für Störaussendung und Störfestigkeit, die für Produkte zur Anwendung kommen können, für die keine spezifischere Produktnorm existiert.

Ein Beispiel: Ist ein Gerät für den Wohnbereich vorgesehen und es existiert keine weiter konkretisierende Produktnorm, legt die Fachgrundnorm den Pegel für die gestrahlte Störfestigkeit im Bereich von 80 – 1000 MHz auf 3 V/m fest, d.h. ein Gerät muss unter Einwirkung dieser Feldstärke weiterhin zufriedenstellend funktionieren. Die Überprüfung dieser Anforderung ist in der entsprechenden Grundnorm geregelt, die das Messverfahren beschreibt. Die gestrahlte Störaussendung ist für den Wohnbereich mit 30 dB(μV/m) im Bereich von 30 – 220 MHz festgelegt und verweist auch wieder auf eine Grundnorm, die das anzuwendende Messverfahren beschreibt.

Der Industriebereich unterscheidet sich vom Wohnbereich dadurch, dass er höhere Ansprüche an die Störfestigkeit stellt, aber auch einen erhöhten Aussendungspegel zulässt. Der *Wohnbereich* ist dabei immer dann anzunehmen, wenn das Gerät in einem Gebäude zum Einsatz kommt, dessen Energieversorgung durch das öffentliche Niederspannungsversorgungsnetz erfolgt. Von *Industriebereich* ist immer dann auszugehen, wenn die Energieversorgung einer Elektro-Installation über einen eigenen Mittelspannungstransformator erfolgt (z.B. bei Fabriken). *Geschützte Umgebungen* sind z.B. ein Laborbereich, ein Krankenhaus und Ähnliches, d.h. Orte, an denen besondere Vorkehrungen getroffen werden können oder müssen, um eine störungsfreie Umgebung sicherzustellen und in denen sich besonders empfindliche Geräte befinden (z.B. hochgenaue Messgeräte oder Herz-Lungen-Maschinen). Eine Möglichkeit einer solchen Vorkehrung ist die Trennung der Gebäudeunterverteilung in zwei Stromnetze – eines für EDV-Geräte, die aufgrund ihrer Netzteile gewöhnlich viele Oberschwingungsströme produzieren, und ein zweites, gesondertes Netz für Laborgeräte.

5.2.8 Produktnormen

Produktnormen sind spezifischer in ihrem Anwendungsbereich als Fachgrundnormen und enthalten z.B. produktspezifische Grenzwerte oder abweichend definierte Messverfahren. Sie gliedern sich in den Anwendungsbereich (engl. „Scope"), wo die Produkte beschrieben werden, für die die jeweilige Produktnorm anzuwenden ist (z.B. drehzahlveränderliche Antriebe, Flurförderfahrzeuge, Baumaschinen, Kfz-Nachrüstteile usw.) und den Anforderungsbereich – in vielen Fällen eine tabellarische Aufzählung aller anzuwendenden Messverfahren mit Grenzwerten für unterschiedliche, in der Produktgruppe typischerweise vorkommende, Schnittstellen.

In der Produktnorm könnte z.B. abweichend zur Fachgrundnorm festgelegt sein, dass Wechselstromversorgungsleitungen mit bis zu 6 kV Stoßspannung (Surge), Signalleitungen dagegen nur mit 1 kV zu testen sind. In seltenen Fällen definieren Produktnormen eigene, produktspezifische Messverfahren, die speziell auf die Erfordernisse der Produktgruppe zugeschnitten sind, weil entsprechende Grundnormen nicht, oder nur bedingt, anwendbar sind.

5.2.9 Akkreditierung von Laboren

Labore, die im Auftrag von Herstellern die EMV von Produkten untersuchen, können ihre Kompetenz gegenüber einer überwachenden Behörde nachweisen, um sich damit zum Einen gegenüber ihren Kunden besonders zu profilieren und zum Anderen um ihren Dienstleistungen die in manchen Bereichen zwingend erforderliche Belastbarkeit zu verleihen. In Deutschland ist diese Behörde die *Bundesnetzagentur*, vertreten durch die deutsche Akkreditierungsstelle DAkkS. Alle Labore, die nicht nur zu Erprobungszwecken oder entwicklungsbegleitend testen möchten, sondern auch Abnahmeprüfungen nach harmonisierten Normen durchführen wollen, können sich in regelmäßigen Abständen auditieren lassen, d.h. ein Vertreter der DAkkS kontrolliert die Arbeitsweise und die Einhaltung aller Vorgaben bei einem persönlichen Besuch. Alle Messmittel und Messketten müssen regelmäßig überprüft werden, ein normkonformes Qualitätsmanagementsystem muss implementiert sein und die Kompetenz der Mitarbeiter muss nachgewiesen werden. Der Unternehmer muss nachweisen, dass er sich erfolgreich bemüht, die Kompetenz seiner Angestellten aufrecht zuerhalten – Stichwort: Schulungskonzept. Der DAkkS sind alle Messverfahren untergeordnet, die in harmonisierten Normen zu finden sind. Ein Labor kann dabei selbst bestimmen, welche Messverfahren es anbieten möchte und somit seinen Prüfumfang zu definieren.

Im Bereich von Kraftfahrzeugen (PKW, LKW, zwei- und dreirädrige Krafträder) die für das Fahren auf öffentlichen Straßen zugelassen werden sollen, ist jeweils die Kraftfahrbehörde eines Landes – in Deutschland das *Kraftfahrtbundesamt* – für eine Akkreditierung der Messverfahren, die in der Kraftfahrzeugrichtlinie abgeprüft werden, verantwortlich.

Mit einem einzigen Audit ist es für ein Labor mit breitem Prüfangebot also meist nicht getan. Auch einige große Herstellerfirmen überprüfen diejenigen Labore, bei denen ihre Zulieferer Komponenten testen lassen, sehr kleinteilig.

Die Norm, die die Arbeitsweise für Labore festlegt, ist die ISO/IEC 17025 „General requirements for the competence of testing and calibration laboratories" (Grundlegende Anforderungen an die Kompetenz von Prüf- und Kalibrierlaboren). Ziel des Akkreditierungssystems ist die Sicherstellung von durchgehender Ergebnisbelastbarkeit und Konstanz der Qualität eines Labors, sowie die Festlegung gewisser formaler Kriterien, wie z.B. Geheimhaltungspflichten. Wer als Kunde seine Produkte in einem akkreditierten Labor prüfen lässt, soll sich der Richtigkeit der erzielten Ergenisse so sicher wie möglich sein können.

5.2.10 Ausgabestände von Normen

Wichtiger Teil eines Normenverweises ist immer auch der Ausgabestand, denn eine einzelne Norm hat nur eine begrenzte Lebensdauer, da die allgemeine oder spezielle technische Entwicklung dazu zwingen kann, eine Neuauflage mit geänderten, aktuellen Anforderungen zu formulieren. Findet man einen Normenverweis ohne Hinweis auf den Ausgabestand, so ist stets die aktuellste Version gemeint. Die Erneuerungszyklen bewegen sich in Zeiträumen von etwa fünf Jahren, wobei aber auch manche sehr grundlegende Normen für mehrere Jahrzehnte unverändert bleiben.

Schnellere und kurzfristige Änderungen werden an Normen mit sogenannten Beiblättern (engl. „Amendment") realisiert – kleinere Korrekturen können ebenfalls als „Corrigendum" nachgereicht werden. Ein vollständiger Normenverweis kann also recht lang werden, je nachdem, wie viele Beiblätter und Korrekturen mit zu beachten sind, z.B.:

DIN EN IEC xxxxx-x-x : 20xx + A1 : 20xx + A2 : 20xx + ... + CORR 20xx

Die Häufigkeit der Erneuerung hängt maßgeblich von der Innovationskraft des zugrunde liegenden Wirtschaftsbereiches ab. Normen zu kommunikationstechnischen Produktgruppen haben generell schnellere Zyklen als solche Normen, die sich auf weniger innovative Güter beziehen, wie z.B. Gabelstapler. Anders als CEN und CENELEC versioniert ETSI die von ihr veröffentlichten Standards z.B. „V2.2.1" und gibt kein Datum im Titel an.

Die Änderungen betreffen häufig erweiterte Frequenzbereiche (seit z.B. WLAN in praktisch jedem Haushalt Verwendung findet, wurde die Frequenzobergrenze für Störfestigkeitsprüfungen nach IEC 61000-4-3 von 1000 MHz in einem ersten Schritt erst auf 2700 MHz und später dann auf 6000 MHz erhöht).

Problematisch kann es werden, wenn Produktnormen auf veraltete Grundnormenstände verweisen und so gut wie gar nicht selbst aktualisiert werden. Das stellt den Hersteller vor die schwierige Entscheidung, was er eigentlich erfüllen muss, um guten Gewissens die Konformitätserklärung abzugeben. Generelle Empfehlungen sind schwierig, da in einigen Branchen die Einhaltung von Normen an sehr starre Zulassungsverfahren gekoppelt ist (z.B. Medizinprodukte). Genießt ein Hersteller in seiner Branche etwas Flexibilität, sollte er nach den aktuell im OJEU gelisteten oder neuesten Normenständen prüfen und bewerten, da dies zukunftssicherer ist und in vielen Fällen bei Rechtsstreitigkeiten auch mehr Gewicht hat. Bei Unfällen urteilen Gerichte in der Regel nach dem „neuesten Stand von Wissenschaft und Technik" und nicht nach dem „Stand der Technik".

5.2.11 Beispiele für Dokumententypen aus der Normenwelt

Technische Berichte (engl. „technical report") – Ein technischer Bericht ist eine, von einem Expertengremium erstellte, Zusammenstellung von Erfahrungswerten („Best Practices"), die Herstellern bei der Entwicklung von Produkten behilflich sein soll. Ein technischer Bericht hat *rein informativen Charakter*. Ein Beispiel sind die technischen Berichte des europäischen Instituts für Kommunikationsnormen, die einige Untersuchungen des öffentlichen Niederspannungsversorgungsnetzes hinsichtlich der Eignung für die Datenübertragung enthalten (Dämpfungs- und Reflexionsverhalten usw.).

Technische Spezifikationen (engl. „technical specification") – Eine technische Spezifikation ist eine Norm in einer Art Wartestadium. Diese Dokumente entstehen immer dann, wenn entweder dringend technische Rahmenbedingungen erforderlich sind, aber noch nicht genügend Konsens zwischen den Mitgliedern herrscht, um eine „echte" Norm zu erstellen, oder wenn für einen gewissen Zeitraum ein sehr häufiger Aktualisierungsbedarf vom Normungsgremium gesehen wird.

Arbeitsentwürfe (engl. „working draft") – Hier handelt es sich um eine Norm, die noch bearbeitet wird. Arbeitsentwürfe werden in kleinen, überschaubaren Expertengruppen verteilt, um Korrekturen, Einwände und andere Rückmeldungen zu erhalten. Erste Arbeitsentwürfe verbleiben gewöhnlich im Personenkreis der Gremienmitglieder.

Entwürfe zur Abstimmung (engl. „committee draft") – Ein Entwurf zur Abstimmung ist ein Arbeitsentwurf, der inhaltlich soweit entwickelt ist, dass er zu einer Norm werden könnte. Er wird dann als *Committee Draft* in der abstimmungsberechtigten Gruppe verteilt. Gibt es ein positives Votum, wird dieser Entwurf in mehreren Abstimmungsrunden erst ein „Draft International Standard" (DIS), ein „Final Draft International Standard" (FDIS) und schließlich ein publizierter Standard.

5.3 Herstellerspezifikationen

Große Hersteller aus Industrie und Fahrzeugbau haben eigene Vorgaben zur EMV, die alle ihre Zulieferer erfüllen müssen. Sie sind vergleichbar mit Produktnormen, sind aber nicht durch ein konsensbasiertes Gremium mit diversem Teilnehmerkreis, sondern allein in der Verantwortung des Herstellers entstanden. Die Anforderungen aus bestehenden Normen werden in diesen Spezifikationen häufig übernommen und verschärft. Dies geschieht mit dem Ziel, die gesetzlich geforderte Einhaltung der EMV-Schutzanforderungen für das Endprodukt aus vielen Zulieferteilen sehr wahrscheinlich zu machen.

In Herstellerspezifikationen ist es im Allgemeinen üblich, dass weitere Messverfahren zusammen mit passenden Grenzwerten definiert sind, wobei der Fokus auf Phänomenen liegt, mit denen der Hersteller in seiner Produkthistorie Probleme hatte. Ein Beispiel ist der „Ground Shift" aus der Herstellerspezifikation eines internationalen Automobilkonzerns, bei der eine elektronische Unterbaugruppe (z.B. einen Fensterhebemotor) mit einer unsauberen Masse versorgt wird und weiterhin zufriedenstellend funktionieren muss. Zu diesem Messverfahren findet sich keine Grundnorm.

Bei reinen Zulieferteilen für Fahrzeuge, die als Einzelteil nicht funktionsfähig sind, oder die nicht direkt in den Endverbraucherhandel kommen, ist der Hersteller der Komponente gesetzlich nicht verpflichtet, die elektromagnetische Verträglichkeit seines Teilsystems sicherzustellen.

Erst der Endfertiger (engl. „Manufacturer" oder OEM – „Original Equipment Manufacturer"), der ein Produkt an Endkunden verkaufen will, ist gesetzlich gezwungen, die Anforderungen entweder der Kfz-Richtlinie oder des EMV-Gesetzes nachzuweisen.

Damit der Endfertiger beim ressourcenintensiven Produkttest möglichst keinen Schiffbruch erleidet und kein teures Re-Design erforderlich wird, verpflichtet er alle seine Zulieferer, seine Herstellerspezifikation für die Einzelkomponenten anzuwenden. Die Anforderungen in diesen Spezifikationen sind deshalb so hoch, damit beim Zusammenbau der vielen kleinen Systeme zu einem Produkt die Summation von Störaussendung und Störfestigkeit der Teile immer noch die Grenzwerte aus den Normen eingehalten werden können. Als Anhaltspunkt für die Komplexität kann genommen werden, dass sich in einem aktuellen Oberklassefahrzeug mehr als 100 einzelne Steuergeräte befinden.

In den Herstellerspezifikationen stehen oft auch sehr genaue Anforderungen an die Ausgestaltung des Prüfberichtes, der im Anschluss an die Tests vom Labor an den Kunden bzw. nachgelagert dem Hersteller übergeben wird. Es gibt Anforderungen, welche grafischen Darstellungen aufzunehmen sind, welche Parameter zu dokumentieren sind und dergleichen noch viel mehr.

5.3.1 Vertragliche EMV-Anforderungen

Wie später in diesem Buch noch beschrieben wird, kann ein Hersteller auf die Anwendung von Messverfahren zur Qualifikation seiner Produkte wahlweise verzichten. Im Investitionsgüterbereich ist es für aufwändige Einzelanfertigungen (Rolltreppen, Verpackungsstraßen, Automatisierungsanlagen usw.) oft Bestandteil des Liefervertrages zwischen späterem Betreiber und Zulieferer, dass der Zulieferer die Einhaltung der Schutzanforderungen durch die Anwendung von bestimmten harmonisierten Normen nachzuweisen hat, auch wenn er ggf. gesetzlich nicht zur messtechnischen Überprüfung verpflichtet wäre. Auch hier kann im Vertrag festgelegt werden, dass Teile der Anforderungen über das hinausgehen, was die Normen fordern würden (z.B. Anhebung der Pegel für die Störfestigkeitsprüfungen).

Teilweise findet die messtechnische Überprüfung dann als sogenannter „Witness Test" statt, d.h. ein Vertreter der Betreiberfirma wohnt den Prüfungen bei, um die Einhaltung der vertraglichen Pflichten des Zulieferers zu überprüfen und zu bezeugen.

5.3.2 Testpläne

Testpläne werden oft in Abstimmung zwischen Zulieferer und seinem Kunden erstellt, um auf die besonderen Anforderungen im späteren Einsatz eines ganz bestimmten Betriebsmittels Rücksicht zu nehmen. Rein praktisch betrachtet, können Testpläne wie eine besonders eng gefasste Produktnorm verstanden werden. Testpläne basieren gewöhnlich auf einer Norm oder einer Herstellerspezifikation und passen den Prüfumfang, die Prüfschärfe und ggf. andere Eckparameter an, um dem speziellen Prüfmuster in besonderem Maße gerecht zu werden.

Bei Fahrzeugherstellern ist es üblich, für jede einzelne Zuliefererkomponente einen Testplan zu erstellen, den der Zulieferer bei einem unabhängigen Labor abprüfen lassen muss, um dem Hersteller nachzuweisen, dass die von ihm gefertigte Komponente den hohen Qualitätsansprüchen genügt. Die Einhaltung der Prüf- oder Testpläne ist dabei bereits Bestandteil des Zulieferervertrages und über diesen Weg rechtlich bindend.

Die Anforderungen in diesen Prüfplänen gehen oft weit über gesetzliche Grundanforderungen hinaus und ergänzen die „üblichen“ Prüfungen um Spezialtests, die Phänomene abprüfen sollen, mit denen der Fahrzeughersteller in der Vergangenheit Probleme gehabt hat. Im Inhalt der Testpläne finden sich oft sehr detailliert beschriebene Vorgaben zur Überwachung während der Störfestigkeitsprüfungen, genau auf den Prüfling zugeschnittene Bewertungskriterien und spezielle Ausnahmen bei nicht zu 100% auf das Prüfmuster anwendbaren Prüfverfahren.

Anders als bei gesetzlichen Anforderungen ist die abschließende Bewertung einer nicht bestandenen Prüfung noch zwischen Hersteller und Zulieferer verhandelbar – bei knappen Überschreitungen von Grenzwerten in der Emission oder Störschwellen knapp unter den Anforderungen in der Störfestigkeit kann der Hersteller dem Zulieferer diese mangelnde Qualität zugestehen, um Kosten für Re-Design, oder drohenden Produktionsverzug entgegenzuwirken. Je nachsichtiger der Hersteller sich hier allerdings gibt, desto mehr wächst sein Risiko, in den abschließenden Test des Gesamtproduktes zu einem Re-Design gezwungen zu werden.

Problematisch wird es immer dann, wenn erst im Laborversuch festgestellt wird, dass die im Prüfplan definierten Anforderungen technisch prinzipiell nicht erfüllt werden können. Evtl. ist eine Überwachung mit der vorgesehenen Präzision nach dem Stand der Technik nicht möglich, oder die realen Anschlussbedingungen verhindern die Durchführung bestimmter Teilprüfungen.

Da der Prüfplan aber Vertragsbestandteil ist, kann er nicht eigenmächtig vom Zulieferer mit dem Labor neu abgestimmt werden. Oft ist eine Rücksprache mit dem Hersteller unumgänglich und diese kostet Zeit und Geld. Technische Expertise auf hohem Niveau ist daher für die Erstellung eines Testplanes unabdingbar.

5.3.3 Anerkennungsverfahren für Labore

Da Herstellerspezifikationen häufig zusätzliche Prüfungen enthalten, die durch eine Akkreditierung bei der DAkkS nicht abgedeckt sind, gibt es Hersteller, die die Kompetenz von Laboren gesondert überprüfen. Üblicherweise muss das Labor für den Hersteller einen „Test Facility Report“ (Bericht über das Prüflabor) vorlegen, der für alle Messverfahren, die das Labor für diesen Hersteller bzw. dessen Zulieferer durchführen möchte, eine exakte Auflistung aller verwendeten Geräte und einer Beschreibung des Messsystems verlangt.

Das Labor muss nachweisen, dass es die formalen Anforderungen erfüllen kann und in der Lage ist, die Prüfberichte nach den Vorgaben des Herstellers anzufertigen. Kann ein Labor alle Anforderungen erfüllen, wird es für diesen Hersteller „gelistet“. Die Zulieferer haben dann eine Liste der Labore in der Hand, bei denen sie ihre Komponente für den Hersteller prüfen lassen dürfen.

Werden Projekte häufig mit Fehlern abgeschlossen, mangelt es an Kommunikation zwischen Labor und Hersteller, oder entsprechen die Prüfberichte häufiger nicht den Anforderungen, kann ein Labor suspendiert werden, bis es seine Fehlerquellen eliminiert. Im schlimmsten Fall kann es seine Listung vollständig verlieren. Teilweise erkennen Hersteller auch die Anerkennungen anderer Hersteller für Labore an, da auch der ein oder andere Hersteller sich kräftig bei den Inhalten von Spezifikationen seiner Mitbewerber bedient und so kein aufwändiges, eigenes Anerkennungsverfahren implementieren muss.

5.4 CE-Kennzeichnung

Mit dem Aufbringen des CE-Kennzeichens (Bild 5.3) auf sein Produkt oder in die begleitenden Unterlagen versichert der Hersteller, dass er der festen Überzeugung ist, alle in der europäischen Union gültigen Richtlinien (und damit oft auch die zugehörigen harmonisierten Normen), die für sein Produkt Anwendung finden, einzuhalten (Konformitätserklärung).

Bild 5.3 Normgerechtes CE-Kennzeichen

5.4.1 Die Konformitätsvermutung

Da es unmöglich ist, vor dem Inverkehrbringen eines Produktes alle Eventualitäten abzuprüfen, kann ein Hersteller sich eigentlich niemals zu 100% sicher sein, dass er das EMV-Gesetz einhält, das prinzipiell und allumfassend die Forderung nach ausreichender Störfestigkeit und minimaler Emission stellt. Der Nichtexistenzbeweis ist mit endlichem Aufwand grundsätzlich nicht zu führen. Der Gesetzgeber sagt aber, dass der Hersteller guten Gewissens *vermuten* darf, dass er das Gesetz, bzw. die Richtlinie, einhält, wenn er die zugehörigen harmonisierten Normen einhält, die naturgemäß nur einen Teil der in der Praxis auftretenden Phänomene abdecken können. Dieser Kunstgriff nennt sich “Konformitätsvermutung„. Im Falle eines Rechtsstreits kann der Hersteller, der harmonisierte Normen erfolgreich zur Anwendung gebracht hat, sich auf der sicheren Seite wähnen, da er nach den Regeln für beste Praxis in der Technik gehandelt hat.

§ 5 des EMVG (2016)
„Stimmt ein Betriebsmittel mit den einschlägigen harmonisierten Normen oder Teilen davon, deren Fundstellen im Amtsblatt der Europäischen Union veröffentlicht sind, überein, so wird widerleglich vermutet, dass das Betriebsmittel mit den von dieser Norm oder Teilen davon abgedeckten Anforderungen des § 4 übereinstimmt.“ [EMVG16]

Kommt ein Hersteller ohne ausreichende Basis zur einer Konformitätsvermutung und bringt das CE-Kennzeichen an seinem Produkt an, so wird ihm das im Schadensfall zum Nachteil ausgelegt werden und ist ggf. sogar grob fahrlässig. Erfüllt er wissentlich die harmonisierten Normen nicht (evtl. hat er Prüfungen durchführen lassen und diese nicht bestanden) und gibt die Konformitätserklärung trotzdem ab, könnte dies als vorsätzliche Ordnungswidrigkeit gewertet werden, für die das EMVG nach § 30 ein Bußgeld bis zu 500.000 € vorsieht. Die betreffenden Geräte können nach EMVG §33 (3) „Bußgeldvorschriften“ eingezogen werden.

5.4.2 Rolle des Herstellers

Ein Hersteller eines Produktes, das keinen zusätzlichen Zulassungsbeschränkungen (wie z.B. bei Kraftfahrzeugen) unterliegt, ist für die CE-Kennzeichnung seiner Produkte vollständig selbst verantwortlich und kann in vielen Fällen ohne weitere juristische Personen völlig eigenständig handeln. Die Verantwortung für die Einwandfreiheit seines Produktes (und im Streitfall die Beweislast) liegt dann aber auch vollständig in seinen Händen.Die Einhaltung aller Richtlinien, und damit auch die der EMV-Richtlinie, befindet sich in seinem Obligo. Die Art der Überprüfung der Einhaltung ist ihm jedoch im Falle der EMV-Richtlinie völlig freigestellt.

Es gibt anerkannte Verfahren, wie die Anwendung harmonisierter Normen und fahrlässige Verfahren, wie das pure Vertrauen darauf, dass es hoffentlich zu keinem Schadensfall kommen wird. Beides findet in der Praxis Anwendung, doch möchten mehr und mehr Hersteller ihr Haftungsrisiko durch gute technische Praxis minimieren, was auf Tests und Prüfungen hinausläuft. Hersteller mit Sitz außerhalb der EU, die innerhalb der europäischen Union ihre Produkte vertreiben möchten, benötigen einen verantwortlichen (haftbaren) Partner, z.B. einen Importeur, oder eigenen autorisierten Vertreter, der in der EU ansässig ist, damit EU-Recht im Streitfall gegen den Hersteller geltend gemacht werden kann. Der Ansässige muss die Konformitätserklärungen und sonstigen technischen Unterlagen, welche Grundlage der Erklärung waren, auf Verlangen den Behörden zugänglich machen und ist im Streitfall die zu belangende juristische Person.

5.4.3 Anwendung harmonisierter Normen

Die Anwendung harmonisierter Normen hat sich für elektrische Geräte im Bereich elektrischer Sicherheit, funktionaler Sicherheit und elektromagnetischer Verträglichkeit als die beste technische Praxis („Best Practice“) etabliert. Die in den Grundnormen beschriebenen Messverfahren kommen mit den Konkretisierungen der Produktnormen zur praktischen Anwendung im Labortest. Ist das Ergebnis des Labortests positiv, kann die Konformitätsvermutung in Form einer Konformitätserklärung vom Hersteller gedruckt und von der Geschäftsführung (oder etwaiger Bevollmächtigter) unterschrieben zu den Akten gelegt werden.

Dieses Verfahren ist die kostspieligste Möglichkeit, die Einhaltung der Schutzanforderungen nachzuweisen, legt aber die Beweislast im Schadensfall auf die Seite der Anklage. Erklärt der Hersteller die Konformität ohne technisch anerkannte Grundlage, verbleibt die Beweispflicht im Streitfall bei ihm.

Ist ein Hersteller sich unsicher mit den Labortests, da sein Gerät so speziell ist, dass es nur schlecht, oder gar nicht, nach harmonisierten Normen geprüft werden kann, kann er unabhängige Sachverständige hinzuziehen, der von der Bundesnetzagentur (BNetzA) akkreditiert sind, die sogenannten „notifizierten Stellen". Das Anrufen einer notifizierten Stelle erzeugt zusätzliche Kosten, da die notifizierten Stellen als selbstständige Körperschaften tätige, behördlich anerkannte Firmen sind, die ihre Expertise als Dienstleistung auf dem freien Markt anbieten. Eine notifizierte Stelle ist also keine hoheitlich geführte Behörde, sondern lediglich von Behörden anerkannt.

5.4.4 Dokumentenbewertung

Eine weitere anerkannte und zulässige Form, die Einhaltung der Schutzanforderungen nachzuweisen ist die Dokumentenbewertung. Diese ist vor allem dann üblich, wenn Zulieferer nur (oder zum großen Teil) bereits geprüfte Komponenten von anderen Herstellern zu einem neuen Produkt zusammensetzen. Eine Summe aus CE-gekennzeichneten Produkten ergibt laut gelebter Praxis wieder ein konformes Produkt, auch wenn diese Vermutung aus physikalischer Sicht nicht zwingend sinnvoll ist. In diesem Fall besteht der Dokumentenstapel nicht, wie bei der Anwendung der harmonisierten Normen, aus einem Prüfbericht und einer Konformitätserklärung, sondern aus einer Sammlung von Konformitätserklärungen der Einzelkomponenten ergänzt um eine Gesamtkonformitätserklärung für das zusammengebaute Produkt.

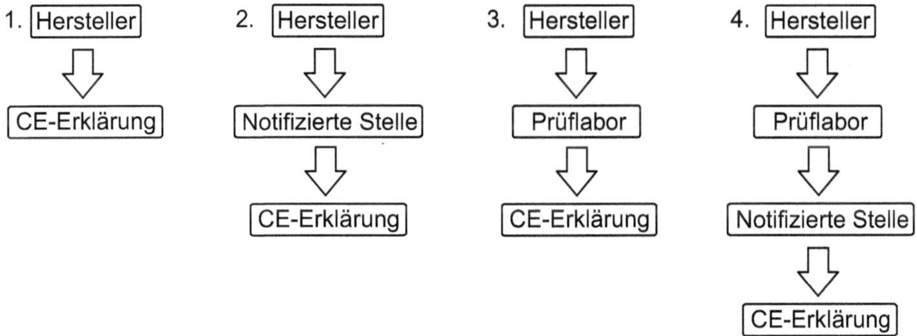

Bild 5.4 Die vier Möglichkeiten der CE-Kennzeichnung durch den Hersteller: 1. auf eigene Faust, 2. als Dokumentenbewertung mit der notifizierte Stelle, 3. durch Anwendung harmonisierter Normen mit einem Prüflabor, 4. mit Prüflabor und notifizierter Stelle, da die Anwendung der harmonisierten Normen nicht möglich war oder nicht zu einem positiven Ergebnis führte

Diese Form der Erklärung ist rechtlich nicht so belastbar wie der echte Labortest, dafür aber oft wesentlich kostengünstiger in der Durchführung, die sich aber ein um das andere Mal als komplizierter herausstellt als vom Hersteller in der Planungsphase angenommen.

Die Konformitätserklärungen der Einzelkomponenten können teilweise auf veralteten Normenausgaben beruhen, sind selbst nur eine Dokumentenbewertung, decken nicht alle Richtlinien ab, passen nicht zur elektromagnetischen Umgebung des zusammengebauten Produktes (z.B. ein Heim-PC-Lüfter in einem Industrie-Serverrack) oder genügen nicht den sonstigen formalen Anforderungen (sie müssen z.B. vom Hersteller unterschrieben sein).

Für manche industrielle Großanlagen ist eine umfassende Dokumentenbewertung oftmals die einzige möglichkeit, eine gewissenhafte Prüfung der EMV durchzuführen, da Labor oder Vor-Ort- Tests technisch einfach nicht möglich sind.

Ist ein Hersteller sich sehr unsicher mit seiner Dokumentenbewertung, kann er auch hierfür eine notifizierte Stelle anrufen. Bild 5.4 fasst die vier möglichen Wege zur CE-Kennzeichnung zusammen.

5.4.5 Behördliche Aufsicht durch die BNetzA

Die 1998 gegründete Bundesnetzagentur für Elektrizität, Gas, Telekommunikation, Post und Eisenbahnen (BNetzA) ist die oberste deutsche Regulierungsbehörde zur Förderung und Aufrechterhaltung der sogenannten Netzmärkte. Die Bundesnetzagentur hat unter anderem die Aufgabe, innerhalb Deutschlands die Einhaltung des EMV-Gesetzes und den Funkschutz zu überwachen und sicherzustellen.

Bemerkt eine Privatperson, eine Behörde oder eine Firma, dass ein Problem beim Funkschutz bzw. den Schutzanforderungen aus dem EMV-Gesetz vorliegen könnte, kann die BNetzA verständigt werden, um (ggf.) mit mobilen Messeinrichtungen das Phänomen direkt oder im Nachgang zu untersuchen. Bei auffälligen Produkten kann die BNetzA ein Produkt aus dem Markt entnehmen und selbst prüfen (bei nagtivem Test werden die Kosten hierfür dem Hersteller aufgebürdet).

Stellt die Behörde einen Verstoß gegen das EMV-Gesetz fest, wird, bei weiterhin bestehender Funkstörung, zunächst der Betreiber zur Stilllegung seiner Anlage verpflichtet. Im nächsten Schritt wird die BNetzA ein Verfahren gegen den Hersteller starten, wenn es sich nicht um ein Einzelgerät (z.B. eine Spezialanfertigung wie eine Verpackungsstraße) handelt. Der Hersteller muss dann belegen, welche Maßnahmen er zur Sicherstellung der Einhaltung des EMV-Gesetzes unternommen hat. Je nach Sachlage kann der Hersteller Vertriebsverbote für sein Produkt erhalten und muss mit Freiheits- oder Geldstrafen rechnen, wenn ihm grobe Fahrlässigkeit oder Vorsatz bewiesen werden kann. Mangelnde EMV hat in der Vergangenheit zu großem Schaden geführt, z.B. bei PKW-Unfällen, die es in der Vergangenheit mehrfach durch fehlende Störfestigkeit gegeben hat – diese haben die betreffenden Hersteller ein ums andere Mal zu kostspieligen Rückrufaktionen und Rechtsstreitigkeiten gezwungen. Bei Einzelanlagen kann es Auflagen zur Nachbesserung geben, die eingehalten werden müssen. Soll die Anlage wieder in Betrieb gehen, müssen z.B. die Schirmung von Kabelkanälen, die Reduzierung der Leistung, der Austausch von Baugruppen oder Ähnliches nachgebessert werden. Ein paar Beispiele:

Vertriebsverbot – Ein Importeur hatte 100.000 USB-Hubs in China gekauft und wollte diese in Deutschland günstig verkaufen. Ein Konkurrent hat ihn bei der BNetzA angezeigt mit dem Verdacht, die Hubs trügen ihr CE-Kennzeichen zu unrecht, da sie die EMV-Normen nicht einhalten würden. Der Importeur wurde von der BNetzA dazu verpflichtet, dies in einem unabhängigen Labor nachzutesten. Der Ausgang des Tests war negativ und so durfte der Importeur die Hubs in Deutschland (und Europa) nicht in den Handel bringen.

Leistungsreduktion – Ein Mittelwellensender hat an einer seiner Grundstückgrenzen die Grenzwerte für die gestrahlte Störaussendung nicht eingehalten. Er wurde von der BNetzA vor die Wahl gestellt, die Sendeleistung soweit herunterzufahren, bis die Grenzwerte an der Grenze eingehalten werden oder ein zusätzliches Grundstück zu erwerben, so dass die Grenzwertverletzung nur auf seinem Hab und Gut vorherrscht.

Rückrufaktion – Bei einem Pkw wurde am Tankeinfüllstutzen ein kleiner Erdungsdraht eingespart, was zu einer elektrostatischen Aufladung beim Tankvorgang führte und beim Herausziehen der Zapfpistole zu einer elektrostatischen Entladung, die die Benzindämpfe an der Tanköffnung entzündete. Alle Pkw dieses Typs mussten zurückgerufen und nachgerüstet werden, und all das verursacht durch ein Bauteil für wenige Cent.

Personenschaden – Durch parasitäre Überkopplungen fanden sich die Schaltimpulse des prellenden Hupenrelais in einem Pkw auf den Leitungen für die Crash-Sensoren der Airbag-Steuerung wieder, woraufhin der Airbag bei voller Fahrt auslöste. Der Fahrer hat dies nicht überlebt – natürlich musste der Hersteller alle Pkw zurückrufen und fand sich vor Gericht wieder.

Ballonabsturz – Die Funkwellen eines Mittelwellensenders koppelten in die Tragseile eines Ballonkorbes ein, die als parasitäre Antenne wirkten. Die Seile erhitzten sich und schnitten durch die Ballonseide – der Ballon stürzte zu Boden, es kam zu Todesfällen. Seitdem gibt es über starken Sendefunkanlagen Flugverbotszonen für Heißluftballons.

5.5 Die notifizierten Stellen

§3 des EMVG
„Begriffbestimmungen - 21. ist „notifizierte Stelle" eine Stelle, die Konformitätsbewertungstätigkeiten, einschließlich Kalibrierungen, Prüfungen, Zertifizierungen und Inspektionen, durchführt und nach § 21 [von der Bundesnetzagentur, Anm. d. Verf.] notifiziert ist."

5.5.1 Rechtsgrundlage der notifizierten Stelle

Die notifizierte Stelle ist gemäß 2014/30/EU EMV-Richtlinie bzw. EMVG autorisiert, im Herstellerauftrag die Einhaltung der EMV-Schutzanforderungen für Betriebsmittel (Apparate, Systeme, ortsfeste Anlagen) auf der Basis technischer Unterlagen zu bewerten und ggf. in Form einer Erklärung zu bestätigen. Die Anerkennung einer notifizierten Stelle erfolgt durch die Bundesnetzagentur und wird jährlich neu überprüft.

Die in Deutschland von der Bundesnetzagentur nach §21 EMVG notifizierten Stellen sind auf den Internetseiten der BNetzA gelistet. Die notifizierte Stelle muss neutral, unabhängig und sachkompetent sein. Mitarbeiter der notifizierten Stelle müssen ihre Sachkunde nachweisen und über mindestens fünf Jahre einschlägige Berufserfahrung im Bereich EMV verfügen. Durch weitere übergeordnete Lenkungsgremien soll sichergestellt werden, dass die Endscheidungsfindungen von verschiedenen notifizierten Stellen vergleichbar bleiben.

Ein Wechsel der notifizierten Stelle ist nach erfolgter Auftragserteilung nicht mehr möglich – so soll vermieden werden, dass ein Hersteller den Versuch unternimmt, so lange von Stelle zu Stelle zu wandern, bis er einen positiven Bescheid erhält.

5.5.2 Nutzen für den Hersteller

Werden harmonisierte EMV-Normen nicht eingehalten, ist es fahrlässig vom Hersteller, trotzdem eine Konformitätserklärung abzugeben. Die notifizierte Stelle kann bewerten, ob die durchgeführten Messungen, bzw. deren Ergebnisse ausreichend sind, um die EMV-Schutzanforderungen zu erfüllen, auch wenn die harmonisierten Normen nicht eingehalten wurden. Der Hersteller kann dann guten Gewissens die Konformitätserklärung abgeben.

Die notifizierte Stelle kann allerdings nicht in allen Fällen durch entsprechend festzulegende Maßnahmen und Einschränkungen die Einhaltung der Schutzanforderungen bestätigen. Es gibt schützenswerte Funkdienste (siehe DIN EN 55011, Anhang F+G), die in keinem Fall gestört werden dürfen, z.B. Polizeifunk, öffentliche TV- und Radiodienste, Flugzeugnavigation usw. Auch mangelnde Störfestigkeit kann schnell dazu führen, dass auch die notifizierte Stelle nur zu einer negativen Entscheidung kommen kann. Regen z.B. in der Praxis erwartbare elektromagnetische Felder bei Baumaschinen unbeabsichtigte Bewegungen an, ist dies ein absolutes KO-Kriterium. Es ist niemals zulässig, dass Betriebsmittel in inakzeptabler Form unsicher werden.

Die notifizierte Stelle erklärt dabei nachträglich nie die Einhaltung von Normen, sondern immer nur die Einhaltung der Schutzanforderungen aus dem übergeordneten EMVG, bzw. der EMV-Richtlinie.

5.5.3 Technischer Bericht der notifizierten Stelle

Der erste Arbeitsschritt einer notifizierten Stelle ist die Sammlung und Sichtung aller zum zu zertifizierenden Produkt gehörenden Unterlagen - dazu gehören Fotos, technische Zeichnungen, Bedienungsanleitungen, Datenblätter, Stücklisten, Konformitätserklärungen zu Einzelkomponenten und Prüfberichte. Nicht immer liegen alle diese Dokumente vor und nicht immer sind alle notwendig. Reichen die Unterlagen nach Einschätzung der notifizierten Stelle aus, wird der „technische Bericht der notifizierten Stelle“ erstellt, der die Einzeldokumente in einen schlüssigen Kontext setzt und erklärt, warum die Dokumente und/oder durchgeführten Messungen ausreichen, um die Konformitätsvermutung zu rechtfertigen. Dies ist auch ein Grund dafür, warum ein hohes Maß an Erfahrung für die Mitarbeiter der notifizierten Stelle gefordert ist. Die gängigsten Gründe, warum eine notifizierte Stelle eingeschaltet wird, sind:

Die harmonisierten Normen wurden nicht eingehalten und der Hersteller sieht keine Möglichkeit, durch Re-Design das Produkt zu optimieren. Die notifizierte Stelle prüft, ob die in den Messungen festgestellten Grenzwertverletzungen für den bestimmungsgemäßen Betrieb des Produktes in seinem bestimmungsgemäßen Umfeld von Relevanz ist. Einzelne Grenzwertüberschreitungen könnten in Frequenzbereichen liegen, die im Umfeld des Produktes gar nicht genutzt werden, oder es handelt sich um sehr kleine Grenzwertverletzungen, die vertretbar sind. Die notifizierte Stelle würde dies beispielsweise mit Hilfe des

Frequenzbelegungsplanes und der EN 55011 überprüfen. Schwierig kann das Ganze werden, wenn nach einer Produktnorm geprüft wurde, die auf veraltete Grundnormen verweist, aber als Auswahlgrundlage für die durchgeführten Prüfungen diente. Da die notifizierte Stelle aber immer nur nach dem aktuellen Stand der Technik die Einhaltung der EMV-Schutzanforderungen erklären kann, werden evtl. ergänzende Prüfungen notwendig, die mit der ursprünglichen Grenzwertverletzung eigentlich nichts zu tun hatten.

Der in der Konformitätserklärung referenzierte Normenstand ist veraltet, aber die durchgeführten Änderungen beziehen sich nicht auf Prüfungen, die für das spezielle Gerät relevant gewesen wären, oder in anderer Form nicht von Bedeutung für den konkreten Anwendungsfall sind. Die notifizierte Stelle kann auch nur eine Nachprüfung der neu hinzugekommenen Anforderungen einfordern und für die restlichen Anforderunvgen die alte Konformitätserklärung heranziehen.

Die Kosten für eine Prüfung sollen gespart werden und es liegen für alle Einzelkomponenten bereits Konformitätserklärungen vor, aber der Hersteller sieht sich nicht in der Lage, oder ist sich nicht völlig sicher, auf der Dokumentenlage die Gesamtkonformitätserklärung selbst zu erstellen und sucht den Sachverstand einer notifizierten Stelle. Evtl. fehlen für einzelne Komponenten die Unterlagen oder sind veraltet, bzw. nach alten Normenständen erstellt. Die notifizierte Stelle kann hier die technische Relevanz bewerten und Ausnahmen machen, wenn nicht damit zu rechnen ist, dass die EMV-Schutzanforderungen dadurch in irgendeiner Weise gefährdet sind.

Das Produkt ist modifiziert worden; weil z.B. Bauteile für die Serienproduktion nicht mehr erhältlich sind (man spricht von „Abkündigung"), mussten sie durch andere, funktionsgleiche Bauteile ersetzt werden. Da Prüfberichte immer nur für einen festen Serienstand ohne Modifikationen uneingeschränkt gültig sind, steht der Hersteller nun vor der Wahl, die Konformitätsbewertung in Eigenregie selbst zu erneuern, weil er nicht glaubt, dass die Modifikation einen großen Einfluss auf die elektromagnetische Verträglichkeit hat, oder er kann erneut prüfen, was mit Kosten verbunden und nur bei umfangreichen Änderungen üblich ist - oder er sucht auch hier den Rat der notifizierten Stelle, die die Auswirkungen der Modifikation bewerten kann.

Eine Messung nach harmonisierten Normen ist nicht möglich und der Hersteller ist durch vertragliche Anforderungen zur Durchführung von Messungen gezwungen. Hier können die normgerechten Prüfungen technisch sinnvoll und in angemessenem Umfang abgeändert werden, durch z.B. alternative Prüfverfahren. Störspannungsmessungen könnten durch Störstrommessungen ersetzt werden, die Prüfung mit galvanisch eingekoppelter Hochfrequenzleistung kann durch induktive Stromeinspeisung ersetzt werden, Prüfpegel und Grenzwerte könnetn angepasst werden (z.B. könnten für ein Laborgerät die Grenzwerte für Schweißgeräte herangezogen werden, wenn der Prozess im Laborgerät auf Funken oder Lichtbögen beruht). Die notifizierte Stelle kann dann im Nachgang die Gleichwertigkeit der Verfahren bzw. den Nachweis der Einhaltung der grundlegenden Schutzanforderungen bestätigen.

5.5.4 Einschränkungen für den Betrieb

Der Bericht der notifizierten Stelle kann Vorgaben zu Installationsart und Nutzung enthalten, die der Hersteller berücksichtigen muss, wenn die Erklärung der notifizierten Stelle ihre Gültigkeit behalten soll. Beispiele hierfür sind:

Bestimmte Kabelkanäle sind geschirmt auszuführen – Dies soll das Verhalten bzgl. den Aspekt der gestrahlten Emission durch parasitäre Antennen verbessern, wenn es zu leichten Grenzwertüberschreitungen während der Messungen kam, oder bestimmte Schnittstellen aufgrund ihrer physikalischen Gegebenheiten gar nicht geprüft werden konnten.

Die Verkabelung hat nach Grundsätzen guter technischer Praxis zu erfolgen – Übliche Anforderung, wenn es sich bei dem Produkt um zusammengefügte Einzelkomponenten handelt, die bereits CE-gekennzeichnet sind, und sich die erneute CE-Kennzeichnung auf ein reines Dokumentenverfahren stützt und keine Messergebnisse zum Gesamtprodukt existieren.

Anschluss an das öffentliche Niederspannungsversorgungsnetz über einen Netzfilter – Der Anschluss an das öffentliche Niederspannungsversorgungsnetz muss über einen Netzfilter erfolgen, weil die Anforderungen bzgl. Oberschwingungsströme und Flicker nicht eingehalten wurden und es sich um eine Einzelanfertigung handelt, die auch nur in einem bestimmten betrieblichen Umfeld genutzt wird. Man kann also davon ausgehen, dass der Anschluss durch sachverständiges Personal erfolgt.

Ein Warnhinweis ist in die begleitenden Dokumente aufzunehmen – Dies gilt vor allem für Produkte, die nur die Emissionsgrenzwerte für Industrieumgebungen einhalten. Die geforderte Formulierung in der Bedienungsanleitung muss erklären, dass dieses Gerät nicht für den Betrieb in Wohnbereichen gedacht ist, und dort zu Funkstörungen führen kann, für deren Abstellung der Betreiber verantwortlich ist.

5.5.5 Erklärung der notifizierten Stelle

Zu jedem technischen Bericht gehört eine sogenannte „Erklärung der notifizierten Stelle“, die datiert den Aussteller (die notifizierte Stelle), den Eigner der Erklärung („Holder of Statement“) und den Hersteller nennt. Sie enthält die Bezeichnung des Produktes, für das die Erklärung gilt und eine Kurzbeschreibung der Funktion des Gerätes. Sie beschreibt den Gültigkeitsbereich („Coverage“), der standardmäßig die „Einhaltung der EMV-Schutzanforderungen für alle Aspekte“ beinhaltet, aber auch eingeschränkt sein kann (ein seltenerer Fall). In der Erklärung wird auch der technische Bericht referenziert.

Die Erklärung der notifizierten Stelle ist im Streitfall ein wichtiger Nachweis, dass vom Hersteller alle Sorgfalt bemüht wurde, um die EMV-Schutzanforderungen einzuhalten.

5.5.6 Produktgruppenbildung

Oft steht ein Hersteller vor dem Dilemma, dass er vergleichbare Produkte in unterschiedlichen Ausführungen und Größen produziert. Als Beispiel sei hier ein Pumpenhersteller verwendet, der unterschiedlich leistungsstarke Pumpen mit gleicher Pumpensteuerung herstellt. Bei einer EMV-Prüfung kann eigentlich immer nur ein Gerät zur gleichen Zeit geprüft werden. Der Prüfaufwand (und damit die Kosten und der Zeitbedarf) würde also mit der Menge der Produktvarianten linear ansteigen, wenn der Hersteller das Haftungsrisiko, das sich aus einer eigenmächtigen CE-Kennzeichnung ergäbe, nicht eingehen möchte.

Eine andere Möglichkeit ist es, nur eines der Geräte zu prüfen und den Prüfbericht für eine sogenannte Produktgruppenbildung durch die notifizierte Stelle zu nutzen. Diese kann bewerten, inwieweit die Ergebnisse aus der Messung an einem (oder wenigen ausgewählten) Gerät(en) auf seine Schwestergeräte übertragbar sind. Bei positivem Ausgang der Bewertung wird die Erklärung nicht nur für das geprüfte, sondern auch für die anderen Geräte der Produktgruppe ausgestellt.

Eine häufig genutzte Art der Schaffung einer Grundlage für eine Produktgruppenbildung ist die geteilte Prüfung der Emission an einem leistungsstarken Gerät und die Festigkeitsprüfung an einem leistungsschwachen Gerät, um die Produktpalette besser abzubilden und die Ergebnisse übertragbar zu machen.

Der einer Produktgruppenbildung zugrunde liegende Prüfbericht sollte möglichst einwandfrei sein, da bei sehr knappen Ergebnissen die Übertragbarkeit aufgrund der erwartbaren Parameterstreuung innerhalb der Produktpalette rasch abnimmt. Sind z.B. die Grenzwerte „geschrammt“, d.h. z.B, nur ein geringer Abstand der Störemission zum Grenzwert wurde gemessen, kann sich die notifizierte Stelle gezwungen sehen, die Prüfung weiterer Produkte der Gruppe veranlassen.

5.6 E-Kennzeichnung

Anders als die Mehrheit der Industrie- und Kosumentengüter werden Fahrzeuge für die Verwendung auf öffentlichen Straßen gesetzlich gesondert behandelt – bei ihrer Zulassung ist immer eine Behörde eingebunden – in Deutschland das Kraftfahrtbundesamt.

Dies liegt daran, dass für Fahrzeuge keine typische elektromagnetische Umgebung definiert werden kann, da es sich um (sehr) bewegliche Güter handelt, die im Wohnbereich, im Industriebereich und in besonders belasteten Umgebungen, wie z.B. Flughafen (Radar) gleichermaßen zum Einsatz kommen.

Im Gegensatz zur CE-Kennzeichnung kann die E-Kennzeichnung (Bild 5.5), bzw. das dafür erforderliche Konformitätsbewertungsverfahren, nicht vom Hersteller allein für ein Produkt erfolgen. Die E-Kennzeichnung ist für alle Fahrzeuge und Fahrzeugkomponenten erforderlich, die im öffentlichen Straßenverkehr bewegt und vom Endkunden direkt gekauft werden können. Dazu zählen unter anderem PKW, LKW, sowie Fahrzeugteile, die im Direktverkauf vertrieben werden und nicht explizit für einen bestimmten Fahrzeugtyp gedacht sind, oder nicht serienmäßig sind. Nicht E-kennzeichnungspflichtig sind Fahrzeugkomponenten, die nur im System als Serienfahrzeug verkauft werden, oder Fahrzeuge, die nicht für den öffentlichen Straßenverkehr gedacht sind, wie z.B. Mobilbagger, Radlader, Golfkarts, usw. Soll ein Bagger im Straßenverkehr bewegt werden, braucht dieser sowohl eine E-Kennzeichnung nach Kraftfahrzeugrichtlinie (einer vertikalen Richtlinie, die die EMV eigentlich vollständig regelt) als auch eine CE-Kennzeichnung nach EMV-Richtlinie. Die Erfüllung der StVZO eraubt das Fahren auf öffentlichen Straßen, die Erfüllung der Anforderungen der EMV-Richtlinie erlaubt dem Hersteller die Konformitätsvermutung für den Einsatz auf der Baustelle (natürlich nur in Kombination mit anderen anwendbaren Vorschriften aus dem CE-Bereich, z.B. der Maschinenrichtlinie).

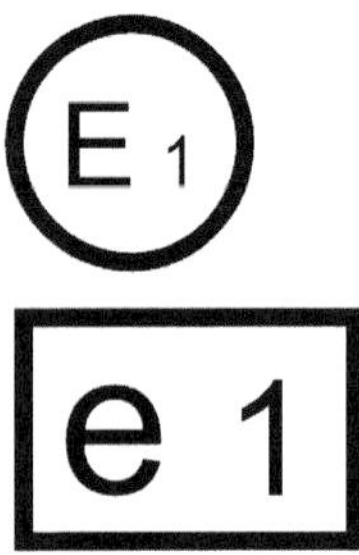

Bild 5.5 Normgerechtes E- und e-Kennzeichen, jeweils mit Länderkennung „1" für Deutschland

Zur Anwendung des Konformitätsberwertungsverfahrens zur E-Kennzeichnung verpflichtet ein Artikel in der Straßenverkehrszulassungsordnung (StVZO) den Hersteller. Eine reine Dokumentenbewertung ist für Kraftfahrzeuge und zugehörige sicherheitsrelevante Komponenten grundsätzlich nicht möglich. Da das Kraftfahrtbundesamt nicht über den technischen Sachverstand verfügt, die EMV von Fahrzeugen zu vermessen und zu bewerten, ist neben dem Hersteller auch noch ein sogenannter „technischer Dienst" beim Zulassungsprozess als dritte Partei eingebunden, der zwischen Hersteller und Behörde vermittelt, und der über die notwendige Expertise verfügt, belastbare Aussagen über die EMV eines Fahrzeuges oder einer Farhrzeugkomponente zu treffen.

5.6.1 Die UN ECE R10

Die Regelung 10 der UN ECE[13] hat den Charakter einer Art EMV-spezifischen Kraftfahrzeugverordnung. In dieser Regelung ist die EMV für alle motorbetriebenen Fahrzeuge und deren Komponenten geregelt, die im öffentlichen Straßenverkehr bewegt werden sollen. Sie beschreibt die minimalen Anforderungen, die Fahrzeuge bzgl. des EMV-Aspektes einhalten müssen, um zulassungsfähig zu sein. Wie alle Richtlinien ist sie frei im Internet einsehbar, verweist allerdings an mehreren Stellen auf Grundnormen der internationalen CISPR- und ISO-Gremien, welche nur kostenpflichtig erhältlich sind, z.B. beim Deutschen Institut für Normung (DIN), bzw. deren Verlagspartner.

Prüfungen für typgenehmigungspflichtige EUB[14] in der UN ECE R10
Für Fahrzeugkomponenten sieht die UN ECE R10 auf Emissionsseite die Messung der gestrahlten Störaussendung in der Absorberhalle von 30–1000 MHz vor, außerdem die Messung der Schaltspitzen. Als Festigkeitsprüfungen sind die Störfestigkeit gegen elektromagnetische

[13] Regelung Nr. 10 der Wirtschaftskommission der Vereinten Nationen für Europa (UN/ECE)
[14] Elektronische Unterbaugruppe

Felder im Bereich zwischen 200–2000 MHz mit 30 V/m, die Störfestigkeit gegen eingekoppelten Störstrom zwischen 1–400 MHz mit 30 mA und die Prüfungen auf Impulsfestigkeit nach ISO 7637-2/-3 (Versorgungs- und Signalleitungen) vorgesehen. Damit deckt die Richtlinie nur einen Bruchteil der Messungen ab, die sonst in Herstellerspezifikationen für elektronische Unterbaugruppen zu finden sind. Außerdem sind die zu prüfenden Pegel deutlich niedriger als in den Vorgaben der Hersteller – dies ist typisch für rechtsverbindliche Regelwerke – es wird nur ein Mindeststandard verlangt, ab dessen Erfüllung eine Typgenehmigung möglich wird.

Prüfungen für Kraftfahrzeuge in der UN ECE R10

Für Gesamtfahrzeuge sieht die Richtlinie nur die Messung der gestrahlten Störaussendung (30–1000 MHz) und der Störfestigkeit (80–2000 MHz) vor. Als optionale Prüfung für die Bewertung der schmalbandigen Störaussendung ist noch ein Verfahren enthalten, das lediglich den ungestörten Radioempfang zwischen 76–108 MHz (UKW) überprüft – hier wird direkt mit einem Messempfänger an der fahrzeugeigenen Rundfunkantenne (Eigenstörung) gemessen. Herstellerspezifikationen verzichten oft auf eigene (bzw. verschärfte) Anforderungen für die Prüfung des Gesamtfahrzeuges, da die Komponenten im Vorfeld gründlich getestet wurden.

Prüfungen für Komponenten und Fahrzeuge mit Anschluss an das öffentliche Niederspannungsversorgungsnetz in der UN ECE R10

Ab der Revision 4 bzw. 5 enthält die UN ECE R10 Vorgaben für Elektro- und Hybridfahrzeuge und deren Komponenten, die einen Anschluss an das öffentliche Niederspannungsversorgungsnetz haben, z.B. sogenannte „OBC“ (on-board charger). Neben den typischen Phänomenen aus der Kfz-Welt kommen hier Prüfungen dazu, die man sonst nur aus dem Industriebereich bei netzversorgten Geräten kennt. Hierzu zählen die schnellen und langsamen Transienten (Burst & Surge), leitungsgebundene, eingekoppelte Hochfrequenzleistung und die Messung der Störspannung, Oberschwingungsströme und Flicker.

5.6.2 Rolle des Herstellers

Der erste Schritt, den ein Hersteller tun muss, um eine E-Kennzeichnung für seine Produkte zu bekommen, ist die sogenannte Anfangsbewertung. Hierbei muss er bei einem Audit der Behörde nachweisen, dass er in der Lage ist, sein Produkt ohne große Abweichungen in Serie zu fertigen. Dieser Punkt kann entfallen, wenn es sich um eine Einzelzulassung eines einmaligen Fahrzeuges (Show Cars, Umbauten, Prototypen) handelt. Es handelt sich bei der Anfangsbewertung um eine sehr aufwendige Prozedur.

Liegt die Anfangsbewertung vor, muss der Hersteller alle relevanten technischen Unterlagen zusammenstellen und einen technischen Dienst mit der Beurteilung beauftragen, welchem er ein Serienmuster für Prüfungen überlässt.

5.6.3 Rolle des technischen Dienstes

Der technische Dienst prüft, ob die Unterlagen ausreichen und führt die notwendigen Prüfungen nach der Kraftfahrzeugrichtlinie durch. Bei positivem Ausgang kann nun entweder der technische Dienst im Auftrag des Herstellers die Typgenehmigung beim Kraftfahrtbundesamt beantragen oder dem Hersteller einen Prüfbericht übersenden, der mit dessen Hilfe die Genehmigung direkt ersucht.

Die fachliche Kompetenz des technischen Dienstes wird vom Kraftfahrtbundesamt regelmäßig überprüft. Auch hier findet eine Akkreditierung statt. Rein theoretisch ist das Kraftfahrtbundesamt bei der Genehmigung nicht an die Einschätzung des technischen Dienstes gebunden, hält sich in aller Regel aber daran.

5.6.4 Rolle der Behörden (KBA)

Erhält die Kraftfahrbehörde vom Hersteller (oder direkt vom technischen Dienst alle Unterlagen, die zur Genehmigung erforderlich sind, prüft es diese und erteilt bei positivem Ausgang die *Typgenehmigung*. Mit dieser Genehmigung ist der Hersteller in der Lage, die E-Kennzeichnung auf seinem Produkt anzubringen und darf es im freien Handel verkaufen. Die Nummer hinter dem E-Zeichen gibt dabei das Mitgliedsland der Europäischen Union an, in dem die Typgenehmigung erteilt wurde („1" für Deutschland, „4" für die Niederlande etc.).

Jedem Hersteller ist dabei freigestellt, in welchem EU-Land er seine Typgenehmigung beantragt. Die erteilte Genehmigung ist innerhalb der gesamten EU gültig. Das gesamte Verfahren ist in Bild 5.6 skizziert.

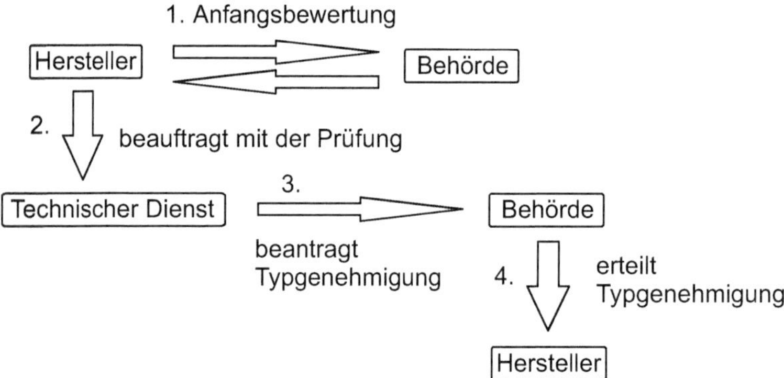

Bild 5.6 Typgenehmigungsverfahren für die E-Kennzeichnung: nach einer Anfangsbewertung (1.) beauftragt der Hersteller einen technischen Dienst mit der Prüfung des Produktes und der Unterlagen (2.), dieser beantragt bei positivem Ausgang die Typgenehmigung bei der Behörde (3.), die diese dem Hersteller erteilt (4.)

5.7 Elektromagnetische Umweltverträglichkeit

Von der technischen EMV, die in diesem Buch die Hauptrolle spielt, ist die elektromagnetische Umweltverträglichkeit (EMVU) klar abzugrenzen. Hier geht es um den Schutz von belebter Natur, d.h. Menschen, Tieren und Pflanzen vor evtl. gesundheitsschädlicher, elektromagnetischer Strahlung.

Die Gesundheitsgefahr, die von elektromagnetischen Wellen ausgeht, ist, je nach Frequenzbereich, unterschiedlich wissenschaftlich belegt. Man unterteilt grob in ionisierende Strahlung (UV-Strahlung, Röntgenstrahlung, Gammastrahlung) und nichtionisierende Strahlung (technisch genutzte Frequenzen, Erdmagnetfeld, sichtbares Licht). Die Grenze zwischen dern beiden Strahlungstypen liegt dabei etwas oberhalb des Spektrums des sichtbaren Lichtes (mehrere THz).

Wird die Frequenz der elektromagnetischen Welle sehr hoch, bekommen die das Feld übertragenden Photonen immer stärker Teilchencharakter und immer höhere kinetische Energie. Ist diese kinetische Energie hoch genug, können Photonen bei einer Kollision mit Atomen Elektronen aus dem Atomverbund herausschlagen und das Atom ionisieren. Ionisierende Strahlung ist nachweislich schädlich für die belebte Natur. Es ist allgemein bekannt, dass die medizinisch eingesetzte Röntgenstrahlung menschliches Gewebe und die von der Sonne abgegebene UV-Strahlung die Haut schädigen kann.

Wird die Frequenz der elektromagnetischen Welle sehr niedrig, haben die das Feld übertragenden Photonen eher den Charakter einer statischen Eigenschaft des Raumes. Es gibt zurzeit keinen Hinweis darauf, dass solche quasi-statischen Felder einen schädlichen Einfluss auf die belebte Natur haben.

Befindet man sich im mittleren Frequenzbereich zwischen diesen Extremen, so haben die das Feld übertragenden Photonen den Charakter einer klassischen elektromagnetischen Welle. Eine klare Einordnung der gesundheitsrelevanten Wirkung solcher Wellen auf die belebte Natur konnte bis auf einige Sonderfälle noch nicht gegeben werden. Ein Nichtexistenzbeweis der Schädlichkeit ist allerdings grundsätzlich nicht zu führen, weshalb Untersuchungen in diesem Gebiet immer weiter fortgeführt werden.

Nachgewiesenen Einfluss haben starke Felder mit der Resonanzfrequenz von Wasser (ca. 2,4 GHz), die bei Bestrahlung zu einer Erhitzung führen (Wärmewirkung, hinlänglich bekannt aus der Funktionsweise von Mikrowellenherden). Ein anderes Beispiel sind extrem starke niederfrequente Magnetfelder, wie sie z.B. in Hochspannungsanlagen entstehen, die Ströme in Nervenbahnen induzieren können, was zu Muskelreaktionen führen kann (Reizwirkung).

Technisch genutzte Frequenzen im typischen Leistungsbereich, d.h. bei Einhaltung relevanter Grenzwerte, sind – nach gegenwärtigem Kenntnisstand – wohl keine Gefahr für die Gesundheit [ICNI98] [ICNI09] [Gand02] [Furs09].

Da nicht endgültig geklärt ist, ob und und in welcher Weise technisch genutzte elektromagnetische Wellen schädlich für Mensch und Natur sind, gibt der Gesetzgeber vorsichtshalber Grenzwerte für die Belastung von Personen aus, die von allen Geräten, die in Verkehr gebracht werden, grundsätzlich einzuhalten sind. Festgesetzt sind diese Grenzwerte für die Exposition der Bevölkerung in der 26. Bundesemissionsschutzverordnung (26. BImSchV) [BImS96], die auf der europäischen Ratsempfehlung 1999/519/EG [Empf99] der EU beruht.

Für Arbeitnehmer gelten etwas höhere Belastungsgrenzwerte, da davon ausgegangen wird, dass Arbeitnehmer mittleren Alters (also keine Kinder und Senioren) und gesund sind. Des Weiteren sind Arbeitnehmer den auf dem Arbeitsplatz herrschenden Belastungen nur max. 10 Stunden pro Werktag ausgesetzt. Regelungen dazu finden sich in Deutschland in den Vorschriften der Deutschen Gesetzlichen Unfallversicherung (DGUV) [DGUV01], die auf der europäischen Richtlinie 2013/35/EU [RLSU13] beruhen.

6 Messen und Prüfen

Die Aufgabe im EMV-Labor mit seiner aufwendigen Ausstattung (Bild 6.1) besteht darin, Phänomene der elektromagnetischen Verträglichkeit reproduzierbar (d.h. immer genau gleich) für ein zu vermessendes System zu bewerten. Die durchzuführenden Messungen/Prüfungen lassen sich dabei zunächst in *Störaussendungsmessungen* und *Störfestigkeitsmessungen* unterteilen – bei Ersterem werden die vom Prüfling abgegebenen elektromagnetischen Störungen quantifiziert und qualifiziert, indem sie der jeweiligen Schnittstelle (z.B. Netzanschluss, Signalleitung oder Gehäuse) entlockt und auf ein Messgerät gegeben werden. Der ermittelte Messwert wird mit einem Grenzwert verglichen, was eine relativ einfache Bewertung zwischen „bestanden" und „nicht bestanden" ermöglicht.

Die Bidirektionalität der Eigenschaft EMV verlangt zudem, dass geprüft werden muss, ob der Prüfling elektromagnetische Störungen einer stets belasteten späteren Einsatzumgebung ohne unzulässige Leistungseinbrüche bzw. Funktionsminderungen verträgt. Die Messungen der Störfestigkeit geben also im Umkehrschluss Störungen, die künstlich erzeugt werden, auf eine Schnittstelle und es wird beobachtet, ob der Prüfling unzulässige Reaktionen zeigt („nicht bestanden") oder eben nicht („bestanden").

Bild 6.1 Eine leere Absorberhalle bildet eine geschützte Umgebung für Prüfungen gestrahlter EMV-Phänomene

Die Realisierung dieser beiden Messketten wird in den folgenden zwei großen Abschnitten beschrieben. Es folgen danach noch zwei weitere Abschnitte, die Prüfungen beschreiben, die zwar auch nichts weiter erlauben, als die Störaussendung und die Störfestigkeit eines bestimmten Systems hinsichtlich einiger EMV-Phänomene messbar zu machen, deren Messketten jedoch von den typisch gebräuchlichen etwas abweichen. Einmal geht es um sehr niederfrequente Netzrückwirkungen (Störaussendung) und dann um die Festigkeit gegenüber mannigfaltigen transienten Störgrößen, den Impulsen (Störfestigkeit).

6.1 Messkette bei Störaussendungsmessungen

Bei einer Störaussendungsmessung wird die von einem Prüfmuster abgegebene Störgröße an einem ausgewählten Port (z.B. Versorgungsleitungen, Signalleitungen oder Gehäuse) in einem genau festgelegten Prüfaufbau quantifiziert (Bild 6.2). Der Prüfling (1) sendet über einen seiner Ports (Gehäuse, Versorgungs- oder Signalleitungen) eine Störaussendung an den Messwandler (2), der (meist passiv, z.B. einfache Antenne) aus der Störung eine äquivalente Spannung macht, die von einem Vorverstärker/Filter ((3)+(4), optional) für das Messgerät ((5), z.B. Messempfänger) verstärkt wird. Das Messsignal wird vom Messgerät bewertet und an den Steuerrechner (6) übergeben.

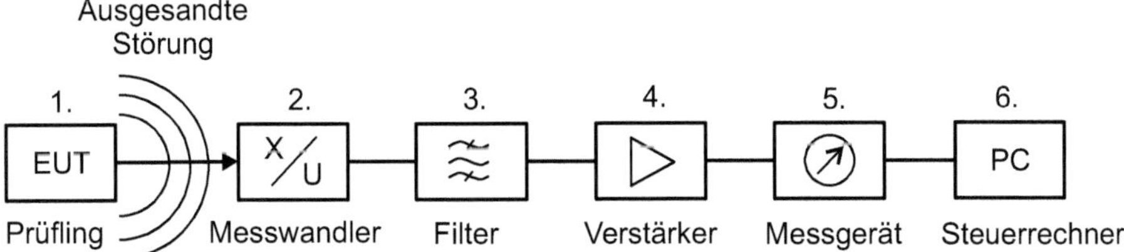

Bild 6.2 Messkette bei Störaussendungsmessungen

6.1.1 Messwandler und Transducer

Die Störgröße muss zur Verarbeitung in einem Messgerät zunächst von einem Messwandler in ein Spannungssignal umgesetzt werden, unabhängig davon, um welche Form der Störaussendung es sich handelt. Ein einfaches Beispiel für einen Messwandler ist eine Antenne, die Energie aus einem elektromagnetischen Feld entnimmt und diese in eine Spannung – messbar am Antennenfußpunkt – wandelt. Bild 6.3 zeigt eine rundstrahlende Dipolantenne für Frequenzen bis 30 MHz. Bild 6.4 stellt eine BiLog-Antenne dar, die aus einer bikonischen Antenne und einer logarithmisch-periodischen Dipolantenne (LPDA) zusammengesetzt ist, und so über einen großen Frequenzbereich von 30 MHz bis 1 GHz betrieben werden kann.

Andere Messwandler sind z.B. Stromzangen (wandelt Strom bzw. das vom Strom hervorgerufene Magnetfeld in eine Spannung), Magnetspulen oder kapazitive Koppelzangen (wandelt das elektrische Feld in eine Spannung). Messwandler unterscheiden sich darin, an welchem Port sie eingesetzt werden können und welchen Frequenzbereich sie abdecken – universelle Wandler gibt es nicht.

Bild 6.3 Die einfachste Bauform einer Antenne ist die Stabantenne. Der gezeigte Monopol ist für den Frequenzbereich unterhalb von 30 MHz konstruiert und besitzt keine Richtwirkung in der horizontalen Ebene.

Damit ein Messwandler zusammen mit einem Messgerät funktionieren kann, muss das Maß bekannt sein, indem die Messgröße vom Wandler in Spannung (Bild 6.5) umgesetzt wird. Für die Darstellung der Messgröße im Messgerät muss dem Gerät der sogenannte *Transducer* bekannt gemacht werden, der tabellarisch für alle Frequenzen, die der Messwandler abdecken kann, einen Umrechnungsfaktor enthält. Zum Beispiel könnte für eine Antenne der Eintrag (Antennenfaktor) bei 250 MHz $AF = 3$ dB(1/m) betragen. Misst das Messgerät nun eine Spannung von 40 dB(μV), so entspricht dies einem elektrischen Feld von 43 dB(μV/m).

$$\frac{E}{\mathrm{dB}(\mu\mathrm{V/m})} = \frac{U}{\mathrm{dB}(\mu\mathrm{V})} + \frac{AF}{\mathrm{dB}(1/\mathrm{m})} \tag{6.1}$$

Der Umrechnungsfaktor ist natürlich nicht über dem gesamten Messbereich frequenzstabil, aber hinreichend stetig, um ihn in überschaubaren Schrittweiten angeben zu können.

Die Messwandler bei einer Störaussendungsmessung entsprechen vom Prinzip her denen der Störfestigkeitsmessungen (siehe entsprechendes Kapitel) sind jedoch für einen vielfach kleineren Leistungsbereich konstruiert (ca. -20 dB(μV) bis ca. 120 dB(μV), das entspricht 100 nV bis 1 V und obwohl also prinzipiell alle Messwandler reziprok empfangen und senden könnten, werden für Festigkeits- und Aussendungsmessungen nicht dieselben Geräte verwendet.

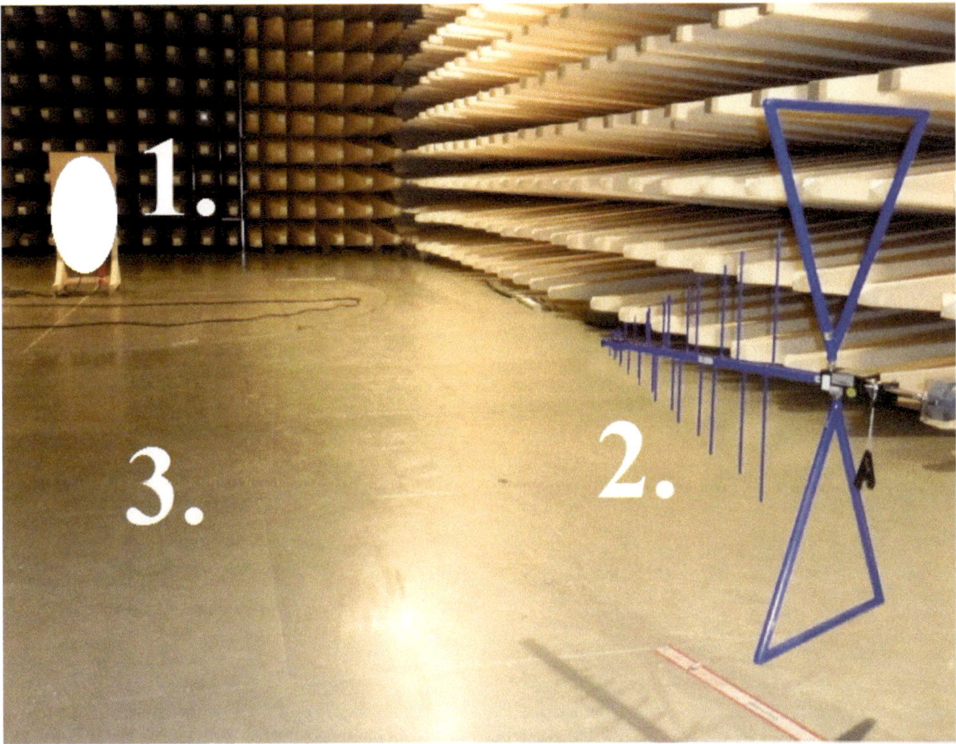

Bild 6.4 Gestrahlte Störaussendungsmessung mit einer BiLog-Antenne (2) für den Frequenzbereich von 30 MHz bis 1 GHz. In 10 m Messentfernung befindet sich der Prüfling auf einem Drehteller (1), die Messung findet in einer Freifeldhalle mit Massefläche (3) statt.

Das einfachste Beispiel für einen Messwandler, der eine Spannung in eine Spannung umwandelt (nur mit einer konstanten Dämpfung von ca. 6 dB) ist die sogenannte Netznachbildung (Bild 6.6). Sie wird verwendet, um auf den angeschlossenen Leitungen überlagerte Hochfrequenzanteile zu messen, die sich unterhalb von ca. 108 MHz (obere Grenze UKW-Radioband) bewegen. Sie sorgt durch ihren netzseitigen Tiefpassfilter (Bild 6.7) für ein sauberes Testnetz und schützt den Eingang des Messgerätes mit einem einfachen Hochpass, mit einer Grenzfrequenz leicht oberhalb von 50 Hz, damit die hohe niederfrequente Netzspannung (230 V AC oder 400 V AC) nicht auf die empfindlichen Messbrücken durchschlägt. Das entsprechende Gerät auf Störfestigkeitsseite ist das sogenannte Koppelnetzwerk CDN („Coupling Discoupling Network"), das logisch gleich aufgebaut ist, nur für höhere Leistungen bemaßt ist (maximal ca. 50 V HF-Spitzenspannung).

6.1.2 Oszilloskope

Ein Oszilloskop ist geeignet, schnelle Signale im Zeitbereich darzustellen (Bild 6.8). Ein Maß für die Qualität eines Oszilloskops ist die Samplerate, die angibt, mit welcher Frequenz das am Messeingang anliegende analoge Signal abgetastet wird – je höher, desto schnellere Signalän-

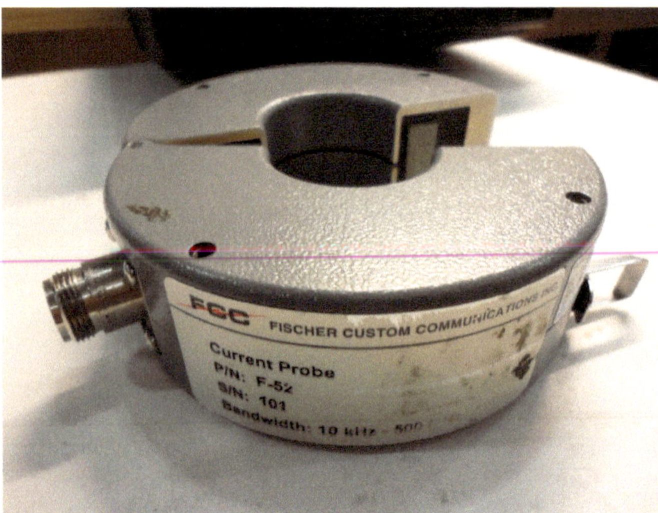

Bild 6.5 Strommesszange mit N-Anschluss. Die Zange wird über ein Kabel oder ein ganzes Kabelbündel gelegt und stellt stromabhängig eine Spannung am Anschluss zur Verfügung, sie funktioniert im Frequenzbereich von 10 kHz bis 500 MHz.

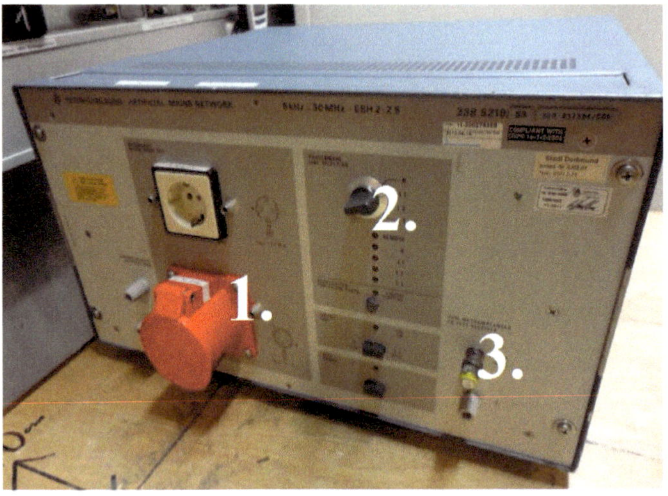

Bild 6.6 Netznachbildung für 3-phasige Netzanschlüsse. Der Prüfling wird aus der 16-A-Drehstromdose (1) versorgt, das zu messende Leitungspaar (z.B. L1 zu N) wird über den Wahlschalter (2) eingestellt. Das Messsignal kann am 50-Ω-BNC-Anschluss (3) auf das Messgerät gegeben werden.

derungen können korrekt wiedergegeben werden. Moderne Oszilloskope haben eine Samplerate von mehreren Gigasamples pro Sekunde, welche die Beobachtung von Signaländerungen im Nanosekundenbereich gestattet.

Das zweite Qualitätsmaß ist die Datenbreite der einzelnen Samples. Je größer die Bitanzahl, die für einen einzelnen Abtastwert zur Verfügung steht, desto besser ist die vertikale Auflösung des Oszilloskops. Moderne Oszilloskope haben Datentiefen im Bereich von 12 bis 14 Bit.

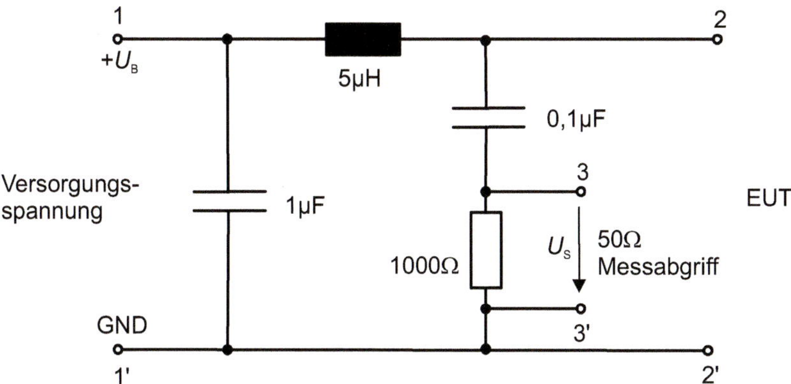

Bild 6.7 5µH / 50 Ω Netznachbildung für Fahrzeugkomponenten mit 13,5 V DC oder 27 V DC Versorgungsspannung (definiert in CISPR 25 Edition 3)

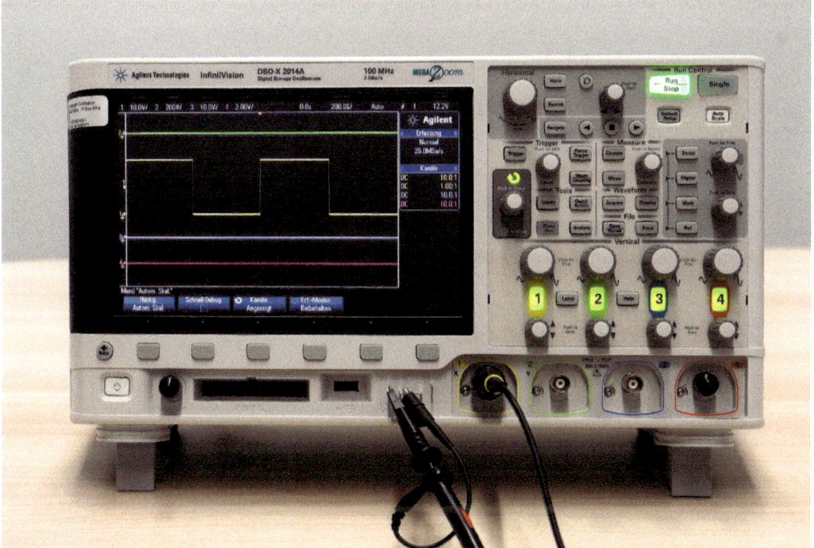

Bild 6.8 Oszilloskop mit vier Kanälen

Oft bieten hochwertige Oszilloskope eine eingebaute Möglichkeit, das gemessene Zeitsignal mittels diskreter Fouriertransformation im Frequenzbereich anzuzeigen. Durch die eingeschränkte Datentiefe und die endliche Samplerate ist die Präzision nicht mit einem Messempfänger vergleichbar. Des Weiteren ist die normativ vorgeschriebene Signalbewertung bei der Messung im Zeitbereich äußerst schwierig.

Zum Einsatz kommt das Oszilloskop als Messgerät für die Störaussendung in der sogenannten Störspannungsmessung im Zeitbereich, bei der Ein- und Abschaltflanken sowie sogenannte Dauertransienten (Schaltvorgänge im laufenden Betrieb) vermessen werden müssen. Wichtig ist das Oszilloskop in vielen anderen Messaufbauten als Überwachungsinstrument, um Ausgangssignale von Prüfmustern zu beobachten – dann auch oft mittels Fouriertransformation im Frequenzbereich, da die notwendige Präzision hier gewöhnlich eher gering ist.

6.1.3 Konventioneller Messempfänger

Ein Messempfänger (Bild 6.9) ist geeignet, nieder- bis hochfrequente Spannungssignale im Frequenzbereich darzustellen und sehr genau deren Amplitude zu messen. Zentrale Eckdaten eines Messempfängers sind die maximale und die minimale Frequenz, die er noch exakt messen kann, sowie die Messdynamik, d.h. wie stark er selbst rauscht und wie stark Signale mindestens sein müssen, damit er sie vom Grundrauschpegel unterscheiden kann. Typische minimale Frequenzen liegen im einstelligen kHz-Bereich, maximale Frequenzen je nach Kaufpreis bei bis zu 40 GHz. Sinnvoll ist es natürlich, die maximale Frequenz an die Leistungsfähigkeit der restlichen Messkette anzupassen. Ein hochfrequenter Empfänger benötigt natürlich auch Messwandler und Messleitungen, die bei hohen Frequenzen noch niederimpedant genug sind. Die Standard-Anzeigeeinheit ist dB(μV) – je nach hinterlegtem Transducer kann der Empfänger auch direkt dB(μV/m) oder z.B. dB(μA) im Display anzeigen. Je nach Frequenzbereich liegt das typische Messgrundrauschen bei einigen 100 nV (niedrige Frequenzen) und steigt zu hohen Frequenzen im Zusammenspiel mit der restlichen Messkette immer weiter an.

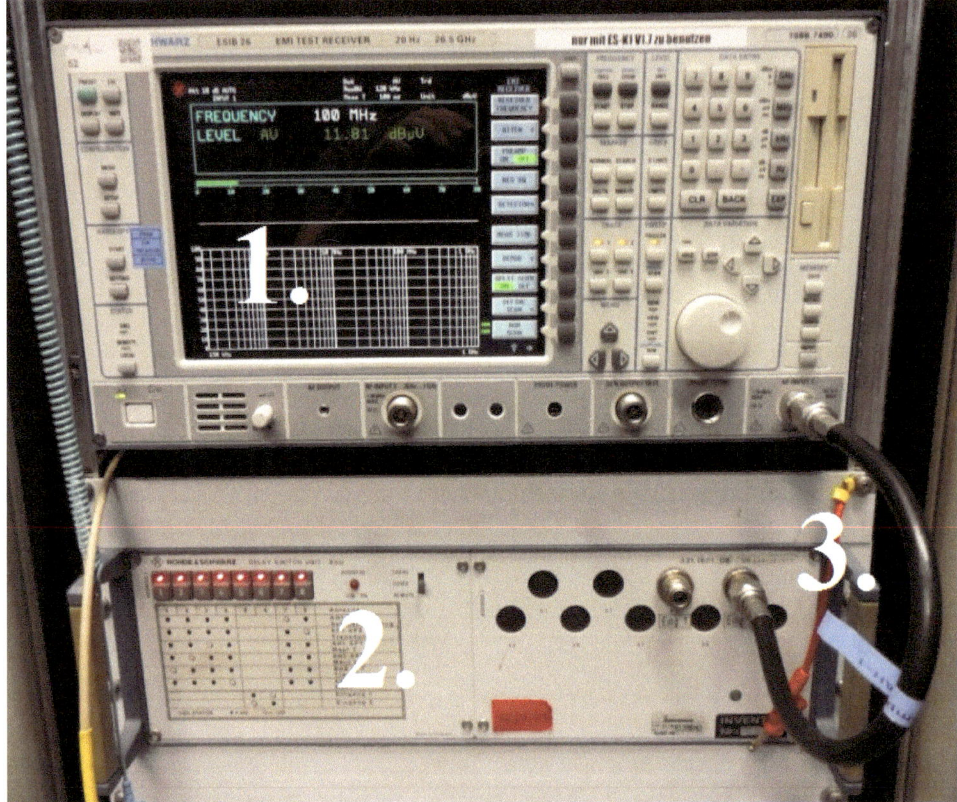

Bild 6.9 Der Messempfänger (1) für den Frequenzbereich von 20 Hz bis 26 GHz ist über eine koaxiale N-Leitung mit einer steuerbaren Umschaltmatrix ((2), RSU) verbunden, um das Messsignal an verschiedenen Anschlusspunkten in der Absorberhalle abzunehmen, an die Antennen oder Netznachbildungen angeschlossen werden können.

Klassische Messempfänger messen und bewerten Spannungssignale am Messeingang nach dem sogenannten *Superheterodynprinzip.* Dieses Prinzip besteht aus mehreren Stufen (Bild 6.10), in denen das Signal verarbeitet wird, bevor es zu einem digitalen Messwert auf der Anzeige kommt.

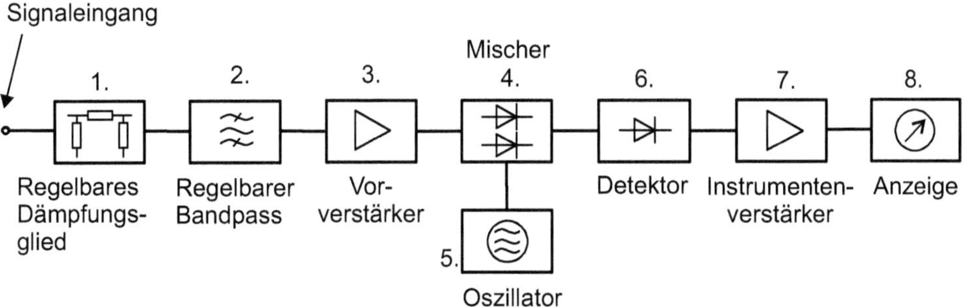

Bild 6.10 Superheterodynprinzip

Vom Messwandler bekommt der Empfänger zunächst ein Bündel aller vom Prüfmuster ausgesendeten Frequenzen, die der Wandler empfangen kann. Zunächst muss das Signal mit einem regelbaren Dämpfungsglied in einen Spannungsbereich gebracht werden, den der Empfänger besonders gut messen kann. Im zweiten Schritt erfolgt eine erste Bandbegrenzung des Eingangssignals, um rechts und links des Frequenzbündels Frequenzen, die in diesem Messschritt nicht gemessen werden sollen, vom gemischten Signal zu entfernen. Im dritten Schritt wird das Messsignal verstärkt, um es deutlicher aus dem Rauschen zu heben – eine Verbesserung des SNR („Signal-Rausch-Abstand") ist immer nur mit einer Kombination aus Bandbegrenzung und Verstärkung möglich – eine reine Verstärkung würde das Rauschen in gleichem Maße wie das Signal verstärken. Obwohl der Messempfänger Signale in einem großen Frequenzbereich messen kann, ist es tatsächlich so, dass er nur die sogenannte Zwischenfrequenz richtig bewerten kann, diese liegt meist um die 20 MHz – in Stufe 4 und 5 des Blockschaltbildes wird die Messfrequenz durch einen regelbaren Oszillator und einen Mischer auf die Zwischenfrequenz heruntermoduliert. Im sechsten Schritt (meist nach weiterer Bandbegrenzung und Verstärkung, nicht eingezeichnet) kommt das gedämpfte, gemischte Signal zum Detektor, einer analogen Schaltung, die die Bewertung durchführt und am Ende z.B. den Mittelwert oder Spitzenwert an den Instrumentenverstärker weitergibt. Ganz zum Schluss wird der Messwert dann auf der Anzeige ausgegeben.

Messempfänger der Spitzenklasse, die für den Einsatz im akkreditierten Messlabor vorgesehen sind, kosten je nach individueller Ausstattung von etwa 60.000 € bis hin zu 120.000 €.

6.1.4 Zeitbereichsmessempfänger

Im Gegensatz zu konventionellen Messempfängern nimmt ein Zeitbereichsmessempfänger das gesamte durch die vorgeschaltete Messkette bandbegrenzte Spannungssignal im Zeitbereich auf und ermittelt mithilfe einer diskreten Fouriertransformation (DFT – „discrete Fourier transform") die Frequenzbereichsbelegung auf einen Schlag. Die damit bis zu tausendfach schnellere Messung großer Frequenzbereiche ermöglicht einzigartige Darstellungen des exakten Verhaltens des Prüfmusters durch z.B. Wasserfalldiagramme von kontinuierlich ablaufenden Einzelmessungen, auf denen interne Zyklen sichtbar werden. Dadurch können Zusammenhänge zwischen Störungen und Betriebszuständen leichter verstanden werden, welches das Entstören von Geräten sehr vereinfacht.

6.1.5 Spektrumanalysator

Ein Spektrumanalysator übernimmt quasi dieselbe Messaufgabe wie ein Messempfänger, ist auch wesentlich schneller, verfügt aber nicht über die Präzision des „großen Bruders“. Die Geräte sind ähnlich konstruiert (Bild 6.11). Dem Analysator fehlt allerdings die Eingangsstufe aus dynamisch regelbarem Dämpfungsglied und einstellbarer Bandbegrenzung (was prinzipiell zu etwas größerem Grundrauschen führt und die Messdynamik einschränkt). Das sind genau die Elemente, die den Messempfänger so teuer machen. Der Analysator ist daher zu wesentlich günstigeren Preisen zu haben und reicht für entwicklungsbegleitende Messungen in aller Regel aus. Es gibt sogar USB-Geräte, die für unter 1.000 € zu haben sind. Praktisch alle Messempfänger haben allerdings die Möglichkeit, auch als Spektrumanalysator zu laufen, die Eingangsstufe wird dann einfach intern gebrückt.

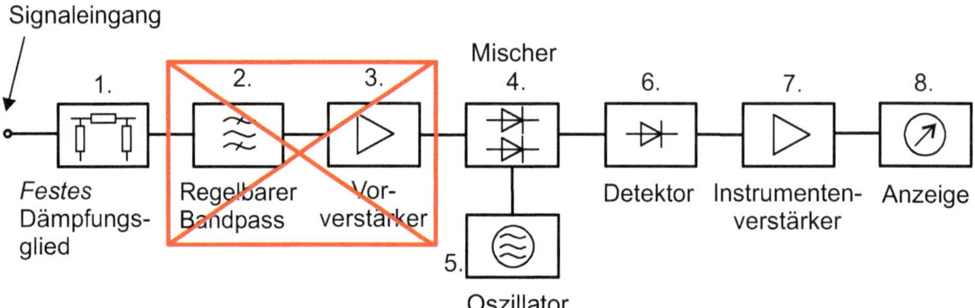

Bild 6.11 Spektrumanalysator mit seinem vereinfachten Aufbau gegenüber einem Superheterodynempfänger

Einen klaren Vorteil bietet der Analysator gegenüber dem Messempfänger, wenn es darum geht, Prüflinge zu vermessen, die sehr lange Zykluszeiten haben. Man misst den Prüfling wiederholt über dem zu messenden Frequenzbereich und stellt die Detektoren dabei auf „Max Hold“, d.h., nur wenn bei einem erneuten Durchlauf ein noch höherer Wert bei einer bestimmten Frequenz gemessen wird, wird der gespeicherte Wert für diese Frequenz aktualisiert. Man überstreicht dann den Messbereich so oft und lange, bis keine Änderungen mehr im Speicher auftreten, so kann man sichergehen, dass man keinen kritischen Zustand und keine kritische Frequenz übersehen hat.

Reine Spektrumanalysatoren haben oft keinen Quasipeak-Detektor, der für Industrieprodukte der maßgebliche Detektor zum Vergleich mit dem Emissionsgrenzwert ist – daher sind qualifizierende Messungen oft nicht möglich.

6.1.6 Messleitungen

Die hochfrequenten Signale, die vom Messwandler aufgefangen und in eine Spannung transformiert werden, müssen durch sehr hochwertige Kabel mit niedriger Dämpfung zum Messgerät übertragen werden.

In der Hochfrequenzmesstechnik werden für HF-Signalübertragungen fast ausschließlich hochwertige Koaxialleitungen verwendet, die über einen weiten Frequenzbereich möglichst dämpfungsarm sind, um die übertragenen Signale möglichst wenig zu schwächen. Dies ist zum einen wichtig für Emissionsmessungen, da Grenzwerte und typische Messwerte in einem Spannungsbereich liegen, der teilweise nur wenige dB über dem Rauschen liegt und zum anderen für Störfestigkeitsmessungen, wo Anteile der (sehr teuren) Verstärkerleistung sonst über der Leitung Ohm'sch in Wärme aufgehen.

In Abschnitt 2.5.2 haben wir die drei Leitungskenngrößen Leitungswellenwiderstand Z_L, Ausbreitungskonstante $\gamma = \alpha + j\beta$ und Leitungslänge ℓ kennengelernt. Ausgangspunkt leitungstheoretischer Überlegungen ist das Ersatzschaltbild eines kurzen Leitungsstücks in Bild 6.12 mit dem Widerstandsbelag R', der die Ohm'schen Verluste im Leitermaterial und dem Leitwertbelag G', der die dielektrischen Verluste im Füllmaterial der Leitung berücksichtigt.

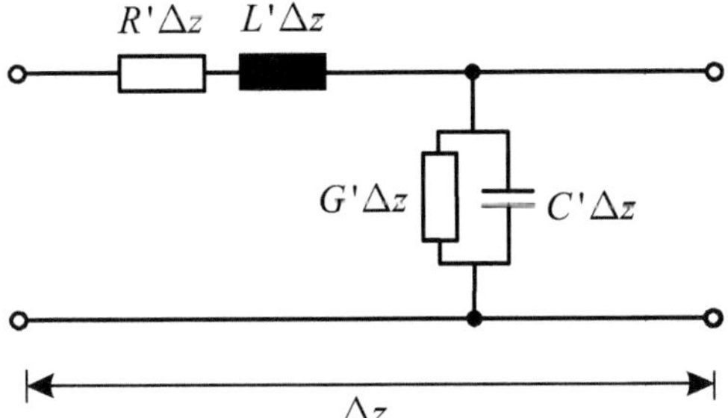

Bild 6.12 Ersatzschaltbild eines infinitesimalen Längenelementes Δz einer Zweidrahtleitung, charakterisiert durch Widerstandsbelag R', Induktivitätsbelag L', Leitwertbelag G' und Kapazitätsbelag C'

Bei einer Koaxialleitung (Innenradius R_i und Außenradius R_a) kann die Dämpfungskonstante näherungsweise berechnet werden mit:

$$\alpha \approx \alpha_{met} + \alpha_{diel} = \frac{G' Z_L}{2} + \frac{R'}{2Z_L} \quad , \tag{6.2}$$

wobei der Widerstandsbelag abgeschätzt werden kann mit

$$R' = \frac{1}{2\pi\sigma\delta}\left(\frac{1}{R_i} + \frac{1}{R_a}\right) \sim \sqrt{f} \tag{6.3}$$

mit der elektrischen Leitfähigkeit σ und der Skintiefe δ. Für den Leitwertbelag der Koaxialleitung gilt

$$G' = \omega C' \tan\delta_\varepsilon \sim f \quad , \tag{6.4}$$

mit dem Verlustfaktor $\tan\delta_\varepsilon$ des dielektrischen Füllmaterials. Bei einer koaxialen Leitung steigen die Verluste mit der Frequenz an. Die Ohm'schen Verluste sind dabei in der Regel größer als die dielektrischen Verluste. Die Formel für den Widerstandsbelag zeigt zudem an, dass ein größerer Leitungsquerschnitt zu einer Verringerung der Verluste führt.

Einer Vergrößerung des Leiterquerschnitts steht aber eine Verringerung des nutzbaren Frequenzbereichs gegenüber, der durch die sogenannte Cut-off-Frequenz gekennzeichnet ist. Oberhalb dieser Cut-off-Frequenz können sich nicht nur TEM-Wellen auf der Leitung ausbreiten, sondern auch *höhere Wellentypen.* Die Cut-off-Frequenz kann einfach aus der Geometrie und der relativen Dielektrizitätszahl des Füllmaterials berechnet werden:

$$f_c = \frac{c_0}{\pi(R_a + R_i)\sqrt{\varepsilon_r}} \quad \text{(Cut-off-Frequenz einer Koaxialleitung).} \tag{6.5}$$

Beispiel 6.1 Elektrische Kenngrößen einer Koaxialleitung

Wir betrachten eine Koaxialleitung mit massiven Kupferleitern (elektrische Leitfähigkeit $\sigma = 5{,}7 \cdot 10^7$ S/m). Für Innen- und Außenradius gilt: $R_i = 2{,}4$ mm und $R_a = 6{,}2$ mm. Der gesamte Kabeldurchmesser mit Isolation beträgt bei einem solchen Kabel ca. $D =$ 15–16 mm. Die Ausbreitungsgeschwindigkeit einer elektromagnetischen TEM-Welle betrage 88 % der Vakuumlichtgeschwindigkeit ($c = 0{,}88c_0 = c_0/\sqrt{\varepsilon_r}$).

Nach Gleichung 2.21 errechnen wir einen Leitungswellenwiderstand von

$$Z_L = \frac{60\,\Omega}{\sqrt{\varepsilon_r}} \ln\left(\frac{R_a}{R_i}\right) = 50{,}1\,\Omega \quad . \tag{6.6}$$

Exemplarisch wollen wir die Verluste für eine Frequenz von $f = 2$ GHz berechnen. Nach Gleichung 3.36 erhalten wir für die Skintiefe

$$\delta = \sqrt{\frac{2}{\omega\sigma\mu_0}} = 1{,}468\,\mu\text{m} \quad . \tag{6.7}$$

Mit Hilfe von Gleichung 6.2 erhalten wir für die metallischen Verluste eine Dämpfungskonstante $\alpha_{met} = 0{,}01066$ dB/m und für die dielektrischen Verluste die Dämpfungskonstante $\alpha_{diel} = 0{,}001194$ dB/m. Zusammengerechnet ergibt dies bei einer Frequenz von 2 GHz eine Dämpfungskonstante von

$$\alpha = \alpha_{met} + \alpha_{diel} = 0{,}01854\,1/\text{m} = 10{,}3\,\text{dB}/100\text{m} \quad . \tag{6.8}$$

Die Dämpfungskonstante α besitzt die Einheit 1/m bzw. Neper/m (unter Verwendung der Pseudo-Einheit Neper). In Datenblättern von kommerziellen Kabeln wird die Dämpfungskonstante meist in dB/m oder dB/100 m angegeben. Die Zahlenwerte lassen sich einfach ineinander umrechnen: 1/m = 8,686 dB/m.

Um nur den Grundausbreitungs-Mode (TEM-Welle) auf der Leitung anzuregen, darf die Leitung nur unterhalb der Cut-off-Frequenz betrieben werden. Nach Gleichung 6.5 liegt diese bei

$$f_c = \frac{c_0}{\pi(R_a + R_i)\sqrt{\varepsilon_r}} = 9{,}77\,\text{GHz} \quad . \tag{6.9}$$

Leitungen mit einem Durchmesser von 5 cm erreichen eine Dämpfungskonstante von ca. $\alpha = 3{,}5$ dB/100 m bei einer Frequenz von 2 GHz und die Cut-off-Frequenz liegt bei etwa $f_c = 2{,}7$ GHz. ■

Leitungen für Störfestigkeitsprüfungen sind dabei vor allem nach der vorhandenen Verstärkerleistung zu dimensionieren. Für 10 kW werden z.B. Kabel mit ca. 5 cm Durchmesser verwendet, für nur 1 kW reichen etwa 1 cm dicke Leitungen bereits aus. Die Anschlüsse sind gegen fehlerhaftes Verschrauben, d.h. Verkanten, zu lose Verbindung etc. sehr empfindlich, da die dann auftretenden Teilreflexionen zu Stehwellen und damit zu lokalen „Hot Spots“ führen können, die die Leitung thermisch zerstören.

Leitungen für Störaussendungsmessungen müssen dagegen so konstruiert sein, dass sie über dem Kabelweg keine zusätzliche Energie (zusätzlich zu der von der Antenne aufgenommenen Energie) aufnehmen. Für gestrahlte Messungen ist es daher üblich, Kabel zu verwenden, die alle paar Zentimeter mit einem Ringferrit zur Mantelwellenunterdrückung bestückt sind. Der Ferrit wirkt dabei wie eine stromkompensierte Drossel (Abschnitt 4.4) mit nur einer Wicklungsdurchführung und unterdrückt die asymmetrischen Einkopplungen aus dem umgebenden Feld.

6.1.7 Netzwerkanalysator

Der Netzwerkanalysator (Bild 6.13) kommt bei den eigentlichen Messungen der EMV von Prüflingen so gut wie gar nicht vor, ist aber zur Qualifizierung sehr vieler Teile der Messkette extrem hilfreich, da mit ihm die Dämpfungseigenschaften von Kabeln, Adaptern und Anschlüssen vermessen werden können.

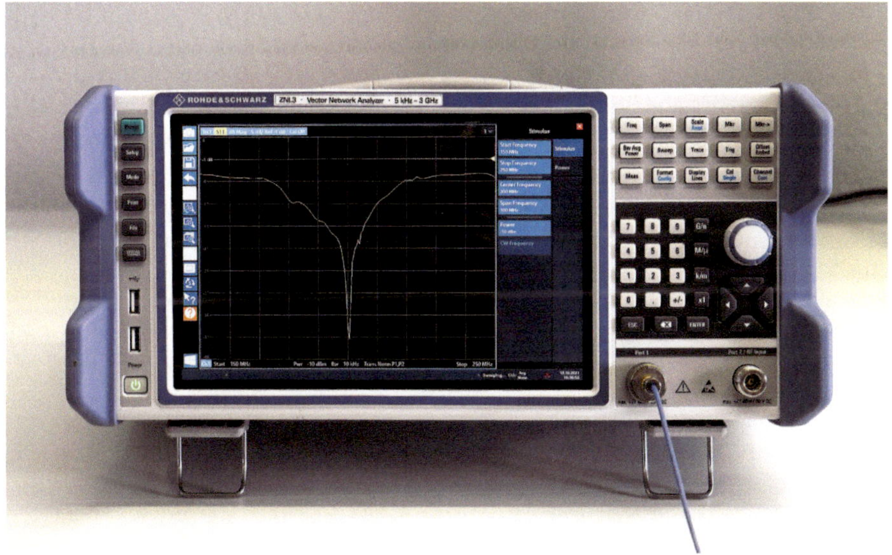

Bild 6.13 Vektorieller Netzwerkanalysator

Netzwerkanalysatoren haben sehr große Bandbreiten (Gleichsignale bis hin zu Wechselsignalen mit mehreren Gigahertz), hohe Messdynamik (bis zu 120 dB) und kurze Durchlaufzeiten, sie speisen ein Signal auf dem einen Port ein und messen es auf dem anderen Port zurück (Bild 6.14); so kann die frequenzabhängige Dämpfung eines Objektes aufgenommen werden (S-Parameter s_{21} und s_{12}). Die Leistung des internen Signalgenerators liegt dabei gewöhnlich zwischen 0 und 10 dBm – das entspricht 1 bis 10 mW – bei voller 120-dB-Dynamik können noch Signale zurückgemessen werden, die im Bereich von wenigen Picowatt liegen. (Jeweils 30 dB entsprechen für Leistungen einer Größenordnung (Faktor 1000), also können mit 120-dB-Dynamik vier Größenordnungen überspannt werden.)

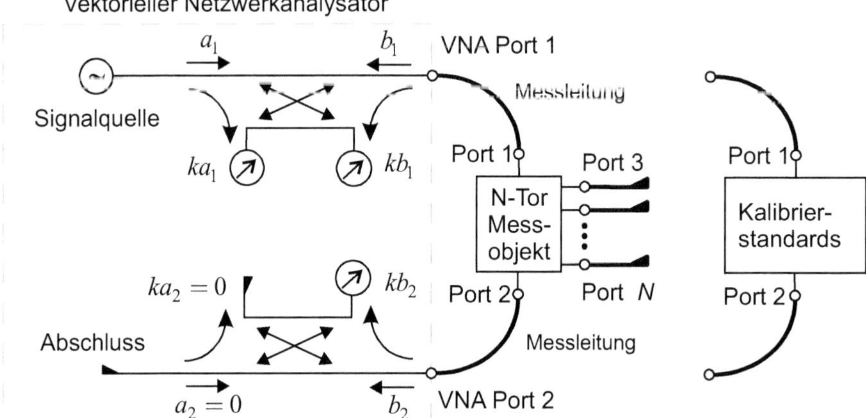

Bild 6.14 Prinzip der Netzwerkanalyse: Über Richtkoppler und Detektoren können vor- und rücklaufende Wellengrößen a und b an den Toren ermittelt und ins Verhältnis zueinander gesetzt werden. Zur Erreichung einer hohen Genauigkeit bei der Messung ist eine vorhergehende Kalibrierung erforderlich.

Der Analysator kann auch zur Vermessung von Antennen genutzt werden, indem man mit ihm die Reflexion am Antennenfußpunkt bestimmt (S-Parameter s_{11} und s_{22}). Bei Frequenzen, bei denen der Netzwerkanalysator eine hohe Reflexion misst, kann eine Antenne die ihr zugeführte Leistung nicht abstrahlen und ist daher auch nicht geeignet, diese Frequenz reziprok zu empfangen.

Nach und nach können so alle Teile der Messkette einzeln qualifiziert werden und durch Superposition zu einem Gesamtbild zusammengefügt werden. Die gemessenen Werte dienen z.B. zur Rückrechnung auf das tatsächlich empfangene Signal. Nehmen wir an, eine Antenne empfängt ein Signal mit einem Pegel von 40 dB(μV) und überträgt dies über eine Leitung mit 10 dB Dämpfung, dann empfängt das Messgerät nur noch 30 dB(μV). Ist die Kabeldämpfung allerdings bekannt, kann in der Nachverarbeitung (Post-processing) wieder zurückgerechnet werden.

6.1.8 Detektoren für Störaussendungsmessungen

Drei verschiedene Detektoren zur Bewertung von Signalen haben sich in der EMV-Welt etabliert: Spitzenwert-, Mittelwert- und Quasi-Spitzenwertdetektor. Die angezeigten Pegel der verschiedenen Detektoren im Frequenzbereich erlauben eine recht detaillierte Vorstellung über das Signal im Zeitbereich.

Spitzenwertdetektor – Der Spitzenwert- oder Peak-Detektor gibt für die Messung bei einer Frequenz den höchsten Wert des gleichgerichteten Signals aus, der im Zeitfenster der Messung ermittelt wurde. Der Spitzenwertdetektor funktioniert bei verschiedenen Messzeiten und Bandbreiten – üblich sind Bandbreiten von 200 Hz, 9 kHz oder 120 kHz und Messzeiten zwischen 5 ms und 50 ms.

Mittelwertdetektor – Der Mittelwert- oder Average-Detektor gibt für die Messung bei einer Frequenz den Mittelwert des gleichgerichteten Signals aus, der im Zeitfenster der Messung ermittelt wurde. Der Mittelwertdetektor funktioniert bei verschiedenen Messzeiten und Bandbreiten – üblich sind Bandbreiten von 200 Hz, 9 kHz oder 120 kHz und Messzeiten zwischen 5 ms und 50 ms.

Liegen die mit einer Bandbreite von 9 kHz gemessenen Pegel von Spitzenwert- und Mittelwertdetektor bei einer Frequenz weit auseinander (mehr als 6 dB), liegt normativ eine *breitbandige Störung* vor, die keine definierte Grundschwingung hat. Liegen die mit einer Bandbreite von 9 kHz gemessenen Pegel von Spitzenwert- und Mittelwertdetektor bei einer Frequenz nah beieinander (weniger als 6 dB), liegt normativ eine *schmalbandige Störung* vor, die eine definierte Grundschwingung hat. Die Detektoren sind so abgestimmt, dass die Messwerte von Spitzen- und Mittelwertdetektor bei einem absolut sauberen Sinussignal den gleichen Wert anzeigen.

Quasi-Spitzenwertdetektor – Der Quasi-Spitzenwert- oder Quasipeak-Detektor gibt für die Messung mit einer Messzeit von einer Sekunde einen bewerteten Spitzenwert aus. Je häufiger der Spitzenwert in Relation zum Mittelwert innerhalb der Messzeit auftritt, desto näher liegt der Quasi-Spitzenwert auf der Pegelhöhe des Spitzenwertdetektors. Handelt es sich dagegen um ein Pegel-stabiles Signal, das nur von einer singulären Knackstörung überlagert ist, liegt der Quasi-Spitzenwertdetektor auf Mittelwertdetektorniveau. Realisiert ist diese Bewertung durch eine einfache aber präzise Kondensator-Schaltung, die dem Detektor seine Trägheit bzw. charakteristische Zeitkonstante verleiht. Die so hinterlegte Bewertungsfunktion ist nicht physikalisch begründet, sondern hängt mit dem Störempfinden von Menschen zusammen und wurde durch praktische Versuche heuristisch ermittelt. Probanden wurde eine Radiosendung mit überlagertem, knackendem Störrauschen vorgespielt, wobei die Knackrate immer weiter erhöht wurde. Die Probanden sollten den Zeitpunkt bestimmen, ab dem Sie die Störung als wahrnehmbar und unangenehm empfanden. Die Bandbreite des Quasi-Spitzenwertdetektors ist für alle Frequenzbereiche fest vorgegeben – 9 kHz unter 30 MHz und 120 kHz zwischen 30 MHz und 1000 MHz. Oberhalb von 1 GHz ist die Verwendung dieses Detektors nicht üblich.

CISPR-Mittelwertdetektor – Dieser Detektor verhält sich ähnlich dem Quasipeak-Detektor, hat jedoch eine abweichende Zeitkonstante von 100 bis 160 ms, um besonders gut unstete, Frequenz-instabile und diskontinuierliche Störungen zu bewerten. Das Gremium (CISPR 16) wollte einen Detektor definieren, der eher technische Aspekte typischer Empfängerstufen berücksichtigt, als den akustischen Störeindruck des Menschen. Der Quasipeak-Detektor konnte aufgrund seiner Verbreitung in verbindlichen technischen Vorgaben nicht nachträglich angepasst werden.

6.1.9 Messzeiten für Störaussendungsmessungen

Übliche, in Standards zu findende, Messzeiten für Messempfänger mit Superheterodynverfahren liegen im Millisekundenbereich. Diese Standardmesszeiten können bei bestimmten Prüflingen zu falschen bzw. schlecht reproduzierbaren Ergebnissen führen – das gilt immer dann, wenn Prüflinge interne Zykluszeiten haben, die nicht vernachlässigbar sind. Passen Messzeit und Zykluszeit nicht zusammen, können bei einzelnen Frequenzen zu niedrige Pegel als Ergebnis herauskommen, da zum (zu kurzen) Zeitpunkt der Messung das Prüfmuster nicht in dem Zustand war, wo es auf dieser Frequenz den maximalen Pegel abstrahlt. Optimale Messzeiten liegen beim Doppelten der Zykluszeit eines Prüflings. Dies kann schnell unpraktisch werden bzw. zu zeitaufwendig werden. Man behilft sich bei extremen Zykluszeiten dann mit einer Vormessung im Spektrumanalysator-Modus und bewertet die kritischen Frequenzen im Nachgang mit dem Quasipeak-Detektor im Messempfänger-Modus mit einer erweiterten Beobachtungszeit. Für „normale" Messungen werden für Mittelwert- und Spitzenwertdetektor Messzeiten zwischen 5 ms und 100 ms typischerweise verwendet.

6.1.10 Bandbreiten für Störaussendungsmessungen

Die verwendeten Messbandbreiten in der EMV haben keine rein physikalische Begründung, sondern kommen eigentlich aus dem Zweck heraus, aus dem die EMV als Disziplin selbst gegründet wurde, aus dem Funkschutz und primär Schutz des ungestörten Radioempfangs. Daher sind 9 kHz (AM-Radio) und 120 kHz (UKW-Radio) am gebräuchlichsten (Tabelle 6.1).

Tabelle 6.1 Typische Messbandbreiten

Frequenzbereich	Typische Messbandbreiten	Passende Detektoren
< 30 MHz	200 Hz, 9 kHz	Peak, Average, Quasipeak
30 ... 108 MHz	9 kHz, 120 kHz	Peak, Average, Quasipeak
108 ... 200 MHz	9 kHz, 120 kHz, 1 MHz	Peak, Average
200 ... 1000 MHz	9 kHz, 120 kHz, 1 MHz	Peak, Average
> 1000 MHz	120 kHz, 1 MHz	Peak, Average

Grenzwerte sind dabei immer mit einer Bandbreite verknüpft, da ja pro Frequenzschritt über einem Intervall gleich der Messbandbreite integriert wird. Reine Rauschsignale und breitbandige Störphänomene ergeben in der Messung umso kleinere Pegel, je schmaler die Bandbreite des Empfängers ist. „Freistehende" schmalbandige Signale (mit einer Bandbreite kleiner der Messbandbreite) sind dagegen relativ stabil über der Variation der Messbandbreite, da breitere Messfenster dann nur etwas mehr Rauschleitung empfangen und der integrierte Wert hier kaum nennenswert ansteigt.

Die Schrittweite, d.h. der Abstand zwischen denjenigen Frequenzen, bei denen mit der eingestellten Messbandbreite gemessen wird, liegt gewöhnlich bei der Hälfte der Bandbreite, also würde man bei 120 kHz Bandbreite eine Schrittweite von 60 kHz verwenden. Nach dem Shannon-Theorem verhindert dies, dass man spektrale Anteile zwischen den Frequenzschritten übersieht. Aus Gründen der Zeitersparnis verlängern einige Herstellerspezifikationen die Schrittweite auf die Messbandbreite – optimal ist dies jedoch nicht. Als Faustformel gilt, je kleiner die Messbandbreite, desto kleiner die Schrittweite und desto zeitraubender die Messung, da so zwangsläufig mehr Schritte notwendig sind.

Beispiel 6.2 Berechnung der Messzeit

Der Frequenzbereich zwischen 200 MHz und 1 GHz soll gemessen werden. Verwendet wird der Mittelwertdetektor mit einer Messzeit von 5 ms und einer Bandbreite von 120 kHz, was zu einer Schrittweite von 60 kHz führt. Notwendig sind also 800 MHz/60 kHz = 13.334 Schritte à 5 ms, was eine Gesamtmesszeit von ca. 70 Sekunden ergibt. Reduziert man die Bandbreite auf 9 kHz bzw. die Schrittweite auf 4,5 kHz so sind 800 MHz/4,5 kHz = 177.777 Schritte à 5 ms notwendig, was nun zu einer Gesamtmesszeit von ca. 15 Minuten führt. ■

6.2 Messkette bei Störfestigkeitsmessungen

Bei einer Störfestigkeitsmessung wird ein Prüfmuster mit einer definierten und genormten Störgröße beaufschlagt. Vornehmlich benötigt man einen Generator, der die passende Störgröße erzeugt und (theoretisch) nur noch ein Koppelelement, das die Störung auf den zu prüfenden Port (d.h. Versorgungsleitungen, Signalleitungen oder Gehäuse) einkoppelt. In der Praxis erweist sich diese auf den ersten Blick einfache Aufgabe je nach Art der Störgröße als eher kompliziert (Bild 6.15).

Der Steuerrechner (1) gibt dem Signalgenerator (2) die Art (z.B. Frequenz, Modulation und Amplitude) des zu erzeugenden Störsignales vor. Das Spannungssignal wird vom Leistungsverstärker (3) verstärkt und über einen Richtkoppler (4) an den Messwandler (6) übergeben, der aus dem Spannungssignal die Störgröße passend zum zu beaufschlagenden Port (Gehäuse, Versorgungs- und Signalleitungen) des Prüflings (7) formt. Die Spannungssignale des Richtkopplers werden im Leistungsmessgerät (5) ausgewertet und an den Steuerrechner übergeben. Eine Messsonde ((8), z.B. eine Stromzange oder Feldsonde) kann das Störsignal messen und via Sondenmessgerät (9) dem Steuerrechner zur Verfügung stellen.

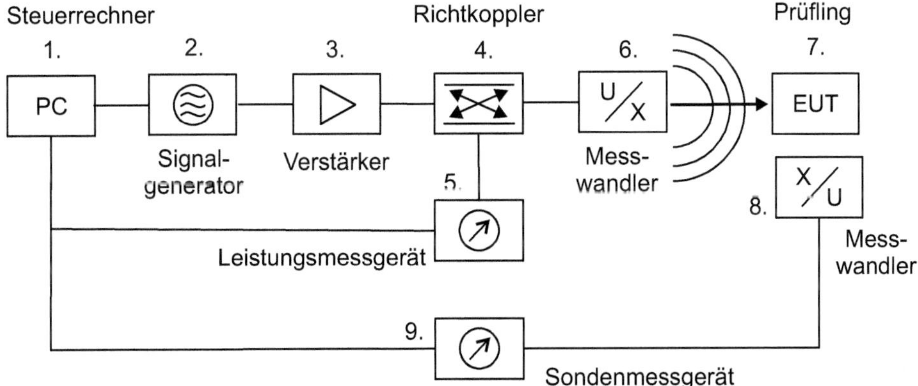

Bild 6.15 Messkette bei Störfestigkeitsmessungen

Beispiel 6.3 Gestrahlte Störfestigkeit

Bei der Prüfung der gestrahlten Störfestigkeit braucht man zunächst einen Computer, der die einzelnen Geräte ansteuert und dann einen Signalgenerator, der ein hochpräzises Kleinsignal erzeugt. Dieses Kleinsignal wird auf einen Verstärker gegeben, der es als Großsignal (Wertebereich zwischen Watt und Kilowatt) an den Antennenfußpunkt überträgt. Die Antenne macht abschließend aus dem Spannungssignal am Fußpunkt durch Wellenformung ein elektromagnetisches Feld – die Störgröße. Schritt für Schritt werden dann alle in der Prüfgrundlage festgelegten Frequenzen nacheinander abgeprüft und die Reaktion des Prüflings beobachtet und bewertet. Dieses Grundprinzip lässt sich auf fast alle Störfestigkeitsuntersuchungen übertragen. Meist unterscheiden diese sich nur im Koppelelement, d.h. je nach zu prüfendem Port und dem Frequenzbereich, der geprüft werden soll. ■

6.2.1 Signalgenerator

Ein Signalgenerator ist in der Lage, ein hochpräzises, schmalbandiges und reines Kleinsignal im Leistungsbereich mit minimal −120 dBm (1 fW) und maximal 0 bis 10 dBm (1 mW bis 10 mW) zu erzeugen (Bild 6.16).

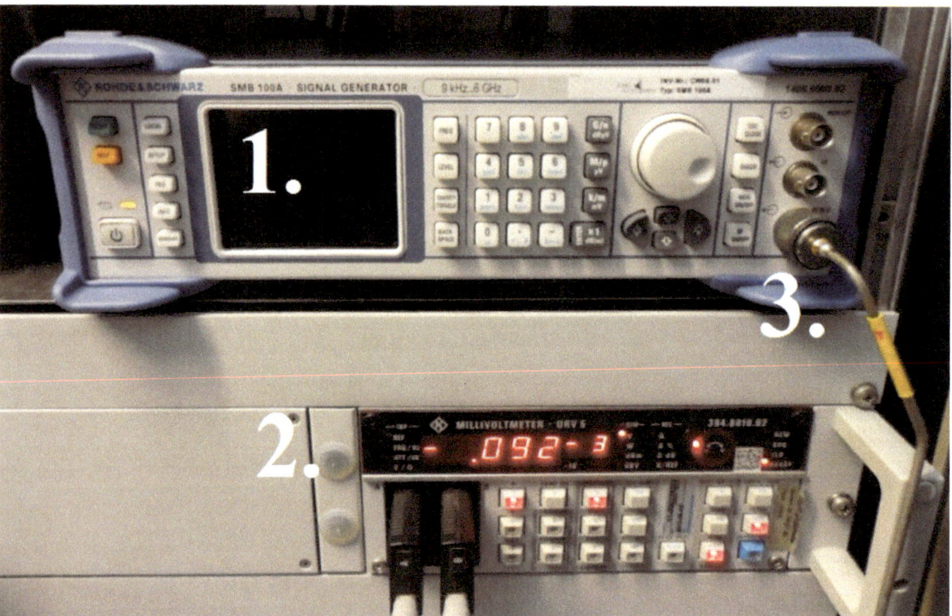

Bild 6.16 Signalgenerator (1) für den Frequenzbereich 9 kHz bis 6 GHz mit N-Festmantelkabel (3) und Leistungsmessgerät (2). Der Signalgenerator ist mit dem Leistungsverstärker, das Leistungsmessgerät mit dem Richtkoppler verbunden.

Der Frequenzbereich, den der Signalgenerator abdecken kann, ist von Modell zu Modell unterschiedlich, bewegt sich jedoch bei in EMV-Laboren eingesetzten Geräten in den Größenordnungen von wenigen Hertz bis hin zu mehreren Gigahertz. Das Ausgangssignal ist rein sinusförmig, kann aber auch moduliert werden (unmoduliert (CW) – „*continuous wave*", amplitudenmoduliert (AM) oder pulsmoduliert (PM)). Die Modulationen sollen Signalformen aus der „realen Welt" nachbilden, z.B. pulsmodulierte Signale, wie sie im Bereich der Mobilfunkfrequenzen Verwendung finden.

6.2.2 Modulationsarten

Die in der EMV verwendeten Modulationsarten (Bild 6.17) sind denjenigen nachempfunden, die auch in der Praxis verwendet werden. Das unmodulierte Signal (CW) ist dabei im gesamten Frequenzbereich eine übliche Prüfmodulation, allerdings nicht im Industriebereich, wo fast ausschließlich mit Amplitudenmodulation (AM, 1 kHz 80 % aufwärts moduliert) geprüft wird. In der Fahrzeugwelt verwendet man ein abwärts moduliertes Signal bis etwa 800 MHz. In den Frequenzbereichen darüber wird Pulsmodulation (PM) eingesetzt, deren Eckdaten (Impulswiederholrate und Impulsbreite) aus der GSM-Technik und der Radarmodulation an Flughäfen entliehen sind. Die meiste Energie steckt dabei im unmodulierten Signal, jedoch regen AM und PM durch ihren gemischten und breitbandigeren Charakter völlig andere Störphänomene an. Die Modulationen können sich gegenseitig daher nicht ersetzen.

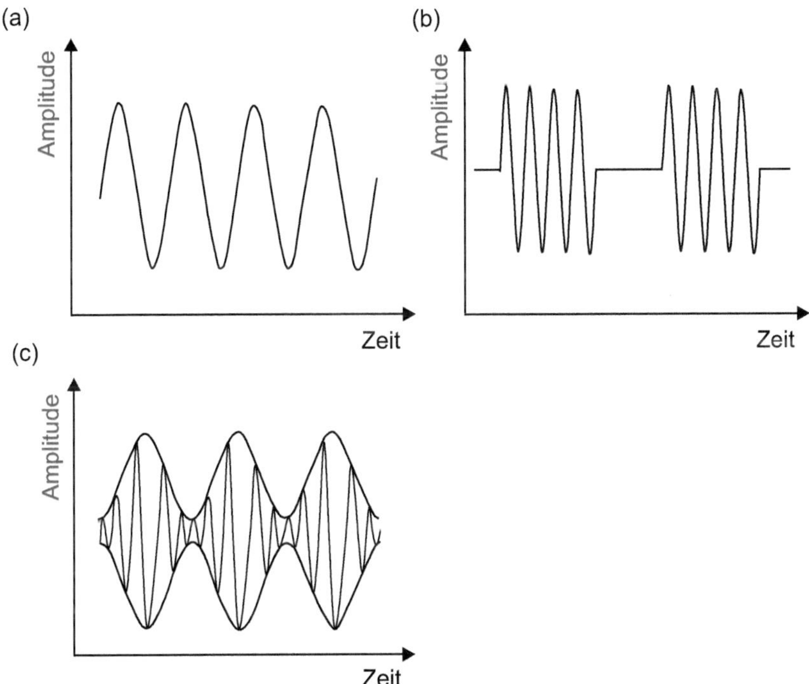

Bild 6.17 Zeitverlauf bei verschiedenen Modulationsarten: (a) unmoduliertes CW-Signal, (b) pulsmoduliertes PM-Signal und (c) amplitudenmoduliertes AM-Signal

Prüflinge mit eher Ohm'schem Charakter, linearem Verhalten und ohne signifikante Energiespeicher sind empfindlicher gegen stabile sinusförmige Signale mit großer Energie, die den Nutzgrößenprozess über der Einwirkzeit durcheinanderbringen. Geräte mit zahlreichen Energiespeichern (und damit Schwingkreisen) haben oft größere Schwierigkeiten mit breitbandigen, gepulsten Signalen, die diese Resonanzen anregen können, obwohl sie energiearm sind.

6.2.3 Verstärker

Da die benötigten Prüfstörgrößen ein Vielfaches an Leistung von dem enthalten, was ein Signalgenerator erzeugen kann, ist es notwendig, die vom Generator abgegebenen Kleinsignale zu verstärken. Ein Verstärker (Bild 6.18) vergrößert starr um seinen Verstärkungsfaktor (ein Verstärker ist selbst nicht regelbar) das an seinem Eingang ankommende Signal und gibt es am Ausgang möglichst in reiner Form, d.h. ohne zusätzliche Frequenzanteile, verstärkt wieder ab. Je niedriger die Frequenz der Prüfstörgröße ist, desto mehr Leistung wird für ein gleichstarkes Signal benötigt. Während man mit einem 10 kW Verstärker kaum in der Lage ist, ein elektrisches Feld von 100 V/m bei 20 MHz in 1 m Abstand zu erzeugen, benötigt man nur etwa einen 400-W-Verstärker, um bei 2 GHz ein Feld von mehr als 600 V/m in 1 m Abstand zu erzeugen.

Bild 6.18 HF-Leistungsverstärker in einem Schirmraum: Wassergekühlter 2,5-kW-Verstärker (1) für den Frequenzbereich bis 220 MHz mit Anschluss an den Signalgenerator (koaxiales N-Kabel, (4)) und Leistungsausgang zur Antenne (5) und ölgekühlter 10-kW-Verstärker (2) mit Wasser/Öl-Wärmetauscher (3) und Anschluss an den Signalgenerator (koaxiales N-Kabel, (6)); der Leistungsausgang des 10-kW-Verstärkers befindet sich wegen der Größe auf der Rückseite.

Typische Leistungen bewegen sich bei breitbandigen Verstärkern, die bei EMV-Prüfungen zum Einsatz kommen, zwischen einigen 10 W und maximal etwa 10 kW. Ein guter Verstärker verhält sich in seinem Arbeitsbereich linear, d.h. mit der Regelung der vom Signalgenerator abgegebenen Leistung kann auch präzise die Ausgangsleistung des Verstärkers eingestellt werden, die an den Messwandler übertragen wird.

6.2.4 Messwandler

Da das System aus Signalgenerator und Verstärker nur ein Spannungssignal bereitstellt, benötigt man noch einen sogenannten Messwandler, um die gewünschte Prüfstörgröße, z.B. ein elektrisches Feld oder ein Stromsignal, zu erzeugen. Je nach zu prüfendem Kopplungspfad wird der Messwandler ausgetauscht. Für eine *galvanische Kopplung* verwendet man ein simples Filtersystem oder kontaktiert direkt, für eine *induktive Kopplung* verwendet man eine Spule oder Stromzange, für eine *kapazitive Kopplung* eine Koppelzange (Bild 6.19) oder einen Richtkoppler und für *Raumkopplung* (Strahlungskopplung) eine Antenne.

Bild 6.19 Störfestigkeitsprüfung mit der kapazitiven Koppelzange (4): Der Kabelbaum des Prüflings (1) ist in Signalleitungen (3) und Versorgungsleitungen (2) aufgeteilt und mit der Peripherie (6) verbunden. Das Störsignal wird durch die Koppelzange nur auf die Signalleitungen aufgeprägt und mit einem Oszilloskop (5) überwacht.

Messwandler mit dem Prinzip der galvanischen Kopplung

Kommen niedrige Frequenzen und hohe Störpegel zusammen und kann man die zu prüfenden Leitungen vereinzeln, so ist eine direkte Kontaktierung (ggf. über Filter) notwendig. In diesem Fall kommen Messwandler nach dem Prinzip der galvanischen Kopplung zum Einsatz. Typische, galvanisch einzukoppelnde Prüfstörgrößen sind neben niederfrequenten, schmalbandigen Signalen auch Phänomene wie der leitungsgeführte Blitzimpuls (Surge), der hohe Impulsenergien mit einem eher niederfrequenten Spektrum kombiniert. Je nach Koppelfilter (CDN – „Coupling Discoupling Network") (Bild 6.20) können auch Frequenzen knapp über der

Gleichspannung galvanisch übertragen werden. Zu hohen Frequenzen hin wird der Induktivitätsbelag der Übertragungsleitungen und die parasitäre Induktivität der Koppelkondensatoren allerdings immer größer und die Effektivität der Kopplung sinkt. Eine typische, konstruktionsbedingte Obergrenze sind ca. 100 MHz.

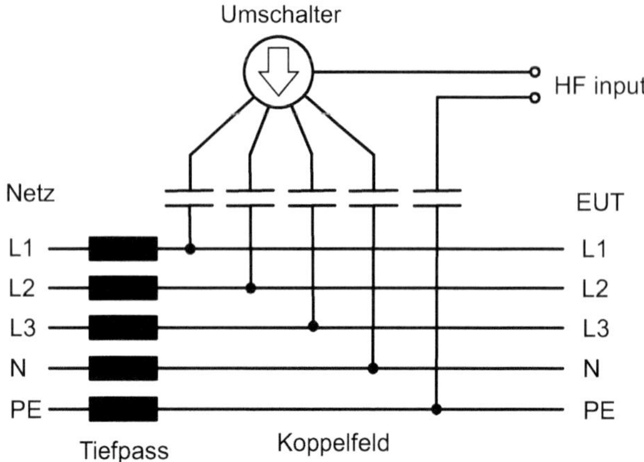

Bild 6.20 Prinzipschaltbild für ein galvanisches Koppelnetzwerk für 3-phasige Netzanschlüsse für die Prüfung „HF auf Leitungen" nach IEC 61000-4-6: Das Netz wird durch einen Tiefpass geschützt und die Hochfrequenzleistung wird über Koppelkondensatoren galvanisch asymmetrisch zwischen Phase und Schutzerde eingekoppelt.

Messwandler mit dem Prinzip der induktiven Kopplung

Sollen Leitungsbündel mit niedrigen Frequenzen und mittleren Störpegeln beaufschlagt werden, so werden Messwandler mit induktiver Kopplung verwendet. Gewöhnlich wird eine leistungsfeste Stromzange um den Kabelbaum gelegt und so ein Störstrom direkt auf die Leitungen induziert (Bild 6.21). Durch das hier angewendete transformatorische Prinzip ist es physikalisch nicht möglich, Gleichsignale zu übertragen. Zu hohen Frequenzen hin wirkt die Induktivität der Stromzange immer stärker und die Effektivität der Kopplung sinkt. Hohe Energien können aufgrund der bauartbedingten Leistungsbegrenzung realer Stromzangen (ca. 100 W) meist nicht übertragen werden. Der mit Stromzangen abzudeckende Frequenzbereich liegt, je nach Bauart etwa zwischen 10 kHz und 400 MHz.

Messwandler mit dem Prinzip der kapazitiven Kopplung

Sind Leitungsbündel mit hochfrequenten Signalen und mittleren Störpegeln zu beaufschlagen, so werden vor allem Messwandler mit kapazitiver Kopplung eingesetzt. Verwendet werden hier kapazitive Koppelzangen und Streifenleitungen (Bild 6.22), die vom Aufbau her nichts weiter sind als aufgeweitete Koaxialleiter, in denen durch die Aufweitung genug Platz für die zu beaufschlagenden Leitungen ist. Zu niedrigen Frequenzen hin wirkt die Kapazität der Koppelzange immer stärker und die Effektivität der Kopplung sinkt. Hohe Energien können (auch hier) aufgrund der bauartbedingten Leistungsbegrenzung realer Koppelzangen meist nicht übertragen werden. Die obere Frequenzgrenze liegt bei max. etwa 1 GHz, darüber sind Antennen die bessere Wahl.

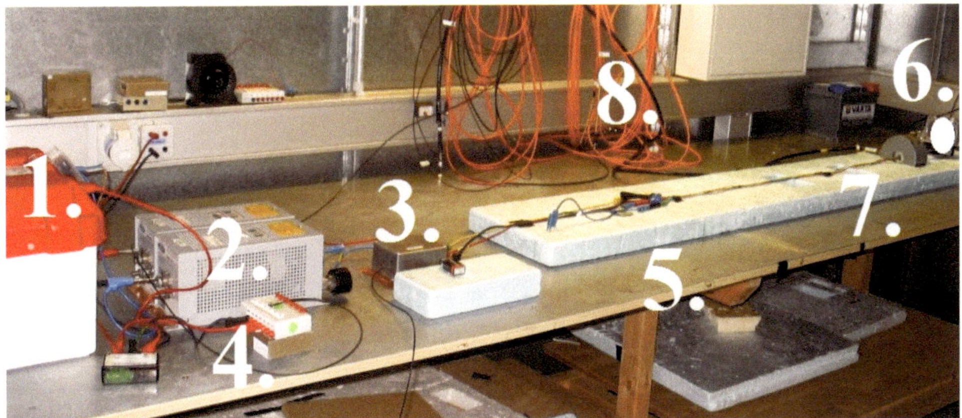

Bild 6.21 Bulk Current Injection (BCI): Prüfaufbau mit Autobatterie (1), Netznachbildungen (2), Load Box (3) und optischen Protokollumsetzern (4) für den Betrieb des Prüflings hinter der Stromzange (6), die um den Kabelbaum (7) gelegt ist. Die Stromzange wird über ein koaxiales N-Kabel (8) mit dem Verstärker verbunden.

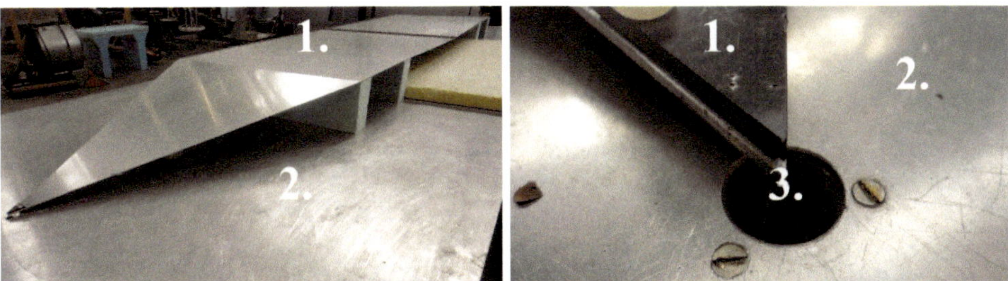

Bild 6.22 Kapazitive Streifenleitung für den Frequenzbereich von 100 kHz bis 400 MHz: Die Seele des koaxialen Kabels vom Verstärker wird am Aufweitungspunkt (3) mit dem Septum (1) kontaktiert, der Schirm der koaxialen Leitung wird mit der Massefläche (2) verbunden. Die Geometrie ist so dimensioniert, dass es sich um ein reines 50-Ohm-System handelt.

Messwandler mit dem Prinzip der Raum- bzw. Strahlungskopplung

Wenn Gehäuse oder Leitungsbündel mit sehr hochfrequenten Signalen beaufschlagt werden sollen, dann kommen Messwandler nach dem Prinzip der Raum- oder Strahlungskopplung zum Einsatz. Mit *Antennen* (in den verschiedensten Formen) (Bild 6.23 – Bild 6.24) können elektromagnetische Felder im Bereich von wenigen Megahertz bis hin zu mehreren Gigahertz erzeugt werden (noch niedrigere Frequenzen würden zu große Antennenstrukturen zur Abstrahlung benötigen). Dabei ist es üblich, die Antenne unterhalb von 1 GHz eher auf die an dem Prüfling angeschlossenen Kabel und oberhalb von 1 GHz auf das Prüflingsgehäuse auszurichten. Technisch wird dies damit begründet, dass ausgedehnte Strukturen eher niedrige Frequenzen gut empfangen und kleine Strukturen eher hohe – die Faustregel des Halbwellendipols kommt auch hier zum Einsatz. Die obere Frequenzgrenze, die von Laboren abgedeckt werden muss, steigt mit der technischen Entwicklung stetig an. Vor 2007 schrieben viele Normen nur den Test bis 1 GHz vor. Nach der massenhaften Verbreitung von E-Netz im Mobilfunk und WLAN in Heimnetzen wurde die Obergrenze flächendeckend in so gut wie allen Standards auf 2700 bis 3000 MHz angehoben. Der Trend geht, Stand 2013, langsam zu 6 GHz, da eine neue WLAN-Generation bei 5,5 GHz arbeitet.

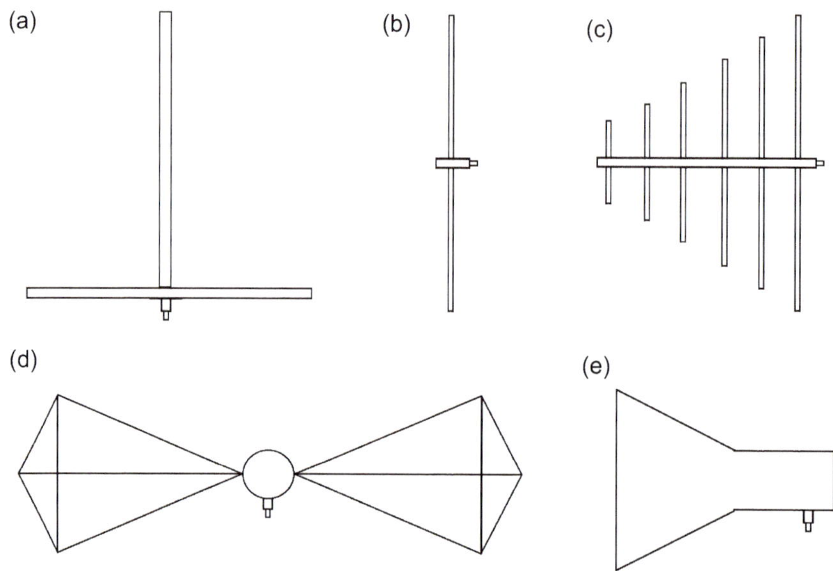

Bild 6.23 Standardantennenbauformen: (a) Monopolantenne mit Masseplatte, (b) Dipolantenne, (c) logarithmisch-periodische Dipolantenne, (d) bikonische Antenne, (e) Hornantenne

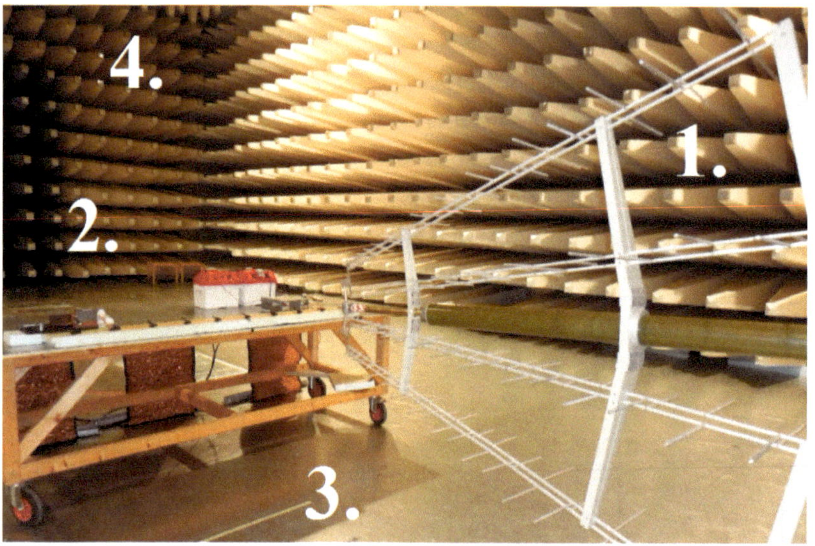

Bild 6.24 Gestrahlte Störfestigkeitsmessung: Doppel-LogPer-Sendeantenne (1) für bis zu 1 kW Leistung im Frequenzbereich von 200 MHz bis 1 GHz, ausgerichtet auf den Kabelbaum eines Komponentenaufbaus (2) in einer Absorberhalle (4) mit Massefläche (3)

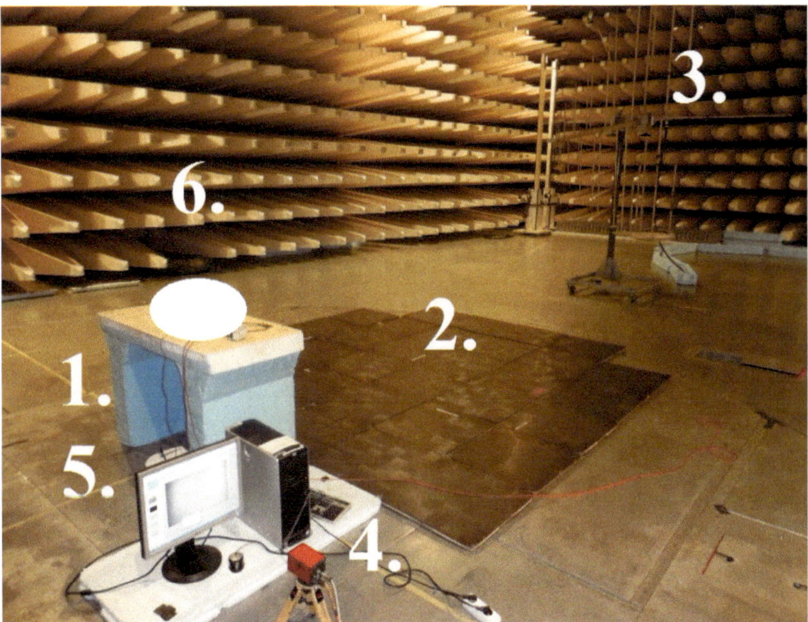

Bild 6.25 Gestrahlte Störfestigkeitsmessung: LogPer-Sendeantenne (3) für bis zu 10 kW Leistung im Frequenzbereich von 20 MHz bis 220 MHz, ausgerichtet auf einen Industrieaufbau auf einem Styrodur-Tisch (1) mit Peripherie (5) in einer Absorberhalle (6) mit auf der Massefläche ausgelegten Ferritkacheln (2). Die Peripherie wird mit einer Lichtwellenleiter-Kamera (4) überwacht.

Bild 6.23 zeigt die in einem EMV-Labor typischen Antennengrundformen. Für niedrige Frequenzen (typ. Frequenzbereich 150 kHz–30 MHz) kann eine (rundstrahlende) Monopolantenne mit Masseplatte (Bild 6.23a) verwendet werden. Bei mittleren Frequenzen lässt sich schmalbandig ein Halbwellendipol einsetzen (Bild 6.23b). In der Regel kommen aber Abwandlungen in Form einer logarithmisch-periodischen Dipolantenne oder einer bikonischen Antenne zum Einsatz. Bild 6.23c zeigt die schematische Darstellung einer logarithmisch-periodischen Dipolantenne, die aus mehreren Dipolen besteht und daher breitbandig einsetzbar ist (typ. Frequenzbereich 200 MHz–1500 MHz). Zudem besitzt sie eine deutliche Richtwirkung in Richtung der kleineren Dipolelemente. Bei einer (rundstrahlenden) bikonischen Antenne (Bild 6.23d) sind die ursprünglichen Dipolarme aufgeweitet und durch zwei Drahtkegel ersetzt, dies erhöht die Bandbreite der Antenne (typ. Frequenzbereich 30–220 MHz). Oberhalb von 1 GHz kommen Hornantennen (Bild 6.23e) zum Einsatz. Diese Antennen bestehen aus einem Stück Hohlleiter, welches in Abstrahlrichtung aufgeweitet ist und so eine elektromagnetische Welle abstrahlen kann (typ. Frequenzbereich 1 GHz–8 GHz).

Im Bereich der gestrahlten Störfestigkeit spielt die Leistungsfestigkeit der Antenne eine wichtige Rolle. Zudem muss die Verstärkerleistung effizient eingesetzt werden, was den Einsatz von Antennen mit einer gewissen Richtwirkung notwendig macht. Wir sehen daher in Bild 6.25 im Frequenzbereich von 20 MHz–220 MHz eine große (leistungsfeste) logarithmisch-periodische Dipolantenne anstelle einer bikonischen Antenne im Einsatz. Eine Doppel-logarithmisch-periodische-Sendeantenne in Bild 6.24 ist eine weitere Möglichkeit, Leistungsfestigkeit und Richtwirkung miteinander zu verbinden.

6.2.5 Funktionsprinzip einer Feldsonde

Eine kapazitive Feldsonde ist ein Messinstrument für elektromagnetische Felder und besteht aus zwei Metallplättchen (Bild 6.26), deren Flächennormalvektoren exakt in Richtung der Feldlinien des elektrischen Feldes zeigen sollten. Verbindet man die Plättchen mit einem Messinstrument, kann man über diesem eine feldabhängige Spannung messen, die mit steigender Feldstärke zunimmt.

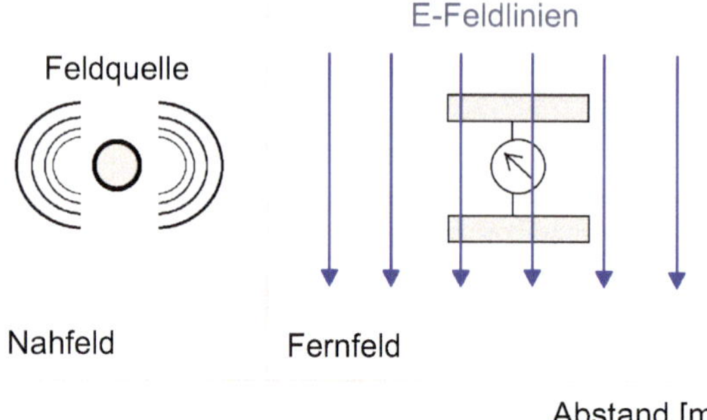

Bild 6.26 Feldsonde (Funktionsprinzip): Die leitfähigen Plättchen wirken wie eine kleine, sehr breitbandige Dipolantenne

Eine vollständige Feldsonde hat gewöhnlich drei Plättchenpaare, deren Flächennormalvektoren orthogonal unabhängig sind, um x-, y- und z-Komponenten des Feldes aufnehmen zu können.

Zu einem Sondenmesssystem gehört neben der Sonde ein Anzeigegerät, das durch einen Lichtwellenleiter angeschlossen ist. Durch diesen Lichtwellenleiter kann die Versorgung erfolgen („Power Laser“), oder die Sonde hat einen internen Akku.

Man unterscheidet zwischen Feldmonitoren und Feldanalysatoren. Feldmonitore zeigen nur den Pegel des gemessenen Feldes an, Feldanalysatoren können, einem Oszilloskop mit Tastkopf ähnlich, auch Zeitverläufe anzeigen. Der Frequenzbereich, den diese Sonden abdecken können, liegt zwischen sehr niederfrequenten Feldern bis hin in den zweistelligen GHz-Bereich. Der Wertebereich liegt für übliche Modelle zwischen 1 V/m und 1000 V/m. Es ist also nicht möglich, mit einer Feldsonde Emissionsmessungen durchzuführen, da diese nicht sensitiv genug ist (1 V/m entspricht bereits 130 dB(μV/m)) und integral alle Spektralanteile gleichzeitig anzeigt – sie ist nicht frequenz-selektiv.

6.2.6 Monitoring der Messkette

Um im Betrieb der Messkette sicherzustellen, dass diese reibungslos funktioniert und die Prüfstörgröße korrekt erzeugt wird, müssen einige weitere Elemente in den Aufbau eingebracht werden. Einleuchtend scheint z.B. für gestrahlte Festigkeitsprüfungen die Verwendung einer kapazitiven Feldsonde, die das elektrische Feld durch eine Spannungsmessung an einer Impedanz zwischen zwei auf unterschiedlichen Potentialen liegenden Platten misst, und dessen

Stärke digital auf einem Anzeigeinstrument ablesbar macht. Leider ist die prüflingsnahe Positionierung durch die feldverzerrenden Eigenschaften leitfähiger Teile des Prüflings mit einem enormen Präzisionsverlust der Sondenanzeige verbunden – der ablesbare Wert kann dann nur noch als Plausibilitätskontrolle dienen, da er durch Reflexionen verfälscht ist – eine Regelung auf den Sondenmesswert ist also nicht sinnvoll. Die Lösung dieses Dilemmas ist im Abschnitt 6.2.8 („Kalibrierung") beschrieben.

Für eine Messung mit der Stromzange ist es dagegen einfach möglich, eine zweite Zange um den Kabelbaum zu legen, die die Stärke des eingekoppelten Stromes misst – und zwar mit einer Genauigkeit, die eine Regelung auf die zurückgemessene Größe zulassen würde. Üblich ist dieses Verfahren jedoch trotzdem nicht, da ein gut konstruierter Kabelbaum, der gegen Einkopplungen weitestgehend geschützt ist, unverhältnismäßig scharf getestet werden würde.

Eleganter ist die Verwendung eines Richtkopplers zwischen Verstärker und Messwandler. Über eine kurze Koppelstrecke wird hier kapazitiv exakt ein winziger Leistungsanteil (bei z.B. 60 dB Koppelmaß, d.h. ein Millionstel) aus der Messstrecke entnommen und mit einem zweikanaligen Leistungsmesser gemessen. Zwei Kanäle deshalb, weil am Richtkoppler an den beiden Enden der Koppelstrecke sowohl die Vorwärts- als auch die Rückwärtsleistung gemessen werden kann. Liegt die in unserem Beispiel gemessene Vorwärtsleistung am Leistungsmesser also bei −30 dBm (1 μW), liegt die tatsächliche Vorwärtsleistung auf dem Weg zum Messwandler bei 30 dBm (1 W). Misst man hingegen eine hohe Rückwärtsleistung, so bedeutet dies, dass ein großer Anteil der zum Messwandler fließenden Leistung dort reflektiert und somit nicht in die Prüfstörgröße umgesetzt wird – wahrscheinlich liegt dann ein Anschlussfehler vor und der Verstärker droht, auf einen Kurzschluss zu speisen. Ein Richtkoppler kann also sehr gut zur Plausibilitätsüberprüfung einer Messkette dienen (Bild 6.27).

Bild 6.27 Richtkoppler für 10 kW Leistung: Die Leistung kommt vom Verstärker in den Eingang (1) und wird zum Ausgang (2) Richtung Antenne übertragen. Ein Bruchteil der Leistung koppelt kapazitiv auf den Messpfad ein. Dadurch können an den Messbuchsen (3 + 4) die Vorwärts- und die Rückwärtsleistung gemessen werden.

6.2.7 Monitoring des Prüfmusters

Bei einer Störfestigkeitsprüfung müssen die Betriebsparameter des Prüflings kontinuierlich überwacht werden, um eine ggf. unzulässige Reaktion auf Prüfstörgrößen feststellen zu können. Dies kann von einfacher optischer Beobachtung (z.B. elektrischer Schiebetürantrieb) bis hin zu einer Auslesung aller elektrischen Betriebswerte via Computer reichen (z.B. bei ABS- oder ESP-Systemen). Das sogenannte Monitoring muss sehr individuell auf den Prüfling zugeschnitten werden. Hier kommen häufig optische Entkopplungen zum Einsatz, um Busleitungen vom Prüfmuster wie CAN, LIN oder Ethernet durch die Schirmkabinen- oder Absorberhallenwand mit einem Überwachungsrechner zu verbinden. In der Praxis muss oft ein sinnvoller Kompromiss zwischen Präzision, Kosten, Reproduzierbarkeit und Nachvollziehbarkeit gefunden werden.

Beispiel 6.4 Monitoring eines Prüfmusters

> Man misst nach industriellen Fachgrundnormen die gestrahlte Störfestigkeit eines kleinen Steuergerätes. Das Gerät ist an einen Laptop angeschlossen, auf dem die Prozessschritte der Steuerung als durchlaufender hexagonaler Code ohne weitere Softwareverarbeitung angezeigt werden – ein Fehler wird durch ein bestimmtes Codewort angezeigt. Die Messung dauert ca. 6 Stunden und der Bildschirm muss die ganze Zeit aufmerksam vom Prüfer beobachtet werden. Sollte der Prüfer am Ende der Messung feststellen, dass er das Codewort nie gesehen hat, so ist diese Aussage praktisch nicht belastbar, da das Monitoring auf die beschriebene Weise nicht nachvollziehbar ist. Wäre die Software so ausgelegt, dieses Codewort zumindest farblich hervorzuheben oder eine zu quittierende Fehlermeldung auszugeben, könnte man einem positiven Endergebnis mehr vertrauen. ■

6.2.8 Kalibrierung

In der Messtechnik wird häufig die sogenannte *Substitutionsmethode* zur Überprüfung und Einstellung von Messaufbauten verwendet. Es ist oft nicht möglich, die Störgröße in einem Aufbau mit einem präsenten Prüfmuster korrekt einzuregeln, da der Prüfling störend auf die Rückmessung der Prüfstörgröße wirken kann.

In einem vorbereitenden Schritt – der Kalibrierung – wird der Prüfaufbau ohne Prüfling aufgebaut (Bild 6.28). Anstelle des Prüflings verwendet man nun eine Messeinrichtung aus Messwandler und Messgerät (z.B. Feldsonde und Sondenmessgerät), auf dessen Ausgabewert während eines Probebetriebs geregelt wird. Für jeden Frequenzschritt wird nun der Signalgenerator so lange schrittweise hochgeregelt, bis die Störgröße, überwacht am Messgerät, ihren Zielwert erreicht hat. Der Endwert, d.h. die Leistung, die am Signalgenerator eingestellt werden musste, um die gewünschte Prüfschärfe zu erreichen, wird in einer Tabelle vermerkt. Das Endprodukt einer solchen Kalibrierung ist also eine Liste von Frequenzen und den dazugehörigen Generatorpegeln um eine Zielprüfschärfe zu erreichen, die sogenannte *Kalibrierdatei*. Nach Beendigung der Kalibrierung wird der empfangende Messwandler (hier: Feldsonde) aus dem Prüfaufbau entfernt (oder beiseitegestellt) und durch das Prüfmuster ersetzt. Die Kalibrierdatei wird nun abgefahren, um die Prüfstörgröße mit hoher Genauigkeit auf den Prüfling zu geben. Selbstverständlich muss der Prüfaufbau in allen anderen Punkten exakt gleich bleiben – dies ist auch ein wichtiger Grund, warum Prüfaufbauten in technischen Normen so exakt festgelegt sind.

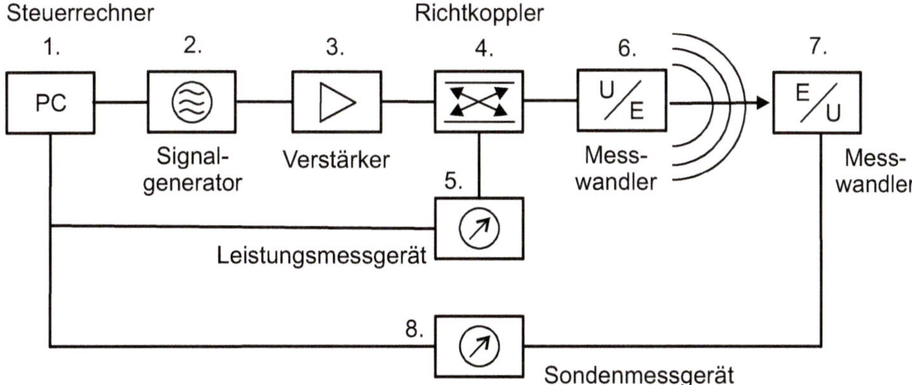

Bild 6.28 Kalibrieraufbau für eine Messung der gestrahlten Störfestigkeit: Das Messsystem ist gegenüber der Prüfung kaum verändert, Steuer-PC (1), Signalgenerator (2), Verstärker (3), Richtkoppler (4), Leistungsmessgerät (5) und Antenne (6) bleiben exakt gleich angeordnet. Am Ort, wo später der Prüfling aufgestellt wird, ist die Feldsonde (7) positioniert, die ihr Signal über das Sondenmessgerät (8) an den PC sendet, um die Regelschleife zu schließen.

6.2.9 Mehrpunktkalibrierungen

Für größere Prüflinge macht es evtl. keinen Sinn, nur einen einzigen Referenzpunkt für die Kalibrierung des Feldes zu verwenden. Mehrpunktkalibrierungen sollen sicherstellen, dass die Zielfeldstärke in einem planar oder linear ausgedehnten Bereich durchgängig erzielt wird (Bild 6.29). Die Kalibrierung wird mit mehreren Sondenpositionen durchgeführt, wobei die Antenne immer auf den Mittelpunkt der Ebene bzw. der Strecke ausgerichtet bleibt.

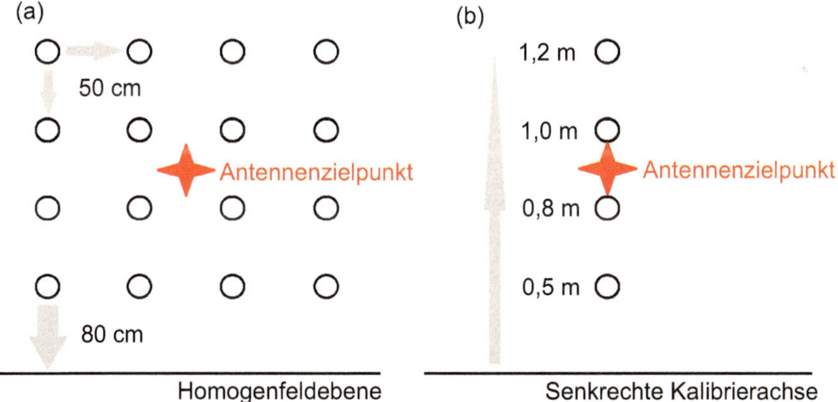

Bild 6.29 (a) Mehrpunktkalibrierungsschema nach IEC 61000-4-3 für ein Homogenfeld und (b) 4-Pkt.-Kalibrierschema nach ISO 11451-2 für Fahrzeuge, die niedriger als 3 m sind

Die resultierenden Kalibrierdateien werden danach durch verschiedene Rechenverfahren zusammengeführt, je nachdem, nach welcher Norm die Kalibrierung gültig sein soll. Für Fahrzeuge ist es üblich, einfach einen Mittelwert der notwendigen Leistungen je Frequenz aus den Kalibrierfaktoren der einzelnen Kalibrierdateien zu bilden.

Die Homogenfeldkalibrierung nach IEC 61000-4-3 ist deutlich komplizierter. Die 16 Punkte des in der Abbildung zu sehenden 1,5 m mal 1,5 m großen Feldes werden nach einem Algorithmus mit Minima-Suche zusammengeführt, d.h. pro Frequenzschritt wird aus den 16 einzelnen Kalibrierdateien jeweils die Leistung für die resultierende Kalibrierdatei ausgewählt, die für die Erzeugung der Zielfeldstärke am größten war, wobei der schlechteste Punkt aus der Betrachtung herausgenommen wird. Die größte und die niedrigste Leistung dürfen nicht mehr als 6 dB voneinander abweichen, sonst ist die Messumgebung nach den Vorgaben der Norm nicht homogen genug. Bei sehr inhomogenen Feldern kann es also maximal dazu kommen, dass in einigen Punkten die doppelte Zielfeldstärke vorherrscht.

Die Größe von 1,5 m mal 1,5 m kann variiert werden, solange die Sondenpositionen immer 50 cm voneinander entfernt bleiben – es sind also auch Homogenfelder mit 50 cm mal 50 cm, 1 m mal 1 m oder 2 m mal 2 m möglich. Da immer die gesamte Prüflingsabmessung bestrahlt werden muss, sind größere Homogenfelder zu bevorzugen, da hier weniger Antennenpositionen „gefenstert" werden müssen (für einen 3 m mal 2 m großen Prüfling mit einem 1,5 m mal 1,5 m großen Homogenfeld wären zwei Positionen notwendig) – jedoch wird es mit zunehmender Feldgröße schwieriger, das 6-dB-Kriterium einzuhalten, da die Antennen einen endlichen Öffnungswinkel haben und so die Randpunkte schlechter auszuleuchten sind. Hier muss ein Kompromiss zwischen scharfer Richtwirkung (weniger Leistung wird benötigt) und Feldgröße (schwächere Richtwirkung wird benötigt) gefunden werden.

6.2.10 Messzeiten für Störfestigkeitsmessungen

Die zeitliche Varianz von Störsenken macht es eigentlich erforderlich, dass als Haltezeit pro Frequenzschritt mindestens die doppelte Zeit des internen Prüflingszyklus gewählt wird – nur dies garantiert, dass alle Prüffrequenzen jeden Systemzustand mindestens einmal beaufschlagt haben und wirklich keine vulnerable Phase ausgelassen wurde. Weiterhin spielt eine Rolle, wie schnell der Prüfling auf externe Störungen reagieren kann bzw. wie schnell diese für einen Beobachter sichtbar werden. Digitale Signale können oft sehr schnell sichtbar beeinflusst werden, während thermische oder mechanische Vorgänge sich erheblich träger verhalten.

In der Praxis ist dies allerdings nur für Zyklus-/Reaktionszeiten bis zu 1,5 Sekunden gebräuchlich – also eine Haltezeit von maximal 3 Sekunden. In den meisten Normen und Herstellerspezifikationen finden sich Haltezeiten von 1–2 Sekunden. Man lebt hier mit einem Kompromiss bzw. versucht, den Prüfling dauerhaft stabil in einem allseits aktiven Zustand zu halten.

Schließen sich bestimmte Zustände für eine Störfestigkeitsmessung aus, muss dies über mehrere Betriebszustände umgangen werden, was die Prüfzeit schnell verdoppelt oder verdreifacht. Ein Beispiel sei eine Bremsleuchte – es muss gewährleistet sein, dass a) die Leuchte nicht ausgeht, wenn sie an sein sollte und aber auch b) sie aus bleibt, wenn sie nicht an sein sollte, da beides im Straßenverkehr zu Gefährdungen führen könnte. Da diese Funktionszustände sich aber gegenseitig ausschließen, ist eine weitere Messung erforderlich.

6.2.11 Bewertung einer Störfestigkeitsmessung

Festzustellen, ob ein Prüfling auf eine Störgröße reagiert, ist das eine (Messung), die Bewertung das andere (Prüfung). Am Ende einer jeden Prüfung muss als Ergebnis ein „bestanden" oder „nicht bestanden" festgestellt werden. Bei Störaussendungsmessungen ist dies dank der grafischen Darstellung von gemessenem Pegel und Grenzwert oft sehr einfach – bei Störfestigkeitsmessungen gestaltet sich das komplexer, da viele Prüflinge unterschiedliche Funktionen in ihrem Funktionsumfang haben, die unterschiedlich relevant für die gesamte Betriebssicherheit sind.

Man unterscheidet grob in „normale Funktionen" und „sicherheitsrelevante Funktionen", wobei die Bezeichnungen je nach Norm und Spezifikation (wie bei den Klassifikationen von Reaktionen) abweichen. Einige Standards kennen z.B. noch die „Komfortfunktionen", für die die schwächsten Anforderungen gelten.

Beispiel 6.5 Scheinwerfer mit eingebautem Scheibenwischer

Als Beispiel nehmen wir einen Scheinwerfer mit eingebautem Scheibenwischer, der nach Tabelle 6.2 bewertet werden soll. (Zur Klassifikation von Reaktionen siehe Abschnitt 2.3.1.2)

Tabelle 6.2 Beispielhafte Bewertung einer Störfestigkeitsmessung

Frequenzbereich	Pegel	Normale Funktion	Sicherheitsrelevante Funktionen
200–1000 MHz	200 V/m	B	A
200–1000 MHz	100 V/m	A	–

Zunächst unterteilt man die Funktionen des Scheinwerfers in die Kategorien, wobei die Lichtfunktionen als sicherheitsrelevant, die Funktion des Wischers als normal eingestuft werden. Man beginnt die Prüfung mit einem Pegel von 200 V/m und stellt bei 800 MHz eine Reaktion des Wischers fest – er versagt den Dienst. Was bedeutet dies nun genau?

Als Erstes muss man die Reaktion genauer beleuchten. Geht der Wischer nach Abklingen der von uns erzeugten Störung nicht wieder an, ist Kriterium B bei 200 V/m verletzt und die Prüfung ist nicht bestanden. Geht er nach Abklingen der Störung von selbst wieder in seinen Betriebszustand zurück, ist Kriterium B erfüllt. Da wir aber noch nicht sagen können, wie hoch die Störschwelle ist, können wir noch keinen Haken an die Prüfung machen. Die Prüfung wäre auch dann nicht bestanden, wenn diese Reaktion auch noch bei 100 V/m und darunter auftritt, da hier Kriterium A gefordert ist. Man kommt also nicht umhin, den kritischen Teil des Spektrums mit 100 V/m in einer zweiten Messung erneut mit dem Prüfsystem abzufahren. Ist diese Messung ohne Befund, kann die Bewertung dann positiv lauten. ■

In der Praxis wächst der Komplexitätsgrad noch etwas weiter, da man die Zeitvarianz des Prüflings berücksichtigen muss und weiterhin, dass es auch im unbelasteten Betrieb zu Störungen kommen kann. Nehmen wir an, ein Industrierechner in einem zu prüfenden Laborgerät zeigt bei der Messung plötzlich einen Systemabsturz – man hat zunächst eigentlich keine Aussage darüber, ob dies nun „einfach so" passiert ist, oder ob der Absturz tatsächlich auf die Beaufschlagung mit der Störgröße zurückzuführen ist, da die statistische Stichprobe mit einem Experiment eher unsinnig ist. Lösbar wird das Problem durch den Versuch einer Reproduktion des Ausfalls. Es erfordert teilweise sehr viel Zeit und Erfahrung, einen belastbaren Zusammenhang zwischen Störgröße und Störung herzustellen – dies kann Messungen sehr in die Länge ziehen.

6.3 Messung von sehr niederfrequenten Störaussendungen

Die Störaussendungsseite der sogenannten Netzrückwirkungen, d.h. Störsignalen sehr nahe an der Netzfrequenz (50/60 Hz) des öffentlichen Niederspannungsversorgungsnetzes bis hin zu Frequenzen bei etwa 2,5 kHz erfordert eine veränderte Messkette. Die zwei zu prüfenden Phänomene sind zum einen die Oberschwingungsströme, die durch nicht rein-Ohm'sche Verbraucher erzeugt werden und Vielfache der Grundschwingung des Netzes sind, sowie die sogenannten *Flicker* – das sind durch häufiges oder hartes Schalten von Systemen (oder Teilsystemen) mit hohem Anlaufstrom entstehende Spannungseinbrüche, die aufgrund der Trägheit des Netzes nicht völlig vermieden werden können (Bild 6.30).

6.3.1 Oberschwingungsströme

Die Hauptquelle von Oberschwingungsströmen sind Schaltnetzteile und stark induktive Lasten. Durch die *Anschnitt-Steuerung* der Schaltnetzteile werden im Zeitbereich periodisch steile Flanken erzeugt, die im Frequenzbereich zu einem Linienspektrum mit äquidistanten Anteilen führen. Die Grenzwerte für dieses Linienspektrum sind als Vielfache der Netzfrequenz angegeben, z.B. befindet sich die kritische 3. Harmonische bei 150 Hz. Kritisch deshalb, weil sich die 3. Harmonische bei 3-phasigen Systemen im Neutralleiter nicht destruktiv zu null ergänzt, sondern konstruktiv zu einer teilweise signifikanten Strombelastung des idealerweise stromlosen Leiters führt. Dies kann im Extremfall zum Durchbrennen durch thermische Überlastung führen.

Um die Oberschwingungsströme zu bewerten, ist im Prinzip eine Schaltung ähnlich dem Messempfänger notwendig, jedoch befinden sich die zu messenden Signale so nah an der Netzfrequenz, dass das Messwerk nicht durch einen Hochpassfilter geschützt werden kann. Das unempfindliche, leistungsfeste Messwerk hat aber auch eine gegenüber dem Messempfänger spürbar geringere obere Grenzfrequenz von nur wenigen Kilohertz.

Für die Prüfung wird der Prüfling über das Messwerk 2,5 Minuten in einem repräsentativen Betriebszustand betrieben, wobei „repräsentativ" manchmal schwer im Vorfeld festgelegt werden kann. Da Oberschwingungsströme vor allem durch Anschnitt-Steuerung in Netzversorgungen entstehen, sind die Ströme oft umso größer, wenn das zu prüfende Gerät im Schwachlastbetrieb läuft. Dies lässt sich aber im Vorhinein kaum prognostizieren, weshalb mehrere Durchläufe bei unterschiedlichen Lastsituationen empfehlenswert sind, um im späteren Einsatz keine vermeidbaren Probleme zu produzieren.

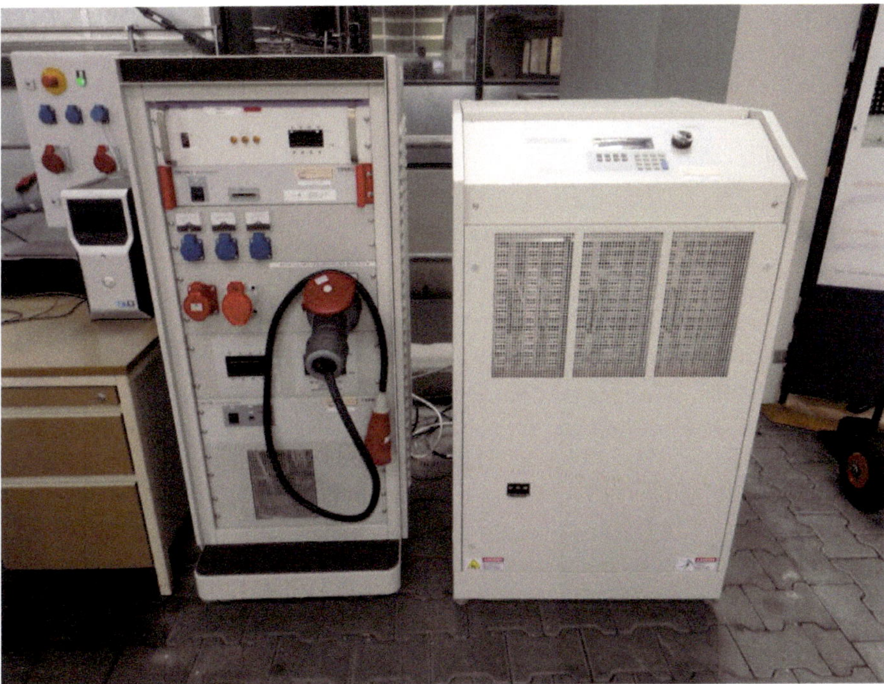

Bild 6.30 Oberschwingungsströme und Flicker-Messsystem mit 45-kVA-Quelle (rechts im Bild) für 1- oder 3-phasige Prüflinge bis zu 64 A Nennstrom mit Messwerk (links im Bild). Das Messwerk verfügt über zwei Flickerimpedanzen für Haushalts- und Industriegeräte.

6.3.2 Flicker

Wird ein leistungsstarker Verbraucher (z.B. starke Elektromotoren) hart eingeschaltet, kann sein Anlaufstrom leicht bis zum Fünffachen seines im Betrieb benötigten Nennstromes sein. Durch die Trägheit des Netzes kann es so geschehen, dass die Spannung der idealerweise starren 400 VAC lokal um einige Prozent nach unten sackt. Gut sichtbar wird dieses Phänomen, wenn in der Umgebung Leuchtstoffröhren ohne Vorschaltgerät betrieben werden. Diese fangen dann an zu flackern (daher hat das Phänomen seinen Namen). Schalten Geräte im Betrieb ständig, kann dies zur Dauerstörung werden.

Um einen Grenzwert für dieses Phänomen festzulegen, wurden Testpersonen flackernden Leuchtstoffröhren ausgesetzt und sollten bewerten, bei welcher Frequenz und welchem prozentualen Spannungseinbruch sie das Flackern der Röhren als belästigend empfinden. Die Grenzwerte liegen im niedrigen, einstelligen Prozentbereich und sind am niedrigsten bei etwa 1 kHz. Da heutzutage immer weniger Leuchtstoffröhren insgesamt und praktisch keine mehr ohne Vorschaltgerät benutzt werden, hat die Prüfung ihren ursprünglichen Einsatzzweck eigentlich überlebt, besteht aber weiterhin, um die Netzqualität als Ganzes zu schützen.

Zur Messung wird der Prüfling an einer genormten Impedanz betrieben. Zehn Minuten lang wird er in allen denkbaren Betriebszuständen verwendet und ein präzises Voltmeter bestimmt die Stärke der Netzeinbrüche. Liegen diese im Rahmen, ist die Prüfung bestanden. Prinzipiell kommen zwei verschiedene Impedanzen zum Einsatz, je nachdem, für welchen Nennstrom der Prüfling konstruiert ist – die Grenze liegt bei 16 A. Geräte mit einem Nennstrom von 75 A und mehr müssen diese Prüfung nicht erfüllen, da davon ausgegangen wird, das sie ausschließlich in kontrolliertem industriellem Umfeld mit eigenem Mittelspannungstransformator betrieben werden.

6.3.3 Netzrückwirkungen als Störfestigkeitsprüfung

Wenige Produktnormen sehen vor, Oberschwingungsströme und diverse Arten von Flicker auch als Störfestigkeitsprüfung zu applizieren. Die Phänomene werden von einem Signalgenerator an ein arbitrierfähiges Netzgerät gegeben, über das der Prüfling versorgt wird.

Zu den Prüfungen zählen synthetische Oberschwingungsströme (Harmonische – d.h. ganzzahlige Vielfache von 50 Hz – und sogenannte Zwischenharmonische), Phasenungleichgewicht (für 3-phasige Geräte), Spannungseinbrüche und -unterbrechungen, Kommutierungseinbrüche und Versorgung mit einer sinusförmigen Spannung, bei der die Extrema abgeflacht (Bild 6.31) sind (engl. „Flat Curve").

Man kann davon ausgehen, dass alle kleinen bis mittleren Geräte, die über ein Schaltnetzteil versorgt werden, keine Schwierigkeiten mit diesen Phänomenen haben, da die Netzteile durch den getakteten Betrieb aus fast allem, was vom Netz kommt, eine brauchbare Gleichspannung erzeugen können. Nur längere Spannungsunterbrechungen können hier zu Ausfällen führen. Die Prüfung der Spannungseinbrüche und -unterbrechungen ist daher die am häufigsten in den Produktnormen geforderte.

Die komplexeren Phänomene auf der Versorgungsspannungsseite sind für Geräte problematisch, die direkt an das Versorgungsnetz angeschlossen und auf einen sauberen Sinus angewiesen sind, z.B. Netz-geführte Wechselrichter für Photovoltaik-Anlagen.

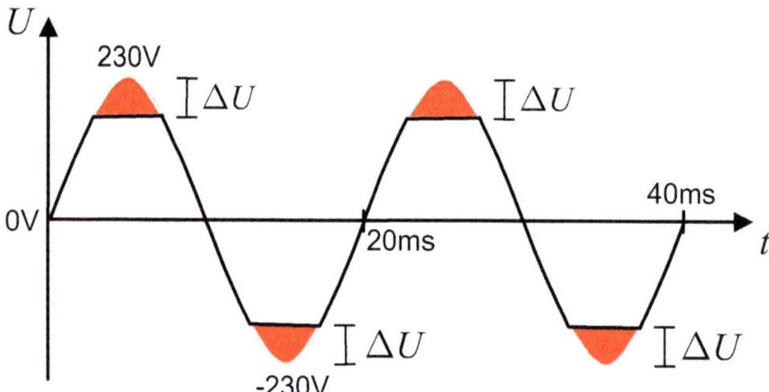

Bild 6.31 „Flat Curve"-Spannungsform: Die Extrema der Sinusfunktion sind um ΔU abgesenkt, dadurch wird der Prüfling unterversorgt, zusätzlich wird ein breiteres Spektrum an Frequenzen angeregt.

6.4 Prüfungen der Impulsfestigkeit

Neben den frequenzstabilen Prüfstörgrößen gibt es auch noch Prüfstörungen, die transienten Charakter haben und gewöhnlich im Zeitbereich beschrieben werden, die Impulse. Die Normimpulse sind dabei Phänomenen nachempfunden, die in den elektromagnetischen Umgebungen der Prüflinge typischerweise vorhanden sind.

6.4.1 Impulserzeugung

Die Erzeugung von Impulsen funktioniert nicht mit der aus den Prüfungen im Frequenzbereich bekannten Kombination aus Signalgenerator und Verstärker. Man muss zwischen schnellen, langsamen und sehr langsamen Impulsvorgängen unterscheiden. Schnelle und langsame Impulse werden von sogenannten Impuls-formenden Netzwerken erzeugt, die aus einfachen Elementen zusammengesetzt sind. Im einfachsten Falle benötigt man nur eine Spannungsquelle, einen Kondensator und einen Schalter, dessen Schaltgeschwindigkeit und Spannungsfestigkeit im Bereich der Impulskenngrößen liegt. Die Quelle lädt den Kondensator auf und sobald der Schalter geschlossen wird, entlädt sich der Kondensator in Richtung Prüfling. Größe und Zeitkonstanten des Kondensators müssen dabei so gewählt sein, dass die gewünschte Impulsform entsteht (Bild 6.32). Im Normalfall kann ein Netzwerk also nur eine einzige Art von Impulsen erzeugen.

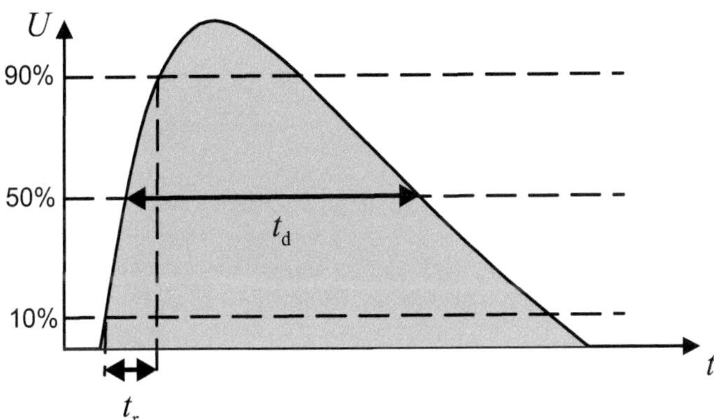

Bild 6.32 Parameter eines Impulses: Die Steigzeit t_r ist von 10–90 % definiert, die Dauer t_d von 50–50 %, die eigentliche Energie liegt in der Fläche unter der Zeitfunktion.

Die sehr langsamen Impulse werden mit sogenannten Arbitrier-Netzgeräten erzeugt. Dabei handelt es sich um eine präzise steuerbare Spannungsquelle, die eine bestimmte, normativ vorgegebene Kurvenform abfährt. Da die endlichen Regelzeiten dieser Netzgeräte für schnelle und (viele) langsame Impulse zu hoch sind, können diese Impulsphänomene so nicht erzeugt werden. Aufgrund der Flexibilität dieser Quellen können aber (mit der richtigen Ansteuer-Software) viele verschiedene Phänomene abgebildet werden.

6.4.2 Frequenzbereichsbelegung von Impulsen

Um die Frequenzbereichsbelegung von Impulsen abzuschätzen, gibt es eine einfache Faustformel. Aus der Zeitbereichsfunktion benötigt man hierfür die Eckdaten Steigzeit, Impulsdauer und Fläche. Steigzeit und Dauer werden durch Inversion in Frequenzen umgerechnet. Die Amplitude im Frequenzbereich ergibt sich aus dem Integral unter der Zeitbereichsfunktion (Bildung der Fouriertransformierten mit $f = 0\,\text{Hz}$). Die Einhüllende ergibt sich aus der Multiplikation zweier Rechteck-Fouriertransformationen. Die Zeitbereichsfunktion kann nämlich aus der Faltung zweier Rechtecke (eines mit der Steigzeit als Breite, eines mit der Impulsdauer als Breite) approximiert werden. Im Frequenzbereich ergeben sich also zwei SI-Funktionen, die multipliziert werden müssen.

Im Bereich 1 der Abbildung (Bild 6.33) haben beide SI-Funktionen hohe Beträge: Es ergibt sich näherungsweise ein Plateaubereich. In Bereich 2 ist die SI-Funktion der Impulsdauer schon betragsklein, während die SI-Funktion der Steigzeit noch betragsgroß ist; das Produkt nimmt langsam mit 20 dB pro Dekade ab. In Bereich 3 sind beide SI-Funktionen betragsklein und das Produkt nimmt schnell mit 40 dB pro Dekade ab.

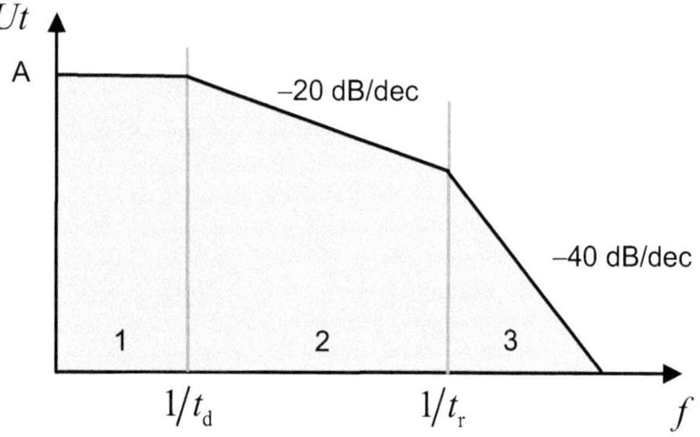

Bild 6.33 Doppelt logarithmische Darstellung der Frequenzbereichsbelegung eines Impulses (Einhüllende): Das Plateau in Bereich 1 wird durch das Integral der Zeitbereichsfunktion bestimmt, die Knickfrequenzen durch Steigzeit und Dauer. Die grobe Breite der Belegung kann mit dem Kehrwert der Steigzeit geschätzt werden.

6.4.3 Koppelmechanismen für Impulsprüfungen

Impulse können durch verschiedene Verfahren auf die Schnittstellen des Prüflings eingekoppelt werden – galvanisch mit Koppelnetzwerken, induktiv mit Stromzangen oder kapazitiv mit kapazitiven Koppelzangen (Bild 6.34). Kriterium für die Auswahl des Mechanismus sind die Spektren der Impulse. Galvanische Koppelnetzwerke übertragen schnelle und langsame Impulse etwa gleich gut – nur der sehr niederfrequente Anteil wird über die endlichen Koppelkapazitäten nicht übertragen. Induktive Stromzangen eignen sich nur für langsame Impulse, da schnelle Impulse mit ihren dominanten hohen Frequenzanteilen von der Impedanz der Induktivität geschluckt werden. Kapazitive Koppelzangen eignen sich nur für die Aufkopplung von schnellen Phänomenen, da die niedrigen Frequenzanteile von der Impedanz der Kapazität geschluckt werden.

Die galvanische Kopplung wäre theoretisch immer optimal, da sie den Impuls am originalgetreusten überträgt, jedoch sind nicht für alle Schnittstellen entsprechende Koppelnetzwerke verfügbar. Bei vielen Typen von Signalleitungen muss man sich daher oft mit induktiven oder kapazitiven Verfahren behelfen, bzw. bildet so eigentlich den in der Realität typischeren Vorgang nach, wenn Störungen im Bordnetz von Versogungsleitungen kapazitiv auf Signalleitungen überkoppeln.

Bild 6.34 Ein Turm (1) mit mehreren pulserzeugenden Generatoren, die einen gemeinsamen Gleichstromanschluss (2) besitzen, so dass weniger Umbauten anfallen

6.4.4 Gängige Impulsformen

Im Umfeld der industriellen Prüfungen der EMV ist die Menge der schnellen und langsamen Normimpulse überschaubar. Bei den langsamen Impulsen gibt es den „Surge", die transiente hohe Überspannung, die einen leitungsgebundenen Blitzstoß nachbildet, den „Burst", eine schnelle Transientenfolge, die das Prellen von Relaiskontakten nachbildet, und die „Dips" – das ist eine repräsentative Sammlung von verschiedenen Typen kurzer Unterspannung (Tabelle 6.3).

Tabelle 6.3 Gängige Impulsformen

Parameter	Typischer Wertebereich
Steigzeit	5 ns (Burst) … 5 μs (Surge)
Dauer	50 ns (Burst) … 50 μs (Surge)
Repetitionsrate	10 μs (Burst) … 60 s (Surge)
Spitzenspannung	60 V (Load Dump) … 4000 V (Surge)

Bei Prüfungen der EMV an Kfz-Komponenten kommen je nach Herstellerspezifikation teilweise bis zu mehreren Dutzend Impulsformen zur Anwendung. In der ISO 7367-2 und -3 sind die gängigsten Impulse genormt und nummeriert. Puls 1 und Puls 2 bilden das Schalten bzw. die entstehenden Schaltflanken von induktiven Verbrauchern im Bordnetz nach. Puls 3a und Puls 3b entsprechen von der Gestalt her dem Burst, haben jedoch einen angepassten Prüfpegel, da diese Impulse ja nur auf einem 12-VDC-System entstehen. Puls 5 ist der sogenannte „Load Dump" (Lastabwurf), der die Überspannung, die das schlagartige Abschalten von großen Lasten erzeugt, nachbildet. Diese Impulsform entsteht dann durch die Trägheit der Lichtmaschine, die den Strom nicht schnell genug herunterregeln kann. Der Load Dump gehört zu den kritischeren Prüfungen und führt häufig zu Zerstörungen. Einige Normen unterscheiden zwischen gedeckeltem und ungedeckeltem Lastabwurf, wobei der gedeckelte für Prüflinge vorgesehen ist, die nur sekundär, d.h. über ein Steuergerät, mit dem Bordnetz verbunden sind. Die beiden Formen unterscheiden sich aber nur im Spitzenspannungspegel.

Betroffen sind also vor allem Versorgungsleitungen, aber auch Signalleitungen können durch Überkopplungen unter Bordnetzimpulsen leiden. Dies trifft vor allem auf die schnellen Impulse 3a und 3b zu, die sehr effizient kapazitiv übergekoppelt werden. Diese werden dann auch meist mit kapazitiven Koppelverfahren auf Signalleitungen geprüft.

6.4.5 Sehr langsame impulsartige Vorgänge (Wellenformen)

Sehr langsame Vorgänge wie der in ISO 7367-2 beschriebene Puls 4, der den Anlassvorgang (Bild 6.35) im Kraftfahrzeug nachbildet, finden sich in mannigfaltigen Variationen in vielen Standards. Viele dieser Wellenformen unterscheiden sich nur in einzelnen Parametern.

Andere gängige Formen sind z.B. der „Battery Recharge" (Wiederaufladen der Autobatterie), wo ganz langsam die Spannung von 0 V auf 12 VDC angehoben wird, die Verpolung für einige Sekunden, das Betreiben an geringer Überspannung für einige Minuten und das Versorgen mit einer Potential-verschobenen Masse, dem „Ground Shift".

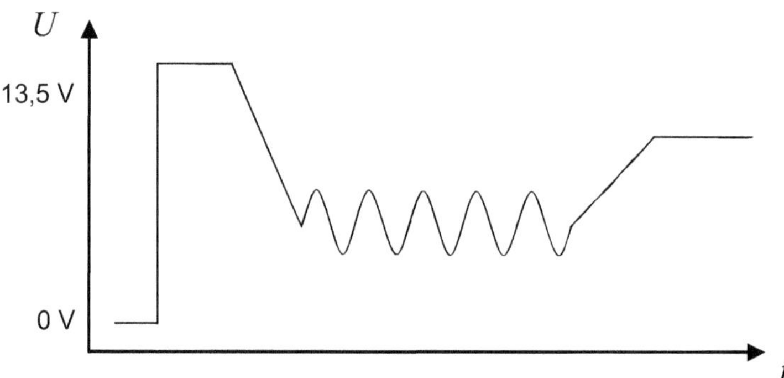

Bild 6.35 (Norm-)Spannungsverlauf eines Startimpulses bei einem 12-VDC-Fahrzeugbordnetz. Beim Start tritt zunächst eine Überspannung auf, die dann durch die sich zuschaltenden Verbraucher zunächst zusammenbricht und mit einer gewissen Welligkeit durch den Startvorgang selbst überlagert ist. Erst nach einigen Augenblicken stabilisiert sich die Spannung der Lichtmaschine.

6.4.6 Elektrostatische Entladung (ESD)

Die elektrostatische Entladung ist eines der natürlichen Phänomene, von denen praktisch jedes Gerät betroffen ist – selbst, wenn ein Bauteil im Betrieb tief in einem System verbaut ist und keine Entladungen mehr fürchten muss, so war es zumindest beim Einbau, beim Verladen, Verpacken und bei der Qualitätskontrolle der Gefahr ausgesetzt, durch statische Entladungen beschädigt zu werden.

Die Prüfung wird mit einer ESD-Pistole (Bild 6.36) durchgeführt, deren internes Entladenetzwerk (Bild 6.37) so konstruiert ist, dass bei der Entladung der natürlich stattfindende Impuls (Mensch berührt Objekt mit dem Finger) möglichst originalgetreu nachgebildet wird (Bild 6.38). Impulse, die durch aufgeladene Systemteile auf andere Teile überschlagen, sehen geringfügig anders aus, da die Impulsform maßgeblich durch die Geometrie des Ladungsspeichers bestimmt ist.

Die in der Praxis auftretenden Ladespannungen liegen im Bereich zwischen 4.000 V und 25.000 V. Der bei der Entladung fließende Strom ist allerdings winzig. Trotzdem sind viele Bauteile sehr empfindlich gegen solche Entladungen, weshalb gerade in schaltungsnahen Bedienelementen oft ausgeklügelte Schutzmaßnahmen vorgesehen sind.

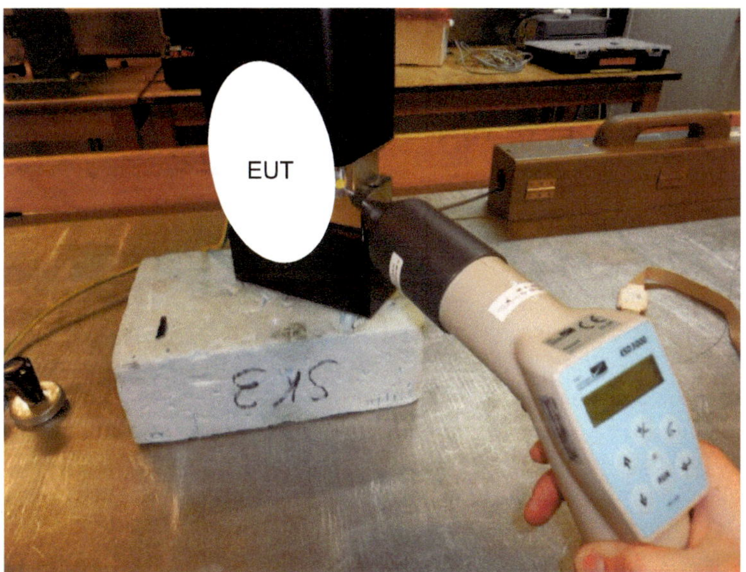

Bild 6.36 Prüfung mit einer ESD-Pistole mit Kontakt-Entladungsspitze auf einen Industrieprüfling, der 10 cm isoliert, auf Styrodur positioniert und mit Erdungsband definiert geerdet ist

Die Prüfung selbst ist oft zweigeteilt. Zunächst wird der *Handhabungstest* durchgeführt. Das System ist dabei nicht angeschlossen und muss Entladungen auf Gehäuse und Anschlusspins überstehen, ohne bei einer anschließenden Funktionsüberprüfung einen Defekt zu zeigen. Im anschließenden *Systemtest* wird das Gerät in einem typischen Zustand betrieben und muss Entladungen auf das Gehäuse überstehen, ohne das unzulässige Funktionsminderungen auftreten.

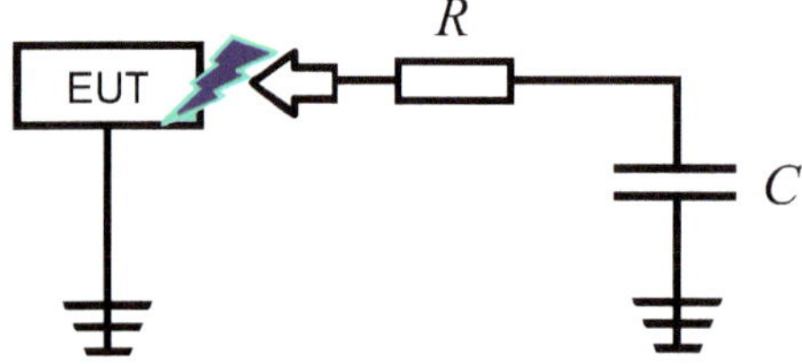

Bild 6.37 Prinzipschaltbild einer ESD-Prüfung. Der menschliche Körper wird über speziell geometrisch geformte Widerstände und Kondensatoren nachgebildet. Bei Berührung des EUT mit der Entladespitze fließt der Strom durch das EUT und über die gemeinsame Masse zurück zur ESD-Pistole.

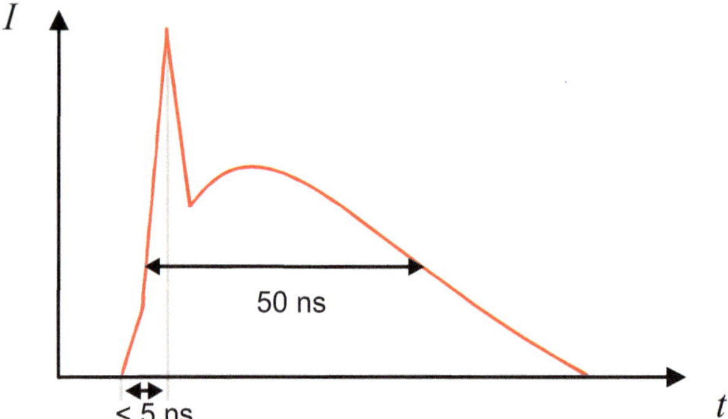

Bild 6.38 Strom/Zeit-Funktion einer elektrostatischen Entladung über den menschlichen Finger mit einer Steigzeit unter 5 ns und einer Dauer im Bereich von 50 ns. Die hohe Spitze zu Beginn des Impulses kommt durch die Geometrie des menschlichen Körpers zustande.

6.4.7 Hochtesten bei Impulsprüfungen

Ob man bei einer Impulsprüfung den Pegel schrittweise auf den normierten Maximalpegel erhöhen muss oder direkt beim höchsten Pegel starten kann, hängt sehr von der speziellen Art des Impulses ab. Bei potentiell zerstörerischen Impulsen ist es nicht sinnvoll, direkt mit dem höchsten Pegel zu starten, da das Ausloten der (Zer-)Störschwelle im Nachgang ohne Reparaturen nicht mehr möglich ist. Des Weiteren sind diese harten Impulse auch vor allem anderen dazu gedacht, die Eingangsschutzbeschaltung des Prüflings zu testen. Diese könnte auch auf andere Art falsch dimensioniert sein. Nicht nur, dass sie den maximalen vorgeschriebenen Prüfpegel sicher abfangen muss, sie muss auch bei schwächeren Pegeln sicher ansprechen. Für eine Schaltung, die einen Gasableiter zum Schutz verbaut hat, der eine Ansprechspannung von 1.000 V hat und maximal 4.000 V verkraften kann, könnte ein 500-V-Surge deutlich vernichtender sein als ein 1.500-V-Impuls.

Ist keine Zerstörung zu befürchten, kann durchaus mit dem höchsten Pegel begonnen werden und bei Reaktionen entsprechend verringert werden, bis die Störschwelle ausgelotet ist. Die ist vor allem bei sehr schnellen, energiearmen Impulsen der gängige Weg.

6.4.8 Prüfzeiten bei Impulsprüfungen

Impulsprüfungen haben extrem unterschiedliche Prüfzeiten. Von einmalig aufzukoppelnden Ereignissen wie dem Load Dump bis hin zu 24-Stunden-Dauertests mit Startimpulsen finden sich in den Standards unterschiedlichste Vorgaben.

Um den Sinn dahinter zu verstehen, muss man die Impulse in störende und potentiell zerstörende Vorgänge unterteilen. Impulse, bei denen lediglich überprüft werden muss, ob das Prüfmuster nicht dauerhaft geschädigt wird, können mit wenigen Wiederholungen getestet werden. Bei Störimpulsen muss etwas Statistik betrieben werden. Jeder Systemzustand soll beaufschlagt werden, jedoch soll die Impulswiederholrate nicht so kurz gewählt werden, dass Bau- und Schutzelemente über die Maßen belastet werden. Sie könnten evtl. so thermisch durch die Prüfung zerstört werden, obwohl der Impuls in der Realität niemals mit einer solchen Schlagzahl auftreten würde.

Sehr energiearme Impulse wie der Puls 3a/b werden 10 Minuten lang wie ein Trommelfeuer pausenlos auf die Signalleitungen des Prüflings aufgekoppelt, stärkere Impulse wie der Impuls 1 werden 5.000-mal mit einem Abstand von 5 Sekunden erzeugt. Nach einem Surge ist sogar eine Erholungszeit von einer Minute für die Überspannungsbegrenzer vorgesehen.

Stundenlange Dauerbeaufschlagungen erfüllen den Zweck, das Durchhaltevermögen des Prüfmusters über seine vorgesehene Lebensdauer hinaus zu testen. Startimpulse in Personenkraftwagen treten ständig auf und jedes Bauteil, das an das Bordnetz angeschlossen ist, sollte diese Belastungen ein ganzes Fahrzeugleben lang überstehen können.

Die Auswahl der zu beaufschlagenden Schnittstellen hängt davon ab, wie die Störimpulse in der elektromagnetischen Umgebung entstehen. Die meisten Impulse haben ihren Ursprung in Schalthandlungen im Versorgungsnetz. Schnelle Impulse mit steilen Flanken koppeln dabei kapazitiv auch sehr leicht auf Signalleitungen über, langsame hingegen nur in geringem Maße.

6.5 Ein Messplatz für EMV-Prüfungen: Absorberhallen

Bei einer EMV-Prüfung, die die Raum- bzw. Strahlungskopplung als Kopplungsmechanismus benutzt, ist es wichtig, eine elektromagnetisch unbelastete Messumgebung zu haben. Konstruktionsziel eines geeigneten Messplatzes ist es also, Fremdstörungen bei Emissionsmessungen auszublenden oder bei Festigkeitsmessungen die Umgebung nicht unzulässig zu belasten. Sogenannte *Absorberhallen* (Bild 6.39) verbinden die Prinzipien von Schirmung und Reflexionsdämpfung, um eine solche Messumgebung zu schaffen. Im Englischen werden sie als „Anechoic Chamber“, also als echofreier Raum bezeichnet. Dieser Begriff gilt nicht nur für Schallwellen im Audiofrequenzbereich, sondern auch für elektromagnetische Felder im Hochfrequenzbereich.

Bild 6.39 Gestrahlte Störfestigkeitsmessung eines Prüfmusters im Komponentenaufbau (4) mit einer LogPer-Antenne (1) im Frequenzbereich von 200 MHz bis 1 GHz. Zur Reflexionsdämpfung sind am Boden Ferritkacheln (2) ausgelegt, Anschlüsse sind in Bodeneinlässen (5) auf der Massefläche untergebracht. Im Hintergrund erkennt man die Umrisse des Hallentores (3), welches auch mit Absorbern ausgekleidet ist.

6.5.1 Schirmung

Die Schirmung wird durch eine metallische, leitfähige Hülle erreicht. Gefalzte Bleche werden mit dünnem Kupfergeflecht als (Hochfrequenz-)Dichtungsmaterial mit äquidistanten und mit gleicher Kraft angezogenen Schrauben verbunden, um den für die Schirmwirkung verantwortlichen Ausgleichsströmen einen gleichmäßigen Impedanzbelag über der gesamten Schirmoberfläche zu schaffen. Ein niederinduktiver Wandwiderstand ist wichtig, um die Ausgleichsvorgänge auch bei hohen Frequenzen zu gewährleisten. Äußere Felder veranlassen dabei die freien Elektronen des Schirmmetalls durch Ladungsverschiebung in der Hüllfläche ein exakt entgegengesetztes Feld aufzubauen und so das Feld im Inneren genau zu kompensieren. Das gleiche Prinzip funktioniert auch reziprok bei im Inneren der Halle erzeugten Feldern. Die Schirmung der Absorberhalle lässt also idealerweise keine äußeren Signale hinein und keine inneren Signale heraus.

Sind die Frequenzen allerdings zu hoch oder ist die Wand nicht niederimpedant genug, kommt es nicht mehr zu einer perfekten Auslöschung der Felder durch die Wandströme, da dann der notwendige Ausgleichsvorgang durch die freien Elektronen aufgrund des Wandwiderstandes zu träge wird. Es findet ein Phasenversatz zwischen anregendem und ausgleichendem Feld statt. Bei sehr hohen Frequenzen kann es zusätzlich zu Hohlraumresonanzen in der Hülle kommen, die die Schirmwirkung stark einbrechen lassen. Ein Schwingkreis aus Induktivitätsbelag und Kapazitätsbelag der Absorberhallenwand schwingt bei einer solchen Resonanz, d.h. der Wandwiderstand verschwindet (wird extrem niederimpedant) und die Ausgleichsströme steigen, einem Kurzschluss ähnlich, über alle Maßen an. Diese (Über-)Kompensation führt dann zu einer nur noch stark eingeschränkten Wirksamkeit der Schirmung.

Während bei hochfrequenten Vorgängen magnetisches und elektrisches Feld in gleicher Weise durch leitfähige Materialien abgeschirmt werden, muss man für niederfrequente Vorgänge zwischen den beiden Feldern unterscheiden. Sehr niederfrequente Magnetfelder sind sehr schwer abzuschirmen, da Materialien dafür gebraucht werden, die eine sehr hohe Permeabilitätszahl haben, d.h. magnetische Energie in Wärme umsetzen. Je niedriger die Frequenz, desto stärker wirkt sich dieser Effekt aus. Magnetische Gleichfelder durchdringen praktisch alle Arten von realen Schirmungen, da sie keine Wirbelströme induzieren, die ihrerseits ein Gegenfeld aufbauen könnten. Genau anders herum verhält es sich mit (quasi-)elektrostatischen Feldern. Da die Ausgleichsströme keine Schwierigkeiten haben, dem erregenden Feld zu folgen, funktioniert die Schirmwirkung nahezu perfekt.

Für eine Schirmwirkung über dem Frequenzbereich lassen sich also drei Bereiche (Bild 6.40) identifizieren, in denen sich die Schirmung unterschiedlich verhält: Bei niedrigen Frequenzen ist die magnetische Schirmwirkung schlecht und die elektrische gut. Im mittleren Frequenzbereich erreicht die Schirmdämpfung a (siehe auch Abschnitt 4.8) ein Plateau (bedingt durch konstruktive Einschränkungen), und im hohen Frequenzbereich treten immer mehr Hohlraumresonanzen auf, die die Schirmung wieder schlechter werden lassen. Die Übergangsfrequenzen zwischen den Bereichen sind durch die Abmessungen der Halle bestimmt: je kleiner die Halle, desto höher die Frequenzen, bei denen es zu Hohlraumresonanzen kommt, und je größer die Halle, desto länger (und damit höherimpedanter) der Weg für die notwendigen Ausgleichsströme.

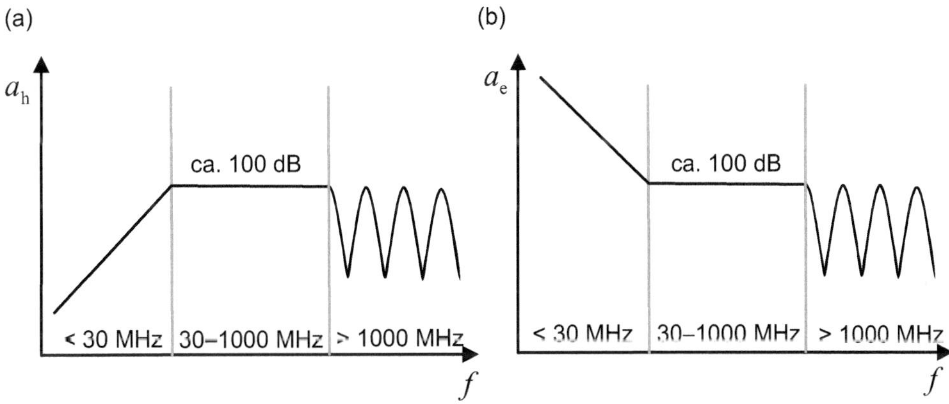

Bild 6.40 Darstellung der Schirmwirkung über dem Frequenzbereich (Frequenzen und Pegel beispielhaft für eine Schirmung in der Größe einer typischen Absorberhalle) (a) magnetische Schirmdämpfung und (b) elektrische Schirmdämpfung

6.5.2 Reflexionsdämpfung

Die namenstiftenden *Absorber* (Bild 6.41 und 6.42) sorgen im Inneren, befestigt an Wänden und Decken (und ggf. auch am Boden) für Reflexionsfreiheit in der Absorberhalle. Ein Absorber ist eine leitfähige oder leitfähig beschichtete, pyramidenartige Struktur, die innen mit maximal möglichem Bedeckungsgrad (Absorber an Absorber) auf die ansonsten reflektierenden Schirmflächen aufgebracht wird. Durch Mehrfachreflexion einer einlaufenden Welle auf die spitzwinklige Absorberfläche wird die Energie der Welle größtenteils in Wärme umgesetzt, d.h. bei jedem einzelnen Reflexionsvorgang wird ein Teil der Welle reflektiert und ein Teil absorbiert. Die von den Absorbern in das Prüfvolumen zurückreflektierte Welle hat nur noch einen Bruchteil der Energie der einlaufenden Welle. Die Länge der Absorber korrespondiert hierbei direkt mit der unteren Grenzfrequenz, bei der die Absorber Wirkung zeigen. Je länger die Absorber, desto niedriger die unterste Frequenz, die hinreichend gut absorbiert wird. Durch die rund um das Prüfvolumen angebrachten Absorber verhält sich der Messplatz für die elektromagnetischen Wellen so, als wäre er unendlich ausgedehnt, da es durch die Absorption kein Echo von im Volumen abgestrahlten Wellen gibt.

(a) (b)

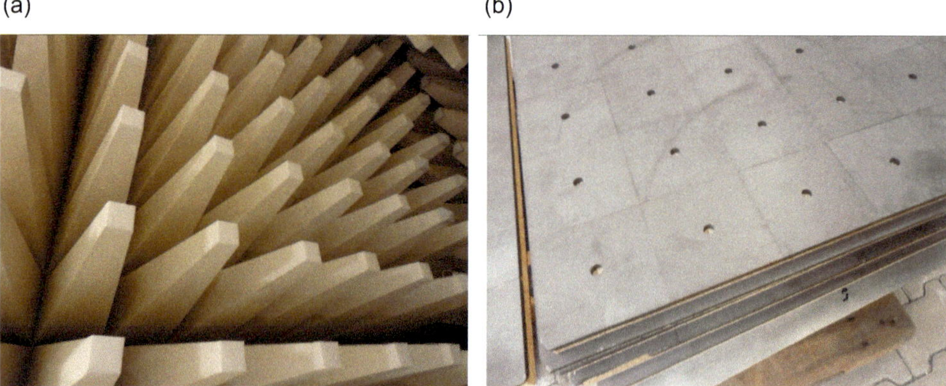

Bild 6.41 (a) Absorberpyramiden aus Gipsplatten und leitender Folie mit ca. 2,7 m Länge für den Frequenzbereich ab 30 MHz und (b) Ferritkacheln aus magnetisch wirksamem Material

Es gibt mehrere konstruktive Ansätze, Absorber zu realisieren. Schaumstoffabsorber (Bild 6.42) bestehen aus mit Graphit versetztem, in Form gebrachtem, aufgeschäumtem Kunststoff. Sie sind günstig, haben aber den Nachteil hoher Brennbarkeit und machen es durch ihre dunkle Farbe aufwendiger, die Absorberhalle zu beleuchten. Teurere Absorber bestehen aus mit leitfähiger Folie beschichtetem Gipskarton, die hell lackiert werden können und nicht brennbar sind. Da dieser Absorbertyp allerdings etwas schwerer ist, müssen die Wände deutlich tragfähiger sein. Die Brennbarkeit ist deshalb von so entscheidender Wichtigkeit bei Absorbermaterial, da die elektromagnetischen Wellen von den Absorbern in Wärme umgesetzt werden und grundsätzlich die Gefahr von Überhitzungen bei ungünstigen Feldverhältnissen besteht. Mit Schaumstoffabsorbern bestückte Hallen haben daher oft sehr aufwendige Löschanlagen.

Eine Alternative – besonders bei niedrigen Frequenzen – zu Pyramidabsorbern sind *Ferritkacheln* aus Material mit sehr hoher Permeabilitätszahl, die über magnetische Verluste die einlaufenden Wellen bedämpfen (Bild 6.41). Problematisch ist das hohe Gewicht der Kacheln, die sehr tragfähige Wände und Decken benötigen. Kombinierte Absorber, bestehend aus einer

Bild 6.42 Absorberpyramiden aus Schaumstoff und Graphit mit ca. 30 cm Länge für den Frequenzbereich ab 1000 MHz

Ferritkachel am Boden der Pyramide zur Absorption der niedrigen Frequenzen und einem kurzen Pyramidabsorber für hohe Frequenzen erzielen hierbei die besten Ergebnisse und sparen durch die verkürzte Geometrie sehr viel Bauvolumen.

6.5.3 Freiraum- und Freifeldhallen

Es gibt zwei Arten von Absorberhallen: solche, die auch am Boden mit Absorbern ausgekleidet sind, und solche, die über eine reflektierende Bodenfläche verfügen (Bild 6.43). Durch die allumfassende Echofreiheit einer *Freiraumhalle* (Bild 6.43a) mit Absorbern an allen Schirmflächen können Prüfmuster in einer Umgebung getestet werden, die elektromagnetische Wellen sonst nur im Weltraum vorfinden würden, denn es fehlt an jeglicher Bezugsfläche. Das ist immer dann sinnvoll, wenn Geräte getestet werden, die im Betrieb keine feste Lage haben, z.B. Mobiltelefone. Außerdem ist durch die völlige Reflexionsfreiheit des Prüfvolumens gewährleistet, dass sich keine Bereiche mit destruktiven oder konstruktiven Interferenzen ausbilden. Maßnahmen, wie sie folgend für die Freifeldhalle beschrieben werden, sind daher nicht notwendig.

Problematisch ist es, einen elektromagnetisch unsichtbaren, tragfähigen Boden in die Halle einzubringen, auf dem Prüfmuster und Messmittel platziert werden können. Gewöhnlich wird ein Holzboden auf Stelzen eingezogen oder der Raum zwischen den Absorberpyramiden mit Kunststoff aufgefüllt, um eine glatte Bodenfläche zu erhalten. Die Tragfähigkeit eines soliden Metall- oder Betonbodens kann so allerdings nicht erreicht werden.

Eine *Freifeldhalle* (Bild 6.43b und Bild 6.44) verfügt über einen stabilen Boden mit einer reflektierenden Oberfläche. Allseitige Reflexionsfreiheit ist also nicht gegeben, aber in der Realität normalerweise auch nicht vorhanden, solange man sich bodennah befindet. Der Messplatz ist also zunächst einmal eine realistischere Umgebung für die meisten Geräte, Systeme und Fahrzeuge. Der stabilere Boden erlaubt es, auch tonnenschwere Gerätschaften zu prüfen, macht durch seine Reflexionseigenschaften aber auch zusätzliche Maßnahmen bei der Messung von Störeinstrahlung und Störaussendung notwendig.

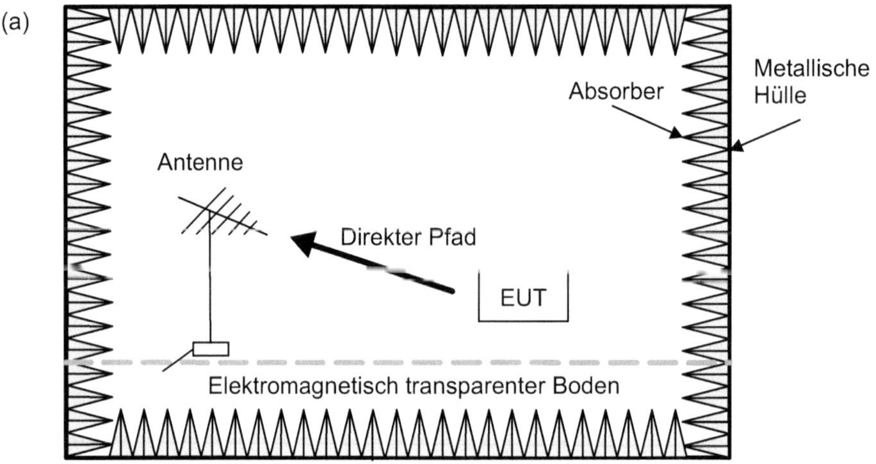

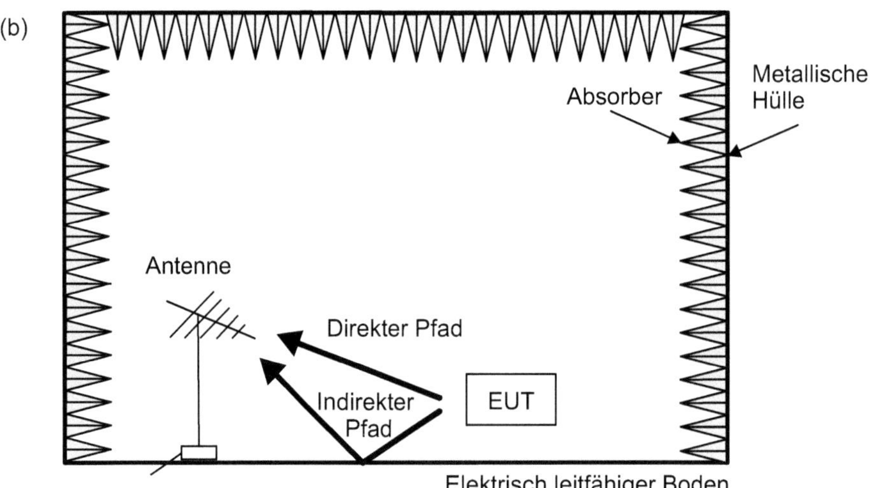

Bild 6.43 (a) Freiraumhalle und (b) Freifeldhalle

Die Bodenreflexionen sorgen für Orte im Prüfvolumen, an denen sich direkte und reflektierte Welle konstruktiv oder destruktiv überlagern. Es ist also möglich, dass bei einer Störaussendungsmessung eine destruktive Interferenz bei bestimmten Frequenzen gerade im Phasenzentrum der empfangenden Antenne liegt. Man würde also nur Rauschen messen, obwohl evtl. sogar eine Grenzwertverletzung vorliegen könnte. Bei einer konstruktiven Interferenz würde es zum gegenteiligen Effekt kommen: Man würde eine Aussendung überbewerten. Gleiches gilt auch für Störfestigkeitsmessungen, wenn die Interferenzen am Ort des Prüflings vorherrschen. In der Praxis führt man die Halterung für hinreichend leichte Antennen höhenverstellbar aus, um bei der Messung einen sogenannten *Höhenscan* durchzuführen. Die Antenne wird verfahren, um das Reflexionsbild am Phasenzentrum zu verändern und so auszuschließen, dass ungünstige Interferenzen den Ausgang der Messung bestimmen.

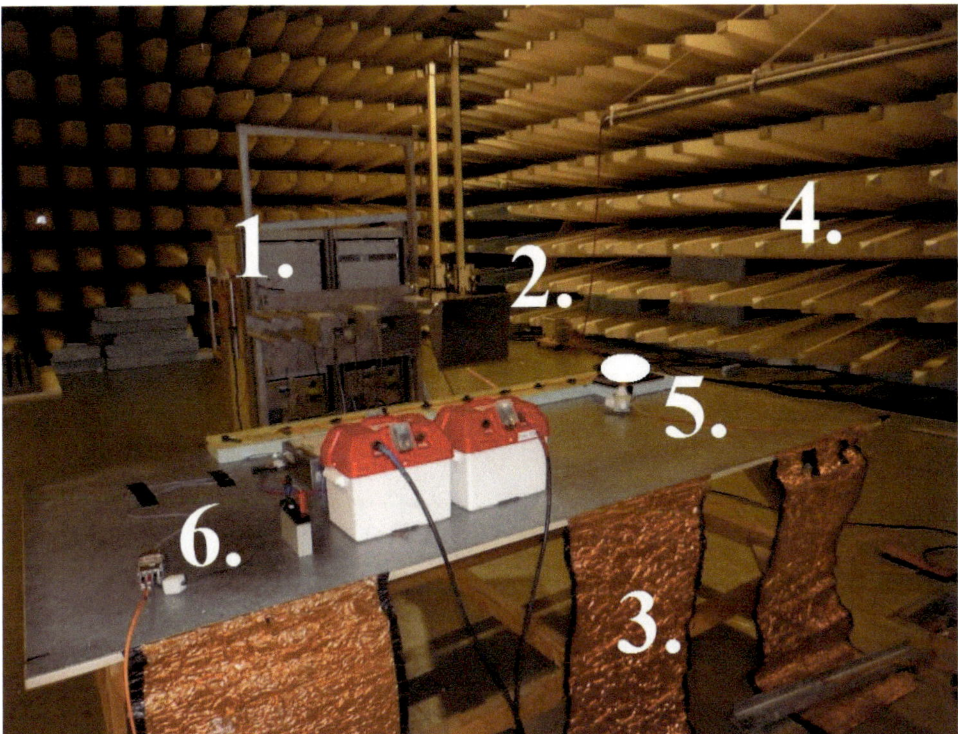

Bild 6.44 Störfestigkeitsmessung in einer Freifeldhalle – an Wänden und Decken befinden sich Absorber (4), der Boden ist als lückenlose Metallfläche ausgeführt, an den die Tischmasseplatte über Kupferbänder (3) niederinduktiv angebunden ist – die Hornantenne (2) wird direkt über ein fahrbares Rack (1) gespeist, um Leitungsverluste im Bereich zwischen 1–2 GHz zu minimieren – der Prüfling (5) wird über Peripherie (6) in einen realistischen Betriebszustand versetzt.

Für große und schwere Antennen, die meist bei Störfestigkeitsprüfungen verwendet werden, ist der Höhenscan nicht praktikabel, da die Halterungen zu massiv sein müssten. Außerdem würde die begrenzte Deckenhöhe bei sehr großen Antennen nur eine kleine Variation der Höhe erlauben. Hier legt man auf der Fläche zwischen Antenne und Prüfling Ferritkacheln (niedrige Frequenzen) oder handliche Pyramidabsorber (hohe Frequenzen) flächig aus, um die Bodenreflexionen zu bedämpfen und den Prüfling nur mit der Energie der direkten Welle zu beaufschlagen.

6.5.4 Öffnungen in der Schirmung

In der Praxis ist es unmöglich, eine Absorberhalle ohne Öffnungen zu konstruieren. Man benötigt eine ausreichende Belüftung, Türen und Tore, Durchführungen für Energie- und Signalleitungen sowie Öffnungen für Druckluft- und Wasserleitungen. Alle Öffnungen stellen für die Ausgleichsströme einen Widerstand dar und wirken evtl. als Schlitzantenne für hinreichend hohe Frequenzen. Beide Effekte verschlechtern die Schirmgüte. Es gibt allerdings für alle aufgelisteten Notwendigkeiten entsprechende konstruktive Lösungen.

Türen und Tore werden am Rand umlaufend mit flächigen, leitfähigen *Federkontakten* bei geschlossenem Zustand an den Rest der Schirmung angepresst, um keine hochinduktiven Übergänge zu schaffen und den Ausgleichsströmen möglichst keinen Widerstand zu bieten. Alle Türen und Tore müssen selbstverständlich auch aus dem gleichen leitfähigen Schirmmaterial der restlichen Absorberhalle bestehen. Bei größeren Toren an zentralen Punkten der Wandflächen ist es erforderlich, die nach innen gewandte Seite der Tür auch mit Absorbern auszukleiden. Je nach Größe und Länge dieser Absorber sind z.T. aufwendige Türkonstruktionen (Bild 6.45) notwendig, die die Türfläche um die Länge der Absorber zunächst orthogonal aus der Wandfläche ziehen und dann parallel zur Seite verfahren.

Bild 6.45 Torkonstruktion einer Absorberhalle: Das Tor (2) wird durch ein Schienensystem (1) aus der Wand gezogen und seitlich verfahren. Das Schütt (3) wird für die Durchführung von nichtleitenden Leitungen verwendet.

Das Problem mit leitfähigen Kabeln, die durch Bohrungen in die Absorberhalle gezogen werden, ist, dass die Leitungen innerhalb wie außerhalb als Sende- und/oder Empfangsantenne wirken können und so die Schirmung überbrückt werden kann. Für Energieleitungen werden gewöhnlich Tiefpassfilter (siehe auch Abschnitt 4.3), die direkt und niederinduktiv an der Hallenwand (Bild 6.46) aufgeschraubt werden, zur Unterdrückung dieser Antennenwirkung verbaut. Energietechnische Frequenzen beschränken sich gewöhnlich auf 0 Hz (Gleichstrom), 16 2/3 Hz (Wechselstrom bei Bahnsystemen) und 50/60 Hz (Wechsel- und Drehstrom für Haushalts- und Industriegeräte). Die untere Grenzfrequenz, bei der Absorberhallen genutzt werden, liegt im Bereich weit oberhalb von 1 MHz. Der Tiefpassfilter kann also optimal arbeiten und die gewünschten von den unerwünschten Frequenzanteilen trennen.

Bild 6.46 3-phasiger Tiefpassfilter für 50 Hz/400 V für 32 A Drehstrom (2) und 64 A Drehstrom (1): Das Filtergehäuse ist an die Hallenwand kontaktiert, um eine niederinduktive Anbindung zu gewährleisten.

Signalleitungen verwenden zur Informationsübertragung höhere Frequenzen, die sich evtl. mit dem Frequenzbereich überschneiden, in dem die Halle bereits genutzt wird. Eine Auftrennung der Signale durch Filter ist also meist nicht möglich bzw. aufgrund der Mannigfaltigkeit der existierenden Leitungstypen auch nicht praktikabel. Wegen der niedrigen Spannungen und Ströme ist es aber möglich, die elektrischen Signale in optische Lichtsignale durch batteriebetriebene Umsetzer (Bild 6.47 und Bild 6.48) zu wandeln (und wieder zurück). Die Glasfaser (Lichtwellenleiter) kann dann durch ein einfaches kleines Loch geführt werden, da die verwendeten Kunststofffasern nicht leitfähig sind und somit nicht als parasitäre Antenne wirken können.

Leider sind in den EMV-Laboren nicht immer für alle Typen von Signalleitungen passende *optische Umsetzer* vorhanden. Ein Notbehelf kann sein, die Kupferleitungen durch ein einfaches kleines Loch zu führen und hinter und vor der Hallenwand eine sogenannte *Ferritzange* (Bild 6.49) zu positionieren, die die Mantelwellen durch magnetische Verluste im Ferritmaterial unterdrückt.

Druckluft- und Wasserleitungen sind prinzipiell nicht leitfähig und können wie die Glasfasern durch kleine Löcher gezogen werden. Um die Löcher so klein wie möglich zu halten, kann man sich mit einem sogenannten *Schütt* behelfen. Einer u-förmigen Durchführung, die nach Verlegung aller notwendigen Leitungen mit Kupfergranulat gefüllt und damit elektromagnetisch abgedichtet wird.

Eine andere Möglichkeit, die Löcher effektiv zu verkleinern, ist es, sie durch langgestreckte Rohre zu ersetzen. Diese besitzen einen geringeren effektiven Durchmesser und sind somit für elektromagnetische Wellen schwerer passierbar als eine entsprechend große Öffnung. Das Rohr wirkt als Rundhohlleiter, welches unterhalb seiner Cut-off-Frequenz betrieben wird. Als

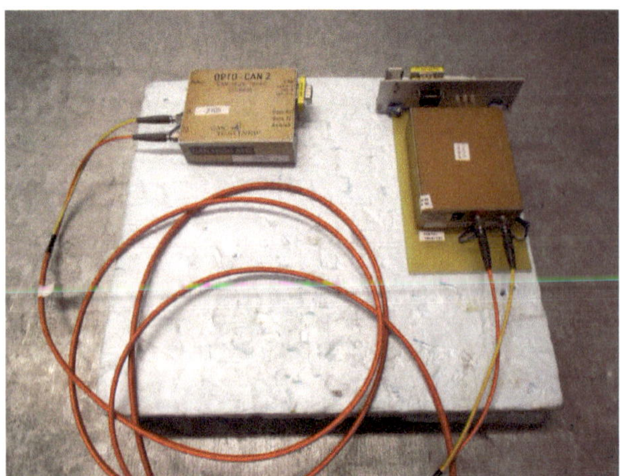

Bild 6.47 Optischer Umsetzer für CAN-Busse („Car Area Network"): Paar verbunden mit 2-adrigem Lichtwellenleiter (ca. 30 m Strecke sind möglich)

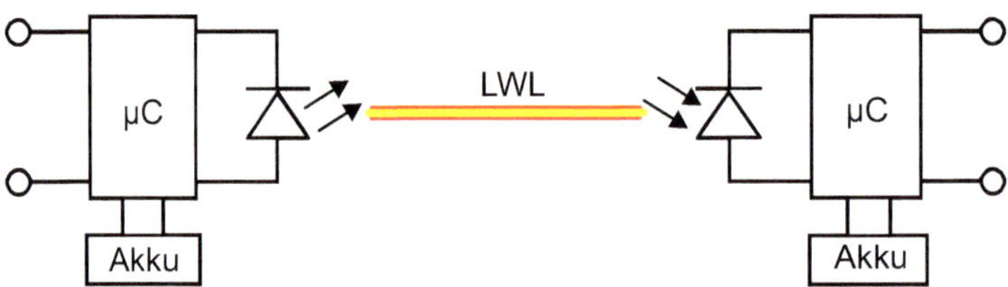

Bild 6.48 Funktionsprinzip für optischen Umsetzer: Das Eingangsspannungssignal wird durch einen Mikrocontroller an eine Photodiode gegeben, auf der Empfängerseite verläuft der Prozess reziprok.

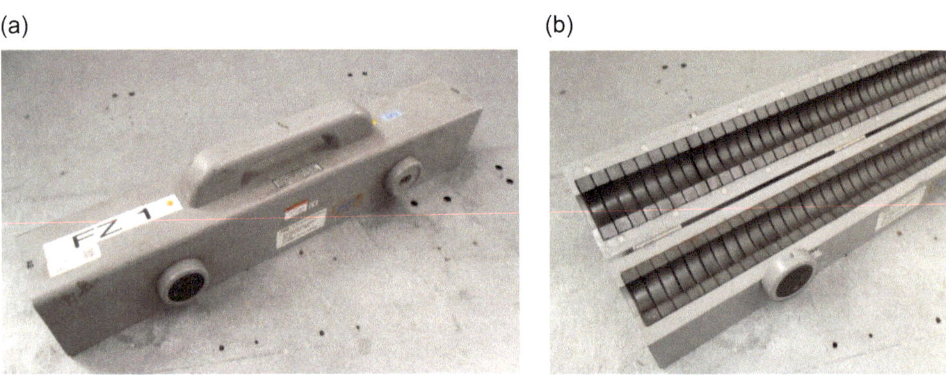

Bild 6.49 Professionelle Ferritzange mit vielen Ringkernen für eine hohe Mantelwellendämpfung: (a) geschlossen und (b) geöffnet

Faustregel kann man festhalten, dass viele kleine Löcher stets besser sind als wenige große. Für Belüftungen (oder Abgasabsaugungen) werden daher Gitter mit kleinen Löchern (oder Wabenkamineinsätze) eingesetzt.

Am einfachsten lassen sich geschirmte Leitungen, also insbesondere Messleitungen zu den Antennen und den Messgeräten, durch die Wand der Absorberhalle führen, da die Schirmung der Halle einfach über den Schirm fortgesetzt wird (Bild 6.50). Wichtig ist nur, dass der Schirm der koaxialen Leitung rundum und niederinduktiv mit der metallischen Hallenwand verbunden wird. Der Antenneneffekt, der normalerweise durch das Hindurchziehen von elektrischen Leitungen durch Löcher in der Absorberwand entsteht, tritt nun nicht auf.

Bild 6.50 Koaxiale Wanddurchführung für N-Standard-Kabel: Der Schirm ist flächig mit der Wand verbunden und solide verschraubt, die Seele ist durch die Wand geführt und wird mit einem festen Plastikring zentriert.

6.5.5 Störquellen und -senken innerhalb der Absorberhalle

Die für den Betrieb der Halle notwendigen Geräte wie Kameras, Mikrofone, Drehteller und Beleuchtung müssen so beschaffen sein, dass sie emissionsarm sind, um bei Emissionsmessungen nicht das Prüfmuster zu überstrahlen und störfest genug, um auch während der hohen Feldstärken bei Störfestigkeitsprüfungen zufriedenstellend zu funktionieren. Soweit möglich, werden alle Geräte über Batterien betrieben, die praktisch emissionsfrei sind. Die Gehäuse von Audio- und Videoaufnahmegeräten müssen geschirmt sein, um auch bei hoher Belastung verwertbare Bilder und Töne aufzunehmen.

6.5.6 Reziprozität von Messwandlern

Prinzipiell funktionieren alle Messwandler, egal ob Antenne, Stromzange oder Netznachbildung in beide Richtungen, d.h. eigentlich könnten die gleichen Gerätschaften für Emissions- und Störfestigkeitsmessungen verwendet werden. In der Praxis ist allerdings stets eine Abwägung zwischen Leistungsfestigkeit und Präzision notwendig.

Für Emissionsmessungen ist hohe Empfindlichkeit notwendig, da Signale aufgefangen werden sollen, die im Spannungsbereich von μV bis nV liegen. Für den Bereich der Störfestigkeit müssen hohe Leistungen (W bis kW) umgewandelt werden.

Die eingesetzten Messwandler unterscheiden sich daher augenscheinlich zunächst durch ihre Größe darin, für welchen Teil der zweiseitigen EMV-Überprüfung sie benutzt werden können.

Nur wenige Messwandler sind für beide Arten von Prüfungen nutzbar, z.B. Streifenleitungen, TEM-Zellen, Modenverwirbelungskammern und einige kapazitive Koppelzangen. Die beidseitige Nutzungsmöglichkeit ist bauartbedingt, aber vor allem bestimmt durch die in den Normen geforderte Distanz zwischen maximaler Störaussendung und minimaler Störfestigkeit.

6.5.7 Messungen in der Absorberhalle

Um die in den vorherigen Abschnitten vorgestellten Messmittel und Messumgebungen in einen gemeinsamen Kontext zu setzen, soll nun an konkreten Beispielen aufgezeigt werden, wie die gestrahlten Prüfungen tatsächlich in der Praxis ablaufen.

Beispiel 6.6 Messung der gestrahlten Störaussendung

In diesem Beispiel wird eine Störaussendungsmessung nach der Regelung UN ECE R10 an einer elektronischen Unterbaugruppe (EUB) beschrieben. Für den Aufbau verweist die UN ECE R10 auf die Beschreibungen der CISPR 25: Die Messung wird in einem Tischaufbau (Bild 6.51) durchgeführt. Der leitfähige Tisch fungiert als Karosserieblechnachbildung mit Autobatterie, Netznachbildung und genauen Angaben, wie Kabelbaum und Antenne zueinander zu positionieren sind.

Das Messverfahren und die Grenzwerte sind in der UN ECE R10 angegeben. Der Prüfling muss in einen typischen Betriebszustand (ggf. mehrere, wenn zutreffend) versetzt werden und nach den Grenzwerten in den beiden Tabellen (Tabelle 6.4 und Tabelle 6.5) bewertet werden. Schmalbandige Störaussendungen werden nach UN ECE R10 mit dem Mittelwertdetektor bewertet, breitbandige mit dem Quasi-Spitzenwertdetektor. Die Messzeit für den Mittelwertdetektor kann sehr kurz gewählt werden (z.B. 10 ms), die Messzeit für den Quasi-Spitzenwertdetektor ist nach Norm immer eine Sekunde. Die vorgeschriebene Bandbreite liegt bei 120 kHz. Daraus ergibt sich nach dem Shannon-Theorem eine maximal mögliche Schrittweite von 60 kHz.

Tabelle 6.4 Schmalband-Bezugsgrenzwerte für elektronische Unterbaugruppen in 1 m Abstand

Frequenzbereich [MHz]	Grenzwert [dB(μV/m)]	Detektor
30–75	52–25,13·log(f/30)	Mittelwertdetektor
75–400	42+15,13·log(f/75)	Mittelwertdetektor
400–1000	53	Mittelwertdetektor

Um Zeit zu sparen, erlaubt die UN ECE R10 zur Bewertung der breitbandigen Störaussendungen Messungen mit dem Spitzenwertdetektor und um 20 dB angehobenen Grenzwerten (Tabelle 6.5).

Die Messung von Spitzenwert- und Mittelwertdetektor kann mit allen moderneren Messempfängern gleichzeitig durchgeführt werden. Dennoch bleibt es nicht bei nur einer einzigen Messung. Der Prüfling muss in beiden orthogonalen Polarisationsrichtungen der Empfangsantenne (horizontal und vertikal) gemessen werden. Durch die lineare Unabhängigkeit der Polarisationsrichtungen kann sichergestellt werden, dass keine

Bild 6.51 Messaufbau einer gestrahlten Emissionsmessung an einer 24-VDC-LKW-Baugruppe: Der Prüfling (2) wird über eine Netznachbildung (5) und zwei Autobatterien (3) versorgt, die während der Prüfung über ein Netzteil außerhalb der Halle nachgeladen werden (4). Die Antenne (1) zielt auf die Mitte des Kabelbaumes (7), um die vom Prüfling erzeugten Störungen zu empfangen. Der richtige Betriebszustand des Prüflings wird über die Peripherie (6) eingestellt.

Tabelle 6.5 Breitband-Bezugsgrenzwerte für elektronische Unterbaugruppen in 1 m Abstand

Frequenzbereich [MHz]	Grenzwert [dB(μV/m)]	Detektor
30–75	62–25,13·log(f/30)	Quasi-Spitzenwertdetektor
75–400	52+15,13·log(f/75)	Quasi-Spitzenwertdetektor
400–1000	63	Quasi-Spitzenwertdetektor
30–75	82–25,13·log(f/30)	Spitzenwertdetektor
75–400	72+15,13·log(f/75)	Spitzenwertdetektor
400–1000	83	Spitzenwertdetektor

Störaussendungen durch möglicherweise vorhandene Polarisationseffekte unentdeckt bleiben.

Die Messung nach den Vorgaben der UN ECE R10 dauert nur wenige Stunden. Viele Herstellerspezifikationen verlangen zusätzliche Messungen mit anderen Messbandbreiten (typischerweise 9 kHz und 1 MHz), Messzeiten (typischerweise 50 ms), Betriebszuständen und/oder erweitern den Frequenzbereich nach unten (typischerweise 150 kHz) und oben (typischerweise 2500 MHz). Außerdem werden oft mindestens zwei

Muster getestet, um krasse Ausreißer zu vermeiden (ein „Sonntagsprüfling" ist umgangssprachlich ein besonders gutes, ein „Montagsprüfling" ein besonders schlechtes Muster). Die Gesamtmessdauer kann so schnell auf mehrere Tage anwachsen.

Die UN ECE R10 ist ein Mindeststandard. Den Herstellern steht es frei, zur Sicherung ihrer Qualität ihre Zulieferer an härtere Vorgaben zu binden. ■

Beispiel 6.7 Messung der gestrahlten Störfestigkeit

In diesem Beispiel wird eine Störfestigkeitsmessung nach der Regelung UN ECE R10 an einer elektronischen Unterbaugruppe beschrieben. Für den Aufbau verweist die UN ECE R10 auf die Beschreibungen der ISO 11452-2, einen Tischaufbau (Bild 6.52), vergleichbar mit dem aus der Emissionsmessung aus dem vorhergehenden Beispiel. Der leitfähige Tisch fungiert als Karosserieblechnachbildung mit Autobatterie, Netznachbildung und genauen Angaben, wie Kabelbaum und Antenne zueinander zu positionieren sind.

Bild 6.52 Messaufbau einer gestrahlten Störfestigkeitsmessung für Fahrzeugkomponenten: Die Batterieversorgung (1) wird zunächst über Netznachbildungen (2) geführt, die Hornantenne (5) (1–2 GHz) ist auf den Prüfling (4) und nicht auf den Kabelbaum (3) ausgerichtet. Zur Kontrolle liegt eine Sonde (6) in der Hauptstrahlungskeule.

Das Messverfahren und die anzuwendenden Pegel sind in der UN ECE R10 angegeben. Der Prüfling muss in einen typischen Betriebszustand (ggf. mehrere, wenn zutreffend) versetzt werden und mit den in Tabelle 6.6 vorgeschriebenen Feldbelastungen getestet werden. Für die konkrete Durchführung der Messung sind noch weitere Angaben notwendig; wie z.B. Schrittweite und Verweilzeit pro Frequenzschritt. Da es im Sinne des Shannon-Theorems keine Bandbreite gibt, ist die Schrittweite vor allem aus praktischen Überlegungen festzulegen.

Tabelle 6.6 Grenzwerte für die gestrahlte Störfestigkeit für elektronische Unterbaugruppen

Frequenzbereich [MHz]	Grenzwert [V/m]	Modulation
20–800	30	Unmodulierter Sinus (CW)
800–2000	30	Pulsmodulierter Sinus (PM)

Der Frequenzbereich kann gewöhnlich nicht von einer einzigen Antenne hinreichend abgedeckt werden, daher fallen in der Prüfungsdurchführung meist einige Antennenwechsel an. Jedoch sind theoretisch nur zwei Messungen durchzuführen: ein Durchlauf in vertikaler und ein Durchlauf in horizontaler Polarisation.

Viel Arbeit muss teilweise auch in die Überwachung des Prüfmusters während der Prüfung investiert werden. Ggf. müssen zyklische Betriebszustände mit der Steuersoftware der Messkette synchronisiert werden, Schnittstellen müssen zugänglich gemacht oder Sensoren stimuliert werden.

Die Messung nach den Vorgaben der UN ECE R10 dauert nur wenige Stunden. Viele Herstellerspezifikationen verlangen zusätzliche Messungen mit anderen Modulationen (typischerweise Amplitudenmodulation zusätzlich zum unmodulierten Sinus, welcher häufig bis zur oberen Frequenzgrenze getestet wird), mehrere linear unabhängige Orientierungen des Prüflings (bei direkter Einstrahlung im GHz-Bereich), Betriebszuständen und/oder erweitern den Frequenzbereich nach oben (typischerweise 2500 MHz oder noch höher). Eine Absenkung der unteren Frequenzgrenze ist technisch schwer realisierbar, da passende leistungsfeste Antennen unhandliche Ausmaße annehmen würden. Der untere Frequenzbereich wird auf Seiten der Störfestigkeit mit anderen, leitungsgebundenen Methoden überprüft, wie z.B. der Hochfrequenz-Stromeinspeisung mit einer Stromzange.

Außerdem werden oft mindestens zwei Muster getestet. Die Gesamtmessdauer kann so schnell auf mehrere Tage anwachsen. ■

■ 6.6 Schirmkabinen

Für die Prüfung leitungsgebundener Störphänomene ist eine Absorberhalle gewöhnlich überdimensioniert. Eine *Schirmkabine* ist in der Regel wesentlich kleiner als eine Absorberhalle und bietet zwar eine geschirmte Umgebung, verzichtet jedoch auf jegliche Form der Reflexionsdämpfung. Für die Prüfungen, die in Schirmkabinen durchgeführt werden, ist dies aber unproblematisch. Die Ausstattung ist allerdings ansonsten ähnlich der einer Absorberhalle. Es gelten die gleichen konstruktiven Prinzipien wie auch bei den Durchführungen und Türen (Bild 6.53) von Absorberräumen, um eine möglichst hohe Schirmgüte zu gewährleisten.

Während in Absorberhallen nur raumgekoppelte Phänomene abgeprüft werden, ist die Vielfalt in der Schirmkabine um ein Vielfaches größer. Dort werden galvanische, induktive und kapazitive Messverfahren angewendet. Beispiele sind die Beaufschlagung mit Impulsen, die Messung der Störspannung am Versorgungsanschluss, die Versorgung mit einer unsauberen Masse, das Aufprägen von Störströmen mit Stromzangen und die Oszillographierung von Überschwingern beim Ein- und Ausschalten des Prüflings.

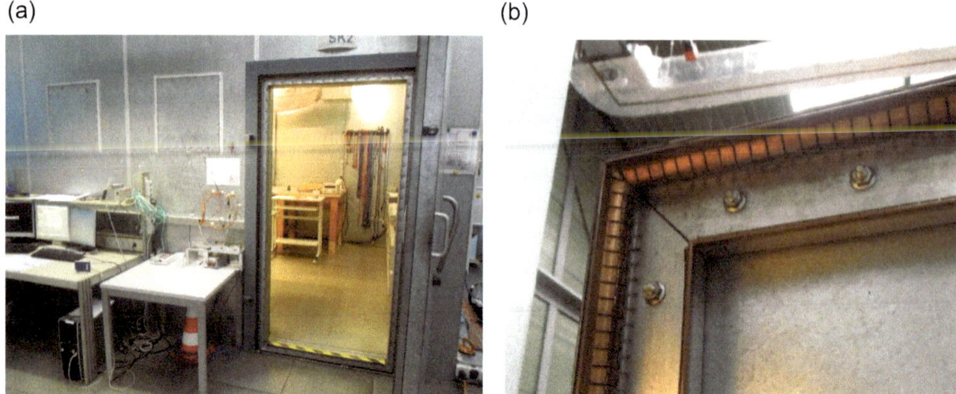

Bild 6.53 Eine Schirmkabine von außen (a) mit außen gelegenem Arbeitsplatz und (b) HF-Dichtungen der Türkonstruktion

6.6.1 Prüfungen in der Schirmkabine

Um die in den vorherigen Abschnitten vorgestellten Messmittel und Messumgebungen in einen gemeinsamen Kontext zu setzen, soll nun an konkreten Beispielen aufgezeigt werden, wie die leitungsgebundenen Prüfungen tatsächlich in der Praxis ablaufen. Anders als gestrahlte Messungen sind leitungsgebundene Verfahren weniger anfällig gegen praktisch unvermeidbare Aufbauvariationen und haben generell eine wesentlich höhere Reproduzierbarkeit.

Beispiel 6.8 Bulk Current Injection (BCI)

Das Verfahren der Stromeinspeisung in Leitungen ist eine praktikable Möglichkeit, Prüflinge mit niedrigen Frequenzen zu belasten. Es ersetzt bzw. vervollständigt die gestrahlte Störfestigkeit in der Absorberhalle, die aufgrund der für niedrige Frequenzen notwendigen riesigen Antennen und Verstärker nicht mit endlichem Mitteleinsatz zu realisieren ist.

Das BCI-Verfahren funktioniert mit einer induktiven Einspeisezange, die um die zu beaufschlagende Leitung (oder den ganzen Kabelbaum) gelegt wird. Der Frequenzbereich von 10 kHz bis hin zu etwa 400 MHz kann abgedeckt werden, der Störpegel bewegt sich in der Praxis zwischen 30 mA und 200 mA.

Die notwendige Leistung für hohe Störpegel ist deutlich niedriger als in der Antennenprüfung, da der verwendete Kopplungsmechanismus wesentlich effektiver und der Kopplungsweg kürzer ist. Man benötigt deshalb nur etwa 1 kW, um bei 250 MHz eine Feldstärke von 200 V/m in 1 m Abstand zur Antenne zu erzeugen, weil extrem viel Leistung durch die mangelnde Direktivität der Antennen in den Absorbern der Absorberhalle landet. Für 200 mA bei 250 MHz sind nur etwa 35 W im BCI-Verfahren notwen-

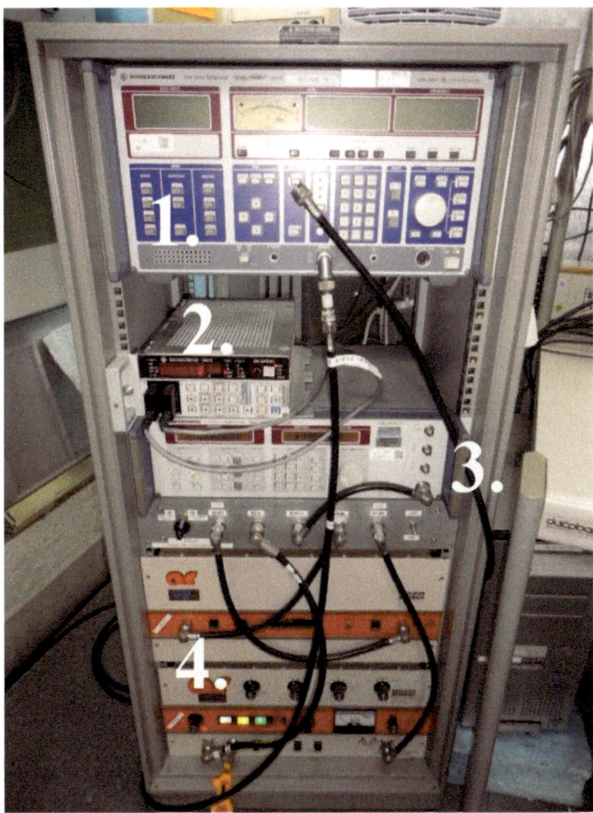

Bild 6.54 BCI-Rack mit Messempfänger (1) für Closed-Loop-Verfahren, Leistungsmessgerät (2), Signalgenerator (3) und zwei HF-Leistungsverstärker (4) für verschiedene Frequenzbereiche

dig. Über die Vergleichbarkeit von eingespeistem Strom und ausgesendeter Feldstärke ist sich die Normung nicht hundertprozentig einig: Ein Verhältnis von 1 mA : 1 V/m ist aber eine gute erste Abschätzung.

Anders als in der gestrahlten Messung, wo die Feldsonde in Prüflingsnähe nur ein verzerrtes Feld detektieren kann und das Substitutionsverfahren alternativlos ist, kann der eingespeiste Strom durch eine weitere Messzange sehr gut zurückgemessen werden. Closed-Loop-Verfahren (Bild 6.54) wären bei dieser Methode also möglich. Meist wird aber nicht auf den gemessenen Strom geregelt, sondern die Messwerte dienen der Bestimmung der Transferimpedanz. Die Transferimpedanz ist ein Maß dafür, wie gut sich der Kabelbaum gegen eingeprägte Störungen konstruktionsbedingt selbst schützt.

Oberhalb von 400 MHz wird das induktive Einspeiseverfahren immer ineffektiver, da die Kopplungsimpedanz dann immer stärker zunimmt. Die theoretisch notwendige Verstärkerleistung für typische Prüfpegel steht bei hohen Frequenzen in keinem Verhältnis mehr zur Leistungsfestigkeit der Einspeisezange.

Der Personenschutzaspekt kann aufgrund der eigentlich „undichten“ Einspeisung nicht vollständig vernachlässigt werden, daher werden BCI-Prüfungen gerne in

Schirmkabinen durchgeführt. Absorber sind weder notwendig (durch die Nahfeldkopplung ist das Verfahren robust gegen Reflexionen) noch praktikabel, da sie nach der $\lambda/2$-Regel für die niedrigen Frequenzen eine nicht mehr handhabbare Größe hätten. Die Leistung ist aber so klein und die Feldstärke nimmt im Nahfeld so rasch ab, dass dieser Aspekt deutlich weniger wichtig als bei der Antennenprüfung ist.

Trotz der in den Raum austretenden Leistung ist die BCI-Methode für Freifeldmessungen von großen Prüfmustern eine (zugegebenermaßen unvollständige) Alternative für die wegen des Funkschutzes strikt untersagte Störfestigkeitsprüfung mit Antennen unter freiem Himmel. ■

Beispiel 6.9 Messung der Störspannung/des Störstromes

Die Messung der Störspannung (bzw. des Störstromes) ist emissionsseitig eine Möglichkeit, niederfrequente Störaussendungen zu quantifizieren. Ähnlich wie es beim BCI für die Störfestigkeit gilt, wären auch hier die notwendigen Antennen für eine gestrahlte Emissionsmessung nicht mehr handhabbar und so weicht man auf galvanische (Störspannung mit einer Netznachbildung) und induktive (Störstrom mit einer HF-Stromzange) Verfahren aus. Der abzudeckende Frequenzbereich variiert zwischen den verschiedenen Normen und Spezifikationen, liegt aber gewöhnlich zwischen 100 kHz und 108 MHz (obere Grenze des UKW-Bandes).

Ein Störstrom ist dabei durch die Verwendung einer Stromzange variabler adaptierbar, auf verschiedenste Schnittstellen, während die Störspannung gewöhnlich nur auf Versorgungsleitungen angewendet wird. ■

Beispiel 6.10 Burst und Surge

Burst und Surge sind zwei Impulsarten, die bei der Prüfung von industriellen Gerätschaften zur Anwendung kommen. Der schnelle Burst bildet mehrfaches Schalterprellen nach, der langsame Surge einen Blitzeinschlag in ein Niederspannungsversorgungsnetz, der das Prüfmuster über seine angeschlossenen Leitungen erreicht.

Beide Impulstypen werden meist von einem Kombigenerator (Bild 6.55) erzeugt. Die Prüfungen an sich könnten aber kaum unterschiedlicher sein. Vom Surge sind praktisch nur Versorgungsleitungen betroffen, da ein kapazitives Überkoppeln auf in der Regel kurze Signalleitungen durch die niedrigen Frequenzanteile nicht in nennenswertem Umfang stattfindet. Der Surge bzw. die zugehörige Störfestigkeitsprüfung ist aufgrund seiner Langsamkeit ziemlich unempfindlich gegen Aufbauvariationen. Die kapazitiven Verhältnisse bezogen auf vorhandene Masseflächen haben praktisch keinen Einfluss auf die Impulsausbreitung. Da der Impuls zerstörerisch ist, erhöht man den Spannungspegel schrittweise auf die maximal geforderte Beaufschlagungsstärke. Geprüft werden hier vor allem die Schutzelemente des Gerätes, wie z.B. Gasableiter und Varistoren.

Wechselspannungsversorgungsanschlüsse werden dabei mit bis zu 6.000 V Ladespannung geprüft, Gleichspannungsversorgungsleitungen mit nur etwa 500 V, da der Impuls diese Leitungen nur geschwächt durch vorgeschaltete Gleichrichter erreichen kann. Sind Signalleitungen länger als 30 m, so sind auch diese zu prüfen, da die Gefahr einer Einkopplung dann aufgrund der großen räumlichen Ausdehnung nicht mehr vernachlässigbar ist.

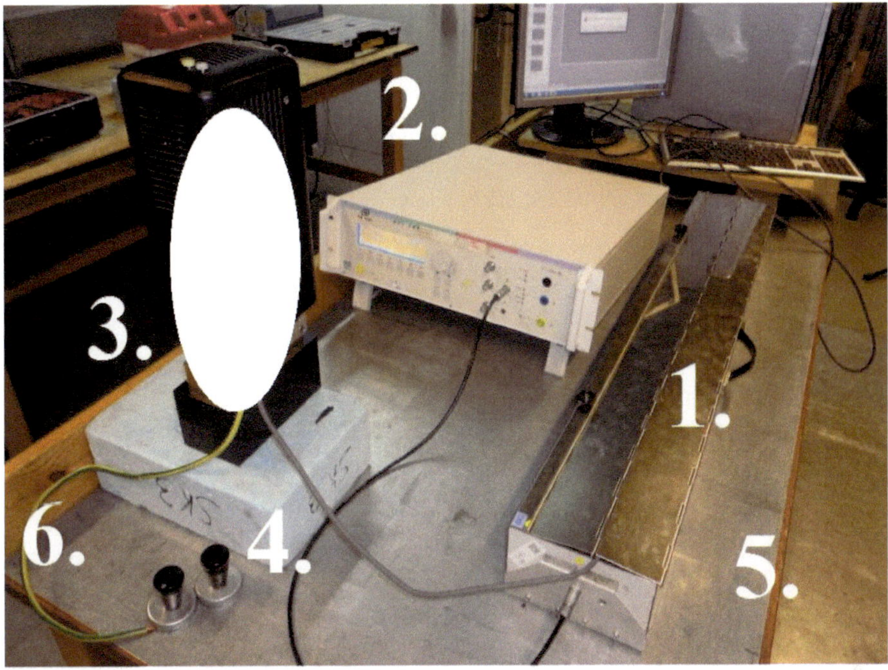

Bild 6.55 Burstprüfung an einer Bahnkomponente: Über eine kapazitive Koppelzange (1) wird vom Burstgenerator (2) die Kombi-Leitung des Prüflings (3) beaufschlagt. Der Prüfling steht auf 10 cm isolierender Unterlage (4) und ist mit der Tischmasse (5) über ein Erdungskabel (6) verbunden.

Für die meisten Funktionen ist nur die Einhaltung des Funktionszustandes C für eine bestandene Prüfung erforderlich. In der Praxis handelt es sich schließlich nicht um ein regelmäßig auftretendes Phänomen. Der direkte Blitzeinschlag ist nicht Bestandteil der EMV-Prüfungen. Hierbei handelt es sich um eine Prüfung in einem Hochspannungslabor, die nur für freistehende Komponenten des Versorgungsnetzes vorgesehen ist (Endverschlüsse, Transformatoren, Isolatoren etc.).

Der Aufbau der Prüfung gegen Burst-Impulse ist im Vergleich zum Surge-Test sehr genau genormt, da die kapazitiven Verhältnisse großen Einfluss auf die Impulsfortpflanzung haben. Durch die Koppelfreudigkeit ist es sinnvoll, alle Arten von angeschlossenen Leitungen zu prüfen. Auf Versorgungsleitungen koppelt man gewöhnlich galvanisch, auf Signalleitungen aufgrund fehlender spezieller Koppelnetzwerke mit einer kapazitiven Koppelzange ein. Der Burst-Impuls ist eher nichtzerstörerisch und tritt in großen Netzwerken häufiger auf, weshalb es für viele wichtige Funktionen nicht ausreicht, nur Funktionszustand C zu erreichen. ■

6.7 Freifeldmessungen

Ist ein Prüfling zu groß für die Messung im Labor oder zu unbeweglich (große Bagger, Verpackungsstraßen, Züge etc.) weicht man auf einen möglichst abgelegenen, elektromagnetisch möglichst unbelasteten Freifeldmessplatz aus, der ggf. auch der Aufstellungsort des Prüflings im späteren Betrieb sein kann (Bild 6.56).

Bild 6.56 Messumgebung für ein Schienenfahrzeug

Messverfahren der Störaussendungsprüfungen können meist problemlos angewendet werden, obschon die Präsenz von Funkdiensten (Radio, TV, Mobilfunk etc.) die Messergebnisse von gestrahlten Verfahren an den entsprechenden Frequenzen unbrauchbar macht: Man kann einfach nicht unterscheiden, ob man den Prüfling oder den Funkdienst selbst gemessen hat. Misst man an einem elektromagnetisch stark belasteten Ort (z.B. Messung einer Verpackungsstraße direkt in einer Werkshalle) tritt dieses Problem evtl. für sehr viele Frequenzen auf und die gesamte Messung hat nur noch eine zweifelhafte Aussagekraft. Leitungsgebundene Messverfahren betrifft dies nicht. Diese können häufiger problemlos auch auf Freifeldmessplätzen nahezu normgerecht appliziert werden.

Gestrahlte Störfestigkeitsmessungen können hingegen aus Personenschutzgründen gar nicht auf Freifeldmessplätzen durchgeführt werden. Hier muss man sich bei Aussagen zur Störfestigkeit des Prüflings meist auf Verfahren wie Stromeinkopplung zurückziehen, die vom Frequenzbereich gegenüber den Antennenmessungen stark eingeschränkt sind.

6.8 Die Modenverwirbelungskammer

Eine andere Art, eine Schirmkabine zu nutzen, ist, sie als Modenverwirbelungskammer (MVK) (Bild 6.57) auszustatten. Das Prinzip der MVK beruht auf der gezielten Anregung von Hohlraumresonanzen durch Antenneneinstrahlung. Durch die fehlenden Absorber bilden sich durch die mehrfachen, ungedämpften Reflexionen stehende Wellen aus, die ein inhomogenes Feldbild erzeugen. Zur Homogenisierung dieses Feldbildes werden die Randbedingungen der Reflexion durch einen rotierenden, möglichst asymmetrischen, Modenrührer geändert, der nichts weiter ist als ein Mast mit unregelmäßig angeordneten reflektierenden Metallplatten. Über einer Rührerdrehung ergibt sich im statistischen Mittel ein homogenes Feldbild – zumindest innerhalb des Prüfvolumens.

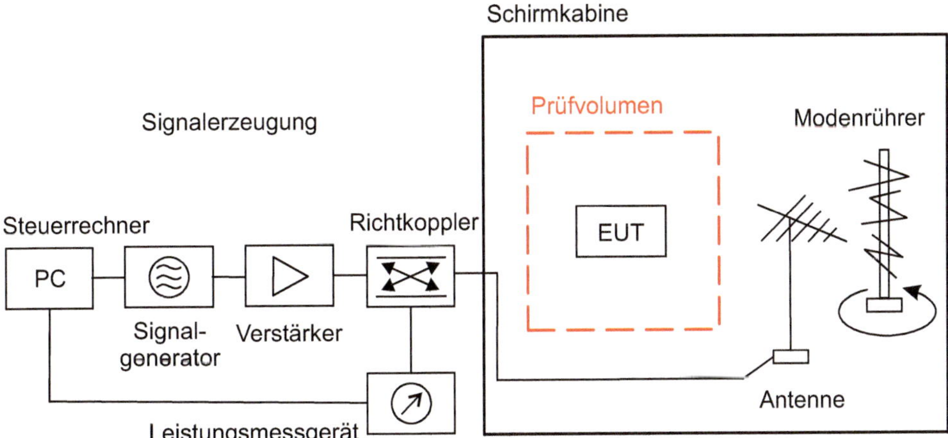

Bild 6.57 Prinzip einer Modenverwirbelungskammer

Um die Verwirbelungskammer effektiv zu nutzen, nimmt man nicht irgendwelche Frequenzen, sondern nur die Resonanzfrequenzen des Hohlraumes. Die Nutzung ist also erst ab der ersten Resonanz (Mode) möglich, die mit steigender Raumgröße immer niederfrequenter wird. Die Modendichte nimmt zu höheren Frequenzen weiter zu, so dass eine sinnvolle Prüfung mit nicht zu großer Schrittweite möglich wird.

Durch die intelligente Nutzung der Resonanzen können unglaublich hohe Feldstärken mit überschaubarer Verstärkerleistung erzeugt werden. Die Nachteile sind allerdings zahlreich: Der Kalibrieraufwand ist immens, da mit jedem EUT die genaue Lage der Resonanzen neu bestimmt werden muss, da das EUT den Resonator „verstimmt". Das resonierende Gebilde ist auch sonst sehr anfällig gegen Änderungen der Randbedingungen. Für niederfrequente Prüfungen ist die MVK durch die dann noch kleine Modendichte nicht zu gebrauchen, wenn sie keine gigantischen Ausmaße annehmen soll. Ein weiteres Problem der MVK sind gepulste Felder: Für die Einsparung der Verstärkerleistung möchte man möglichst Resonanzen hoher Güte anregen, die aber naturgemäß einen langen Nachhall haben, bis sie abgeklungen sind: Pulsmodulation verschliert so zu einem stabilen Sinus.

6.9 TEM-Zelle

Neben der Modenverwirbelungskammer, die als neues Messverfahren ein Exotendasein fristet, gibt es noch eine mittlerweile etwas aus der Mode gekommene Alternative für gestrahlte Störaussendungs- und Störfestigkeitsmessungen: die TEM-Zelle (Bild 6.58).

Bild 6.58 Die TEM-Zelle als aufgeweiteter Koaxialleiter

6.9.1 Prinzip

Die TEM-Zelle ist ein aufgeweiteter Koaxialleiter, der auf der einen Seite möglichst reflexionsfrei abgeschlossen sein sollte und auf der anderen Seite entweder mit einem Störsignal gespeist wird oder ein in der TEM-Zelle erzeugtes Störsignal als Spannung zwischen Seele und Mantel zum Anschluss an einen Messempfänger zur Verfügung stellt. Der Name TEM-Zelle bezieht sich auf die transversale elektromagnetische Welle, die sich zwischen Innen- und Außenleiter ausbreitet.

Da das System geschlossen ist, ist die TEM-Zelle ein vollständiger Prüfplatz und muss nicht, wie z.B. die Streifenleitung, in einer Absorberhalle zum Einsatz gebracht werden. Sie bietet daher eine kostengünstige Möglichkeit, die EMV von Systemen zu überprüfen. Die notwendige Verstärkerleistung, die für die Generierung von typischen Prüffeldstärken benötigt wird, ist aufgrund des meist geringen Abstandes zwischen Mantel und Seele gering.

Typische, normgerechte TEM-Zellen decken den Frequenzbereich von wenigen kHz bis hin zu etwa 250 MHz ab und sind etwa so groß wie eine kleine Couch für zwei Personen. Durch den symmetrischen Aufbau innerhalb der Zelle, den notwendigen Abstand des Prüfvolumens zur Außenwand und die notwendigen Aufweitungsstrecken ist das zur Verfügung stehende Messvolumen oft nicht größer als ein Schuhkarton.

Die TEM-Zelle hat einige gravierende Nachteile, die sie aus den Abnahmeprüfungen und Herstellerspezifikationen fast vollständig verschwinden ließ.

1. Im von der TEM-Zelle abgedeckten Frequenzbereich möchte man eigentlich den Kabelbaum als resonante Struktur beaufschlagen. Dieser hat aber oft keinen ausreichenden Platz in der Zelle. Um diese Unzulänglichkeit zu kompensieren, sind die geforderten Prüfpegel für Störfestigkeitsprüfungen oft um 50 % erhöht und die Ergebnisse mit vergleichbaren Verfahren – wie dem exzellent reproduzierbaren BCI-Verfahren – nicht exakt identisch.
2. Für Monitoring-Aufgaben ist die TEM-Zelle schlecht gewappnet. Kameras und Mikrophone, sowie eine ausreichende Beleuchtung können meist nur schwer untergebracht werden.
3. Die technische Ausstattung für das BCI-Verfahren ist in einer ähnlichen Preisklasse, bietet einen breiteren Frequenzbereich und wird von den meisten Herstellern besser akzeptiert.

6.9.2 Zellentypen

Im nichtnormativen Bereich gibt es noch einige Variationen der TEM-Zelle, die nach unterschiedlichen geometrischen Segmenten abgebrochen sind (Bild 6.59).

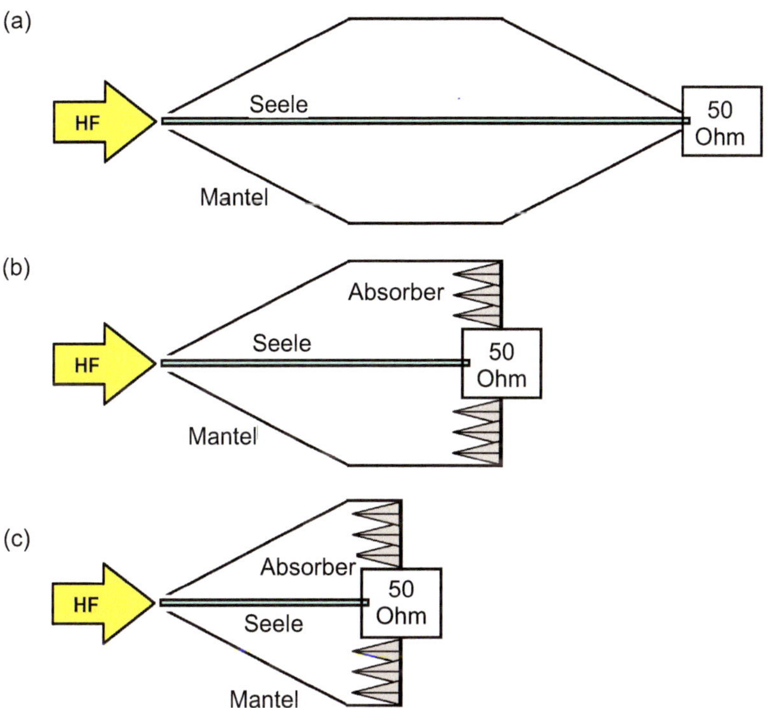

Bild 6.59 Varianten der TEM-Zelle, a) Crawford TEM-Zelle, b) FTEM-Zelle, c) GTEM-Zelle

Die ursprüngliche TEM-Zelle ist die „Crawford-TEM-Zelle“, die mit 50 Ohm nach einer Verjüngung reflexionsfrei abgeschlossen ist (Bild 6.59a). Verwendet man an der Rückwand Absorber, kann auf die Verjüngung verzichtet werden, so werden Bauformen wie FTEM-Zelle oder GTEM-Zelle[1] möglich.

Im nichtnormativen Bereich kann man so eine TEM-Zelle so groß konstruieren, wie es das Budget und die Konstruierbarkeit zulassen, jedoch lohnt ab einer gewissen Größe eher der Bau einer Absorberhalle, die auch normative Prüfungen ermöglicht.

1 Gigahertz Transverse Electromagnetic Cell

7 Prüfvorbereitungen

In den folgenden Abschnitten sollen die Möglichkeiten beleuchtet werden, EMV-Prüfungen optimal vorzubereiten, egal ob im eigenen Prüflabor oder bei einem externen Dienstleister.

Gerade bei kleinen Unternehmen oder solchen, die vor allem dem Maschinenbau (und nicht der Elektrotechnik) verhaftet sind, wird die EMV oft während – oder schlimmer, erst gegen Ende – des Entwicklungsprozesses als notwendiges Übel oder lästige Formalie empfunden, die eigentlich nur den Produktionsstart behindert.

Durch diese negative Sicht wird sie leider zu häufig stiefmütterlich vernachlässigt. Das die ohnehin nicht günstigen Messungen durch schlechte Vorbereitung rasch noch teurer werden, als sie es ohnehin schon sind, ist aber ein durchaus vermeidbarer Umstand.

7.1 Zeit- und Kostenbedarf einer EMV-Prüfung

In diesem Abschnitt soll es darum gehen, welche Möglichkeiten man als Hersteller bzw. Zulieferer hat, die notwendigen EMV-Prüfungen Zeit- und Kosten-optimiert durchzuführen. Die EMV sollte von Beginn des Entwicklungsprozesses an eine flankierende Disziplin sein und nicht erst zur Abnahmeprüfung vor Produktionsstart auf den Tisch kommen. Kommt man erst am Ende zu der Erkenntnis, dass grundlegende Designentscheidungen neu überdacht werden müssen, wird jede Änderung zu einem sehr teuren Vergnügen, das man sich hätte sparen können.

Die entwicklungsbegleitenden Messungen an Prototypen spielen eine wichtige Rolle in der Kosten-optimierten Entwicklung eines Produktes. Man spricht auch von „Pre-Compliance"-Tests, da normative Vorgaben nur bedingt umgesetzt werden müssen, um eine belastbare Aussage über den Entwicklungsstand hinsichtlich der EMV zu erlauben. Hier können Messmittel zum Einsatz kommen, die nicht den strengen Vorgaben bezogen auf Präzision und eine rückführbare Kalibrierung entsprechen müssen.

Auch die Abnahmeprüfung am Ende der Entwicklung kann ggf. im eigenen Labor stattfinden. Herstellern von Industriegütern, die ihre Konformitätserklärung selbst abgeben, bleibt diese Möglichkeit prinzipiell immer offen, solange die Auftraggeber keine Messung bei einem unabhängigen Labor (das sogenannte „Third Party Approval") einfordern. Bei Zulieferern, deren Vertragsbestandteil die Einhaltung der Herstellerspezifikation ist, ist die Messung im unabhängigen Labor häufig alternativlos, da die Verpflichtung dazu in der Spezifikation selbst festgeschrieben ist.

7.1.1 Pre-Compliance-Tests im eigenen Betrieb

Viele der Prüfungen, die Bestandteil einer kompletten Abnahmeprüfung hinsichtlich der EMV sind, können mit überschaubarem Kostenaufwand im eigenen Betrieb zumindest so weit durchgeführt werden, dass die normativen Anforderungen in halbwegs belastbarer Form abgeprüft werden können.

Bei Pre-Compliance-Tests müssen die Messmittel nur technisch in Ordnung, aber nicht kalibriert sein, und für den werkseigenen Messplatz ist keine Akkreditierung notwendig. Bei der Auswahl der Messmittel kann für Emissionsmessungen auf kostengünstige Spektrumanalysatoren zurückgegriffen werden, denen es zwar an Präzision mangelt, die für eine erste Bewertung aber völlig ausreichen. Bei der Wahl der Messwandler sollte man sich die Historie der Vorgängerprodukte anschauen. In welchem Frequenzbereich lagen dort die Probleme? Oft ist es aber aus Kostengründen nur möglich, Störspannungsmessungen mit einem galvanischen Koppelnetzwerk durchzuführen, die normativ bei etwa 108 MHz begrenzt wären, aber für Pre-Compliance-Tests kann dies mit hinreichender Aussagekraft ruhig bis 200 MHz erweitert werden.

Bei der Störfestigkeitsseite ist das Einsparpotential deutlich geringer, da Verstärkerleistung hier der vornehmliche Kostentreiber ist. Ein Messplatz nach EN 61000-4-6 (galvanisch eingekoppelte Hochfrequenzleistung in die Zuleitungen) oder ISO 11452-4 (Stromeinspeisung mittels BCI-Verfahren) kann eine sinnvolle Anschaffung sein, wenn es im Bereich bis ca. 400 MHz oft zu Problemen bei Abnahmeprüfungen gekommen ist. Ein Messplatz für die gestrahlte Störfestigkeit liegt oft außerhalb des Budgets herstellereigener Labore.

7.1.2 Compliance-Tests im eigenen Betrieb

Abnahmeprüfungen im eigenen Betrieb sind oft nur dann möglich, wenn man direkt Inverkehrbringer seiner Produkte ist und die Konformitätserklärung in Eigenverantwortung ohne zusätzliche vertragliche Pflichten erfolgen kann. Ein komplettes Labor mit allen notwendigen Prüfmöglichkeiten vorzuhalten ist oft völlig unwirtschaftlich, aber es besteht die Möglichkeit, die vorhandenen Teilprüfungsmesssysteme akkreditieren zu lassen, um die dort erbrachten Ergebnisse in eine zu vervollständigende Prüfabfolge einfließen zu lassen.

Einige Hersteller machen z.B. alle leitungsgebundenen Prüfungen selbst und nutzen nur für die teuren gestrahlten Messungen einen externen Dienstleiter. In einem abschließenden Prüfbericht werden die Messungen zu einer vollständigen Konformitätsprüfung zusammengefasst und die Konformitätserklärung kann rechtssicher abgegeben werden.

Die Kosten für einen akkreditierten Prüfbetrieb sind immens höher als für einen Laborbereich, der nur für entwicklungsbegleitende Messungen ausgelegt ist. Die Kosten für einen ganz einfachen USB-Spektrumanalysator liegen bei etwas über 1.000 €. Die Kosten allein für einen CISPR-konformen Messempfänger kommen dabei schnell auf 80.000 € und mehr. Die jährlichen Kalibrierkosten von ca. 5.000 € noch nicht berücksichtigt (Werkskalibrierungen sind nicht zulässig, sondern müssen bei externen Dienstleistern erfolgen). Auch die Akkreditierung muss regelmäßig auf Kosten des Laborbetriebes erneuert werden.

Selbst im akkreditierten Bereich zu prüfen lohnt sich also erst ab einer bestimmten Betriebsgröße und normalerweise nur bei vielen gleichartigen Produkten.

7.1.3 Prüfungen bei einem externen Dienstleister

Unabhängige Prüflaboratorien mit ihrer umfangreichen Ausstattung (Bild 7.1) bieten die Möglichkeit, sowohl abschließende Abnahmeprüfungen wie auch entwicklungsbegleitende Messungen durchzuführen. Der Aufwand von Anschaffung, Validierung, Kalibrierung, qualifizierter Personalbereitstellung und Akkreditierung kann so vom Hersteller vermieden werden, schlägt sich aber natürlich im Preis für die Dienstleitung nieder.

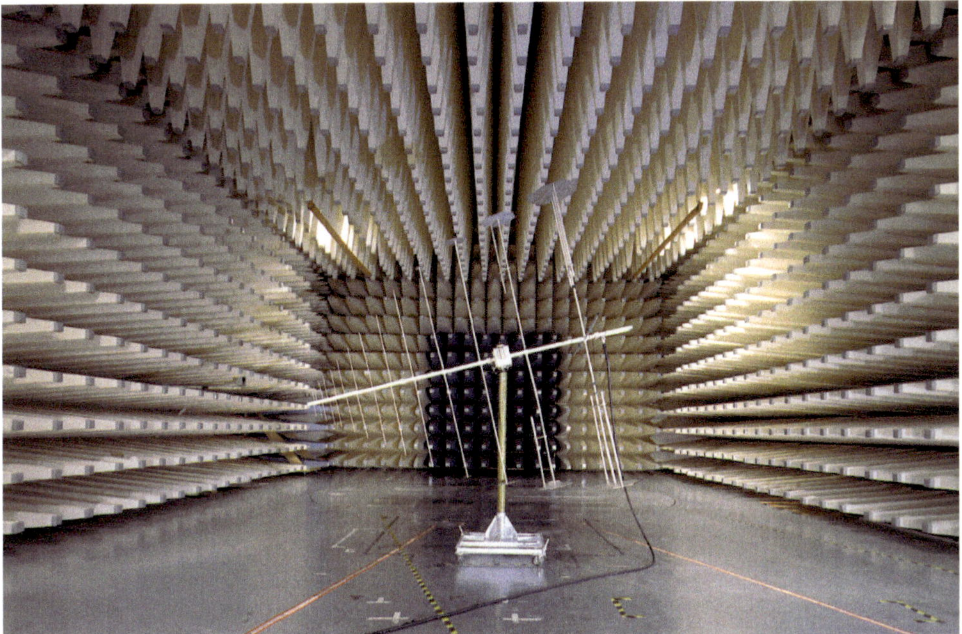

Bild 7.1 Absorberhalle mit Drehtisch und Störfestigkeitsantenne bei einem akkreditierten EMV-Dienstleister

Ganz ohne personellen Aufwand ist diese Art der Prüfungsdurchführung für den Hersteller oder Zulieferer natürlich auch nicht. Da externe Labore das Prüfmuster nicht im Detail verstehen können, fällt ein gewisser Vorbereitungsaufwand bzgl. Präparation, Transportlogistik, Dokumentation und Bedienungseinweisung zusätzlich an.

Im Streitfall ist das Urteil eines unabhängigen Labors aber oft ein stärkeres Argument als das eines werkeigenen Labors, dem man schnell – egal ob zu Recht oder nicht – Befangenheit unterstellen kann.

Gerade für Hersteller, die sich noch nicht trittsicher auf dem EMV-Parkett bewegen, ist es generell sinnvoll, den unabhängigen Rat von spezialisierten Dienstleitern einzuholen.

7.2 Die Auswahl eines Betriebszustandes

Für eine Reihe von EMV-Prüfungen muss ein möglichst aussagekräftiger Betriebszustand gewählt werden. Manchmal ist es aber nicht so leicht, diesen festzulegen. Ein paar wichtige Details müssen beachtet werden – evtl. ist es nicht sinnvoll, für alle Teilprüfungen denselben Operationszustand zu wählen und vielleicht kommt man nicht umhin, mehr als einen Zustand für die Prüfungen auszuwählen.

7.2.1 Anforderungen an die Repräsentanz

Natürlich soll der Betriebszustand in den meisten Fällen möglichst dem typischen Verhalten im späteren Einsatz nachempfunden sein. Dies kann aus verschiedenen Gründen unsinnig sein. Emissionsmessungen haben hier andere Anforderungen als Störfestigkeitsmessungen.

Bei Störaussendungsmessungen ist es oft sinnvoll, einen emissionstechnisch besonders ungünstigen Operationsmodus zu wählen, den „Worst Case"-Betriebszustand. Werden hier dann alle Grenzwerte eingehalten, kann beruhigt davon ausgegangen werden, dass in der Praxis keine unzulässigen Störaussendungen entstehen. Die Suche nach dem Worst Case kann problematisch werden, wenn die Frage nach dem ungünstigsten Fall nicht klar beantwortet werden kann. Ausprobieren in Vortests und Erfahrungen sammeln sind oft die einzigen Möglichkeiten für einen Hersteller, diese Frage für sein Produkt zu beantworten.

Bei Störfestigkeitsmessungen sollten möglichst alle Funktionen gleichzeitig in kurzen internen Zyklen aktiv sein, damit der Ausfall einzelner Funktionen mit möglichst kurzer Beaufschlagungsdauer beobachtet werden kann. Ist dies nicht möglich, da bestimmte Funktionen sich gegenseitig ausschließen, muss über mehr als einen Betriebszustand nachgedacht werden. Hier kann aber evtl. die Repräsentanz mit Hinblick auf den typischen Einsatzfall und die Erfahrung aus vorherigen Prüfungen dabei helfen, aus den vielen Optionen die sinnvollste auszuwählen.

7.2.2 Anforderungen an die Stabilität

Ein optimaler Betriebszustand kann vom Prüfsystem mindestens für die Dauer einer Prüfung (d.h. durchaus mehrere Stunden) ohne zusätzlichen Bedienaufwand aufrechterhalten werden. So kann gewährleistet werden, dass das Messsystem unterbrechungsfrei arbeiten kann. Mangelnde Dauerlauffähigkeit kann das Prüfen erschweren und schnell unwirtschaftlich machen, wenn Besonderheiten wie Auflade- oder Abkühlungsphasen regelmäßig die Messung unterbrechen. Besonders Kurzzeit- und Hilfsmotoren ohne eingebaute Kühlung werden schnell zum Problem. Der Hersteller sollte über Maßnahmen nachdenken, die die unterbrechungsfreie Betriebsdauer seines Gerätes ermöglichen, da die dadurch entstehenden Kosten gewöhnlich in keinem Verhältnis zu den durch Pausen verlängerten Prüfkosten stehen.

Die Zykluszeit des Betriebszustandes sollte so kurz wie nur irgendwie möglich sein, damit alle vulnerablen oder emissionslastigen Phasen innerhalb der Haltezeit pro Prüfschritt ablaufen können. Längere Zeiten können die Reproduzierbarkeit – und damit die Belastbarkeit – der

Messergebnisse schmälern, da leicht Dinge übersehen werden können, obwohl nach Norm geprüft wurde.

7.2.3 Anforderungen an die Software zum Betrieb des Prüflings

In diesem Abschnitt geht es um die *Software, die zum Betrieb des Prüflings* notwendig ist. Die Anforderungen an die Software zur Überwachung werden im Abschnitt 7.4.2 „Auswahl von sinnvollem Monitoring“ erläutert.

Die Software – gerade wenn sie nicht Teil des später verkauften Systems, sondern nur Prüfhilfsmittel ist – wird von vielen Herstellern oft sträflich vernachlässigt und erst kurz vor Prüfbeginn mit geringst möglichem Aufwand zusammengeschustert. Eine Einsparung von Ressourcen, die sich während der Prüfung bitter als enormer Kostentreiber entpuppen kann.

Unausgereifte Software hat den Hang, unmotiviert abzustürzen oder andere Dinge zu tun, die so nicht geplant waren. Neben dem lästigen Benutzereingriff für einen kontrollierten Neustart steht natürlich sofort die Frage im Raum, ob es sich um eine durch die Beaufschlagung mit der Prüfstörgröße verursachte Reaktion handelt. D.h., es fällt mindestens ein weiterer Reproduktionsversuch an. Bei häufigen Abstürzen kann das die Prüfung deutlich in die Länge ziehen und die Nerven der Prüfingenieurinnen und Prüfingenieure strapazieren.

Instabile Software erschwert auch das automatisierte Testen und kann den Zeitvorteil der Automatisierung mehr als komplett zunichte machen, da bei einem Absturz auch die Synchronisation mit der Prüfsoftware neu erfolgen muss.

Ist die Software Bestandteil des später in Verkehr gebrachten Produktes, muss die Software auf einem Stand sein, der zumindest verkäuflich wäre, auch wenn die Hardware unangetastet bleibt, so ist auch eine nachträgliche Änderung an der Software eigentlich eine Modifikation und schränkt die Aussagekraft der durchgeführten Messungen für das dann veränderte Produkt ein. Stabilität und Dauerlauffähigkeit sind das A und O bei den Anforderungen an eine Software. Durch Plausibilitätsprüfungen, Mittelwertbildungen, Fehlerkorrekturmaßnahmen und Störungserkennung kann auch Software maßgeblich zur EMV eines Gerätes beitragen. Man sollte sich daher nicht ganz so stiefmütterlich um die Software bemühen, wie es die Erfahrung leider oft zeigt.

7.3 Anforderungen an die Peripherie

Auch wenn es zunächst irritierend klingen mag, die Anforderungen an die EMV von peripheren Prüfhilfsmitteln – also an alle Gerätschaften, die zusätzlich benötigt werden, um den Prüfling in einem repräsentativen Betriebszustand zu betreiben – sind strenger als die an den Prüfling selbst. Das gilt sowohl emissionsseitig, wie immunitätsseitig.

Optimale Peripherie hat die folgenden Konstruktionsmerkmale:

- möglichst passive elektronische Schaltung ohne μController

  Passive Bauteile sind gegenüber Störungen robust und tragen nur geringfügig zu Störaussendungen bei – nichtlineare Bauteile sollten vermieden werden.

- Versorgung über eine saubere Gleichspannungsquelle – am besten einen Akku

  Akkumulatoren produzieren keine Störaussendungen und sind gegenüber einwirkenden Störungen aus dem Bereich der EMV nahezu vollkommen immun.

- metallenes Gehäuse mit möglichst guten Schirmeigenschaften

  Zusätzlich sollte das Gehäuse gut geerdet sein, um Aussendungen wie Einstrahlungen optimal zu unterdrücken.

- Signalleitungen werden optisch entkoppelt

  Das geht leider nicht ohne µController – aber eine galvanische Verbindung über eine lange Kupferleitung aus dem Prüfaufbau heraus sollte tunlichst vermieden werden und kann Störungen verursachen, die rein in der Konstruktion der Peripherie ursächlich sind.

- die Eingangsimpedanz Richtung Prüfling ist gleich dem Leitungswellenwiderstand der Zuleitung

  Diese Maßnahme ist kompliziert zu realisieren, unterdrückt aber sehr effektiv die Bildung von stehenden Wellen, was die EMV-Eigenschaften des Aufbaus massiv verbessert.

- die Schaltung ist elektrisch und mechanisch robust, also auch verpolsicher

  Wenn man eine verpolunsichere, wacklige Schaltung aus der Hand gibt, ist es nur eine Frage der Zeit, bis ein Kollege zielsicher die Zerstörung herbeiführt – das ist eine Tatsache, die sich in der Praxis ein um das andere Mal bewahrheitet hat. Zusätzlich zu einer insgesamt stabilen Ausführung sollten alle Schnittstellen im Idealfall so konstruiert sein, dass nur der passende Stecker auch wirklich passt, oder zumindest eindeutig farblich codiert sein.

- eingangs- und ausgangsseitig sind alle Leitungen mit Entstörkondensatoren gefiltert

  Filterung ist eine gute Alternative zur oft komplizierten Impedanzanpassung – man muss nur darauf achten, den Nutzgrößenprozess nicht zu stark zu beeinflussen.

In der Praxis wird es kaum möglich sein, alle Prinzipien für ein Stück Peripherie zu berücksichtigen – hier gilt aber: je mehr, desto besser.

7.3.1 Peripherie bei Störaussendungsmessungen

Durch kurzes Nachdenken leuchtet jedem sofort ein, dass die von der Peripherie verursachten Störaussendungen – egal ob leitungsgebunden oder gestrahlt – unterhalb der Emissionen des Prüflings liegen sollten, damit eine Prüfung im schlimmsten Fall nicht fälschlicherweise als „nicht bestanden“ gewertet wird. Solange die Summe der Aussendungen von Prüfling und Peripherie unterhalb der Grenzwerte liegen, ist aber eigentlich alles in Ordnung, selbst wenn die Peripherie den Löwenanteil zu den Pegeln beiträgt.

Bei einer Grenzwertüberschreitung kann sich die Entstörung schnell knifflig gestalten, wenn auch die Peripherie im Verdacht stehen muss, Ursprung der Störung zu sein. Evtl. kann man die Peripherie mit einer rein Ohm’schen Referenzlast betreiben und vermessen, um ihr Emissionsverhalten besser einschätzen zu können.

7.3.2 Peripherie bei Störfestigkeitsmessungen

Auch bei Störfestigkeitsprüfungen muss die Peripherie im Idealfall bessere Festigkeit als das Prüfmuster aufweisen, muss aber mindestens die genormten Prüfstörgrößen ohne jegliche Funktionsminderung überstehen. Damit sind die Anforderungen in die begleitenden Gerätschaften tatsächlich härter, da der Prüfling bei einigen Prüfungen ja durchaus nur Kriterium B oder C erfüllen muss.

Bei einer Reaktion kann sich die Entstörung schnell knifflig gestalten, wenn auch die Peripherie im Verdacht stehen muss, Ursprung der Empfindlichkeit zu sein. Anders als bei Störaussendungsmessungen kann hier empfindliche Peripherie ein echter „Show Stopper" sein. Evtl. ist eine durchgehende Prüfung gar nicht möglich, wenn die Peripherie ständig ausfällt. Die Identifikation der Peripherie als Wurzel des Problems einer mangelnden Störfestigkeit kann häufig nur durch ausgefeiltes Monitoring bewerkstelligt werden.

7.3.3 Peripherie im Prüfaufbau

Bei *leitungsgebundenen Prüfungen* oder bei niederfrequenten Aussendungen kann die Peripherie evtl. durch Klapp-Ferrite oder Ferritzangen besser entkoppelt werden. So lassen sich zumindest asymmetrische Störungen wirkungsvoll unterdrücken.

Bei *gestrahlten Prüfungen* kann die Peripherie (die sich aus praktischen Gründen nicht außerhalb der Halle befinden kann) evtl. durch Neupositionierung innerhalb der Absorberhalle aus der Hauptstrahlungskeule der Messantenne herausgenommen werden, um deren Einfluss auf das Messergebnis zu verringern.

7.4 Formulierung von Bewertungskriterien

Die in den Normen, die standardisierte Störfestigkeitsprüfungen beschreiben oder referenzieren, festgelegten Bewertungskriterien von Funktionsklasse A bis D, von Status I bis IV, oder einer Variation davon sind für ein dediziertes Produkt oft zu allgemein gefasst. Die Formulierung von projektspezifischen Bewertungskriterien ist daher in den meisten Fällen sinnvoll.

7.4.1 Definition von Funktionsklassen und Toleranzen

Die erste Frage, die man sich stellen sollte, ist, was man unter Funktionszustand A oder Status I (also „keine Beeinflussung erkennbar") für sein spezielles Produkt verstehen möchte. Dies wird als „Betriebsqualität" bezeichnet, die gewöhnlich auch den Weg in die begleitenden Unterlagen findet.

Ein Beispiel für Funktionszustand A – Ein Temperatursensor schwanke in seinem unbeeinflussten Betrieb um ±2 % der „echten" Temperatur. Funktionszustand A wäre also dann gegeben, wenn in der Prüfung keine Temperatur angezeigt wird, die von der tatsächlichen

Temperatur um mehr als 2 % abweicht. Leider findet sich eine Frequenz, auf die der Sensor empfindlich reagiert und eine Abweichung von 3 % zeigt. Damit wäre nur Funktionszustand B eingehalten. Schreibt der Hersteller die mögliche Messabweichung aber mit 3 % anstatt 2 % in der Dokumentation fest, kann plötzlich doch Funktionszustand A für die gesamte Prüfung eingehalten werden. Kleine Abweichungen können so auf dem Papierweg gesundet werden.

Die Festlegung dieser Betriebsqualität sollte vor der Abnahmeprüfung erfolgen – besonders dann, wenn die Toleranzen in einem Testplan festgeschrieben werden, der Vertragsbestandteil zwischen Hersteller und Zulieferer ist.

Funktionszustand B und C sind bei einigen härteren Prüfungen in Fachgrundnormen und Produktnormen ausreichend für eine bestandene Prüfung, jedoch können die tatsächlichen Auswirkungen für einige Produkte ein K.-o.-Kriterium sein, auch wenn das Produkt nach Norm in Ordnung wäre.

Ein Beispiel für Funktionszustand B – Ein Schaltschrank für eine Radarstation zeigt eine Empfindlichkeit gegen ein Phänomen aus dem Katalog der impulsförmigen Störfestigkeitsprüfungen für das nur Kriterium B gefordert ist. Das Prüfmuster erholt sich selbstständig nach Beendigung der Beaufschlagung und besteht die Prüfung. Im späteren Einsatz ist das Phänomen praktisch ständig präsent, da in der Station häufig große Verbraucher geschaltet werden und der Schaltschrank fällt ständig abschnittsweise aus – ein nicht zu duldender Zustand. Die Prüfung ist zwar bestanden, aber die EMV ist dennoch mangelhaft.

Ein Beispiel für Funktionszustand C – Ein Powerline-Modem zur Datenübertragung der Messwerte in einer Niederspannungsunterverteilung reagiert auf einen Surge-Impuls mit Funktionszustand C. Dies ist nach der Norm für IKT-Geräte zulässig, aber für den Praxisfall nicht zu dulden, da jedes Mal, wenn sich das System aufhängt, ein Monteur zur Station fahren müsste, um das Gerät manuell neu zu starten – ein nicht zu duldender Zustand. Die Prüfung ist zwar bestanden, aber die EMV ist dennoch mangelhaft.

Die normativen Vorgaben müssen als das verstanden werden, was sie sind, nämlich Mindestanforderungen für ein Sammelsurium von Produkten. Man sollte daher genau prüfen, welche Kriterien sinnvoll für den späteren Einsatz sind. Selbst verordnete Verschärfungen über hausinterne Testpläne sind dabei kein Problem, Lockerungen (umfangreicher als die Aufweichung von Funktionszustand A über eine definierte Betriebsqualität hinaus) von, für ein Produkt unsinnig harten, Anforderungen lassen die Normen eigentlich nicht zu. Hier kann aber evtl. eine notifizierte Stelle helfen.

7.4.2 Auswahl von sinnvollem Monitoring

Bei der Auswahl von zu überwachenden Parametern des Prüflings, und vor allem bei der Art, wie dies zu erfolgen hat, ist viel Fingerspitzengefühl notwendig. Zunächst muss die Frage geklärt werden, wie das Monitoring prinzipiell erfolgen soll. Es gibt drei Ansätze: eine (optische/akustische) Überwachung durch Prüfingenieurinnen und Prüfingenieure, eine Überwachung über eine automatisierte Software oder eine Kombination aus beidem.

(Optische/akustische) Überwachung durch Prüfingenieurinnen und Prüfingenieure

- *sinnvoll nur bei:* einfach zu erkennenden Funktionen, analogen Anzeigeinstrumenten
- *Vorteil:* schnelle Realisierung fast ohne zusätzliche Kosten
- *Nachteil:* ggf. geringe Belastbarkeit aufgrund von teils subjektiver Einschätzung

Erfolgt die Überwachung durch Prüfingenieurinnen und Prüfingenieure, müssen Fehler *deutlich sichtbar* sein – die teilweise lange Beobachtungszeit während der Prüfungen geht – ganz menschlich – zum Nachteil der Konzentration. Schlecht erkennbare Reaktionen können so leicht übersehen werden und die Belastbarkeit der Prüfergebnisse sinkt. Sind die Reaktionen aber gut erkennbar, kann diese Art der Überwachung sehr kosteneffizient sein. Ein weiteres Problem ist die mögliche Aufbereitung der Prüfergebnisse für einen Prüfbericht. Verhält sich der Prüfling sehr empfindlich, ist die Angabe der Störschwelle bei umfangreichen Prüfungen eher ungenau, oder mit viel Aufwand verbunden.

Beispiele für Funktionen, die auf diese Art gut überwacht werden können, sind Warnleuchten, große analoge Anzeigeinstrumente, übersichtliche Bildschirmanzeigen und mechanische Bewegungen.

Überwachung über eine automatisierte Software

- *sinnvoll bei:* analogen elektrischen Signalen, digitalen Signalen
- *Vorteil:* präzise Auswertung möglich, lückenlose Beobachtung, schnelle Reaktionszeit
- *Nachteil:* ggf. hoher Vorbereitungsaufwand sowie evtl. nachträgliche grafische Auswertung

Erfolgt die Überwachung durch eine automatisierte Software, die im Idealfall mit der Steuerung des Prüfsystems synchronisiert werden kann, müssen die Signale eindeutig quantitativ bewertbar sein. Der Aufwand zur Vorbereitung der Prüfung steigt spürbar an, die Belastbarkeit steigt aber massiv an, da bei korrekter Parametrierung keine Fehler übersehen werden können. Bei der Auswahl der Kriterien ist jedoch Sachverstand notwendig, da die Genauigkeit der Auswertung endlich ist. Welche Kriterien und welche Toleranzen sinnvoll sind, hängt auch von der operativen Ausstattung ab, die zur Verfügung steht. Wie groß ist die Zeitkonstante des Tastkopfes mit der eine bestimmte Spannung gemessen wird? Wie hoch ist die Abtastrate der Messkarte im Monitoring-PC? Welches Toleranzraster kann durch die Datentiefe des Messwertes detektiert werden?

Sind diese und andere Fragen ausreichend beantwortet, die Software solide vorbereitet und eine Synchronisation mit dem Prüfsystem möglich, sind im Nachgang sehr feinkörnige Auswertungen des Prüfergebnisses möglich, z.B. Diagramme wie „Störschwelle/Frequenz" und dergleichen, die vor allem in der Automobil-Zuliefererindustrie von den Fahrzeugherstellern immer häufiger gefordert werden.

Beispiele für Funktionen, die auf diese Art gut überwacht werden können, sind Bussignale und deren Statistiken, Sensorausgabewerte, Pulsweiten-modulierte Signale, Ströme und Spannungen.

Überwachung über eine Kombination aus beidem

- *sinnvoll bei:* Systemen mit vielen unterschiedlichen Funktionen
- *Vorteil:* gute Balance aus Kosten und erzielbarer Präzision
- *Nachteil:* nur bei sinnvoller Auswahl optimal

Bei hochkomplexen Systemen, die viele elektrische und mechanische Funktionen kombinieren, ist es für eine Prüfingenieurin oder einen Prüfingenieur allein oft unmöglich, alle Funktionen gleichzeitig zu überwachen. Da es oft nicht sinnvoll ist, den Personalaufwand zu steigern, können zumindest einige Funktionen automatisiert überwacht werden, bei denen der Aufwand nicht den Nutzen übersteigt.

Ein größeres Problem ist bei empfindlichen Prüflingen oft die Zusammenführung der automatisiert überwachten Signaldaten mit den Beobachtungen des Prüfers. Die Bestimmung einer frequenzgenauen Störschwelle kann durch eine Teil-Automatisierung der Überwachung einer einzelnen Funktion erfolgen – z.B. durch ein Eingabefeld auf dem Rechner, der die übrige vollautomatisierte Überwachung synchronisiert mit dem Prüfsystem realisiert, auf dem der Prüfer bei einer Reaktion einfach der Software mitteilen kann, dass ein Fehler aufgetreten ist. Die komplexe Fehlererkennung kann so auf den Menschen ausgelagert werden.

Ein Beispiel für ein solches Zusammenwirken wäre bei der Prüfung eines Baggers gegeben: Fehlerspeicher, CAN- („Car Area Network") und LIN-Bussignale („Local Interconnect Network") können automatisiert ausgewertet werden, während der Prüfer sich auf die Signalbeleuchtung und die korrekte mechanische Bewegung des Baggerarms konzentriert.

7.5 Entstörung während der Prüfung

Kommt es zu einer ernsthaften Reaktion des Prüflings während der Beaufschlagung mit einer Störgröße während einer entwicklungsbegleitenden Prüfung, oder einer Abnahmeprüfung, ist guter Rat teuer. Was kann auf die Schnelle versucht werden, um das Problem zu identifizieren und evtl. sogar zu beheben? Für eine detaillierte Anleitung, wie eine fachmännische Entstörung gelingen kann, ist in diesem Abschnitt kein Platz – es soll aber zumindest eine Übersicht gegeben werden, an welchen Ecken man anpacken kann, und was dies für den weiteren Verlauf der Prüfung bedeutet.

7.5.1 Identifikation des Problems

Das erste Schwierigkeit besteht oft darin, festzustellen, welcher Systemteil genau das Opfer einer elektromagnetischen Beeinflussung geworden ist, und wie die Störgröße ihren Weg dorthin gefunden hat – also die Frage nach dem Kopplungsweg. Wo man zu suchen beginnen sollte, hängt von der Störung ab. Die Prinzipien sind analog anzuwenden, wenn es sich um ein Problem mit der Störemission betrifft.

Es handelt sich um ein niederfrequentes sinusförmiges Problem – In diesem Falle ist oft nicht die mangelnde Schirmung des Gehäuses Ursache der Empfindlichkeit oder der Aussendung. Man sollte eher damit anfangen, sich die angeschlossenen Leitungen genauer anzuschauen, da die niederfrequenten Störungen nach der $\lambda/2$-Regel eher dort ihren Eingang/Ausgang in das oder aus dem System finden. Können die Leitungen teilweise abgezogen werden, ohne die Funktion maßgeblich einzuschränken? Ist es möglich, diese versuchsweise optisch zu entkoppeln? Können die Leitungen aus der Hauptstrahlungskeule heraus positioniert werden? Können die Leitungen ferritiert werden?

Es handelt sich um ein hochfrequentes sinusförmiges Problem – Oft ist die Ursache im Gehäuse und auf den Platinen zu suchen. Ein Nahfeld-Sondenset kann hier in Verbindung mit einem Oszilloskop oder einem Messempfänger eingesetzt werden, um die Ursache von zu hohen Störemissionen zu lokalisieren. Bei zu hohen Empfindlichkeiten kann man mit Kupferklebeband oder Aluminiumfolie evtl. Schlitzantennen kurzfristig schließen oder die hochinduktive Anbindung gewisser Gehäuseflächen niederinduktiver gestalten.

Es handelt sich um ein langsames impulsförmiges Problem – Durch die mangelnde (kapazitive) Kopplung ist meist auch der Schaltungsteil, der an der beaufschlagten Leitung positioniert ist, direkt betroffen. Die Ursache für mangelnde Immunität ist oft in unpassender (oder fehlender) Schutzbeschaltung zu suchen. Man muss beachten, dass die Parameter von impulsförmigen Prüfstörgrößen einer gewissen statistischen Streuung unterliegen und daher die Schutzelemente nicht zu knapp dimensioniert sein sollten.

Es handelt sich um ein schnelles impulsförmiges Problem – Hierbei sind Frequenzanteile bis hin zum GHz-Bereich im Impuls enthalten. Durch die leitungsgebundene Kopplung kann man eine gute Idee bekommen, wie die Störung in die Schaltungen eindringt. Durch die hohe Neigung zu Überkopplungen ist die Lokalisation aber nicht einfach. Man sollte sich die Schirmung (wenn vorhanden) der angeschlossenen Signalleitungen genauer anschauen. Sind die Schirme beidseitig (niederinduktiv) aufgelegt?

7.5.2 Modifikationen während einer Prüfreihe

Änderungen an einem Prüfling während einer Reihe von Prüfungen können großen Einfluss auf den weiteren Verlauf der Messungen haben. Grundsätzlich gilt der Leitsatz, dass alle Prüfungen für eine Konformitätsprüfung nach einer Produkt- oder Fachgrundnorm an einem unveränderten Muster erfolgen müssen. Diese Anforderung berücksichtigt die Möglichkeit, dass eine Entstörungsmaßnahme die elektromagnetische Verträglichkeit zwar hinsichtlich eines Phänomens verbessern kann, die Auswirkungen auf andere Aspekte aber negativ sein kann. Hinzugefügte Entstörkondensatoren können so z.B. die gestrahlte Emission verbessern, bei einer ESD-Prüfung aber kaputtgehen oder die Empfindlichkeit für Surge-Impulse verschlechtern. Werden Modifikationen unumgänglich, gibt es mehrere Möglichkeiten, damit umzugehen.

Prüfungen wiederholen – Die solideste Möglichkeit, mit Modifikationen umzugehen, ist die Wiederholung aller der Modifikation vorangegangenen Prüfungen. Sind dann alle Prüfungen bestanden, kann die Konformitätsaussage uneingeschränkt und mit bestem Gewissen ausgesprochen werden. Termin- und Kostendruck machen diese Möglichkeit häufig äußerst unattraktiv.

Teilkonformität zusammenfassen – Nach einer Risikoanalyse kann der Hersteller selbst entscheiden (zumindest, wenn er als Zulieferer keine weiteren vertraglichen Verpflichtungen hat), dass die Gesamtheit der in verschiedenen Modifikationsständen durchgeführten Prüfungen für seine Konformitätsaussage ausreicht. Das ist insbesondere dann möglich, wenn die gemachten Änderungen eher unerheblich sind. Bei Zulieferern der Automobilindustrie ist die offene Rücksprache mit dem Fahrzeughersteller oft eine gute Möglichkeit, kostspielige Wiederholungsmessungen zu vermeiden.

Die notifizierte Stelle einschalten – Die notifizierte Stelle kann ggf. mit einer Erklärung bescheinigen, dass die Gesamtheit der in verschiedenen Modifikationsständen durchgeführten Prüfungen für eine Konformitätsaussage ausreicht, wenn der Hersteller sich diese Einschätzung nicht selbst zutraut. Evtl. verlangt die notifizierte Stelle für diese Aussage zumindest die Wiederholung einzelner, auf die Art der Modifikation abgestimmter, Prüfungen. Die notifizierte Stelle kann allerdings nur im CE-Kennzeichnungsbereich tätig werden. Bei e-Kennzeichnungen entscheidet das Kraftfahrtbundesamt zusammen mit einem technischen Dienst.

7.5.3 Entstörungsmaßnahmen ohne Modifikation

Nicht jede Änderung am Prüfaufbau ist gleich eine Modifikation im Sinne der Normen. Die genormten Prüfaufbauten lassen in Bezug auf einige Details durchaus den Spielraum für situationsgerechte Anpassungen. Die angeschlossenen Kabel können neu angeordnet oder die Erdung verbessert werden. Häufig hilft auch die Neupositionierung evtl. empfindlicher oder störender Peripherie, deren Position im Aufbau normalerweise nicht ganz exakt festgelegt ist.

7.5.4 Entstörungsmaßnahmen mit Modifikation

Schnelle Entstörungsmaßnahmen vor Ort sind z.B.:

- das Zukleben von Schlitzantennen mit Kupferklebeband,
- das Aufbringen von Ferriten auf Anschlussleitungen,
- der Einbau von Leitungsfiltern,
- der Tausch einzelner Baugruppen oder -teile,
- der Austausch von einfachen gegen geschirmte Leitungen,
- die niederinduktivere Kontaktierung von Leitungsschirmen mit dem Schirmgehäuse,
- der Einbau von zusätzlicher Schutzbeschaltung,
- die Verwendung von Kupfergeflecht zur besseren Kontaktierung von Schirmflächen,
- die Änderung der Software oder
- die Entfernung der Lackierung zur besseren Kontaktierung von Gehäuseteilen.

Lässt man sich die Modifikation von der notifizierten Stelle als „unbedenklich“ erklären, enthält der technische Bericht gewöhnlich die Aussage, dass die provisorische Entstörungsmaßnahme für die Serie in gleichwertiger oder besserer Weise vom Hersteller umgesetzt werden muss. Ein Ratschlag, der auch ohne das Einschalten der notifizierten Stelle befolgt werden sollte.

A Anhang

A.1 Koordinatensysteme

Koordinatensysteme dienen dazu, die Lage von Objekten im dreidimensionalen Raum zu beschreiben. Am gebräuchlichsten ist das kartesische Koordinatensystem. Für zylindrische oder kugelförmige Geometrien besitzen das Zylinder- und Kugelkoordinatensystem Vorteile [Blum88].

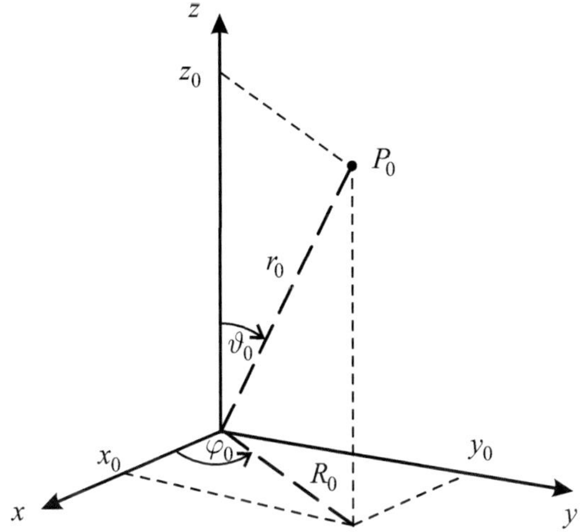

Bild A.1 Definition von kartesischen Koordinaten sowie Zylinder- und Kugelkoordinaten

Bild A.1 zeigt die Interpretation der unterschiedlichen Koordinatenrichtungen bei Angabe der Lage des Punktes P_0 im Raum. Die Lage kann alternativ beschrieben werden durch

- kartesische Koordinaten (x_0, y_0, z_0),
- Zylinderkoordinaten (R_0, φ_0, z_0) oder
- Kugelkoordinaten $(r_0, \vartheta_0, \varphi_0)$.

A.1.1 Kartesisches Koordinatensystem

Kartesische Koordinaten: x, y, z

Einheitsvektoren: Die Einheitsvektoren $\vec{e}_x$, $\vec{e}_y$, $\vec{e}_z$ bilden ein Rechtssystem und besitzen die Länge eins ($|\vec{e}_x| = |\vec{e}_y| = |\vec{e}_z| = 1$). Sie zeigen für jeden Punkt des Raumes immer in Richtung der Koordinatenachsen x, y und z, d.h. sie sind „raumfest".

Linien-, Flächen- und Volumenelement:

$$\text{Linienelement:} \quad \mathrm{d}\vec{s} = \mathrm{d}x\,\vec{e}_x + \mathrm{d}y\,\vec{e}_y + \mathrm{d}z\,\vec{e}_z \tag{A.1}$$

$$\text{Flächenelement:} \quad \mathrm{d}\vec{A} = \mathrm{d}y\,\mathrm{d}z\,\vec{e}_x + \mathrm{d}x\,\mathrm{d}z\,\vec{e}_y + \mathrm{d}x\,\mathrm{d}y\,\vec{e}_z \tag{A.2}$$

$$\text{Volumenelement:} \quad \mathrm{d}v = \mathrm{d}x\,\mathrm{d}y\,\mathrm{d}z \tag{A.3}$$

Differentialoperatoren:

$$\text{Gradient:} \quad \mathrm{grad}\,\phi = \nabla\phi = \frac{\partial\phi}{\partial x}\vec{e}_x + \frac{\partial\phi}{\partial y}\vec{e}_y + \frac{\partial\phi}{\partial z}\vec{e}_z \tag{A.4}$$

$$\text{Divergenz:} \quad \mathrm{div}\,\vec{V} = \nabla\cdot\vec{V} = \frac{\partial V_x}{\partial x} + \frac{\partial V_y}{\partial y} + \frac{\partial V_z}{\partial z} \tag{A.5}$$

$$\text{Rotation:} \quad \mathrm{rot}\,\vec{V} = \nabla\times\vec{V} = \left(\frac{\partial V_z}{\partial y} - \frac{\partial V_y}{\partial z}\right)\vec{e}_x + \left(\frac{\partial V_x}{\partial z} - \frac{\partial V_z}{\partial x}\right)\vec{e}_y + \left(\frac{\partial V_y}{\partial x} - \frac{\partial V_x}{\partial y}\right)\vec{e}_z \tag{A.6}$$

$$\text{Skalarer Laplace-Operator:} \quad \Delta\phi = \nabla^2\phi = \frac{\partial^2\phi}{\partial x^2} + \frac{\partial^2\phi}{\partial y^2} + \frac{\partial^2\phi}{\partial z^2} \tag{A.7}$$

$$\text{Vektor-Laplace-Operator:} \quad \Delta\vec{V} = \left(\nabla^2 V_x\right)\vec{e}_x + \left(\nabla^2 V_y\right)\vec{e}_y + \left(\nabla^2 V_z\right)\vec{e}_z \tag{A.8}$$

$$\text{mit} \quad \nabla^2 V_x = \frac{\partial^2 V_x}{\partial x^2} + \frac{\partial^2 V_x}{\partial y^2} + \frac{\partial^2 V_x}{\partial z^2} \tag{A.9}$$

$$\text{und} \quad \nabla^2 V_y = \frac{\partial^2 V_y}{\partial x^2} + \frac{\partial^2 V_y}{\partial y^2} + \frac{\partial^2 V_y}{\partial z^2} \tag{A.10}$$

$$\text{und} \quad \nabla^2 V_z = \frac{\partial^2 V_z}{\partial x^2} + \frac{\partial^2 V_z}{\partial y^2} + \frac{\partial^2 V_z}{\partial z^2} \tag{A.11}$$

Kartesische Einheitsvektoren ausgedrückt durch Einheitsvektoren in Zylinder- und Kugelkoordinaten:

$$\vec{e}_x = \vec{e}_R\cos\varphi - \vec{e}_\varphi\sin\varphi = \vec{e}_r\sin\vartheta\cos\varphi + \vec{e}_\vartheta\cos\vartheta\cos\varphi - \vec{e}_\varphi\sin\varphi \tag{A.12}$$

$$\vec{e}_y = \vec{e}_R\sin\varphi + \vec{e}_\varphi\cos\varphi = \vec{e}_r\sin\vartheta\sin\varphi + \vec{e}_\vartheta\cos\vartheta\sin\varphi + \vec{e}_\varphi\cos\varphi \tag{A.13}$$

$$\vec{e}_z = \vec{e}_z = \vec{e}_r\cos\vartheta - \vec{e}_\vartheta\sin\vartheta \tag{A.14}$$

A.1.2 Zylinderkoordinatensystem

Zylinderkoordinaten: R, φ, z

Einheitsvektoren: Die Einheitsvektoren $\vec{e}_R$, $\vec{e}_\varphi$, $\vec{e}_z$ bilden ein Rechtssystem und besitzen die Länge eins ($|\vec{e}_R| = |\vec{e}_\varphi| = |\vec{e}_z| = 1$). Die beiden erstgenannten Einheitsvektoren sind nicht „raumfest", denn der Einheitsvektor in radialer Richtung $\vec{e}_R$ zeigt stets von der z-Achse fort und $\vec{e}_\varphi$ zeigt stets in Umfangrichtung.

Linien-, Flächen- und Volumenelement:

$$\text{Linienelement:} \quad \mathrm{d}\vec{s} = \mathrm{d}R\,\vec{e}_R + R\mathrm{d}\varphi\,\vec{e}_\varphi + \mathrm{d}z\,\vec{e}_z \tag{A.15}$$

$$\text{Flächenelement:} \quad \mathrm{d}\vec{A} = R\mathrm{d}\varphi\,\mathrm{d}z\,\vec{e}_R + \mathrm{d}R\,\mathrm{d}z\,\vec{e}_\varphi + R\mathrm{d}R\,\mathrm{d}\varphi\,\vec{e}_z \tag{A.16}$$

$$\text{Volumenelement:} \quad \mathrm{d}v = R\mathrm{d}R\,\mathrm{d}\varphi\,\mathrm{d}z \tag{A.17}$$

Differentialoperatoren:

$$\text{Gradient:} \quad \operatorname{grad}\phi = \nabla\phi = \frac{\partial\phi}{\partial R}\vec{e}_R + \frac{1}{R}\frac{\partial\phi}{\partial\varphi}\vec{e}_\varphi + \frac{\partial\phi}{\partial z}\vec{e}_z \tag{A.18}$$

$$\text{Divergenz:} \quad \operatorname{div}\vec{V} = \nabla\cdot\vec{V} = \frac{1}{R}\frac{\partial(RV_R)}{\partial R} + \frac{1}{R}\frac{\partial V_\varphi}{\partial\varphi} + \frac{\partial V_z}{\partial z} \tag{A.19}$$

$$\text{Rotation:} \quad \operatorname{rot}\vec{V} = \nabla\times\vec{V} = \left(\frac{1}{R}\frac{\partial V_z}{\partial\varphi} - \frac{\partial V_\varphi}{\partial z}\right)\vec{e}_R$$

$$+\left(\frac{\partial V_R}{\partial z} - \frac{\partial V_z}{\partial R}\right)\vec{e}_\varphi \tag{A.20}$$

$$+\frac{1}{R}\left(\frac{\partial(RV_\varphi)}{\partial R} - \frac{\partial V_R}{\partial\varphi}\right)\vec{e}_z \tag{A.21}$$

$$\text{Skalarer Laplace-Operator:} \quad \Delta\phi = \nabla^2\phi = \frac{1}{R}\frac{\partial}{\partial R}\left(R\frac{\partial\phi}{\partial R}\right)$$

$$+\frac{1}{R^2}\frac{\partial^2\phi}{\partial\varphi^2} + \frac{\partial^2\phi}{\partial z^2} \tag{A.22}$$

$$\text{Vektorieller Laplace-Operator:} \quad \Delta\vec{V} = \nabla^2\vec{V} = \operatorname{grad}\operatorname{div}\vec{V} - \operatorname{rot}\operatorname{rot}\vec{V} \tag{A.23}$$

Umrechnung auf kartesische Koordinaten:

$$x = R\cos\varphi \tag{A.24}$$

$$y = R\sin\varphi \tag{A.25}$$

$$z = z \tag{A.26}$$

Einheitsvektoren in Zylinderkoordinaten ausgedrückt durch Einheitsvektoren in kartesischen Koordinaten und Kugelkoordinaten:

$$\vec{e}_R = \vec{e}_x\cos\varphi + \vec{e}_y\sin\varphi = \vec{e}_r\sin\vartheta + \vec{e}_\vartheta\cos\vartheta \tag{A.27}$$

$$\vec{e}_\varphi = -\vec{e}_x\sin\varphi + \vec{e}_y\cos\varphi = \vec{e}_\varphi \tag{A.28}$$

$$\vec{e}_z = \vec{e}_z = \vec{e}_r\cos\vartheta - \vec{e}_\vartheta\sin\vartheta \tag{A.29}$$

A.1.3 Kugelkoordinatensystem

Kugelkoordinaten: r, ϑ, φ

Einheitsvektoren: Die Einheitsvektoren $\vec{e}_r$, $\vec{e}_\vartheta$, $\vec{e}_\varphi$ bilden ein Rechtssystem und besitzen die Länge eins ($|\vec{e}_r| = |\vec{e}_\vartheta| = |\vec{e}_\varphi| = 1$). Keiner der Einheitsvektoren ist „raumfest".

Linien-, Flächen- und Volumenelement:

$$\text{Linienelement:} \quad \mathrm{d}\vec{s} = \mathrm{d}r\,\vec{e}_r + r\,\mathrm{d}\vartheta\,\vec{e}_\vartheta + r\sin\vartheta\,\mathrm{d}\varphi\,\vec{e}_\varphi \tag{A.30}$$

$$\text{Flächenelement:} \quad \mathrm{d}\vec{A} = r^2\sin\vartheta\,\mathrm{d}\vartheta\,\mathrm{d}\varphi\,\vec{e}_r + r\sin\vartheta\,\mathrm{d}r\,\mathrm{d}\varphi\,\vec{e}_\vartheta + r\,\mathrm{d}r\,\mathrm{d}\vartheta\,\vec{e}_\varphi \tag{A.31}$$

$$\text{Volumenelement:} \quad \mathrm{d}v = r^2\sin\vartheta\,\mathrm{d}r\,\mathrm{d}\vartheta\,\mathrm{d}\varphi \tag{A.32}$$

Differentialoperatoren:

$$\text{Gradient:} \quad \operatorname{grad}\phi = \nabla\phi = \frac{\partial\phi}{\partial r}\vec{e}_r + \frac{1}{r}\frac{\partial\phi}{\partial\vartheta}\vec{e}_\vartheta + \frac{1}{r\sin\vartheta}\frac{\partial\phi}{\partial\varphi}\vec{e}_\varphi \tag{A.33}$$

$$\text{Divergenz:} \quad \operatorname{div}\vec{V} = \nabla\cdot\vec{V} = \frac{1}{r^2}\frac{\partial\left(r^2 V_r\right)}{\partial r} + \frac{1}{r\sin\vartheta}\frac{\partial\left(V_\vartheta\sin\vartheta\right)}{\partial\vartheta} + \frac{1}{r\sin\vartheta}\frac{\partial V_\varphi}{\partial\varphi} \tag{A.34}$$

$$\text{Rotation:} \quad \operatorname{rot}\vec{V} = \nabla\times\vec{V} = \frac{1}{r\sin\vartheta}\left(\frac{\partial\left(V_\varphi\sin\vartheta\right)}{\partial\vartheta} - \frac{\partial V_\vartheta}{\partial\varphi}\right)\vec{e}_r + \frac{1}{r}\left(\frac{1}{\sin\vartheta}\frac{\partial V_r}{\partial\varphi} - \frac{\partial\left(rV_\varphi\right)}{\partial r}\right)\vec{e}_\vartheta + \frac{1}{r}\left(\frac{\partial\left(rV_\vartheta\right)}{\partial r} - \frac{\partial V_r}{\partial\vartheta}\right)\vec{e}_\varphi \tag{A.35}$$

$$\text{Skalarer Laplace-Operator:} \quad \Delta\phi = \frac{1}{r^2}\frac{\partial}{\partial r}\left(r^2\frac{\partial\phi}{\partial r}\right) + \frac{1}{r^2\sin\vartheta}\frac{\partial}{\partial\vartheta}\left(\sin\vartheta\frac{\partial\phi}{\partial\vartheta}\right) + \frac{1}{r^2\sin^2\vartheta}\frac{\partial^2\phi}{\partial\varphi^2} \tag{A.36}$$

$$\text{Vektorieller Laplace-Operator:} \quad \Delta\vec{V} = \nabla^2\vec{V} = \operatorname{grad}\operatorname{div}\vec{V} - \operatorname{rot}\operatorname{rot}\vec{V} \tag{A.37}$$

Umrechnung auf kartesische Koordinaten:

$$x = r\cos\varphi\sin\vartheta \tag{A.38}$$

$$y = r\sin\varphi\sin\vartheta \tag{A.39}$$

$$z = r\cos\vartheta \tag{A.40}$$

Einheitsvektoren in Kugelkoordinaten ausgedrückt durch Einheitsvektoren in kartesischen Koordinaten und Zylinderkoordinaten:

$$\vec{e}_r = \vec{e}_x\sin\vartheta\cos\varphi + \vec{e}_y\sin\vartheta\sin\varphi + \vec{e}_z\cos\vartheta = \vec{e}_R\sin\vartheta + \vec{e}_z\cos\vartheta \tag{A.41}$$

$$\vec{e}_\vartheta = \vec{e}_x\cos\vartheta\cos\varphi + \vec{e}_y\cos\vartheta\sin\varphi - \vec{e}_z\sin\vartheta = \vec{e}_R\cos\vartheta - \vec{e}_z\sin\vartheta \tag{A.42}$$

$$\vec{e}_\varphi = -\vec{e}_x\sin\varphi + \vec{e}_y\cos\varphi = \vec{e}_\varphi \tag{A.43}$$

A.2 Lineare und logarithmische Größen

Tabelle A.1 stellt logarithmische und lineare Zahlenwerte für Spannungen und Leistungen gegenüber (siehe auch Abschnitt 2.4). Hierbei werden die gebräuchlichen Einheitenvorsilben nach Tabelle A.2 verwendet.

Tabelle A.1 Gegenüberstellung logarithmischer und linearer Spannungs- und Leistungswerte

Logarithmischer Zahlenwert [dBμV]	Linearer Spannungswert	Logarithmischer Zahlenwert [dBm]	Linearer Leistungswert
420	1 PV	210	1 EW
360	1 TV	180	1 PW
300	1 GV	150	1 TW
240	1 MV	120	1 GW
180	1 kV	90	1 MW
120	1 V	60	1 kW
60	1 mV	30	1W
20	10 μV	10	10 mW
6	2 μV	3	2 mW
0	1 μV	0	1 mW
–6	500 nV	–3	500 μW
–20	100 nV	–10	100 μV
–60	1 nV	–30	1 μV
–120	1 pV	–60	1 nW
–180	1 fV	–90	1 pW
–240	1 aV	–120	1 fW
–300	1 zV	–150	1 aW
–360	1 yV	–180	1 zW
–420	0,001 yV	–210	1 yW

Tabelle A.2 Einheitenvorzeichen

Vorzeichen	Wert	Vorzeichen	Wert
Y (Yotta)	10^{24}	m (milli)	10^{-3}
Z (Zetta)	10^{21}	μ (micro)	10^{-6}
E (Exa)	10^{18}	n (nano)	10^{-9}
P (Peta)	10^{15}	p (pico)	10^{-12}
T (Tera)	10^{12}	f (femto)	10^{-15}
G (Giga)	10^{9}	a (atto)	10^{-18}
M (Mega)	10^{6}	z (zepto)	10^{-21}
k (kilo)	10^{3}	y (yokto)	10^{-24}

A.3 Frequenzen und Wellenlängen

Tabelle A.3 zeigt den Zusammenhang zwischen der Frequenz f und der Freiraumwellenlänge λ_0 an. Im Vakuum gilt

$$\lambda_0 = \frac{c_0}{f} \qquad \text{mit} \quad c_0 = 3 \cdot 10^8 \frac{\text{m}}{\text{s}} \quad \text{(Vakuumlichtgeschwindigkeit).} \tag{A.44}$$

Außerdem enthält die Tabelle die Längen eines idealen Halbwellen-Dipols und eines idealen Viertelwellen-Monopols, da in der Praxis Abstrahlungs- und Einstrahlungseffekte auftreten, sobald die Abmessungen von Komponenten in dieser Größenordnung liegen. Entsprechend findet in den Normen im Frequenzenbereich 30 – 80 MHz der Übergang von leitungsgebundenen zu gestrahlten Messverfahren statt.

Tabelle A.3 Frequenzen und Wellenlängen (Je nach Norm ist bei diesen Frequenzen (∗) der Übergang zwischen leitungsgebundenen und gestrahlten Messverfahren.)

Frequenz	Wellenlänge	Idealer Dipol	Idealer Monopol
50 Hz	6000 km	3000 km	1500 km
100 Hz	3000 km	1500 km	750 km
1 kHz	300 km	150 km	75 km
100 kHz	3 km	1,5 km	750 m
150 kHz	2 km	1 km	500 m
500 kHz	600 m	300 m	150 m
1 MHz	300 m	150 m	75 m
10 MHz	30 m	15 m	7,5 m
30 MHz (*)	10 m	5 m	2,5 m
80 MHz (*)	3,75 m	1,88 m	94 cm
200 MHz	1,5 m	75 cm	37,5 cm
1 GHz	30 cm	15 cm	7,5 cm
1,5 GHz	20 cm	10 cm	5 cm
2 GHz	15 cm	7,5 cm	3,75 cm
2,5 GHz	12 cm	6 cm	3 cm
3 GHz	10 cm	5 cm	2,5 cm
5 GHz	6 cm	3 cm	1,5 cm
300 GHz	1 mm	0,5 mm	0,25 mm
300 THz	1 μm	0,5 μm	0,25 μm
300 PHz	1 nm	0,5 nm	0,25 nm

Formelzeichen und Abkürzungen

Lateinische Buchstaben

a	Dämpfung oder Übertragungsmaß (dimensionslos oder dB)
a_S	Schirmdämpfung (dimensionslos oder dB)
A	Fläche (m^2)
$\vec{A}$	Magnetisches Vektorpotential (Tm)
A_{eff}	Effektive Antennenfläche (m^2)
AF	Antennenfaktor (1/m)
$\vec{B}$	Magnetische Flussdichte (Magnetische Induktion) (T; Tesla)
B	Bandbreite (Hz; Hertz)
c	Ausbreitungsgeschwindigkeit (m/s)
c_0	Vakuumlichtgeschwindigkeit ($\approx 3 \cdot 10^8$m/s)
C	Kapazität (F; Farad)
$C(\varphi, \vartheta)$	Strahlungsdiagramm (dimensionslos)
C'	Kapazitätsbelag (F/m)
D	Richtfaktor (dimensionslos)
$\vec{D}$	Elektrische Flussdichte (C/m^2)
$\vec{E}$	Elektrische Feldstärke(V/m)
$\mathbf{E}$	Einheitsmatrix (dimensionslos)
f	Frequenz (Hz)
f_c	*Cut-off*-Frequenz (Hz)
G	Leitwert ($1/\Omega$ = S; Siemens)
G	Gewinn (dimensionslos)
G	Gleichtaktunterdrückung (dimensionslos)
G'	Leitwertbelag (S/m)
$\vec{H}$	Magnetische Feldstärke (A/m)
I	Strom (A; Ampere)
j	Imaginäre Einheit (dimensionslos)
$\vec{J}$	Elektrische Stromdichte (A/m^2)
$\vec{J}_S$	Oberflächenstromdichte (A/m)
k	Koppelfaktor (dimensionslos)

k	Wellenzahl (1/m)
k_c	*Cut-off*-Wellenzahl (1/m)
ℓ, L	Länge (m)
L	Induktivität (H; Henry)
L'	Induktivitätsbelag (H/m)
$\vec{M}$	Magnetische Stromdichte (V/m^2)
p	Leistungsdichte (W/m^3)
P	Leistung (W; Watt)
P_{auf}	Aufgenommene Leistung (W)
P_h	Hinlaufende Leistung (W)
P_{rad}	Abgestrahlte Leistung (W)
Q	Ladung (C; Coulomb)
Q	Güte (dimensionslos)
r	Radiale Koordinate in Kugelkoordinaten, Abstand (m)
r	Reflexionsfaktor (dimensionslos)
R	Radiale Koordinate in Zylinderkoordinaten (m)
R	Widerstand (Ω)
R_{DC}	Gleichstromwiderstand (Ω)
R_{ESR}	Ersatzserienwiderstand (Ω)
R_{RF}	Hochfrequenzwiderstand (Ω)
R_{rad}	Strahlungswiderstand (Ω)
R'	Widerstandsbelag (Ω/m)
s_{ij}	Streuparameter (dimensionslos)
$\mathbf{S}$	Streumatrix (dimensionslos)
$\vec{S}$	Poynting Vektor (W/m^2)
$\vec{S}_{av}$	Mittelwert des Poynting Vektors (W/m^2)
t	Zeit (s; Sekunde)
T	Periodendauer (s)
$\tan\delta$	Verlustfaktor (dimensionslos)
U	Spannung (V; Volt)
$\vec{v}$	Geschwindigkeit (m/s)
v_{ph}	Phasengeschwindigkeit (m/s)
v_{gr}	Gruppengeschwindigkeit (m/s)
V	Volumen (m^3)
w_e	Elektrische Energiedichte (J/m^3)
W_e	Elektrische Energie (J; Joule)
w_m	Magnetische Energiedichte (J/m^3)

W_m	Magnetische Energie (J)
x, y, z	Kartesische Koordinaten (m)
Y	Admittanz (S)
Y_T	Transferadmittanz (S/m)
Z_A	Lastimpedanz (Ω)
Z_in	Eingangsimpedanz (Ω)
Z_F	Feldwellenwiderstand (Ω)
Z_F0	Feldwellenwiderstand des freien Raumes (≈ 377 Ω)
Z_L, Z_0	Leitungswellenwiderstand, Torwiderstand, Systemimpedanz (Ω)
$Z_\mathrm{0,cm}$	Gleichtakt-Leitungswellenwiderstand (Ω)
$Z_\mathrm{0,diff}$	Gegentakt-Leitungswellenwiderstand (Ω)
Z_0e	*Even mode*-Leitungswellenwiderstand (Ω)
Z_0o	*Odd mode*-Leitungswellenwiderstand (Ω)
Z_T	Transferimpedanz (Ω/m)

Griechische Buchstaben

α	Dämpfungskonstante (1/m)
β	Phasenkonstante (1/m)
γ	Ausbreitungskonstante (1/m)
δ	Eindringtiefe (m)
Δ	Laplace-Operator ($1/\mathrm{m}^2$)
ε_0	Dielektrizitätskonstante ($8{,}854 \cdot 10^{-12}$ As/(Vm))
ε_r	Relative Dielektrizitätszahl (dimensionslos)
$\varepsilon_\mathrm{r,eff}$	Effektive relative Dielektrizitätszahl (dimensionslos)
φ	Winkel im Kugelkoordinatensystem (°)
ϕ	Elektrisches Potential (V)
φ	Phasenwinkel (°)
λ	Wellenlänge (m)
μ_0	Permeabilitätskonstante ($4\pi \cdot 10^{-7}$ Vs/(Am))
μ_r	Relative Permeabilitätszahl (dimensionslos)
∇	Nabla-Operator (1/m)
Ψ_e	Elektrischer Fluss (As)
Ψ_m	Magnetischer Fluss (Wb)
ϱ	Raumladungsdichte ($\mathrm{C/m^3}$)
ϱ	Spezifischer Widerstand (Ωm)
σ	Elektrische Leitfähigkeit (S/m)
ϑ	Winkel im Kugelkoordinatensystem (°)
ω	Kreisfrequenz (1/s)

Abkürzungen

ABS	Antiblockiersystem
ADS	Advanced Design System
AM	Amplitudenmodulation
B2B	Business to Business
Balun	Balanced-unbalanced
BCI	Bulk Current Injection
BNetzA	Bundesnetzagentur
CAN	Car Area Network
CDN	Coupling Discoupling Network
CENELEC	Comité Européen de Normalisation Électrotechnique (Europäisches Komitee für elektrotechnische Normung)
CISPR	Comité International Spécial des Pertubations Radioélectriques
CMRR	Common Mode Rejection Ratio
CUT	Cable Under Test
CW	Continuous Wave (monofrequentes Signal)
DakkS	Deutsche Akkreditierungsstelle
dB	Dezibel
DC	Direct Current (Gleichstrom)
DFT	Diskrete Fouriertransformation
DIN	Deutsche Industrienorm
DIS	Draft International Standard
DUT	Device Under Test
EMC	Electromagnetic Compatibility
EMV	Elektromagnetische Verträglichkeit
EMVG	EMV-Gesetz
EMVU	Elektromagnetische Umweltverträglichkeit
EN	Europäische Norm
ESD	Electrostatic Discharge
ESP	Elektronisches Stabilitätsprogramm
ETSI	European Telecommunications Standards Institute
EUB	Elektronische Unterbaugruppe
EUT	Equipment Under Test (Prüfling)
FAR	Fully anechoic room (Freiraumhalle)
FDIS	Final Draft International Standard
FDTD	Finite Differenzen im Zeitbereich
FEM	Finite-Elemente-Methode

FR4	Standard-Leiterplattenmaterial
FSPC	Functional Status Performance Classes
GPS	Global Positioning System
GSM	Global System for Mobile Communication
HF	Hochfrequenz
IEC	Internationale elektrotechnische Kommission
IKT	Informations- und Kommunikationstechnologie
ISM	Industrial Scientific Medical
ISO	International Standardization Organisation
KBA	Kraftfahrtbundesamt
LEMP	Lightning Electromagnetic Pulse
LIN	Local Interconnect Network
LTCC	Low-Temperature-Cofired-Ceramics (Substratmaterial mit guten Hochfrequenzeigenschaften)
LTE	Long Term Evolution (Mobilfunkstandard der vierten Generation)
MMIC	Monolithic Microwave Integrated Circuit (Monolithische Mikrowellenschaltung)
MoM	Momentenmethode
MVK	Modenverwirbelungskammer
OBC	On-board Charger
OEM	Original Equipment Manufacturer (Endfertiger eines Produktes)
OJEU	Official Journal of the European Union (Amtsblatt der europäischen Union)
PE	Protective Earth (Schutzerde)
PLC	Powerline Communication
PM	Pulsmodulation
Radar	Radio Detection and Ranging (Funkortung)
RF	Radio Frequency
RFID	Radio Frequency Identification
SNR	Signal-to-Noise Ratio (Signal-Rausch-Verhältnis)
StvZO	Straßenverkehrszulassungsordnung
TDEMI	Time Division Emission Measurement Instrument
TEM	Transversal elektromagnetisch
UKW	Ultrakurzwelle
UMTS	Universal Mobile Telecommunications System
UN ECE	United Nations Economic Commission for Europe (Wirtschaftskommission der Vereinten Nationen für Europa)
VNA	Vector Network Analyzer
WLAN	Wireless Local Area Network

Literatur

[Arch13] *Archambeault, B.:* EMI/EMC Computational Modeling Handbook. Springer, 2013

[AWR10] *AWR Corporation:* TX-Line Software. AWR Corporation, 2010; http://web.awrcorp.com/Usa/Products/Optional-Products/TX-Line/

[Bala05] *Balanis, C. A.:* Antenna Theory. John Wiley & Sons, 2005

[Bala08] *Balanis, C. A.:* Modern Antennas Handbook. John Wiley & Sons, 2008

[Bala89] *Balanis, C. A.:* Advanced Engineering Electromagnetics. John Wiley & Sons, 1989

[BGVB01] *BGV B11:* Elektromagnetische Felder. Carl Heymanns Verlag, 2001

[Blum88] *Blume, S.:* Theorie elektromagnetischer Felder. Hüthig, 1988

[Bowi08] *Bowick, C.:* RF Circuit Design. Newnes, 2008

[Bron08] *Bronstein, I. N.; Semendjajew, K. A.; Musiol, G.; Muehlig, H.:* Taschenbuch der Mathematik. Harri Deutsch, 2008

[BImS96] *Bundesrechtsverordnung:* Sechsundzwanzigste Verordnung zur Durchführung des Bundes-Immissionsschutzgesetzes, 1996

[DGUV01] *DGUV:* Vorschrift 15 Unfallverhütungsvorschrift Elektromagnetische Felder vom 1. Juni 2001

[Durc95] *Durcanski, G.:* EMV-gerechtes Gerätedesign. Grundlagen der Gestaltung störungsarmer Elektronik. Franzis Verlag, 1995

[Empi14] *Empire:* Users Guide. IMST GmbH, 2014

[Empf99] *Ratsempfehlung:* EMPFEHLUNG DES RATES vom 12. Juli 1999 zur Begrenzung der Exposition der Bevölkerung gegenüber elektromagnetischen Feldern (0 Hz – 300 GHz) (1999/519/EG). Europäisches Parlament, 1999

[EMVK04] *EMV-Richtlinie für Kraftfahrzeuge:* Richtlinie 2004/104/EG über die Funkentstörung (elektromagnetische Verträglichkeit) von Kraftfarzeugen zuletzt ergänzt durch die Richtlinien 2005/49/EG, 2005/83/EG, 2006/28/EG und 2009/19/EG. Europäisches Parlament, 2004

[EMVG96] *EMV-Gesetz:* Gesetz über die elektromagnetische Verträglichkeit von Betriebsmitteln (EMVG). Bundesgesetzblatt, 1996

[EMVG08] *EMV-Gesetz:* Gesetz über die elektromagnetische Verträglichkeit von Betriebsmitteln (EMVG). Bundesgesetzblatt, 2008

[EMVG16] *EMV-Gesetz:* Gesetz über die elektromagnetische Verträglichkeit von Betriebsmitteln (Elektromagnetische-Verträglichkeit-Gesetz – EMVG), 2016

[EMVR04] *EMV-Richtlinie:* Richtlinie 2004/108/EG des europäischen Parlaments und des Rates vom 15. Dezember 2004 zur Angleichung der Rechtsvorschriften der Mitgliedstaaten über die elektromagnetische Verträglichkeit und zur Aufhebung der Richtlinie 89/336/EWG. Europäisches Parlament, 2004

[EMVR89] *EMV-Richtlinie:* Richtlinie des Rates vom 3. Mai 1989 zur Angleichung der Rechtsvorschriften der Mitgliedstaaten über die elektromagnetische Verträglichkeit (89/336/EWG). Europäischer Rat, 1989

[Flei08] *Fleisch, D.:* A Student's Guide to Maxwell's Equations. Cambridge University Press, 2008

[Fran02] *Franz, J.:* EMV. Störungssicherer Aufbau elektronischer Schaltungen. Teubner, 2002

[Furs09] *Furse, C.; Durney, D. H.; Cristensen, D. A.:* Basic Introduction to Bioelectromagnetics. CRC Press, 2009

[Gand02] *Gandhi, O. P.:* Electromagnetic Fields: Human Safety Issues. Annu. Rev. Biomed. Eng., Vol. 4, 2002

[Gons05] *Gonschorek, K. H.:* EMV für Geräteentwickler und Systemintegratoren. Springer Verlag, 2005

[Gons92] *Gonschorek, K. H.:* Elektromagnetische Verträglichkeit. Teubner Verlag, 1992

[Gust06] *Gustrau, F.; Manteuffel, D.:* EM Modeling of Antennas and RF Components for Wireless Communication Systems. Springer, 2006

[Gust12] *Gustrau, F.:* RF and Microwave Engineering. Fundamentals of Wireless Communications. John Wiley & Sons, 2012

[Gust18] *Gustrau, F.:* Angewandte Feldtheorie. Eine praxisnahe Einführung in die Theorie elektromagnetischer Felder, Hanser, 2018

[Gust19] *Gustrau, F.:* Hochfrequenztechnik. Grundlagen der mobilen Kommunikationstechnik. 3. Auflage, Hanser, 2019

[Habi98] *Habiger, E.:* Elektromagnetische Verträglichkeit. Hüthig Verlag, 1998

[Hart08] *Hartl, H.; Krasser, E.; Pribyl, W.; Söser, P.; Winkler, G.:* Elektronische Schaltungstechnik. Pearson Verlag, 2008

[ICNI98] *ICNIRP:* Guidelines for Limiting Exposure to Time-Varying Electric, Magnetic, and Electromagnetic Fields (up to 300 GHz). Health Physics 74 (4): 494–522; 1998

[ICNI09] *ICNIRP:* Statement on the „Guidelines for limiting exposure to time-varying electric, magnetic and electromagnetic fields (up to 300 GHz)". Health Physics 97(3):257–259; 2009

[Ida07] *Ida, N.:* Engineering Electromagnetics. Springer, 2007

[Kark12] *Kark, K.:* Antennen und Strahlungsfelder. Vieweg + Teubner, 2012

[Keys21] *Keysight Technologies:* Advanced Design System (ADS) Users Guide. Keysight Technologies, 2021

[Klin11] *Klingbeil, H.:* Elektromagnetische Feldtheorie: Ein Lehr- und Übungsbuch. Vieweg + Teubner, 2011

[Koet04] *Köther, D.; Bahr, A.; Goller, U.; Gustrau, F.:* Influence of Mobile Communication Signals on Pacemaker Operation. IEEE MTT-S International Microwave Symposium Digest. 3, no. Year 2004, (2004): 1445–1448

[Krau99] *Kraus, J. D.; Fleisch, D. A.:* Electromagntics with Applications. McGraw-Hill, 1999

[Kuepf13] *Küpfmüller, K.; Mathis, W.; Reibiger, A.:* Theoretische Elektrotechnik. Springer, 2013

[Leuc95] *Leuchtmann, P.:* Einführung in die elektromagnetische Feldtheorie. Pearson, 2005

[Li12] *Li, E.:* Electrical Modeling and Design for 3D System Integration: 3D Integrated Circuits and Packaging, Signal Integrity, Power Integrity and EMC. John Wiley & Sons, 2012

[Ludw08] *Ludwig, R.; Bogdanov, G.:* RF Circuit Design: Theory and Applications. Prentice Hall, 2008

[Macn10] *Macnamara, T.:* Introduction to Antenna Placement and Installation. John Wiley & Sons, 2010

[Matt80] *Matthaei, G. L.; Young, L.; Jones, E. M. T.:* Microwave Filters, Impedance-Matching Networks, and Coupling Structures. Artech House, 1980

[Mein92] *Meinke, H.; Gundlach, F. W.:* Taschenbuch der Hochfrequenztechnik. Springer, 1992

[MaRL06] *Maschinenrichtlinie:* Richtlinie 2006/42/EG des europäischen Parlaments und des Rates vom 17. Mai 2006 über Maschinen und zur Änderung der Richtlinie 95/16/EG (Neufassung). Europäisches Parlament, 2006

[Mont00] *Montrose, M. I.:* Printed Circuit Board Design Techniques for EMC Compliance: A Handbook for Designers (IEEE Press Series on Electronics. John Wiley & Sons, 2000

[Nedt96] *Nedtwig, J.; Lutz, M.; Krywald, P.-H.:* Elektromagnetische Verträglichkeit – EMV-Anforderungen zuverlässig und kostengünstig umsetzen. WEKA Fachverlag, 1996

[Quar94] *Quarteroni, A.; Valli, A.:* Numerical Approximation of Partial Differential Equations. Springer, 1994

[Raya10] *Rayas-Sánchez, J. E.; Vargas-Chávez, N.:* Design Optimization of Microstrip Lines with Via Fences through Surrogate Modeling based on Polynomial Functional Interpolants. IEEE 19th Conference on Electrical Performance of Electronic Packaging and Systems (EPEPS), 125–128, 2010

[Rein10] *Reinhold, W.:* Elektronische Schaltungstechnik. Hanser, 2010

[RFEF04] *Richtlinie:* RICHTLINIE 2004/40/EG DES EUROPÄISCHEN PARLAMENTS UND DES RATES vom 29. April 2004 über Mindestvorschriften zum Schutz von Sicherheit und Gesundheit der Arbeitnehmer vor der Gefährdung durch physikalische Einwirkungen (elektromagnetische Felder) (18. Einzelrichtlinie im Sinne des Artikels 16 Absatz 1 der Richtlinie 89/391/EWG). Europäisches Parlament, 2004

[RLEP14] *Richtlinie:* Richtlinie 2014/30/EU des Europäischen Parlaments und des Rates vom 26. Februar 2014 zur Harmonisierung der Rechtsvorschriften der Mitgliedstaaten über die elektromagnetische Verträglichkeit, 2014

[RLSU13] *Richtlinie:* Richtlinie 2013/35/EU des Europäischen Parlaments und des Rates vom 26. Juni 2013 über Mindestvorschriften zum Schutz von Sicherheit und Gesundheit der Arbeitnehmer vor der Gefährdung durch physikalische Einwirkungen (elektromagnetische Felder), 2013

[Schi99] *Schiek, B.:* Grundlagen der Hochfrequenz-Messtechnik. Springer, 1999

[StVZO] *StVZO:* Straßenverkehrs-Zulassungs-Ordnung (StVZO), 2012

[Schw02] *Schwab, A.:* Begriffswelt der Feldtheorie. Springer, 2002

[Schw11] *Schwab, A.; Kürner, W.:* Elektromagnetische Verträglichkeit. Springer, 2011

[Stot13] *Stotz, D.:* Elektromagnetische Verträglichkeit in der Praxis. Springer, 2013

[Stra03] *Strassacker, G.; Süsse, R.:* Rotation, Divergenz und Gradient. Leicht verständliche Einführung in die elektromagnetische Feldtheorie. Teubner, 2003

[Swan03] *Swanson, D. G. jun.; Hoefer, W. J. R.:* Microwave Circuit Modeling Using Electromagnetic Field Simulation. Artech House, 2003

[Tiet13] *Tietze, U.; Schenk, Ch.:* Halbleiter Schaltungstechnik. Springer, 2013

[UNEC14] Regelung Nr. 10 der Wirtschaftskommission der Vereinten Nationen für Europa (UN/ECE) – Einheitliche Bedingungen für die Genehmigung der Fahrzeuge hinsichtlich der elektromagnetischen Verträglichkeit, 2014

[Wade91] *Wadell, B. C.:* Transmission Line Design Handbook. Artech House, 1991

[Weil08] *Weiland, T.; Timm, M.; Munteanu, I.:* A Practical Guide to 3-D Simulation. IEEE Microwave Magazine, Vol. 9, No. 6, S. 62–73, Dez. 2008

[Würt00] *Würth GmbH (Hrsg.):* Trilogie der Induktivitäten: Designführer für Induktivitäten und Filter. Swiridoff Verlag, 2000

[Zink00] *Zinke, O.; Brunswig, H.:* Hochfrequenztechnik. 6. Auflage, Springer, 2000

Index